“十四五”时期国家重点出版物出版专项规划项目

中国能源革命与先进技术丛书

电气精品教材丛书

电机控制

主　编　年　珩

参　编　孙　丹

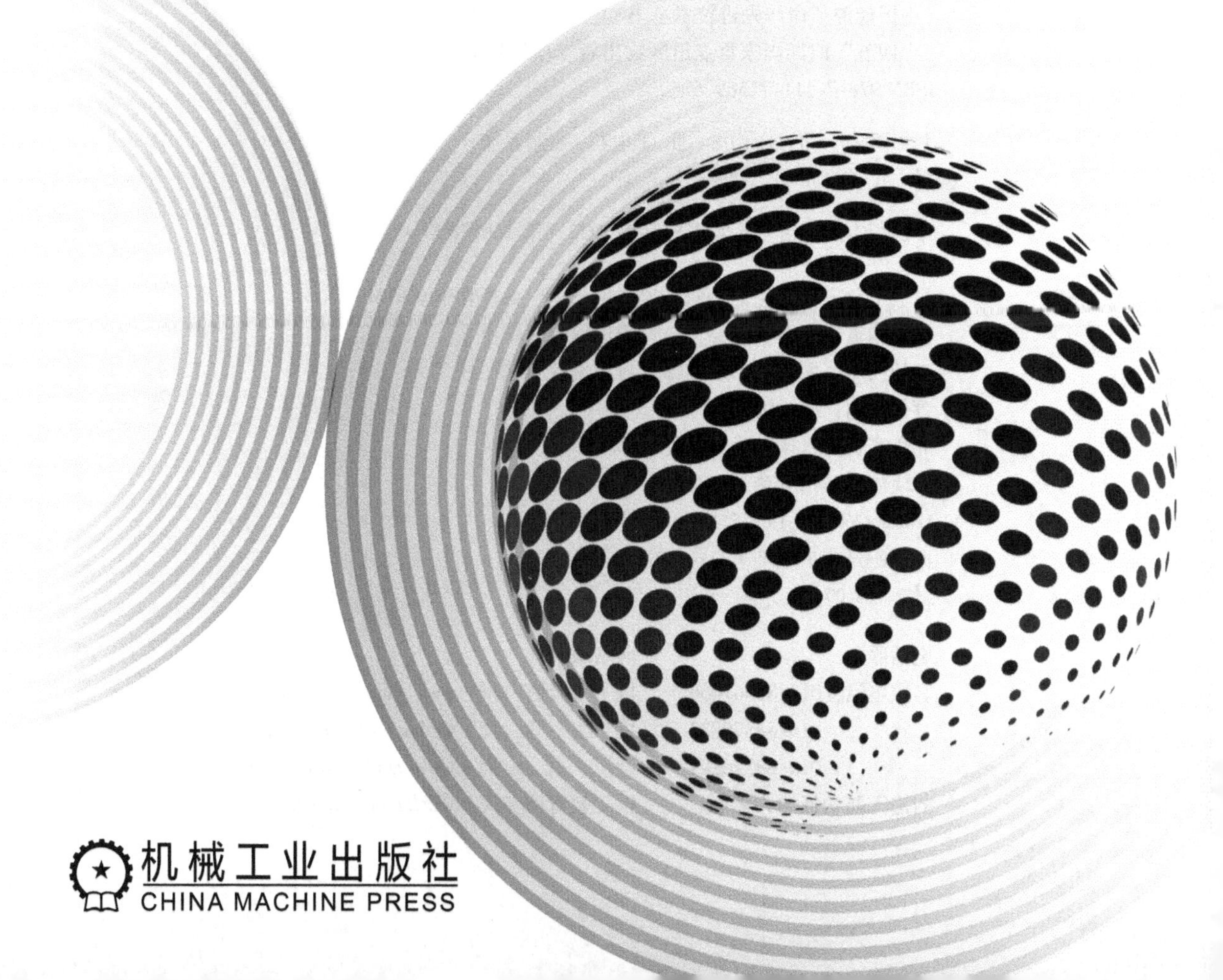

机械工业出版社
CHINA MACHINE PRESS

本书是针对电气工程及其自动化专业课程教学需要而编写的教材，内容经过精选，既保持了学科的完整性，又反映了该领域内的最新技术成果，更加适应教学的需要。本书内容包括直流电动机的控制、笼型异步电动机的控制、绕线转子异步电机的控制、同步电动机的控制以及无位置传感器控制和先进控制技术等。

本书可作为高等院校电气工程及其自动化专业的教材，也可供从事电机控制、交/直流调速、机电运行控制等领域工作的工程技术人员参考。

图书在版编目（CIP）数据

电机控制/年珩主编. —北京：机械工业出版社，2022.10（2024.9 重印）
（中国能源革命与先进技术丛书. 电气精品教材丛书）
“十四五”时期国家重点出版物出版专项规划项目
ISBN 978-7-111-71569-6

Ⅰ.①电… Ⅱ.①年… Ⅲ.①电机-控制系统-教材 Ⅳ.①TM301.2

中国版本图书馆 CIP 数据核字（2022）第 166778 号

机械工业出版社（北京市百万庄大街 22 号 邮政编码 100037）
策划编辑：李小平　　责任编辑：李小平
责任校对：梁　静　刘雅娜　封面设计：鞠　杨
责任印制：郜　敏
北京富资园科技发展有限公司印刷
2024 年 9 月第 1 版第 3 次印刷
184mm×260mm · 13.5 印张 · 332 千字
标准书号：ISBN 978-7-111-71569-6
定价：68.00 元

电话服务　　网络服务
客服电话：010-88361066　　机　工　官　网：www.cmpbook.com
010-88379833　　机　工　官　博：weibo.com/cmp1952
010-68326294　　金　书　网：www.golden-book.com
封底无防伪标均为盗版　　机工教育服务网：www.cmpedu.com

电气精品教材丛书
编 审 委 员 会

序
Preface

电气工程作为科技革命与工业技术中的核心基础学科，在自动化、信息化、物联网、人工智能的产业进程中都起着非常重要的作用。在当今新一代信息技术、高端装备制造、新能源、新材料、节能环保等战略性新兴产业的引领下，电气工程学科的发展需要更多学术研究型和工程技术型的高素质人才，这种变化也对该领域的人才培养模式和教材体系提出了更高的要求。

由湖南大学电气与信息工程学院和机械工业出版社合作开发的“电气精品教材丛书”，正是在此背景下诞生的。这套教材联合了国内多所著名高校的优秀教师团队和教学名师参与编写，其中包括首批国家级一流本科课程建设团队。该丛书主要包括基础课程教材和专业核心课程教材，都是难学也难教的科目。编写过程中我们重视基本理论和方法，强调创新思维能力培养，注重对学生完整知识体系的构建，一方面用新的知识和技术来提升学科和教材的内涵；另一方面，采用成熟的新技术使得教材的配套资源数字化和多样化。

本套丛书特色如下：

（1）突出创新。这套丛书的作者既是授课多年的教师，同时也是活跃在科研一线的知名专家，对教材、教学和科研都有自己深刻的体悟。教材注重将科技前沿和基本知识点深度融合，以培养学生综合运用知识解决复杂问题的创新思维能力。

（2）重视配套。包括丰富的立体化和数字化教学资源（与纸质教材配套的电子教案、多媒体教学课件、微课等数字化出版物），与核心课程教材相配套的习题集及答案、模拟试题，具有通用性、有特色的实验指导等。利用视频或动画讲解理论和技术应用，形象化展示课程知识点及其物理过程，提升课程趣味性和易学性。

（3）突出重点。侧重效果好、影响大的基础课程教材、专业核心课程教材、实验实践类教材。注重夯实专业基础，这些课程是提高教学质量的关键。

（4）注重系列化和完整性。针对某一专业主干课程有定位清晰的系列教材，提高教材的教学适用性，便于分层教学；也实现了教材的完整性。

（5）注重工程角色代入。针对课程基础知识点，采用探究生活中真实案例的选题方式，提高学生学习兴趣。

（6）注重突出学科特色。教材多为结合学科、专业的更新换代教材，且体现本地区和不同学校的学科优势与特色。

这套教材的顺利出版，先后得到多所高校的大力支持和很多优秀教学团队的积极参与，在此表示衷心的感谢！也期待这些教材能将先进的教学理念普及到更多的学校，让更多的学生从中受益，进而为提升我国电气领域的整体水平做出贡献。

教材编写工作涉及面广、难度大，一本优秀的教材离不开广大读者的宝贵意见和建议，欢迎广大师生不吝赐教，让我们共同努力，将这套丛书打造得更加完美。

电气精品教材丛书编审委员会

前言
Preface

电机控制技术是实现高性能机电能量转换的核心技术，也是体现先进制造领域的标志性技术之一。如依托现代电机控制技术构成的伺服驱动装置，是数控机床、机器人等高性能机电一体化产品的重要组成部分，也是构成电动汽车的基本单元之一，它们均通过电机控制系统实现调速。电机控制课程是《电机学》《电力电子技术》《控制理论》及《微机原理与应用》等课程的有机结合，主要讨论电力电子技术在电机的能量变换、速度调节、特性控制中，特别是节能降耗、新能源开发中的应用技术，以及电力电子装置非正弦供电对电机的运行性能影响及分析。根据电气工程及其自动化类专业特点和新时期教学改革要求，结合作者多年来在课程教学实践中取得的教学研究成果和积累的教材编写经验，力图使本书能够深入浅出地阐明各类电机工作原理、特性及电机控制的基本理论与方法。此外，在编写过程中融入电力电子、计算机、先进控制技术等当今电机控制领域发展的新趋势，满足拓宽专业视野和综合人才培养的需要。

本书内容共分 5 章。

第 1 章为直流电动机的控制，介绍了直流电动机的数学模型和机械特性，分析了直流电动机的晶闸管可控整流调压调速和自关断器件的直流脉宽调压调速，分析了电动机直流调速系统转速控制原理，介绍了双闭环直流调速系统的构成和工作原理，系统讨论了双闭环调速系统参数设计理论以及工程优化设计方法。

第 2 章为笼型异步电动机的控制，首先系统地介绍了异步电动机各种调速方法的机理和分类，然后基于异步电动机的稳态数学模型详细介绍了交流调压调速的基本原理。变频调速是本章的重点，结合电机原理和电力电子技术，分别从变频调速理论、静止变频器、脉宽调制技术、变频调速系统及高性能的控制策略（矢量变换控制、直接转矩控制）等诸多方面进行了详细讨论。

第 3 章为绕线转子异步电机的控制，介绍了绕线转子异步电动机变转差调速原理和转子串电阻调速系统，分析了绕线转子异步电动机串级调速系统和双馈调速系统的基本概念和运行特性，介绍了矢量控制在绕线式异步发电机网侧变流器和机侧变流器中的应用技术，对双馈异步风力发电机最大风能追踪控制的实现原理和基本方法也做了讨论。

第 4 章为同步电动机的控制，介绍了同步电动机的基本特征和调速方式，并且基于电励磁同步电动机的数学模型，分析了同步电动机矢量变换控制的基本概念和电励磁同步电动机矢量变换系统，介绍了永磁同步电动机控制模型，分别为 $i_d=0$ 控制、最大转矩/电流比控制和弱磁控制，介绍了无刷直流电动机的原理，并着重分析了无刷直流电动机的组成结构及常用的位置检测装置。

第 5 章为无位置传感器控制和先进控制技术，分别介绍了基于滑模观测器、模型参考自适应以及扩展卡尔曼滤波的高速域下的无位置传感器控制技术；介绍了基于高频信号注入的低速域无位置传感器控制技术；分别分析了模型预测控制、模糊控制以及神经网络等先进控制技术在电机控制系统中的应用。

本书由浙江大学年珩教授、孙丹教授共同编写，其中绪论、第 1 章和第 3 章由年珩编写，第 2 章、第 4 章和第 5 章由孙丹编写。

鉴于编者水平有限，书中难免有不当或错误之处，恳请读者批评指正。

编　者

2022 年 10 月于浙江大学

目录
Contents

绪　论

人类社会发展的历史进程中，能源永远是人类赖以生存的物质基础，也是科学技术进步的动力。由于电能的生产、变换、传送、分配以及使用和控制都非常灵活方便，因此电能是现代人类社会使用最为广泛的能源形式。在现代工业企业中，利用电动机能够把电能转换为机械能，去拖动各种类型的生产机械，也可以利用发电机将机械能转换成电能。电能的产生和利用涉及机械能与电能之间的相互转换，而电动机和发电机作为机电能量转换的设备所处位置关键，使得电机技术的发展直接关系到能源的有效变换和利用，也是当今节能降耗、新能源开发的主要技术手段，因而十分关键和重要。

一般而言，电机技术包括电机制造技术和电机控制技术两方面。电机制造技术主要是针对电机本体的优化设计、加工制造、工艺处理等技术，主要涉及传统电工及机械、材料学科的内容。电机控制技术则针对电机的运行及其特性进行人为控制，主要可以分为电动机的速度控制和发电机的励磁调节。而随着电力电子技术、微电子技术、传感技术、微机控制技术等在电机控制中的应用，电机控制变为以电子控制为主要形式，已逐渐成为了一门以电机为本体，集信息技术、微电子技术于一体的机电一体化控制技术。本书主要讨论电机的电子控制技术，从直流电机的控制出发，引出并讨论交流电机的控制技术。

在现代工业生产中一般有以下两种情况需要实现电动机的速度控制与调节：

1）满足运行及生产工艺要求：以精密车床、电动汽车以及轧钢机为例来说明为满足生产工艺要求应如何实施对电机的速度控制。

① 对于精密车床来说，毛坯粗加工时，要求工件旋转慢、切削量大，此时需要控制主轴电机运行在低速、大转矩状态；而在成品精加工时则要求工件旋转快、切削量小，此时需要控制主轴电机运行在高速、小转矩状态。可以看出同一材料不同的加工工况需求，体现了对电机实施转速、转矩控制的必要性。

② 对于电动汽车而言，在车辆上坡运行时要求运行在低速、大转矩（恒转矩）状态，下坡时实行动能回馈形式的再生制动（非机械抱闸形式的摩擦能耗动力）；而在平路行驶时要求高速、小转矩的恒功率运行，防止过载以保护机电装置的运行安全。可以看出不同驾驶情况要求不同的电动汽车驱动工况，也需要对电动汽车内部的电机实施电动/发电、恒转矩/恒功率等多状态的运行控制要求。

③ 对于轧钢机这类高精度伺服驱动系统，为确保钢材金属结晶结构均匀，要求稳态运行时速度精度高；为减少结晶不均匀的钢材损耗、提高生产效率，要求电机转矩动态响应速度快，使“咬钢”时的动态速降小、暂态过程恢复时间短，从而减少钢材不合格部分的裁切量。此外，为适应钢材的往返轧制需要，要求驱动电机能够实现正/反转、电动/制动的四象限可逆运行。可以看出这一类高性能机电运动控制系统对电机提出了转矩的动态控制和四象限可逆运行的要求。

2）实现调速节能：采用速度调节方法实现节能降耗也是当前电机控制技术中的重要功能和应用方式。以风机、水泵以及带式输送机为例来说明速度控制实现节能降耗。

① 对于风机、水泵的电动机来说，过去的控制中电动机常作恒速运行，使输入风机、水泵的功率恒为额定值，而输出流量大小是通过设置挡风板或调节阀门开度来调节，这会使在挡板、阀门上产生大量能耗，从而造成了不必要的能量损耗。如果通过调节电机的转速来调节流量，这可使转速下降时电机的输入功率随转速的三次方关系减小，从而获得相当好的节能效果。

② 对于带式输送机这一类传送装置而言，一般的带式输送机都是恒速运行，并按照最大载重设定带速，但在实际生产和运行过程中，输送机不可能在绝大部分时候都是满载状态，当载重减小而输送机仍以额定速度运行时，即出现“大马拉小车”的现象，浪费电能的同时还增加了设备的磨损，工作效率非常低下。若在带式输送机的驱动电机上安装变频器，并采用变频调速控制对其进行调节，根据载重灵活调节带速，使其总是保持高效工作状态，这对提高带式输送机的安全性能和节能降耗具有重要意义。

工业生产中，各种电机控制系统都是通过控制电动机的转速来实现的，因此调速系统是电机控制系统中最基本的系统。按照电机类型的不同，电机的速度控制可分为直流调速和交流调速两大类。本书从直流电机的控制出发，引出并详细讨论了不同类型交流电机的控制技术，由浅至深、由简到繁地介绍了各种电机调速系统的控制技术，并介绍了目前最新的电机控制研究和发展动向。

1. 直流电机的控制

直流调速即对直流电动机的速度进行控制。由于直流电动机中产生转矩的两个要素——电枢电流和励磁磁通相互解耦，并可通过相应电流分别控制，因此直流电动机调速时易获得良好的控制性能以及快速的动态响应，起动、制动方便，适于在宽范围内平滑调速，在变速传动领域过去一直占据主导地位。然而，由于直流电机需要设置机械式换向器电刷，使得直流调速存在固有的结构性缺陷：

1）机械换向器结构复杂导致成本增加，同时机械强度低，电刷容易磨损，需要经常维护，影响运行可靠性。

2）运行中电刷易产生火花，不能用于化工、矿山、炼油厂等有粉尘、易燃物质的恶劣环境，限制了使用场合。

3）由于存在换向问题，难以制造大容量、高转速及高电压直流电机。直流电机极限容量与转速的乘积被限制在 10^6kW · r/min，使得目前 3000r/min 左右的高速直流电动机最大容量只能达到 400~500kW；低速直流电动机也只能做到几千千瓦，远远不能适应现代工业生产向高速大容量发展的需要。

电力电子技术的发展和应用使直流电机调速系统摆脱了以往笨重的电动-发电机组供电形式，进步到了可控整流器的简洁供电方式，加上线性集成电路、运算放大器的应用和调节器的优化，现代直流调速技术的静态、动态性能均获得了很大的提高。

本书介绍了直流电动机调速系统的控制方法。首先说明了直流电动机的结构以及工作原理，构建了直流电动机的精确数学模型，推导了直流电动机的机械特性表达式。在此基础上，介绍了可逆晶闸管-直流电动机调速系统、脉宽调制直流电动机调速系统、直流电动机调速系统转速控制等直流电动机的调速策略。最后给出了直流电动机闭环调速系统的参数设计方法，介绍了直流调速系统的动静态性能指标，基于控制理论中的典型系统分析了系统参数与性能指标之间的关系，并以典型系统为目标对双闭环直流电动机调速系统进行了参数设计。

2. 交流电机的控制

（1）交流调速技术的发展概况

交流调速即对交流电动机的速度控制。交流电动机，尤其是笼型异步电动机，由于结构简单、制造方便、造价低廉、坚固耐用、无需维护、运行可靠，更可用于恶劣的环境之中，特别是能做成高速大容量，其极限容量与转速乘积高达 $(4\sim6)\times10^8$kW · r/min，因此在工农业生产中得到了极为广泛的应用。但是交流电动机调速、控制比较困难，这是由于同步电动机的气隙磁场由电枢电流和励磁电流共同产生，其磁通值不仅决定于这两个电流的大小，还与工作状态有关；异步电动机则因电枢与励磁同在一个绕组中实现，两者间存在强烈的耦和，不能简单地通过控制电枢电压或电流来准确控制气隙磁通进而控制电磁转矩，因此不能有效地实现电机的运动控制。

交流电机调速原理早在 20 世纪 30 年代就进行了深入的研究，但一直受实现技术或手段的限制而进展缓慢。早期传统的交流调速多采用电磁装置和水银整流器或闸流管等原始变流器件来实现，最早是绕线式异步电动机转子串电阻调速，在吊车、卷扬机等设备中得到较为广泛的应用，但这种方法调速时会在电阻上浪费大量的电能，运行效率低下。20 世纪 50 年代发展了异步电机定子串饱和电抗器实现调压调速的简单方法，但有转子损耗引起严重发热问题。笼型转子异步电机变极调速是一种高效的调速方法，但速度变化有级，应用范围受到限制。为了提高绕线式异步电机转子串电阻调速的运行效率，20 世纪 30 年代就提出了串级调速的思想。这种方法把原本消耗在外接电阻上的转子转差功率引出，经整流变为直流电能供给同轴联接的直流电动机，使这部分能量变为机械功加以利用。交流电机变频调速是一种理想调速方法，早在 20 世纪 20 年代对此就有明确认识：既能在宽广的速度范围内实现无级调速，也不会在调速过程中使运行效率下降，更可获得良好的起动运行特征。但由于当时采用的水银整流器性能不理想而未能推广使用；采用旋转变流机作变频供电也因技术性能不如直流调速而未能推广使用。

20 世纪 70 年代中期全世界范围内出现了能源危机，节约能源成了人们普遍的共识。作为节约电能的重要手段，交流电机调速引起了人们的重视，尤其是拖动风机、水泵、压缩机的交流电机实施以调速来调节流量的运行方式，经改造后产生了巨大的节能效果，更为有力地推动了交流调速技术本身的快速发展。尤其是 20 世纪 80 年代以来，由于科学技术的迅速发展为交流调速的发展创造了极为有利的技术条件和物质基础。从此，以变频调速为主要内容的现代交流调速系统沿着下述几个方面迅速发展。

（2）电力电子器件的蓬勃发展和迅速换代推动了交流调速的迅速发展

20 世纪 50 年代中期世界上第一只晶闸管研制成功，开创了电力电子技术发展的新时代。从此“电子”进入强电领域，电力电子器件成为弱电控制强电的桥梁与纽带，使得电能的变换、利用更加方便和高效，大大地促进了电机调速与控制技术的飞速发展。

20 世纪 60 年代初，中、小型异步电机多采用晶闸管调压调速或采用晶闸管可控整流的电磁转差离合器，取代了传统的饱和电抗器调速；而在中、大容量绕线式异步电机中，多采用晶闸管串级调速装置代替早先机组式串级调速系统，并广泛应用于风机、水泵的调速节能改造。至于变频调速，由于作为第一代电力电子器件的晶闸管没有自关断能力，由它构成的逆变器需要有附加的换相措施，由此产生了几种晶闸管的变频调速装置。最简单的是利用电机反电动势换相的自控式同步电机变频调速系统（无换向器电机），这种调速电机在 20 世纪 70 年代就得到了迅速的推广。由于异步电机的输入电流相位总是滞后于端电压，不能利用其反电动势帮助逆变器中的晶闸管实现换相，必须采用电容强迫换相，使得其变频调速系统电路结构一般比较复杂。这一时期还较多地发展了供单台异步电机变频调速用的串联二极管式电流源型逆变器，供多台异步电机协同调速运行的串联电感式及带铺助换相晶闸管式的电压源型逆变器，还有利用电网电压自然换相、适合于低速大容量调速传动的交-交变频器（循环换流器）。这些晶闸管逆变器的输出电流或电压波形通常是矩形波、阶梯波或正弦波，除了基波外还含有较大的谐波成分，会对电机、电网产生严重的谐波负面效应。特别是 5 次、7 次等低次谐波会在异步电机中引起转矩脉动、振动噪声、损耗发热、效率及功率因数下降等不良影响。这些都是由于所采用的晶闸管器件开关频率太低所致，必须从提高开关频率、优化输出波形着手来解决，此时电力电子器件成为了关键。

20 世纪 50 年代出现的晶闸管只是一种可控制导通但不能控制关断的半控器件，开关频率又低，但它的通态压降小，可以做成高压大容量，因而在大功率（>1MW）、高电压（≥10kV）的交流调速装置中仍有不可替代的地位。20 世纪 70 年代后，各种具有自关断能力的高频自关断器件随着调速节能技术的发展应运而生，主要有电流控制型的大功率晶体管（GTR）、门极关断（GTO）晶闸管，电压控制型的功率 MOS 场效应晶体管（Power MOSFET）、绝缘栅双极型晶体管（IGBT）、MOS 门控晶闸管（MCT）等。由于电压控制（场控）型器件的驱动远比电流控制型简单、方便，因而更具发展前景。这些器件的开关频率和电压、电流容量均已达到相当高水平，在产品中已获得了广泛应用。

20 世纪 80 年代以后，又出现了新一代电力电子器件——功率集成电路（PIC），它集成功率开关器件、驱动电路、保护电路、接口电路于一体，发展成了智能化的电力电子模块器件，目前广泛应用于交流调速中的智能功率模块（IPM）就是采用 IGBT 作功率开关器件，集成电流传感器、驱动电路及过载、短路、过热、欠电压等保护电路于一体，简化了接线，减小了体积，实现信号处理、故障诊断、驱动保护等功能，方便了使用，提高了可靠性，是电力电子器件今后发展的方向。

（3）脉宽调制技术

随着高频自关断器件的应用，进一步推动了交流调速中的变流技术和控制策略的发展。首先是脉宽调制（PWM）技术的成熟和应用。脉冲宽度按正弦规律变化的正弦脉宽调制（SPWM）显著地降低了逆变器输出电压中的低次谐波，使电机运行时的转矩脉动大为减小，动态响应加快。由于 PWM 逆变器把变频与调压结合在一起，输入直流电压无需调节，电源侧可以简单地采用二极管不控整流，从而显著提高了调速系统输入侧功率因数。所用自关断器件开关频率的提高又使逆变器输出谐波次数升高、谐波幅值减小，有效地抑制了输出电力谐波对电机的影响，因而 SPWM 技术在中、小型异步电机变频调速中获得了极为广泛的使用。

从电机原理可知，要使交流电机具备优良的运行性能，首先要向电机提供三相平衡的正弦交流电压，当它作用在三相对称的交流电机绕组中时，就能产生三相平衡的正弦交流电流。若交流电机磁路对称、线性，就能在定、转子气隙中建立单一转向的圆形旋转磁场，使电机获得平稳的转矩、均匀的转速和优良的运行特性，这在大电网供电下自然能得到满足，但在变频器开关方式供电下就有一个发展过程。SPWM 追求的是给电机提供一个频率可变的三相正弦电压，并未关心电机绕组内的电流和电机气隙中的旋转磁场。另一种电流跟踪型 PWM 方式则是避开电压的正弦性，直接追求在电机三相绕组中产生频率可变的对称正弦电流，这比只考虑电压波形进了一步。电流跟踪型 PWM 逆变器为电流控制型电压源逆变器，兼有电压和电流控制逆变器的特点，其中滞环控制电流跟踪 PWM 更因电流动态响应快、实现方便而受到重视。为了追求采用逆变器开关切换能在电机内部生成圆形磁场的效果，近期又研究出磁链跟踪型 PWM 技术。它将逆变器与交流电机作为一个整体来考虑，通过对逆变器开关模式的控制，形成不同的三相电压组合（电压空间矢量），使其产生的实际磁通尽可能地逼近理想的圆形磁通轨迹——理想磁链圆，从而使变频器的性能达到一个更高水平。这种方法采用三相统一处理的电压空间矢量来决定逆变器的开关状态，形成空间矢量脉宽调制（SVPWM）波形，操作简单方便，易于实现全数字控制，已呈现取代传统 SPWM 的趋势。

（4）矢量控制理论的诞生和发展奠定了现代交流调速系统高性能化的基础

由于交流电机定、转子各相绕组之间的耦合紧密，形成了一个复杂的非线性系统，使其转矩与电流不成正比，瞬时转矩控制困难，导致交流电机调速系统的动态性能不如直流调速系统优良。为了有效地控制交流电机的转矩，改善交流调速系统的动态性能，1973 年德国学者 F. Blaschke 提出了矢量变换控制方法，它以坐标变换理论为基础，参照直流电机中磁场（励磁电流）与产生电磁转矩的电枢电流在空间相互垂直、没有耦合、可分别控制的特点，把交流电机的三相定子电流（电流空间矢量）经坐标旋转变换，也分解成励磁电流分量和与之垂直的转矩电流分量，通过控制定子电流矢量在旋转坐标系中的位置和大小，实现对两个分量的分别控制，也就实现了对磁场和转矩的解耦控制，达到与直流电机一样有效地控制电机瞬时转矩的目的，使之具有较好的动态特性。

矢量控制方法的采用使交流电机调速系统的转矩动态性能得到了显著的改善，开创了用交流调速系统取代直流调速系统的新时代，这无疑是交流传动控制理论上的一个质的飞跃。但是经典的矢量控制方法要进行坐标变换，比较复杂；而异步电机矢量控制时坐标轴线需要以转子磁链来定向，其计算比较繁琐，精度常受转子参数变化的影响，造成矢量变换控制系统的控制精度随运行状态变化，达不到理想效果。对此各国学者又相继提出了不少新的控制策略，如转差矢量控制、标量解耦控制等。1985 年德国学者 Depenbrock 又提出了转矩直接控制，它将电机与逆变器作为一个整体来考虑，采用电压空间矢量方法在定子坐标系内进行磁通、转矩的计算，通过磁链跟踪型 PWM 逆变器的开关切换直接控制磁链和转矩，无需进行定子电流解耦所需的复杂坐标变换，系统控制更为简单、直接，动、静态性能优越。这些新的控制方法又进一步提升了交流电机的控制性能，使得现代高性能交流调速系统的动态性能已完全能达到甚至超越直流电机调速系统的水平。

（5）微型计算机控制技术的迅速发展和广泛应用

高性能的控制策略涉及复杂的变换关系和实时数学运算，这又促进了微机数字控制技术在交、直流调速传动中的应用和发展。众所周知，常用的电子控制方式有采用模拟电子电路的模拟控制和采用数字电子电路的数字控制。大约在 20 世纪 70 年代之前，交、直流调速系统多采用模拟控制方式，由众多的线性运算放大器、二极管、晶体管等模拟器件构成控制器。这种控制装置体积大、可靠性差，特别是存在温度漂移对器件参数的影响而稳定性差，又难于实现信息存储、逻辑判断，复杂的数学运算控制（如矢量变换控制）几乎无法实现。随着数字电路、微机技术的发展，采用计算机软件实现各种规律控制已成可能。大规模集成电路技术的成熟导致微处理器、微控制器出现，使得电机的电子控制步入了一个崭新的数字化阶段。当前，以单片机为主体的微型计算机已成为调速系统数字控制的核心，展现出十分优越的控制性能：

1）数字控制器硬件标准、简洁、成本低、可靠性高。

2）数字控制实现灵活、功能齐全，可以按需编写、更换软件，具有最大的柔性。

3）可实现复杂的逻辑判断、数字运算，使得新型、复杂的控制策略能得以实现。

与模拟控制相比，数字控制实时性较差，模拟量数字化时引入的量化误差影响控制精度和平稳性，但随着微机运算速度和字长的提高，这些障碍将得到克服。

（6）交流调速系统的基本类型

根据被控对象——交流电动机的种类，现代交流调速系统可分为异步电动机调速系统和同步电动机调速系统。

1）异步电动机调速系统的基本类型：按照异步电机的原理，从定子通过气隙传入转子的电磁功率可以分为两部分：①轴上的机械功率，这是拖动负载做功的有效功率；②转子绕组内的转差功率，它与转差的大小成正比。可以按照调速过程中转差功率是否增大、真实消耗还是得以回收来划分调速类型。

• 转差功率消耗型。调速过程中全部转差功率均转换成热能形式，不可逆地被消耗掉，而且消耗越多调速范围越宽，当然运行效率将越低。常见的调压调速、绕线式异步电动机转子串电阻调速、电磁转差离合器（电磁调速电机）就属于这种调速类型。值得指出的是尽管转差功率消耗型调速时耗能，但在离心式风机、水泵中采用调速调流量方式仍有相当大的节能效果。这是因为离心式风机、水泵的输入功率是转速的三次方关系，随减小流量而降低转速时电机的输入功率大大减小，抵消掉因调速引起的能耗后仍有20%的节能潜力，十分可观。

• 转差功率回馈型。调速时转差功率的一部分被消耗掉，大部分通过变流装置返回电网或转化为机械功被利用，以此维持较高的运行效率。绕线式异步电机串级调速就属于此类调速方式。

• 转差功率不变型。这种方法主要是通过改变同步转速实现调速，转差功率消耗水平保持不变，因而是一种真正意义上的高效调速方式，变频调速、变极调速就是具体的方法。变频调速更是交流电机的主要调速方式，以此为基础可以构成许多高性能的交流调速系统。

2）同步电动机调速系统：同步电机是一种常用的交流电机，因其转子的稳定转速与同步转速严格一致而得名。同步电机应用广泛且功率覆盖面广阔，可作为发电机、电动机和调相机运行。同步电机的功率因数可调，可在不同的场合应用不同类型的同步电机，以提高电机运行效率。同步电机本身结构稍复杂，直接接入电网运行时存在失步与起动困难两大问题，且仅能采用变频调速方法进行控制。但随着变频调速技术的不断发展成熟，同步电机变频调速具有自己独特之处，在交流传动领域内和异步电机同样具有重要的作用。

按照转子励磁方式的不同，同步电机可分为电励磁同步电机和永磁同步电机。电励磁同步电机的转子是通有直流电流的励磁绕组，可以通过调节转子的直流励磁电流，改变电机的输入功率因数，因此电机运行效率高。电励磁同步电机气隙大且容易制造，但电机的控制相对复杂。永磁同步电机是由电励磁同步电机发展而来的，其转子使用永磁体提供励磁，无需直流励磁，从而省去了励磁绕组、集电环和电刷，使电机结构变得简单可靠。

19 世纪 20 年代世界上出现了第一台永磁同步电机，但由于其永磁材料采用了天然磁铁矿石，因此磁能密度低、电机体积庞大，很快便被电励磁同步电机代替。随着各种高性能永磁材料的相继问世，永磁同步电机也逐渐发展起来，广泛应用于工业领域、民用领域等。永磁同步电机常用的控制策略是矢量控制和直接转矩控制，而矢量控制的电流控制策略具有多种形式，常见的电流控制方式有：$i_d=0$ 控制、最大转矩/电流比控制、弱磁控制。

$i_d=0$ 控制通过令直轴电流 $i_d=0$ 来实现永磁同步电机内部电磁特性的快速解耦。其中，表贴式同步电机的 $i_d=0$ 控制相当于最大转矩/电流比控制。$i_d=0$ 控制实现了电机 dq 轴电流的静态解耦，系统结构较为简单，鲁棒性能好，转矩可实时动态控制。

最大转矩/电流比（Maximum Torque-Per-Ampere，MTPA）控制，是通过调节定子电流的交直轴分量，使相同幅值的定子电流产生最大的电磁转矩。最大转矩电流比是凸极电机在矢量控制上的一种优化，可提高逆变器电压的利用率，减少损耗，提高电机的效率。

弱磁控制是通过减弱励磁磁场来提高电机转速，其思想来源于他励直流电动机的调磁控制。弱磁控制后，永磁同步电机的运行特性更加适合电动汽车的驱动要求，可降低逆变器容量，提高驱动系统的效率。

此外，有一类特殊的永磁电动机——永磁无刷直流电机，它的电机本体须通过某一特殊装置或功能部件才能与调速装置紧密结合，缺少其中任一部分均不能单独运行，是一种典型的机电一体化调速电机，往往以配置转子（磁极）位置检测机构为其特征。永磁无刷直流电机因其结构简单、性能优良、运行可靠和维护方便的优点，在自动化伺服与驱动、家用电器、计算机外设、汽车电器及电动车辆驱动中获得了越来越广泛的应用。

3. 电机控制技术的发展动向

电机的电子控制是一门集电机运行理论、电力电子技术、自动控制理论和微机控制技术于一体的机电一体化技术，随着这些相关技术的飞速进步，电机控制技术正在日新月异地不断发展。目前的发展动向主要表现在：

（1）采用新型电力电子器件的变换器和脉宽调制技术

随着一代代自关断器件的陆续产生，调速系统变流装置正朝高电压、大容量、高频化、小型化方向发展，适合中电压（≥10kV）、大容量（≥10MW）的变频器已获得应用。随着功率器件开关频率的提高，PWM 技术进一步优化，可以获得十分理想的正弦电压输出。变频器电网侧交-直变换虽采用不控整流可使基波功率因数（位移因数）接近于 1，但因输入电流谐波大而使得总功率因数低下。消除对电网的谐波污染、提高系统输入功率因数、优化变频器输入特性已成为当前变频技术关注热点。因此，PWM 整流技术、新型单位功率因数变流器（如矩阵式交-交变换器）的研究和开发已引起广泛关注。

与此同时，如何提高变频器的开关频率也受到重视，特别是大功率逆变器中功率开关频率主要受到开关损耗的限制，如何降低开关损耗是变频器高频化的关键。近年来已研究出了应用谐振原理使功率器件在零电压或零电流下进行开关的软开关技术，其开关损耗接近为零，大大提高了变流器的运行效率。

（2）开发无机械传感器技术

交流电机是一个多变量、强耦合、时变的非线性系统，瞬时转矩控制困难，造成长时间以来其动态性能不如直流电机优良。各类电机闭环控制中常需检测转子速度或磁极位置，因而带来了传感器安装、维护、环境适应性及运行可靠性等诸多问题。为了降低造价并提高可靠性，国外从 20 世纪 70 年代开始进行了无速度传感器控制技术的研究。最初是利用检测定子电压、电流等易测量和电机模型进行速度估算，后来采用了模型参考自适应系统（MRAS）进行速度辨识，近年已将卡尔曼滤波器理论用于电机的参数辨识。为解决静止和极低速情况下电机转子位置（速度）的自检测，高频电压（电流）注入法也已引入了交流电机的无位置（速度）传感器运行研究中。目前无速度传感器技术已应用于商品化变频器之中。

（3）应用现代控制理论

自从高性能微处理器用于实时控制之后，使得现代控制理论中各种控制方法得到应用，基于现代控制理论的滑模变结构控制，采用微分几何理论的非线性解耦控制、模型参考自适应控制、模型预测控制等均已引入电机控制。但这些方法仍建立在对象精确的数学模型之上，需要大量传感器、观测器，结构复杂，仍无法摆脱系统非线性和参数变化的影响。智能控制无需对象的精确数学模型并具有较强的鲁棒性，近年已被陆续引入电机控制之中，如模糊控制、人工神经元网络控制、专家系统等，使电机控制正朝智能化控制方向发展。

第1章　直流电动机的控制

根据生产机械的要求，电机控制系统分为调速系统、伺服系统、张力控制系统、多电动机同步控制系统等多种类型。实际上各种系统都是通过控制电动机的转速来实现的，因此调速系统是电机控制系统中最基本的系统。

按照所用电动机种类的不同，调速系统可分为直流调速系统和交流调速系统两类。直流电动机具有良好的控制性能，起动、制动方便，适于在宽范围内平滑调速，因此在20世纪70年代以前，许多需要调速的电力拖动设备都广泛采用直流调速系统。自从电力电子器件在电机调速中获得广泛应用以后，人们相继开发出各种交流调速系统，现在高性能的交流调速技术已经发展成熟。鉴于直流电动机具有结构复杂、使用维护不方便等缺点，大部分原来采用直流调速系统的电力拖动设备已被交流调速系统取代。但是，直流调速系统的分析与控制理论仍是电机控制规律的基础，许多高性能交流调速技术都是在直流调速理论的基础上发展起来的，而且有些小容量的直流调速系统现在还在应用，因此掌握直流调速系统的基本规律和控制方法是非常必要的。

1.1　直流电动机数学模型与机械特性

1.1.1　直流电动机结构及工作原理

直流电动机的工作原理可用如图1-1所示模型进行说明，图中N和S是定子主磁极直流励磁后所产生的恒定磁场，当电刷A和B间外施直流电压U_S，若A刷与电源的“+”极相连，B刷与电源的“-”极相连，则在图1-1a所示瞬间，外电流I_S经A刷及与之相接触的换向片进入绕组元件abcd，如元件内的电流为i_d，则i_d的方向为从A刷→a→b→c→d→B刷。i_d与磁场相互作用，产生电磁力f，方向根据左手定则确定，如图1-1b所示。作用在电枢圆周切线方向的电磁力f将产生电磁转矩T_{em}，方向为逆时针。当电磁转矩T_{em}大于负载转距T_2和空载转矩T_0之和时，在电磁转矩T_{em}作用下，电枢以速度n按逆时针方向旋转。同时，转动的电枢绕组切割恒定磁场，产生感应电动势e，方向按右手定则确定，与i_d正好相反。

转过180°的位置后，由于电刷A通过换向片仍与处在N极下的元件边相连，所以从空间上看，i_d的方向不变，即从A刷→d→c→b→a→B刷，电磁转矩T_{em}仍是逆时针方向，因此n亦不变。但i_d相对于元件abcd来说，已改变了方向。所以直流电动机在运行时有以下4个特点：

1）电刷间外施电压U_S和外电流I_S均为直流，通过换向片和电刷的作用，在每个电枢线圈内流动的电流i_d变成了交流，同时产生的感应电动势e亦为交流。

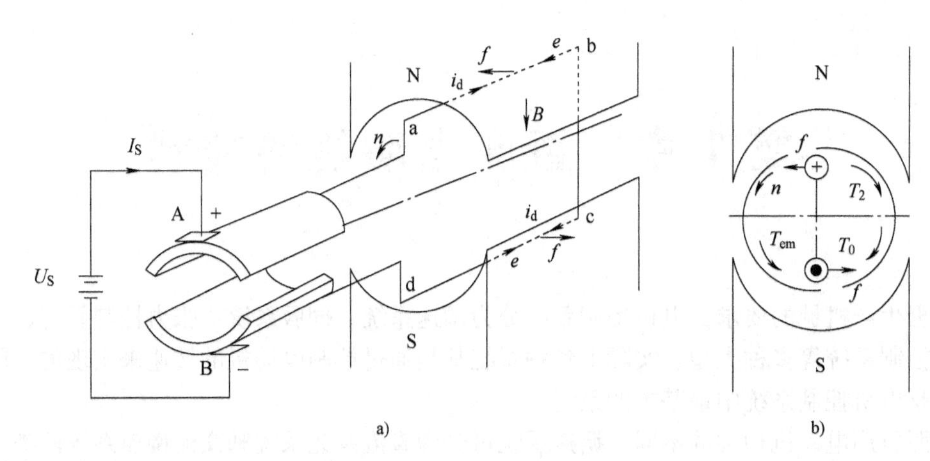

图 1-1　直流电动机的工作模型

2）元件内的感应电动势 e 和电流 i_d 的方向相反，故称 e 为反电动势。

3）某一固定的电刷（如 A 刷）只与处在一定极性（N 极）磁极下的导体相连接。由于处在一定极性下的导体电动势和电流的方向是不变的，因此，由电枢电流所产生的磁场在空间上也是固定不变的。

4）电磁转矩 T_{em} 起驱动作用，即 n 与 T_{em} 同方向，所以只要电动机外部持续不断地供给电能，电动机就有持续不断的电磁转矩 T_{em} 去驱动生产机械或设备。

1.1.2　直流电动机数学模型

1.1.2.1　直流电动机基本数学模型与方程

1. 电动势平衡方程式

以并励直流电动机为例，各物理量的正方向按习惯规定，如图 1-2 所示。

根据电路定律可以列出直流电动机的电动势平衡方程式为

$$U_S = E + I_d(R_a + R_{aj}) \tag{1-1}$$

$$E = C_e \Phi n \tag{1-2}$$

式中　U_S——电枢端电压，单位为 V；

I_d——电枢电流；

R_a——电枢回路总电阻，包括电枢绕组电阻、换向极绕组电阻、补偿绕组电阻和电刷接触电阻；

R_{aj}——电枢回路的外接电阻，用于起动、调速和制动；

Φ——每极磁通量，单位为 Wb；

n——电机转速，单位为 r/min；

C_e——电动势常数，且 $C_e = n_p/(60a)$；

其中　n_p——电机极对数；

a——并联支路对数。

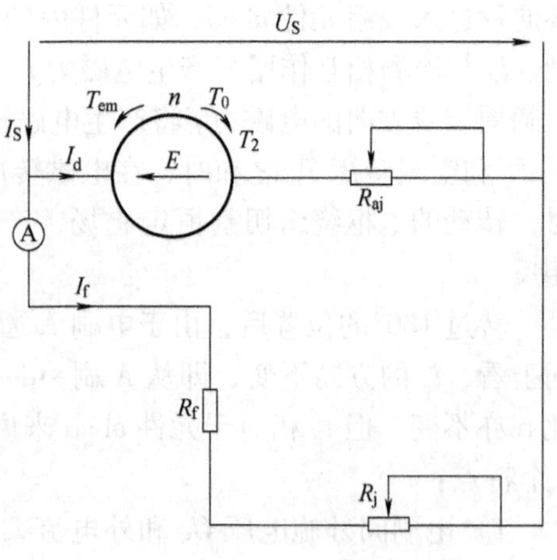

图 1-2　并励直流电动机电路图

而励磁回路中的电压平衡方程式为

$$U_S = I_f(R_f + R_j) \tag{1-3}$$

式中 R_f——励磁绕组的电阻；

R_j——励磁回路中的外接电阻，用于调节励磁电流。

当电动机处在瞬变过程中时，电枢电流 I_d、反电势 E 和转速 n 在不断地变化，不接 R_{aj} 时，加在电枢两端的电压除平衡 E 和 I_dR_a 外，还需与电枢电路的自感电动势相平衡，其电动势平衡方程式为

$$U_S = E + I_dR_a + L_a\frac{dI_d}{dt} \tag{1-4}$$

2. 转矩平衡方程式

电动机在正常稳定运行时，电磁转矩 T_{em} 应与负载转矩 T_2 和空载转矩 T_0 相平衡，故转矩平衡方程式为

$$T_{em} = T_2 + T_0 = T_C \tag{1-5}$$

$$T_{em} = C_T\Phi I_d \tag{1-6}$$

式中 T_C——总负载转矩；

C_T——转矩常数，$C_T = n_p/(2\pi a)$。

理想空载运行时，$U_S = U_N$，$\Phi = \Phi_N$，$T_C = 0$，$I_d = 0$，此时所对应的转速

$$n_0 = \frac{U_N}{C_e\Phi_N} \tag{1-7}$$

称为理想空载转速。

实际空载运行时，$T_2 = 0$，$T_0 \neq 0$，故电枢电流 $I_{d0} = \dfrac{T_0}{C_T\Phi} \neq 0$。

在稳定运行时，$T_{em} = T_C$。但当 T_{em} 发生变化或 T_C 发生变化，即 $T_{em} \neq T_C$ 时，电动机的转速 n 就会发生变化。根据运动力学原理，转矩平衡方程式为

$$T_{em} - T_C = J\frac{d\Omega}{dt} \tag{1-8}$$

式中 J——系统转动部分的等效转动惯量。

1.1.2.2 直流电动机精确模型

精确模型是将电机转速变化的机械过程和电量变化的电磁过程按照实际情况考虑认为它们同时发生，从电枢电压平衡方程和转矩平衡方程出发建立其状态方程及传递函数关系。

根据

$$T_{em} - T_C = J\frac{d\omega}{dt}\left(\frac{2\pi}{60}n\right) = \left(\frac{\pi}{30}J\right)\frac{dn}{dt} = J'\frac{dn}{dt} \tag{1-9}$$

得到转速惯量参数 J' 与常用的转动惯量 J(单位 $N \cdot m \cdot s^2/rad$) 的关系为

$$J' = \frac{\pi}{30}J \tag{1-10}$$

若采用拉普拉斯变换，则按 $d/dt \to s$，$\int dt \to 1/s$ 的对应关系，可以从式（1-9）的微分方程推导出电枢电流 i_a 与电枢电压 u_a 之间传递函数以及转子转速 n 与动态转矩（$T_{em} - T_C$）之间传

递函数见式（1-11）和式（1-12）。

$$\frac{i_a}{(u_a-e)}=\frac{1/R_a}{1+sL_a/R_a}=\frac{K_a}{1+T_a s} \tag{1-11}$$

式中　K_a——电枢回路放大倍数，且 $K_a=1/R_a$；

　　　T_a——电枢回路电磁时间常数（s），且 $T_a=L_a/R_a$。

$$\frac{n}{T_{em}-T_C}=\frac{1}{J's} \tag{1-12}$$

考虑到 $E=C_e\Phi n$ 及 $T_{em}=C_t\Phi i_a$ 的辅助关系，并引入一个机电时间常数 T_m，且 $T_m=J'R_0/(C_tC_e\Phi^2)$，则可求得精确模型的传递函数框图如图 1-3 所示。

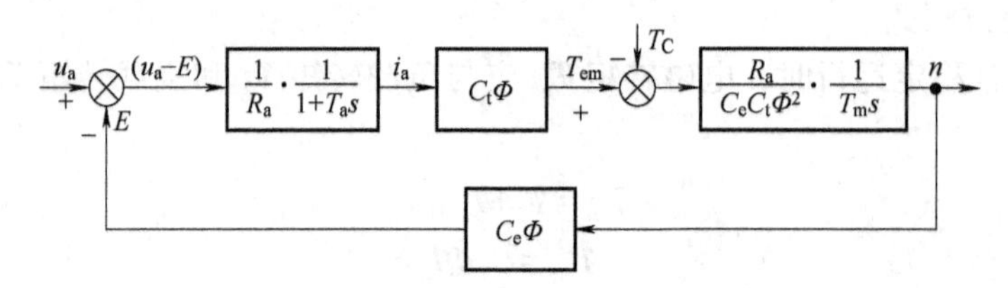

图 1-3　直流电机的精确模型传递函数框图

由于建立精确模型时综合考虑了机电（T_m）和电磁（T_a）的过渡过程，故反映在传递函数框图中形成了一个有反馈的闭环二阶系统，其二阶系统的特性体现在各量之间的关系上。如转速与电枢电压间传递关系为

$$\frac{n}{u_a}=\frac{1/(C_e\Phi)}{T_mT_s s^2+T_m s+1} \tag{1-13}$$

电枢电流与电枢电压间传递关系为

$$\frac{i_a}{u_a}=\frac{T_m s/R_a}{T_mT_a s^2+T_m s+1} \tag{1-14}$$

转速与负载转矩间传递关系为

$$\frac{n}{-T_C}=\frac{T_m(1+T_a s)/J'}{T_mT_a s^2+T_m s+1} \tag{1-15}$$

1.1.3　直流电动机机械特性

直流电动机的机械特性是指在 $U_S=U_N$，$I_f=I_{fN}$，$R_a+R_{aj}=$常数的条件下，电动机转速和电磁转矩 T_{em}之间的关系，即 $n=f(T_{em})$，当电枢回路没有外接电阻 R_{aj}时的机械特性称为自然机械特性。除了自然机械特性，还可用人为的方法改变电动机的机械特性，得到人工机械特性，以更好地满足生产机械的需要。人为改变电枢端电压 U_S、电枢回路外接电阻 R_{aj}和励磁回路外接电阻 R_j（即磁通 Φ）中的任一项，而其他项仍保持不变的情况下所获得的机械特性称为人工机械特性。对应于不同情况，可以直接从机械特性的一般表达形式获得相应的人工机械特性表达式。

直流电动机机械特性的一般表达式为

$$n=\frac{U_S}{C_e\Phi}-\frac{R_a+R_{aj}}{C_eC_T\Phi^2}T_{em} \tag{1-16}$$

1. 并励直流电动机的自然机械特性

自然机械特性的表达式为

$$n=\frac{U_N}{C_e\Phi_N}-\frac{R_a}{C_eC_T\Phi_N^2}T_{em}=n_0-\beta_N T_{em} \tag{1-17}$$

式中 β_N——自然机械特性的斜率。

按式（1-17）所得的自然机械特性曲线如图 1-4 所示，为一条下垂的斜线，由于直流电动机中的 R_a 很小，即 $R_a << C_eC_T\Phi_N^2$，所以 β_N 很小，Δn_N（$\Delta n_N=n_0-n_N$）很小，这种机械特性就称为硬机械特性。

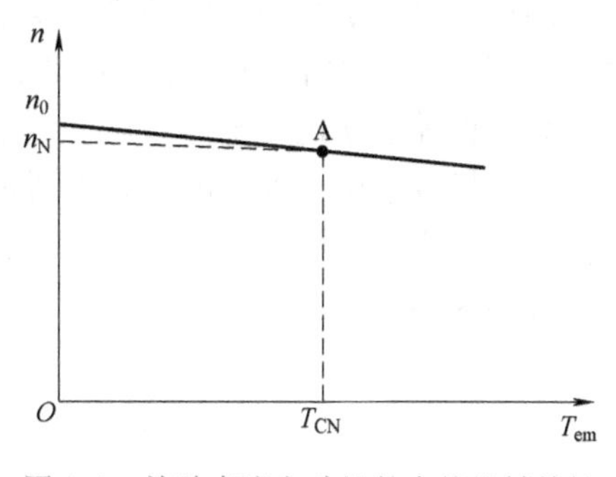

图 1-4 并励直流电动机的自然机械特性

2. 并励直流电动机的人工机械特性

保持电枢端电压 U_N 和励磁电流 I_f（即磁通 Φ）不变，仅改变电枢回路外接电阻 R_{aj} 的机械特性称为改变电枢回路外接电阻 R_{aj} 的人工机械特性，其表达式为

$$n=\frac{U_N}{C_e\Phi_N}-\frac{R_a+R_{aj}}{C_eC_T\Phi_N^2}T_{em}=n_0-\beta T_{em} \tag{1-18}$$

显然，对应于每一个不同的 R_{aj} 值，就有一条特性曲线，但理想空载转速 n_0 均与自然机械特性曲线所对应的 n_0 值相同，随着 R_{aj} 的增大，β 值增大，特性曲线变软。所以此时的人工机械特性是一组通过 n_0 点的放射性曲线，如图 1-5a 所示。

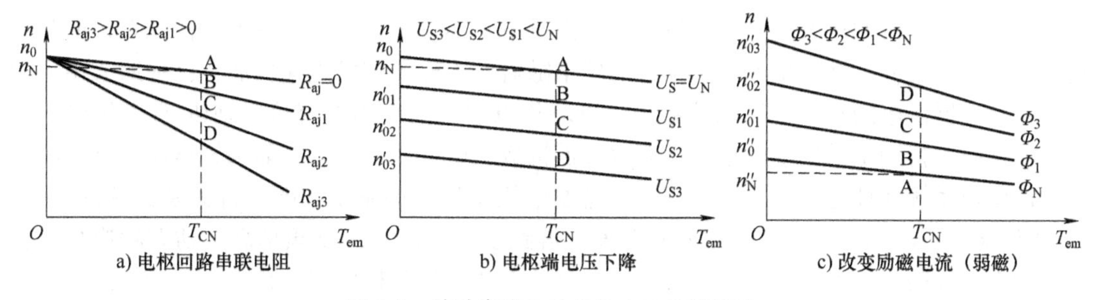

图 1-5 并励直流电动机的人工机械特性

电枢回路不串接电阻 R_{aj}，保持励磁电流 I_f（即磁通 Φ）不变，仅改变电枢端电压 U_S 的机械特性称为改变电枢端电压 U_S 的人工机械特性，其表达式为

$$n=\frac{U_S}{C_e\Phi_N}-\frac{R_a}{C_eC_T\Phi_N^2}T_{em}=n_0'-\beta_N T_{em} \tag{1-19}$$

同样，对应于每一不同的端电压 U_S，就有一条特性曲线。随着 U_S 的下降，理想空载转速 n_0' 减小，但因各条曲线的斜率 $\beta=\beta_N$ 保持不变，所以是一组与自然机械特性曲线平行的曲线，如图 1-5b 所示。

电枢回路不串接电阻 R_{aj}，保持电枢端电压 U_N 不变，仅改变励磁电流 I_f（即磁通 Φ）的机械特性称为减弱主磁通 Φ（即增大励磁回路外接电阻 R_j，仅改变励磁电流）的人工机械特性，其表达式为

$$n=\frac{U_N}{C_e\Phi}-\frac{R_a}{C_eC_T\Phi^2}T_{em}=n_0''-\beta' T_{em} \tag{1-20}$$

同样，对应于每一不同的磁通 Φ 值，就有一条特性曲线。随着磁通 Φ 的减小，理想空载转速 n_0'' 增大，特性曲线的斜率 β' 也随之增大，特性曲线如图 1-5c 所示。

为了保证电动机安全可靠运行，电枢端电压和磁通只能减小，而外接电阻则只能增大。有时，电枢端电压、外接电阻和磁通可能有两项，甚至三项同时变化，同样可以获得相应的机械特性曲线。有效地利用机械特性曲线，有助于正确了解、分析直流电动机起动、调速和制动等在内的各种运行状态。

1.2 直流电动机调速系统

根据式（1-17），直流电动机的调速方法有改变电枢端电压调速（变压调速）、改变串入电枢回路的电阻调速（串联电阻调速）和改变励磁电流调速（弱磁调速）。其中，变压调速是直流调速系统的主要调速方法。由可控电压的直流电源给直流电动机供电，改变直流电枢电压来调节电动机的转速，就构成转速开环的直流调速系统。采用电力电子技术的可控直流电源主要有两大类：①晶闸管相控整流器，它把交流电源直接转换成可控的直流电源；②直流脉宽调制（Pulse Width Modulation，PWM）变换器，它先用不可控整流器把交流电变换成直流电，然后改变直流脉冲电压的宽度来调节输出的直流电压。

1.2.1 晶闸管-直流电动机调速系统

传统直流电机调速系统采用直流发电机组供电，不仅重量大、效率低、占地多，而且控制的快速性比较差，维护也比较麻烦。近年来随着电力电子技术迅速发展，已普遍采用了由晶闸管整流器供电的直流电机调速系统，以取代以前广泛应用的交流电动机-直流发电机组供电的系统。特别是采用了由集成运算放大器构成的电子调节器后，晶闸管整流器供电的直流电机调速系统在性能上已远远地超过直流发电机组供电的系统。随着自关断器件的出现，PWM 调速或斩波调速方式在直流调速系统中得到发展。由于调制频率高、动态响应快，在高性能直流伺服驱动中得到了广泛的应用。近几年微型计算机应用的普及，更为直流电机调速系统实现数字化和高性能化创造了条件。

可控整流器供电直流电动机调速系统中，直流电动机（包括电枢回路所串联平波电抗器）是可控整流电路的一种带电感的反电动势负载，电流容易出现断续现象，这是传统直流发电机组供电形式的直流调速系统中未曾出现过的新现象。

1.2.1.1 电流断续问题

当调速系统主电路有足够大的电感量，而且电动机的负载也足够大时，整流电流便具有连续的脉动波形；当电感较小或电动机的负载较轻时，在瞬时电流 i_d 上升阶段，电感储能，但所存储的能量不够大，等到 i_d 下降时，电感中的能量释放出来维持电流导通，由于储能较少，在下一相尚未被触发之前，i_d 已衰减到零，于是造成电流波形断续的情况。一旦电枢电流断续，调速系统的机械特性很软，无法承担负载；同时闭环控制中往往会出现参数失调、系统振荡，不得不采取一些措施来补救，如采用多相整流电路、加大平波电抗器电感量等来防止电流的断续；或者在控制方式中采用自适应控制，使系统中的调节器参数能随电流的断续而自动发生相应的变化，以此保持系统的运行稳定性。所以，晶闸管可控整流器供电直流电动机调速系统的机械特性必须按电流连续与否来分开讨论。

1. 电流连续时

如果直流电机电枢回路电感足够大，使得可控整流器输出电流连续。在不计换相重叠压降情况下，根据可控整流电路的不同拓扑形式，其输出整流电压平均值分别为

对单相桥式整流

$$U_d = 0.9U\cos\alpha = U_{do}\cos\alpha \tag{1-21}$$

对三相半波整流

$$U_d = 1.17U\cos\alpha = U_{do}\cos\alpha \tag{1-22}$$

对三相桥式整流

$$U_d = 2.34U\cos\alpha = U_{do}\cos\alpha \tag{1-23}$$

式中　U——电源相电压的有效值。

在电流连续的情况下，由于晶闸管有换相重叠现象，产生了一定的换相重叠压降，其对调速系统性能的影响可通过在整流电源内阻中计入一个不消耗功率的虚拟电阻 R_e 来考虑。图 1-6 为用于说明虚拟电阻 R_e 成因和计算用的三相半波整流电路及其电压、电流波形图。

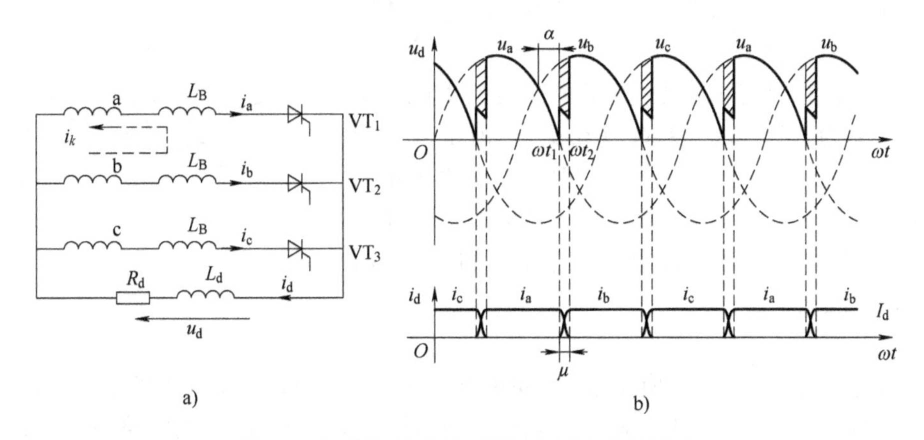

图 1-6　换相重叠现象对可控整流电路的影响

以 a 相 VT_1 至 b 相 VT_2 换相为例，ωt_1 时刻 VT_2 被触发导通，由于 VT_1 支路内有电感 L_B 的存在，b 相电流 i_b 从零开始增长，直到 $\omega t_2=\omega t_1+\mu$ 时刻才达 $i_b=i_d$ 恒定；相反在 $\omega t_1\sim\omega t_2$ 的时间内，VT_1 支路也因换相电感 L_B 的存在使 i_a 从 i_d 逐渐下降至零，以此完成负载电流从 VT_1 至 VT_2 的换相过程。

在 VT_1、VT_2 重叠导通的换相期间 μ，整流平均电压为 $u_d=(u_a+u_b)/2$，与不计换相重叠现象相比，u_d 波形损失了一块如图所示的阴影面积，使整流平均电压 u_d 减少了一个换相重叠压降 ΔU_d。如设整流电路一个工作周期内换相 m 次，每个换相周期持续时间为 $2\pi/m$，则可求得

$$\begin{aligned}\Delta U_d &= \frac{1}{2\pi/m}\int_{\alpha}^{\alpha+\mu}(u_b-u_d)\,d(\omega t)\\ &= \frac{m}{2\pi}\int_{\alpha}^{\alpha+\mu}L_B\frac{di_k}{dt}d(\omega t)\\ &= \frac{m}{2\pi}\omega L_B I_d = R_e I_d\end{aligned} \tag{1-24}$$

式中

$$R_e = \frac{m}{2\pi}\omega L_B \tag{1-25}$$

即为换相重叠压降的等效电阻。考虑到单相全波整流时 $m=2$，$R_e=(1/\pi)\omega L_B$；三相半波整流时 $m=3$，$R_e=[3/(2\pi)]\omega L_B$；三相桥式整流时 $m=6$，$R_e=(3/\pi)\omega L_B$。

如果再考虑交流电源的等效内电阻 R_o，则在电流连续的情况下晶闸管整流器可以等效地看作一个具有内电动势 U_d、内电阻 R_e+R_o 的直流电源，在这个直流电源供电下，直流电动机的基本方程式为

$$U_d=(R_e+R_o+R)I_d+E=R_\Sigma I_d+E \tag{1-26}$$

和

$$n=\frac{E}{C_e\Phi}=\frac{1}{C_e\Phi}(U_d-R_\Sigma I_d)=\frac{1}{C_e\Phi}(U_{do}\cos\alpha-R_\Sigma I_d) \tag{1-27}$$

由式（1-27）可以看出，在电流连续的情况下，当整流器移相角 α 不变时，电动机的转速随负载电流 I_d 的增加而降低。在图 1-7 中绘出了不同的移相角 α 对应的一簇机械特性曲线，它们实际上是一组相互平行向下倾斜的直线，其斜率为 $|\Delta n/\Delta I_d|=R_\Sigma/(C_e\Phi)$。但是当电流减小到一定程度时，平波电抗器中贮存的能量将不足以维持电流连续，电流将出现断续现象，此时直流电动机的机械特性就会发生很大的变化，它将不再是直线，图 1-7 中以虚线表示。

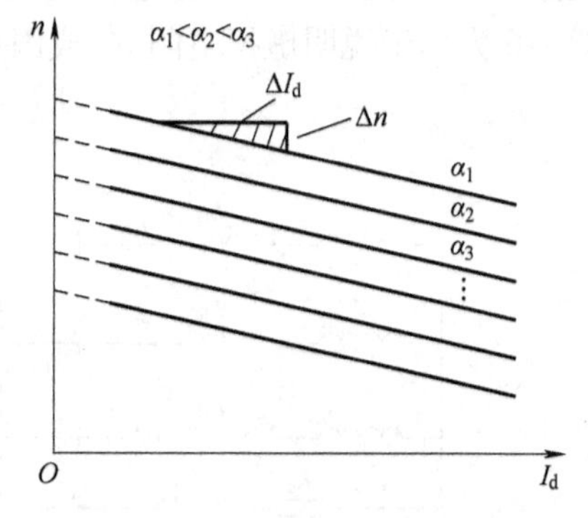

图 1-7 α 恒定时的机械特性

2. 电流断续时

电枢电流断续时不再存在换相晶闸管重叠导通的现象，直流电机通电的情况可以用图 1-8 所示的等效电路来分析。在此电路中，电压 u_2 在单相和三相半波整流电路中是一相的相电压；在三相桥式整流电路中则为线电压。由于电机有反电动势 E 存在，显然只有在电源电压的瞬时值 u_2 大于反电动势 E 时晶闸管 VT 才能导通，即要求整流触发角 $\alpha>\psi$，ψ 为自然换相点的位置（即 $\alpha=0°$处），如图 1-9 所示。

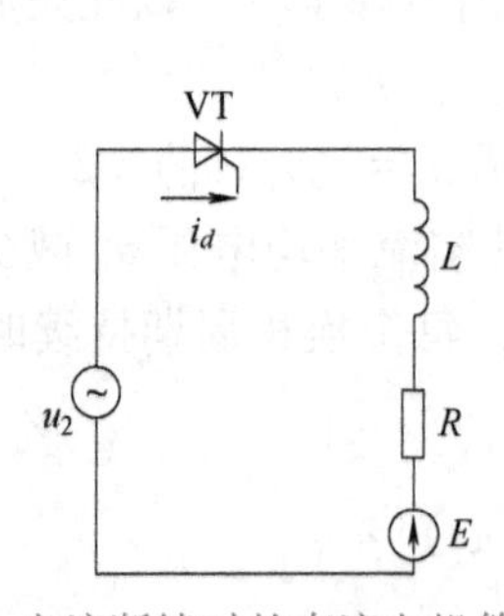

图 1-8 电流断续时的直流电机等效电路

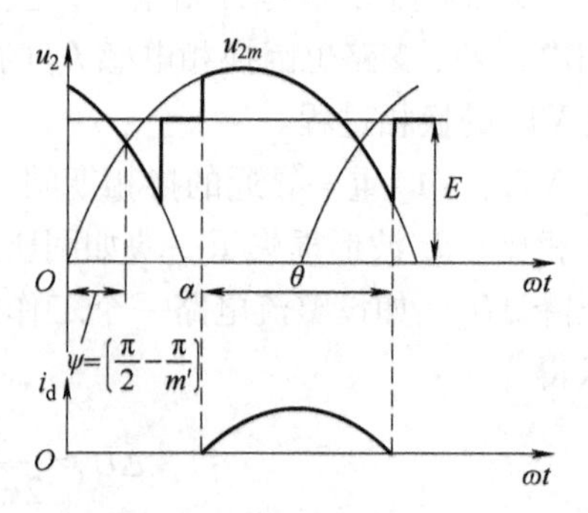

图 1-9 电流断续时的电机电流

根据图 1-8 所示交流等效电路，可写出电路的电压平衡关系为

$$u_2=\sqrt{2}U\sin\omega t=E+R_\Sigma i_d+L\frac{di_d}{dt} \tag{1-28}$$

考虑到等效电阻 R_{Σ} 的作用主要是改变机械特性的斜率（硬度），为了分析简便起见，可先不计 R_{Σ} 的影响，以后再作斜率特性修正，于是回路电压平衡方程式简化为

$$u_2=\sqrt{2}U\sin(\omega t)=E+L\frac{\mathrm{d}i_{\mathrm{d}}}{\mathrm{d}t} \tag{1-29}$$

式中　U——电源电压的有效值。

求解以上方程式可得

$$i_{\mathrm{d}}=\frac{\sqrt{2}U}{\omega L}\cos(\omega t)-\frac{E}{L}t+C \tag{1-30}$$

式中　C——积分常数，可由图 1-9 中的边界条件决定。

由于电流是断续的，在晶闸管开始导通的瞬间 $\omega t=\psi+\alpha$ 时，$i_{\mathrm{d}}=0$，故可求得

$$C=\frac{\sqrt{2}U}{\omega L}\cos(\psi+\alpha)+\frac{E}{\omega L}(\psi+\alpha) \tag{1-31}$$

式中　ψ——整流器移相角起算点（自然换相点）的相位，$\psi=\frac{\pi}{2}-\frac{\pi}{m'}$，因整流电路不同而异：

在单相全波整流电路中 $m'=2$ 时，$\psi=0$；

在三相半波整流电路中 $m'=3$ 时，$\psi=30°$；

在三相桥式整流电路中 $m'=6$ 时，$\psi=60°$。

把式（1-31）代入式（1-30）可得

$$i_{\mathrm{d}}=-\frac{\sqrt{2}U}{\omega L}[\cos\omega t-\cos(\psi+\alpha)]-\frac{E}{\omega L}[\omega t-(\psi+\alpha)] \tag{1-32}$$

由于电流不连续，晶闸管只在一段时间内导通。设晶闸管的导通角为 θ，则当 $\omega t=\psi+\alpha+\theta$ 时又断流，有 $i_{\mathrm{d}}=0$，故把 $\omega t=\psi+\alpha+\theta$ 代入式（1-32）可得

$$\begin{aligned}\theta&=\frac{-\sqrt{2}U}{\omega L}[\cos(\psi+\alpha+\theta)-\cos(\psi+\alpha)]-\frac{E}{\omega L}\theta\\&=\frac{\sqrt{2}U}{\omega L}\left[2\sin\left(\psi+\alpha+\frac{\theta}{2}\right)\sin\frac{\theta}{2}\right]-\frac{E\theta}{\omega L}\end{aligned} \tag{1-33}$$

从而，可以求得反电动势 E 和 θ 及 α 之间的关系为

$$E=\frac{\sqrt{2}U}{\theta}\left[2\sin\left(\psi+\alpha+\frac{\theta}{2}\right)\sin\frac{\theta}{2}\right] \tag{1-34}$$

在并励直流电动机中，$E=C_{\mathrm{e}}\Phi n$，故由式（1-34）可以转而求得转速 n 和 θ 及 α 的关系为

$$n=\frac{\sqrt{2}U}{C_{\mathrm{e}}\Phi\theta}\left[2\sin\left(\psi+\alpha+\frac{\theta}{2}\right)\sin\frac{\theta}{2}\right] \tag{1-35}$$

由于晶闸管的导通角 θ 和负载电流的大小有关，所以式（1-35）实际上隐含地给出了直流电动机在电流断续时的机械特性，只是关系式比较复杂，不直观，需要通过求解电机电枢电流平均值 I_{d} 与导通角 θ 间的关系来揭示。由图 1-9 可得电枢电流平均值 I_{d} 为

$$I_{\mathrm{d}}=\frac{m}{2\pi}\int_{\psi+\alpha}^{\psi+\alpha+\theta}i_{\mathrm{d}}\mathrm{d}(\omega t) \tag{1-36}$$

式中　m——每周期内整流电路的换相次数，对单相全波整流电路 $m=2$，对三相半波整流电路 $m=3$，对三相桥式整流电路 $m=6$。

将式（1-32）和式（1-34）代入式（1-36）进行积分和整理，可得负载电流 I_d 和导通角 θ 之间的关系为

$$I_d=\frac{m}{2\pi}\frac{\sqrt{2}U}{\omega L}\left[\cos\left(\psi+\alpha+\frac{\theta}{2}\right)\left(\theta\cos\frac{\theta}{2}-2\sin\frac{\theta}{2}\right)\right] \tag{1-37}$$

这样，就以 θ 角为参变量，把式（1-35）和式（1-37）联系起来求得不同 α 和 θ 下的直流电动机机械特性。图 1-10 所示为三相半波整流电路供电下的直流电机机械特性，可以看到，当负载电流 I_d 比较小时，晶闸管导通角 $\theta<120°$，电流进入断续状态，电机的机械特性变得很软，而且呈显著的非线性上翘，使电动机的理想空载转速很高；随着负载的增加转速很快下降，如同在并励直流电机的电枢中串联了很大的电阻；当负载增加到一定数值时，$\theta=120°$，电流连续，于是机械特性变成了水平直线，如图中虚线所示：这是因为在分析中忽略了电枢电阻的影响之故。如计及电阻，那么电流连续时的机械特性将如图中实线所示，具有一定的斜度，其斜率为 $|\Delta n/\Delta I_d|=R_\Sigma/(C_e\Phi)$。只要电流连续，晶闸管可控整流器就可以看成是一个线性的可控电压源。

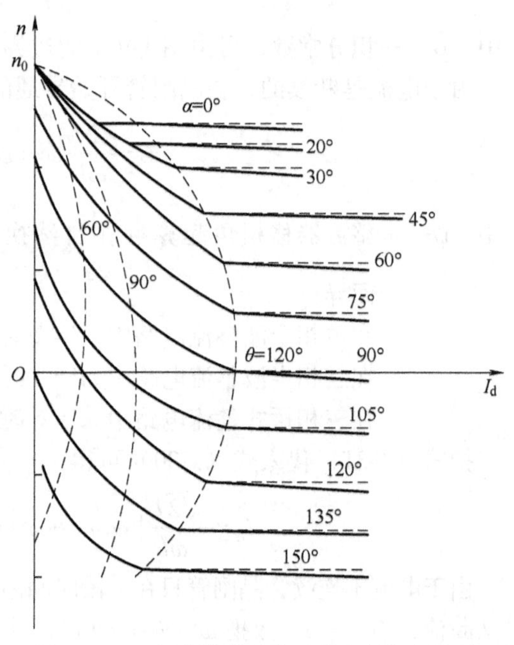

图 1-10　三相半波整流电路供电的机械特性

由于电流断续时直流电机电枢回路等效电阻增加很多，除使机械特性变软外，也对调速系统的特性产生很不利的影响，往往引起振荡，因此需要接入平波电抗器防止电流的断续。在选择电抗器电感量时，按最小负载电流 I_{Lmin} 下保证电流仍连续的原则计算电感量。因为电流连续时的导通角保持为 $2\pi/m$，则可由式（1-37）推得

$$I_{Lmin}=\frac{\sqrt{2}U}{\omega L}\left(\frac{m}{\pi}\sin\frac{\pi}{m}-\cos\frac{\pi}{m}\right)\sin\alpha \tag{1-38}$$

由此则可求得为保证电流连续必需的电感量为

$$L\geqslant\frac{\sqrt{2}U}{I_{Lmin}\omega}\left(\frac{m}{\pi}\sin\frac{\pi}{m}-\cos\frac{\pi}{m}\right)\sin\alpha \tag{1-39}$$

如考虑再留一定裕度，则可假定 $\sin\alpha=1$。一般来说，整流相数越多、整流电压脉波越小，所需的平波电抗器电感量可以选得越小些。

1.2.1.2　可逆调速系统

晶闸管-直流电动机调速系统可以区分为不可逆调速系统和可逆调速系统。若调速系统只能产生一个方向的电磁转矩，致使一般情况下电机只能在单一转向上做电动运行，则称为

不可逆调速系统。若调速系统在正、反两个方向上均能产生电磁转矩，电机可在正转、反转，电动、制动运行状态之间可逆运行，则称为可逆调速系统。它们的性能要求不同，系统结构、控制方式均不同。

在生产实际中有许多场合要求电动机能做四象限运行，例如龙门刨、轧钢机等都要求不断地进行正向电动，接着快速制动，然后反向电动，再反向制动，频繁地进行运行状态的变换，这就要求电动机能产生正、反两个方向的电磁转矩。他励直流电动机在磁场不变的情况下做四象限运行时，需要改变电枢电流的方向，但是可控整流器晶闸管 PN 结的导电机制只允许电流从一个方向上通过，所以单个整流桥不能满足直流电机四象限运行的要求。为此，通常采用两组整流器构成所谓可逆整流电路，其中一组整流器为一个方向的电流提供通路，而另一个方向的电流由另一组整流器提供，以此产生两个方向的电枢电流及相应正、反转方向的转矩。

可逆整流电路有两种连接方式：一种是交叉连接法，另一种是反并联连接法。这两种电路从本质上讲没有什么大的差别，而现在用得比较多的是反并联电路，它们的交流侧可以是同一个交流电源，如图 1-11 所示。当两组整流器均作整流运行时，其整流电压将顺串短路，产生不经负载电机的环流，因此在晶闸管-电动机系统中一般不允许两组晶闸管同时处于整流状态。为了防止在两个反并联的整流桥之间产生环流，要求两个整流器的输出电压必须相等，极性互相“对顶”。由于两个桥的接法是反并联的，若要电压相平衡，则两个桥中必须有一个工作在整流状态，而另一个工作在逆变状态，且两个桥的移相角必须满足 $\alpha_1=\beta_2$。其中 α_1 为正组整流桥的整流滞后角，而 β_2 为反组整流桥的逆变超前角。若 $\alpha_1<\beta_2$，正组整流桥的输出电压 U_1 将大于反组整流桥的对顶电压 U_2，在两个整流桥之间可能出现很大的环流，导致晶闸管烧毁。因此，如果系统中 $\alpha_1=\beta_2$ 的条件不能严格保证，则应使 $\alpha_1>\beta_2$ 以保证安全。

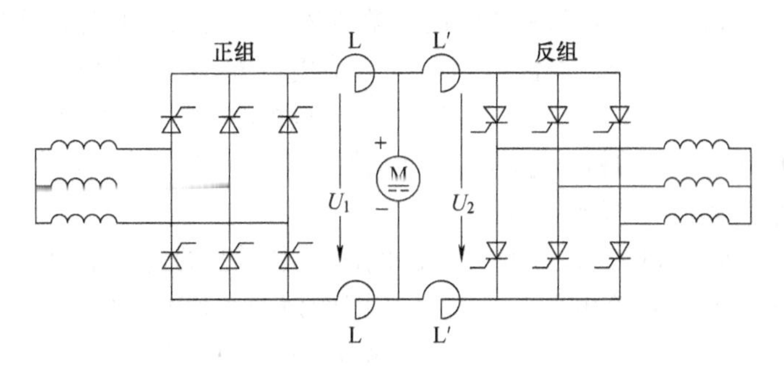

图 1-11 直流可逆调速系统主电路（反并联连接）

这里应当指出，保证 $\alpha_1=\beta_2$ 仅仅是使正反两组整流桥的输出电压平均值相同，仅用于限制平均环流。实际上整流桥的瞬时输出电压是脉动的，这是因为一组整流器工作在整流状态，另一组整流器工作在逆变状态，两组整流桥的输出电压波形是不相同的。图 1-13 给出了相应于图 1-12 所示反并联的三相半波整流

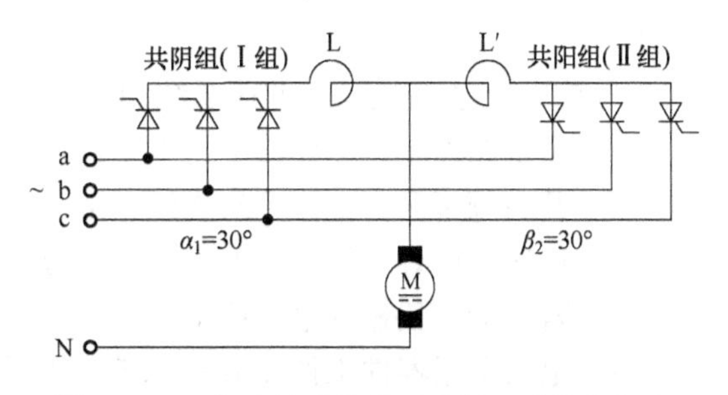

图 1-12 三相半波反并联可逆调速系统主电路

电路的两桥整流电压及电流波形，图 1-13a 和图 1-13b 分别为前述两组整流桥的输出电压波形，其中图 1-13a 是整流器工作在整流状态时的输出波形，图 1-13b 是整流器工作在逆变状态的输出波形。可以看出，即使 $\alpha_1=\beta_2$，两组整流桥整流电压之间仍有瞬时电压差，即环流电压 u_h，在此电压作用下会在两组整流桥之间产生不经负载的环流 i_h，其波形如图 1-13c、d 所示。由于环流电压出现在两组整流桥之间，不流经负载电动机，而两桥间的阻抗一般都很小，如不采取措施加以限制，很小的环流电压也会产生出很大数值的环流，烧毁整流电路。

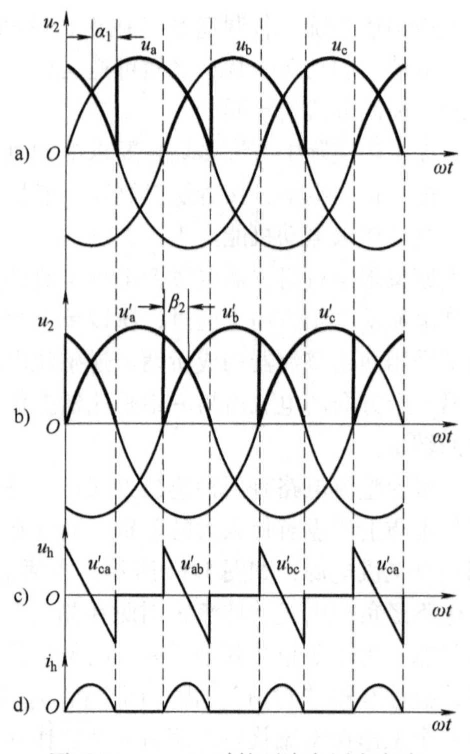

图 1-13　$\alpha_1=\beta_2$ 时的环流电压和电流

限制环流的办法有两种：①如图 1-11 中所示的在两组反并联整流桥之间加限流电抗器（或称均衡电抗器）L 及 L′，这种系统一般叫作有环流系统；②在一组整流桥工作时把另一组整流桥的触发脉冲封锁，使该组不导通，这样也就不会出现环流，这种系统叫作无环流系统。

1.2.2　直流电动机的脉宽调制调速

在直流电动机的调速系统中，除了前面所述的利用相控整流方式的调压调速以外，PWM 方式的调压调速也得到相当广泛的应用。由于相控整流中电网端输入电流的功率因数与移相触发角 α 直接相关，在电动机低速运行整流桥输出电压较低时，移相触发角 α 很大，致使电网输入电流功率因数低，谐波分量很大，对电网有不利的影响。采用脉宽调制调速时，电源侧一般采用二极管不控整流，这对改善电网功率因数和减小谐波对电网的污染都是有利的。对于像城市电车、地铁、电动汽车和电瓶车等采用公共直流电网或由蓄电池供电的直流电机而言，那更是非用 PWM 调速不可。

PWM 调速又称斩波调速，是在直流电源电压基本不变的情况下通过电子开关的通断，改变施加到电机电枢端的直流电压脉冲宽度（即所谓占空比），以调节输入电机的电枢电压平均值的调速方式。更具体地说，是用 PWM 方法，把恒定的直流电源电压调制成频率一定、宽度可变的脉冲电压序列，从而可以改变平均输出电压的大小，以调节电动机转速。

与晶闸管-直流电动机调速系统相比，PWM 调速系统在很多方面都有较大的优越性：

1）主电路简单，需要的电力电子器件少。

2）开关频率高，电流容易连续、谐波少，电动机损耗及发热都较小。

3）低速性能好，稳速精度高，调速范围宽。

4）若与响应快速的电动机配合，则系统频带宽、动态响应快、动态抗干扰能力强。

5）电力电子器件工作在开关状态，导通损耗小；当开关频率适当时，开关损耗也不大，因而装置效率较高。

6）直流电源采用不控整流时，电网功率因数比相控整流器高。

由于有上述优点，直流PWM调速系统的应用日益广泛，特别是在中、小容量的高动态性能系统中已经完全取代了晶闸管相控整流器-直流电动机调速系统。早期常采用晶闸管作为直流PWM调速装置的电力电子开关器件，但晶闸管没有自关断能力，用于极性恒定的直流电源条件下为了确保关断需要有一个专门的换相电路，比较复杂；而且开关频率也受到限制，通常在300Hz以下，导致调制频率低，电枢电流和转矩波动大，容易出现电流不连续，控制精度差，响应速度比较慢。近年来随着具有自关断能力的第二代电力电子器件的出现，在大功率斩波调速装置中已较多采用门极关断晶闸管（GTO），而在中小功率调速系统中已普遍采用了大功率晶体管（GTR），特别是目前第三代电压控制型自关断器件绝缘栅双极型晶体管（IGBT）也已广泛应用。采用GTR以后，开关频率一般可以提高到1~3kHz，比晶闸管的开关频率提高了一个数量级；而IGBT的开关频率更可高达10~20kHz，因而PWM调速系统的响应速度和稳态精度等性能指标均得以明显提高。

直流电动机PWM调速可按是否有四象限运行能力划分为不可逆PWM调速系统和可逆PWM调速系统两大类。

1.2.2.1 不可逆PWM调速系统

1. 无制动能力的不可逆PWM调速系统

在不要求可逆运行也不要求制动的情况下，最简单的PWM调速系统如图1-14a所示。在开关管VT导通时，电源电压U_S直接加在直流电动机电枢的两端；而在VT关断时，电枢电流经二极管续流。如果直流电动机的负载电流和电枢回路的电感足够大，而关断的时间又比较短时，电流将连续，电机的电枢电压为零，此时直流电动机端电压的波形如图1-14b所示。端电压的平均值为

$$U_A=\frac{t_1}{T}U_S=\rho U_S \tag{1-40}$$

式中 ρ——负载电压系数，在这里$\rho=t_1/T=\gamma$，也就是电压脉冲宽度的占空比γ。

如果电机负载电流比较小，或者电枢回路的电感量不够大，调制频率比较低，则在VT关断期间经续流二极管VD流通的电枢电流可能出现断续。例如当$t=t_2$时，电枢电流下降到零，则电机两端的电压将等于电机的反电动势E_a，如图1-14c所示。此时直流电机端电压的平均值U_A将升高，其值为

$$U_A=\rho U_S+\frac{T-t_2}{T}E_a \tag{1-41}$$

如果认为电机内电动势$E_a\approx U_A$，则得

$$U_A=\rho\left(\frac{T}{t_2}\right)U_S=\rho' U_S \tag{1-42}$$

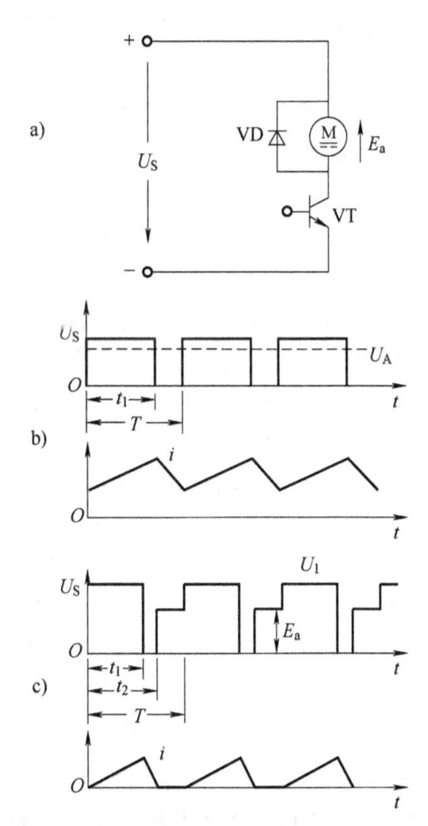

图1-14 最简单的直流电动机脉宽调速

因此求得电流断续时的负载电压系数为 $\rho' = (T/t_2)\rho$。由于 $T>t_2$，故一般 $\rho'>\rho$，即在电枢电流出现断续时电机端部的平均电压 U_A 将升高，电动机的转速随之也将上升。所以，在脉宽占空比 γ 一定的情况下，随着负载的电枢电流减小可能出现断续，电机转速会显著增加，使电动机的机械特性显著变软，如图 1-15 所示，这与相控整流电路供电下电流出现断续时的情况相似。

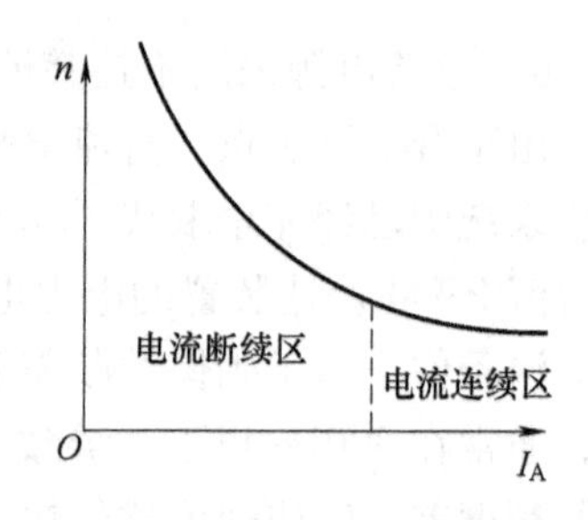

图 1-15　电流断续时的直流电动机机械特性

2. 有制动能力的不可逆 PWM 调速系统

图 1-14 所示的最简单的直流电动机脉宽调速系统不允许电流反向，续流二极管 VD 的作用只是为电流提供一个续流的通道，因而没有制动能力。如果电动机有制动要求，必须为反向电流提供通路，可在图 1-14 的最简单电路上加一开关管 VT_2 与续流二极管 VD_2 并联，以作动态制动之用；而在主开关 VT_1 旁边并联一个二极管 VD_1，以解决再生制动问题，此时的电路构成如图 1-16 所示。其工作原理如下：设开关管 VT_1、VT_2 的基极驱动电压 U_{b1} 和 U_{b2} 是两个极性相反的互补脉冲电压。在 $0<t<t_1$ 期间 U_{b1} 为正，U_{b2} 为负，则 VT_1 导通而 VT_2 关断，电源电压 U_S 经 VT_1 加到电动机的电枢上。在电源电压 U_S 大于电枢电动势 E_a 的情况下，电枢电流 i_a 由 A 点流向 B 点，其方向与反电动势 E_a 相反，故电机工作在电动状态。接着在 $t_1<t<T$ 期间 U_{b1} 变负、U_{b2} 为正，则 VT_1 关断，切断电动机的电源，但由于电枢回路电感的作用，i_a 将经二极管 VD_2 续流，因电流方向不变，电机仍工作在电动状态。此时 VT_2 的驱动电压 U_{b2} 虽已变正，但由于 VD_2 导通，其正向压降以反向电压的形式加在 VT_2 两端，使 VT_2 不能导通。若 VT_1 的关断时间比较短，直到一个控制周期结束，即 $t=T$ 时电枢电流一直维持不断，那么 VT_2 始终不通，电机就不能进入制动状态。如果 VT_1 关断时间比较长，在 $t=t_2$ 时刻电枢电流 i_a 衰减到零，那么在电机反电动势 E_a 的作用下 VT_2 将导通，电枢电流 i_a 将沿着相反的方向从 B 点流到 A 点，其方向与反电动势 E_a 相同，于是电机就进入能耗制动状态。这样，通过控制 VT_1 关断的时间间隔就可以控制电机的制动转矩。这里需要指出：在 VT_1 重新导通之前必须先关断 VT_2，使得两管出现同时关断的状态，称为死区。由于电枢电感的存在，电枢电流不能突变，故电流经过 VD_1 续流，电机短时进入再生制动状态，然后才能使 VT_1 导通。否则在 VT_2 还没有完全关断之前就让 VT_1 导通，电源可能经过 VT_2、VT_1 直接短路，损坏开关器件。

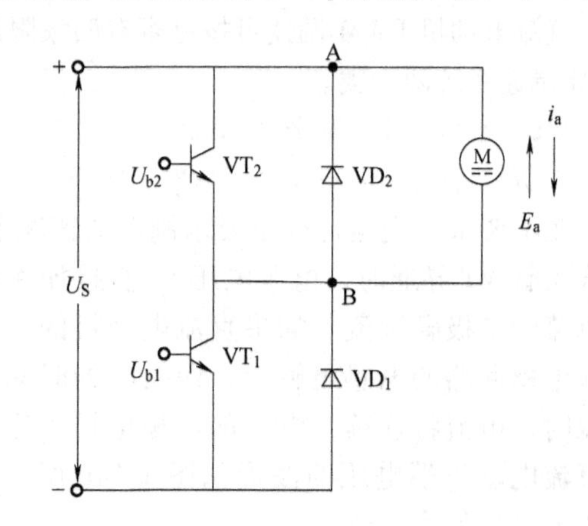

图 1-16　带制动功能的直流电动机脉宽调速电路

电机在位能负载驱使下高速运行或者对电机加强励磁时，会使电机反电动势 E_a 高于电源电压 U_S，此时开关 VT_2 关断，则电流将经过二极管 VD_1 和电枢（从 B 点流向 A 点）流向电源，使电机进入再生制动状态；而若 VT_2 导通，则电机就进入能耗制动状态。

图 1-14a、图 1-16 所示电路之所以不可逆，是因为电枢平均电压 U_d 始终大于零，虽然

图 1-16 中电流能够反向，但只能起到制动作用，电压和转速仍不能反向。

1.2.2.2 可逆 PWM 调速系统

如果要求转速反向，需要能够改变 PWM 变换器输出电压的极性，使直流电动机可以在四个象限中运行，为此需要组成可逆 PWM 调速系统。直流电动机晶体管可逆 PWM 调速系统结构如图 1-17 所示，它是由四个大功率晶体管 VT_1、VT_2、VT_3、VT_4 和四个与之反并联的二极管 VD_1、VD_2、VD_3、VD_4 组成的桥式电路。电路的一侧接电源电压 U_S，中间接直流电动机 M。根据各晶体管控制方法的不同，这种 H 型桥式可逆调速电路可以分为单极性 PWM（斩波）和双极性 PWM（斩波）两种控制方式，其中单极性 PWM 还可派生出受限单极性 PWM 方式。

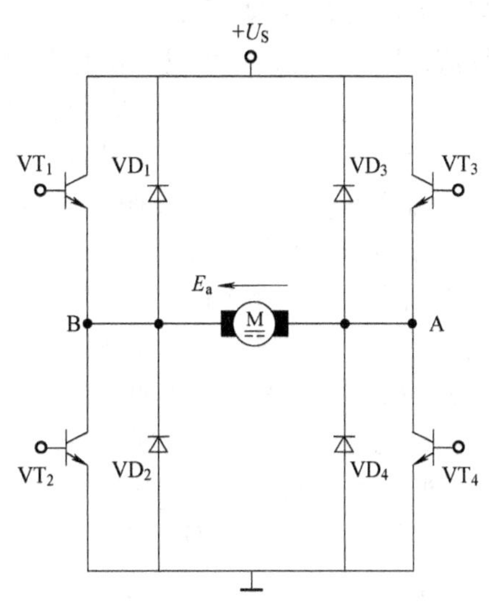

图 1-17 直流电动机 H 桥可逆脉宽调速系统结构

1. 单极性 PWM 方式

单极性 PWM 时，系统输出电压 U_A 的极性是通过一个称之为控制电压的开关量 U_c 来改变的。当控制电压 U_c 为正时，晶体管 VT_1 和 VT_2 交替导通，而 VT_4 一直导通、VT_3 一直关断，VT_1 ~ VT_4 的驱动信号 U_{b1} ~ U_{b4} 如图 1-18 所示。这时输入到电动机的电压总是 B 端为正（+），A 端为负（-），呈现出一种单方向的极性。而当控制电压 U_c 的极性变负时，晶体管的基极电压 U_{b1} 与 U_{b3} 对换，U_{b2} 与 U_{b4} 对换，变成 VT_3、VT_4 交替导通，而 VT_2 一直导通、VT_1 一直关断，H 桥的输出电压也将随之而改变极性，变成 A 端为正（+），而 B 端为负（-）的单一极性。

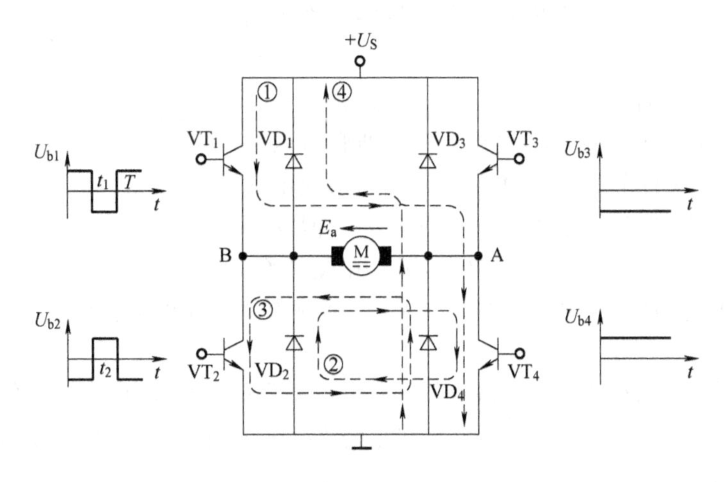

图 1-18 单极性 PWM 时电流路径（U_c>0）

以 $U_c>0$ 为例，并设 $U_S>E_a$。在 $0<t<t_1$ 期间，驱动电压 $U_{b1}>0$、$U_{b2}<0$，晶体管 VT_1 导通、VT_2 关断。在（U_S-E_a）>0 作用下经 VT_1、VT_4 构成电流路径①，电流 i_a 从 B 端流向 A

端，与反电动势 E_a 反向，直流电机吸收能量作电动运行。在 $t_1<t<T$ 期间，U_{b1}变负、U_{b2}为正，VT_1 关断电机供电电源，但依靠电枢回路的自感电动势 $e_L=Ldi_a/(dt)$ 使电流将经 VT_4、VD_2 续流，VD_2 导通产生的管压降作为反向电压使 VT_2 反向偏置无法导通。此时电流 i_a 沿路径②流通，仍与 E_a 反向使电机运行于电动状态，但由 e_L 维持的电流将很快衰减至零。若在 $t_1<t<T$ 期间的 t_2 时刻电枢电流衰减为零，VT_2 反偏消失而驱动电压 $U_{b2}>0$ 仍存在，则$t_2<t<T$ 期间在反电动势 E_a 作用下将使 VT_2 导通，电枢电流反向，经 VT_2、VD_4 从 A 端流向 B 端，形成电流路径③，i_a 与 E_a 同向，电机进入能耗制动状态。

若 $E_a>U_S$，则在 VT_1 导通期间，在 $(E_a-U_S)>0$ 作用下，电枢电流经 VD_1、VD_4 输回电源，形成电流路径④，i_a 与 E_a 同方向，电机作再生制动（发电）运行。而在 VT_2 导通期间，电流流经 VT_2、VD_4 形成电流路径③，电机作能耗制动，其过程与不可逆 PWM 调速的情况相似。

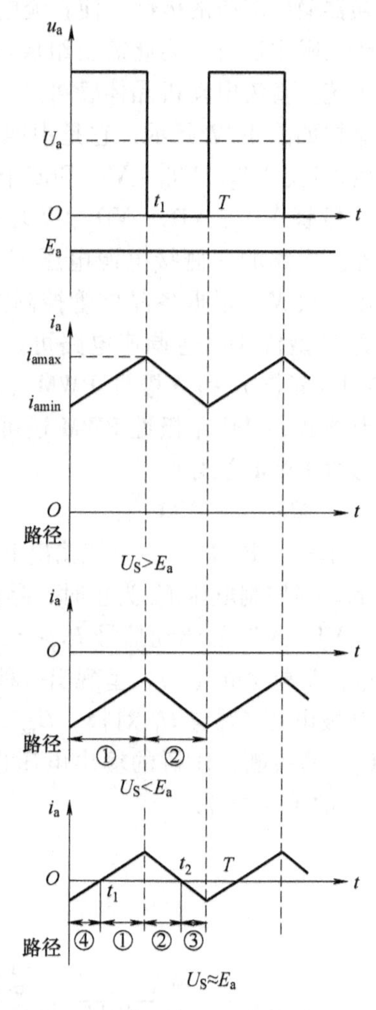

图 1-19　单极性 PWM 时的电压、电流波形（$U_c>0$）

单极性 PWM 时的电压、电流波形如图 1-19 所示，图中分别示出了 $U_S>E_a$、$U_S<E_a$ 及 $U_S\approx E_a$ 三种情况下的电流波形。

在单极性 PWM 方式中，当控制电压 $U_c>0$ 时只输出正脉冲电压，当 $U_c<0$ 时只输出负脉冲电压。这种 PWM 方式中 H 桥输出的负载电压系数 ρ 仍可按式（1-40）计算，但 $\rho=-1\sim+1$，其绝对值与占空比 γ 相等，即

$$|\rho|=\gamma=\frac{t_1}{T} \tag{1-43}$$

在以上可逆 PWM 电路的开关过程分析中，都是将晶体管当作理想开关处理，导通和关断均瞬时完成。事实上真实开关器件都需要开通与关断时间，这样同桥臂上、下器件互补通、断控制时必须要确保导通管有效关断后才能开通另一关断管，以防两管同时导通造成电源对地短路（直通）。为此，必须引入开通延时，但这一方面会破坏理想的输出电压波形，也限制了开关频率，为此提出了一种无需延时的单极性控制方式——受限单极性 PWM 控制。

2. 受限单极性 PWM 控制

图 1-20 为受限单极性 PWM 电路 $U_c>0$ 时的开关驱动信号及相应电流路径，可以看出：当 $U_c>0$ 时，VT_1 工作在开关状态，VT_2、VT_3 始终处于关断状态，VT_4 始终为导通状态。

若 $U_S>E_a$，在 $0<t<t_1$ 期间，$U_{b1}>0$ 使 VT_1 导通，$U_{b4}>0$ 使 VT_4 恒导通，在 $(U_S-E_a)>0$ 作用下，电枢电流 i_a 经 VT_1、VT_4 从 B 端流向 A 端，形成电流路径①，且与 E_a 反向，直流电机作电动运行。在 $t_1<t<T$ 期间，$U_{b1}<0$，VT_1 关断，在电枢自感电动势 $e_L=Ldi_a/(dt)$ 作用下电枢电流 i_a 沿恒导通的 VT_4、VD_2 续流，形成电流路径②，其电枢电压 $U_a\approx0$（两个管压降）。电机电压、电流波形如图 1-21 所示。

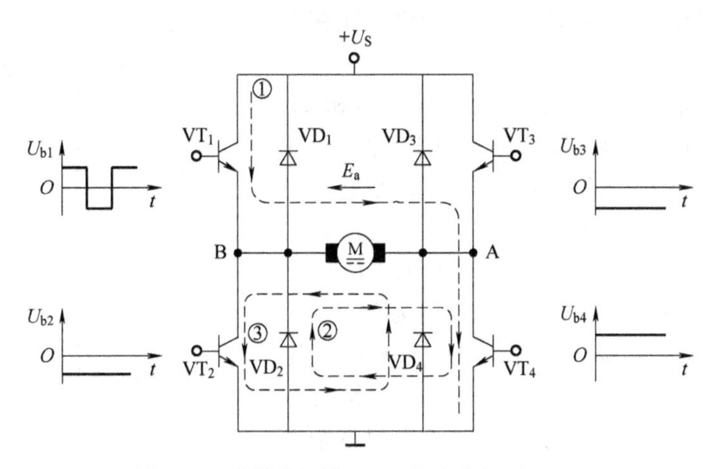

图 1-20 受限单极性 PWM 电流路径（$U_c>0$）

当 $U_S>E_a$ 时，常规单极性控制的制动电流应沿图 1-18 中的电流路径③流通，但在受限单极性控制时，VT_2 一直截止使能耗制动电流回路受到限制，由此得名受限单极性。这样在轻载运行时，$t_1<t<T$ 期间电枢电流 i_a 沿图 1-20 路径②续流过程中会在某时刻因 e_L 不够大而断流，电枢电流出现断续现象，如图 1-21d 所示。

可以看出，受限单极性控制在电机轻载时虽会出现电流断续现象，但可有效避免同桥臂上、下器件的直通，大大提高了系统的运行可靠性，在高要求、大功率、频繁起制动的直流 PWM 调速系统中得到广泛应用，而电流可能断续的固有缺点则可以通过提高器件开关频率、改进电路来克服。

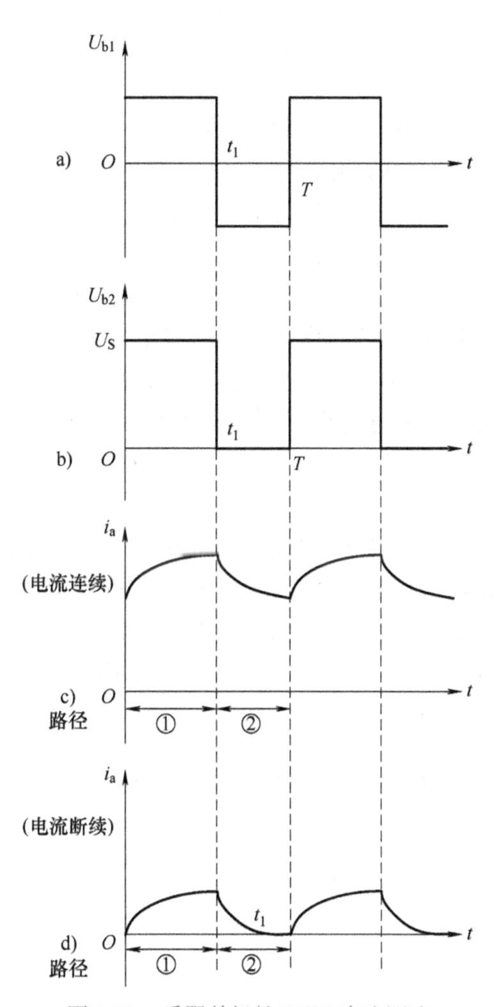

图 1-21 受限单极性 PWM 直流调速系统电压、电流波形（$U_c>0$）

3. 双极性 PWM 方式

在双极性 PWM 方式中四个晶体管分为两组：一组为 VT_1 和 VT_4，另一组为 VT_2 和 VT_3。同组中两个晶体管同时通断，而两组晶体管的通断互补交替。图 1-22 给出了双极性 PWM 时电压、电流及电机运行状态，图 1-23 则示出了双极性 PWM 时各阶段的电流路径。

设在 $0<t<t_1$ 期间，U_{b1} 和 U_{b4} 为正，U_{b2} 和 U_{b3} 为负，晶体管 VT_1 和 VT_4 导通，VT_2 和 VT_3 关断。这时施加于电机两端的电压为正，即 B 端为正（+）、A 端为负（−）。如 $U_S>E_a$，电枢电流 i_a 经过 VT_1 和 VT_4 从 B 端流向 A 端，形成电流路径

①，电枢电流 i_a 与反电动势 E_a 反向，电机工作在电动状态。

在 $t_1<t<T$ 期间，U_{b1} 和 U_{b4} 变为负，而 U_{b2} 和 U_{b3} 变为正，则 VT_1 和 VT_4 关断，VT_2 和 VT_3 导通。在电枢回路自感电动势 $e_L=L\mathrm{d}i_a/\mathrm{d}t$ 作用下，原电流将通过 VD_2 和 VD_3 续流，形成电流路径②，电流方向不变，电机仍处在电动状态。但这时电机端电压已改变了极性，变成 A 端为正（+）、B 端为负（-），它将使电枢电流快速衰减。如果电机的负载电流比较大，调制频率比较高，直到一个调制周期结束即 $t=T$ 时，电枢电流还没有衰减到零，那么电机就始终工作在电动状态。假如电流不够大，在某一时刻 $t=t_2$，电流 i_a 衰减到零，那么在之后的 $t_2<t<T$ 期间，晶体管 VT_2 和 VT_3 在电源电压 U_S 和电机反电动势 E_a 的共同作用下导通，电枢电流将沿相反的方向从 A 端流向 B 端，形成电流路径③。在 U_S+E_a 作用下会形成很大的冲击电流，且 i_a 与 E_a 同向，电机进入反接制动状态。直到下一个调制周期开始后，即在 $T<t<(T+t_1)$ 期间，VT_2、VT_3 关断，反向的电枢电流经二极管 VD_1 和 VD_4 续流，在自感电动势 e_L 与反电动势 E_a 共同作用下，形成电流路径④，电机将电能反馈回电源，电机进入再生制动状态。到了 $t=t_3$ 时，反向电流衰减到零，加在 VT_1 和 VT_4 上的反压消失，VT_1 和 VT_4 开始导通，又开始了一个新的工作周期。

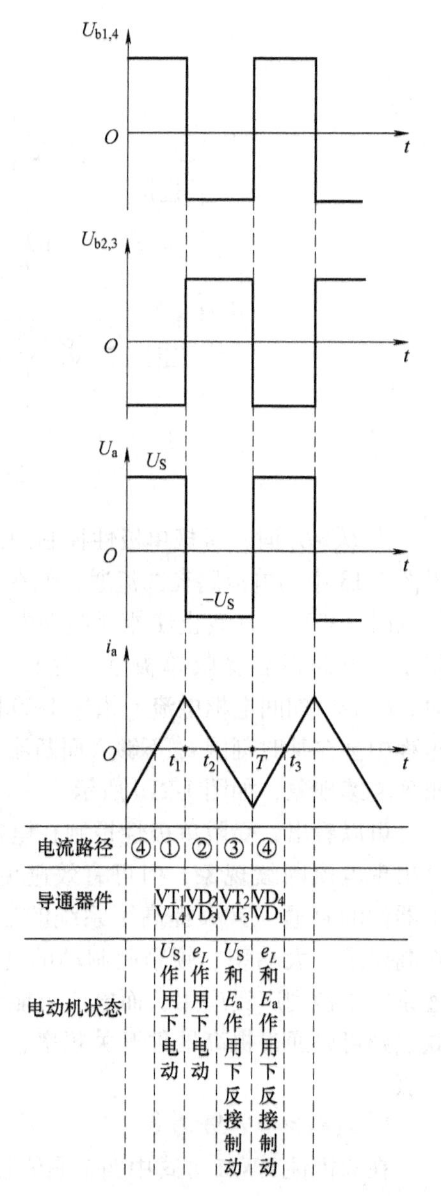

图 1-22　双极性 PWM 时的电压、电流及电机运行状态

可以看出在双极性 PWM 方式中，无论电机工作在什么状态，在 $0<t<t_1$ 期间电枢端电压 U_A 总等于 $+U_S$；而在 $t_1<t<T$ 期间，U_A 总等于 $-U_S$，所以电枢电压平均值 U_A 等于正脉冲电压平均值 U_{A1} 和负脉冲电压平均值 U_{A2} 之差，即

$$U_A=U_{A1}-U_{A2}=\frac{t_1}{T}U_S-\frac{T-t_1}{T}U_S=\left(2\frac{t_1}{T}-1\right)U_S \tag{1-44}$$

因此，可知双极性 PWM 方式的负载电压系数为

$$\rho=\frac{U_A}{U_S}=2\frac{t_1}{T}-1 \tag{1-45}$$

式中，ρ 的变化范围也是（-1,1）。值得特别指出的是：当 $t_1=T/2$ 时，$\rho=0$，电机的输入电压平均值为零，电机当然就静止不动了。但由于 $t_1=T/2$ 时，实际电机两端加有正负脉冲宽度相等的交变电压，电枢中可能出现一个交变的电流 i_a。这个电流虽然增加了电机的损

耗，但它产生了正、反两个方向的瞬时转矩，虽然转子因机械惯性不会转动，但是瞬时转矩却能使电机产生高频的微振，从而减小了静摩擦，起到动力润滑的作用。

双极性直流 PWM 调速系统可实现正转、反转，电动、制动的四象限运行，如图 1-24 所示。机械特性与纵、横轴交点即为 ρ，其斜率为 1。

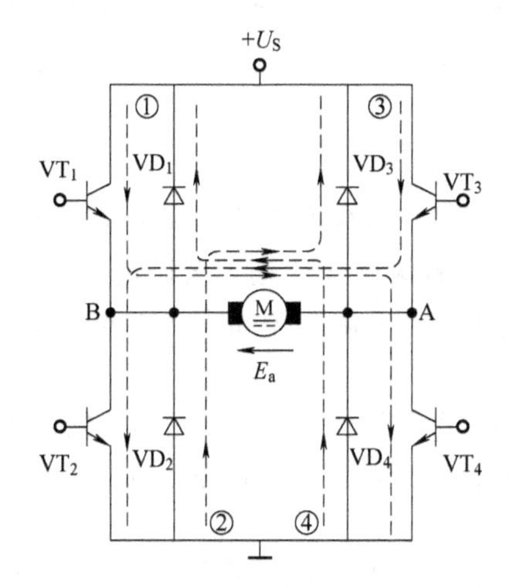

图 1-23　双极性 PWM 时各阶段的电流路径

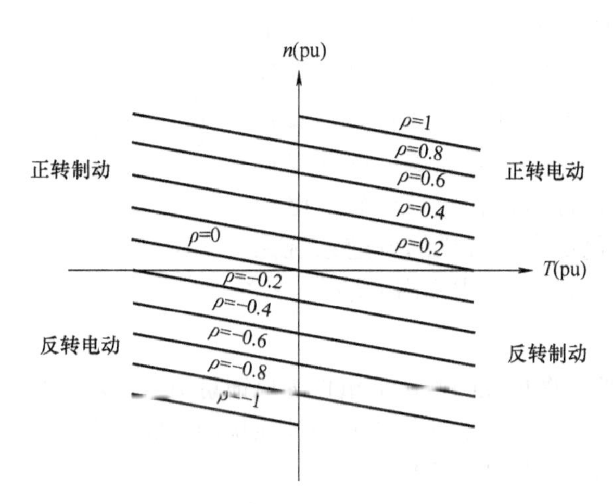

图 1-24　双极性直流 PWM 调速系统机械特性

4. 双极性 PWM 和单极性 PWM 方式的比较

双极性 PWM 方式与单极性 PWM 方式相比具有以下特点：

1）双极性 PWM 方式控制简单，只要改变 t_1 位置就能将输出电压从 $+U_S$ 变为 $-U_S$。而在单极性 PWM 方式中需要改变晶体管的工作方式。

2）双极性 PWM 输出电压比较小时，每个晶体管的驱动电压脉冲 U_b 仍然比较宽，能保证开关器件的可靠驱动和电机低速运转的平稳性。而单极性 PWM 方式在输出电压比较小时晶体管的驱动电压脉冲 U_b 变窄，窄到一定程度往往就不能保证晶体管的可靠导通，从而影响电动机低速运转的平稳性。因此用单极性 PWM 方式时电机的低速运行性能往往不如采用双极性 PWM 方式时好。

3）双极性 PWM 方式输出平均电压等于零时，电枢回路中存在的交变电流虽然增加了电机的损耗，但它所产生的高频微振能起到动力润滑的作用，有利于克服机械静摩擦。而单极性 PWM 方式在输出电压平均值为零时电枢回路中没有电流，不产生损耗，也没有动力润滑作用，存在较大静摩擦时可能较难起动。

4）双极性 PWM 方式四个晶体管都处在开关状态，开关损耗比较大；而单极性 PWM 方式中只有两个晶体管工作在连续的开关状态，开关损耗要小些。

1.2.3　直流电动机调速系统转速控制

任何一台需要控制转速的设备，其生产工艺对调速性能都有一定的要求，如最高转速与最低转速之间的范围有多大，是有级调速还是无级调速，在稳态运行时允许转速波动的大小，从正转运行变到反转运行的时间间隔，突加或突减负载时允许的转速波动，运动停止时要求的定位精度等。

本小节针对直流电动机调速系统的转速控制，由简入繁，依次介绍开环系统，转速闭环系统，转速、电流双闭环系统的控制规律、性能特点和设计方法。

1.2.3.1　开环系统控制

最简单的直流电动机调速系统是开环调速系统。直流电动机的励磁采用单独整流桥供电，以保持基本恒定的磁通。电枢由可控整流器供电，如图 1-25 所示。

调节可控整流器的移相角 α，改变它的输出电压 U_d 就可以实现电机的调压调速。但是从图 1-10 所示的晶闸管供电直流电机机械特性可见，在移相角 α 保持恒定的条件下，随着负载的改变电机的转速有明显的变化，特别是在负载较轻、电流出现断续时转速的变化更大。这样的调速系统无调速精度可言，只能用于调速要求不高的场合。

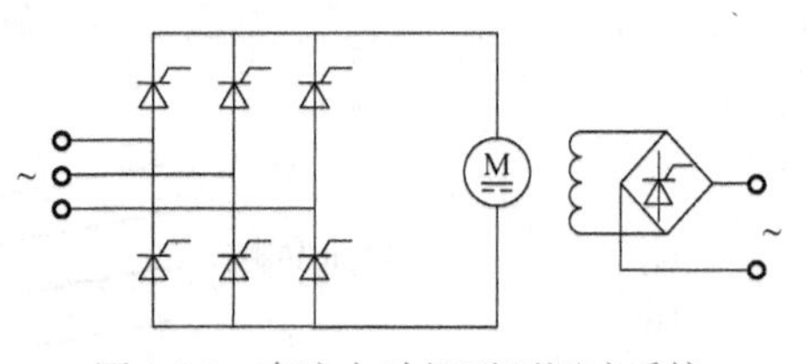

图 1-25　直流电动机开环调速系统

1.2.3.2　转速闭环系统控制

根据自动控制原理，将系统的被调节量作为反馈量引入系统，与给定量进行比较，取其偏差值对系统进行控制，可以有效地抑制甚至消除扰动造成的影响，而维持被调节量很少变化或不变，这就是反馈控制的基本作用。

为了保证调速的精度，一般须采用速度负反馈的办法形成所谓速度闭环控制系统。图 1-26 系统中速度给定信号 u_g 与实际速度反馈信号 u_{fn} 相比较，将它们的差额经放大以后去控制整流桥的输出电压，使系统向消除差额的方向调节，最终使实际转速等于给定值。

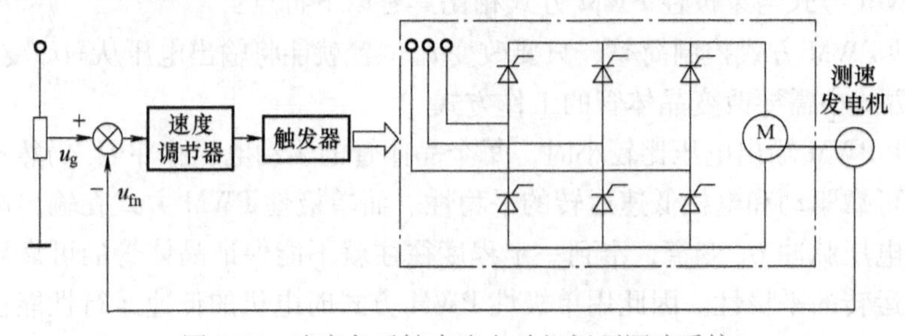

图 1-26　速度负反馈直流电动机闭环调速系统

1. 比例控制

当图 1-26 中速度调节器采用比例（proportion）调节器时，称为比例控制转速闭环系统。它可以获得比开环调速系统硬得多的稳态特性，从而在保证一定静差率的要求下，能够调高调速范围。闭环系统稳态速降减少的实质在于：在开环系统中，当负载电流增大时，电枢压降也增大，转速只能降低。闭环系统设有反馈装置，转速稍有降落，反馈电压就能感觉出来，通过比较和放大，提高电力电子装置的输出电压，以补偿电阻降落电压的影响，使系统工作在新的机械特性上，因而转速又有所回升。在图 1-27 中，设原始工作点为 A，负载电流为 I_{d1}；当负载增大到 I_{d2}时，开环系统的转速必然降到 A′点所对应的数值。闭环后，由于反馈调节作用，电压可升高到 U_{d02}，使工作点变成 B，稳态速降比开环系统要小得多。这样，在闭环系统中，每增加（或减少）一点负载，就相应地提高（或降低）一点电枢电压，使电动机工作在新的机械特性下。闭环系统的静态特性就是这样在许多开环机械特性上各取一个相应的工作点，如图 1-27 中的 A，B，C，D，…，再由这些工作点连接而成的。

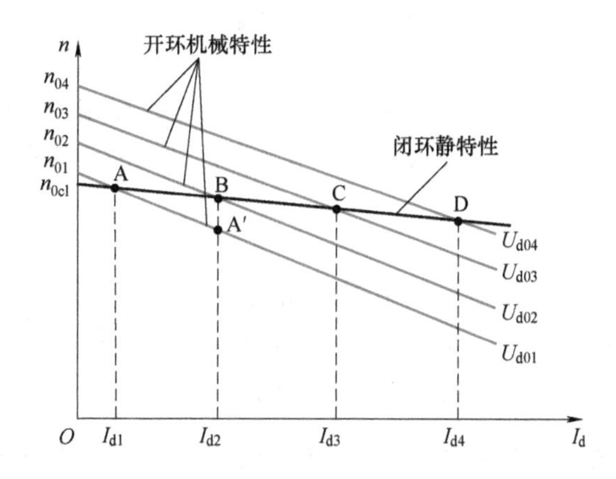

图 1-27　闭环系统静特性和开环系统机械特性的关系

比例控制的闭环直流调速系统是一种基本的反馈调速系统，它具有以下三个基本特征（也就是反馈控制的基本规律，各种不另加其他调节器的反馈控制系统都服从这些规律）：

（1）只有比例控制的反馈控制系统，其被调量有偏差

比例控制反馈控制系统的比例系数 K_p 值越大，系统的稳态性能越好，但相应的动态性能就会变差。但只要比例放大系数 K_p = 常数，反馈控制就只能减小稳态误差，而不能消除它，因此，这样的控制系统叫作有静差控制系统。实际上，此类系统正是依靠被调量的偏差进行控制的。

（2）反馈控制系统的作用是抵抗扰动，服从给定

反馈控制系统具有良好的抗扰性能，它能有效地抑制一切被负反馈环所包围的前向通道上的扰动作用，但对于给定量的变化则惟命是从。

除给定信号外，作用在控制系统各环节上的一切会引起输出量变化的因素都叫作“扰动作用”。负载变化、交流电源电压的波动、电动机励磁的变化、电压放大器输出电压的偏移、由温升引起主电路电阻的增大等，所有这些因素都要影响到电动机的转速，都会被测速装置检测出来，再通过反馈控制的作用，减小它们对稳态转速的影响。但是，有一种扰动除

外，如果在反馈通道上的测速反馈系数α受到某种影响而发生变化，它非但不能得到反馈控制系统的抑制，反而会造成被调量的误差。反馈控制系统所能抑制的只是被反馈环所包围的前向通道上的扰动。

抗扰性能是反馈控制系统最突出的特征之一。正因为有这一特征，在设计闭环系统时，可以只考虑一种主要扰动作用，例如在调速系统中只考虑负载扰动。按照克服负载扰动的要求进行设计，则其他扰动也就自然都受到抑制了。

与扰动作用不同的是在反馈环以外的给定的作用，如图 1-26 中的转速给定信号 u_g，它的微小变化都会使被调量随之变化，丝毫不受反馈作用的抑制。因此，全面地看，反馈控制系统的规律是：一方面能够有限地抑制一切被包在负反馈环内前向通道上的扰动作用；另一方面则紧紧地跟随着给定作用，对给定信号的任何变化都是惟命是从的。

（3）系统的精度依赖于给定和反馈检测的精度

如果产生给定电压的电源发生波动，反馈控制系统无法鉴别是对给定电压的正常调节还是不应有的电压波动。因此，高精度的调速系统必须有更高精度的给定稳压电源。

反馈检测装置的误差也是反馈控制系统无法克服的。对于上述调速系统来说，测速发电机励磁发生变化时，会使检测到的转速反馈信号偏离应有的数值，而测速发电机电压中的换向纹波、制造或安装不良而造成转子的偏心等，都会给系统带来周期性的干扰。所以反馈检测装置的精度也是保证控制系统精度的重要因素。现代高性能调速系统采用数字给定和数字测速来提高调速系统的精度。

2. 积分控制

在采用比例调节器的调速系统中调节器的输出是电力电子变换器的控制电压 U_c，输入输出关系是：$U_c=K_p\Delta U_n$。只要电动机在运行，就必须有控制电压 U_c，因而也必须有转速偏差电压 ΔU_n，这是此类调速系统有静差的根本原因。

如果采用积分调节器，则控制电压 U_c 是转速偏差电压 ΔU_n 的积分：$U_c=\frac{1}{\tau}\int_0^t\Delta U_n\mathrm{d}t$。当 ΔU_n 是阶跃函数时，U_c 按线性规律增长，每一时刻 U_c 的大小和 ΔU_n 与横轴所包围的面积成正比，如图 1-28a 所示，图中 U_{cm}是积分调节器的输出限幅值。对于闭环系统中的积分调节器，ΔU_n 不是阶跃函数，而是随着转速不断变化的。当电动机起动后，随着转速的升高，ΔU_n 不断减少，但积分作用使 U_c 仍继续增长，只不过 U_c 的增长不再是线性的了，每一时刻 U_c 的大小仍和 ΔU_n 与横轴所包围的面积成正比，如图 1-28b 所示。在动态过程中，当 ΔU_n 变化时，只要其极性不变，即只要仍是 $u_g>u_{fn}$，积分调节器的输出 U_c 便一直增长；只有达到 $u_g=u_{fn}$，$\Delta U_n=0$ 时，U_c 才停止上升，而达到其终值 U_{cf}。在这里，值得特别强调的是，当 $\Delta U_n=0$ 时，U_c 并不是零，而是一个终值 U_{cf}，如果 ΔU_n 不再变化，这个终值便保持恒定而不再变化，这是积分控制不同于比例控制的特点。U_c 的改变并非仅仅依靠 ΔU_n 本身，而是依靠 ΔU_n 在一段时间内的积累。正因为如此，积分控制可以使系统在无静差的情况下保持恒速运行，实现无静差调速。

将以上分析归纳起来，可得下述论断：比例调节器的输出只取决于输入偏差量的现状，而积分调节器的输出则包含了输入偏差量的全部历史。虽然到稳态时 $\Delta U_n=0$，但只要历史上有过 ΔU_n，其积分就有一定数值，足以产生稳态运行所需要的控制电压 U_c。这就是积分控制规律和比例控制规律的根本区别。

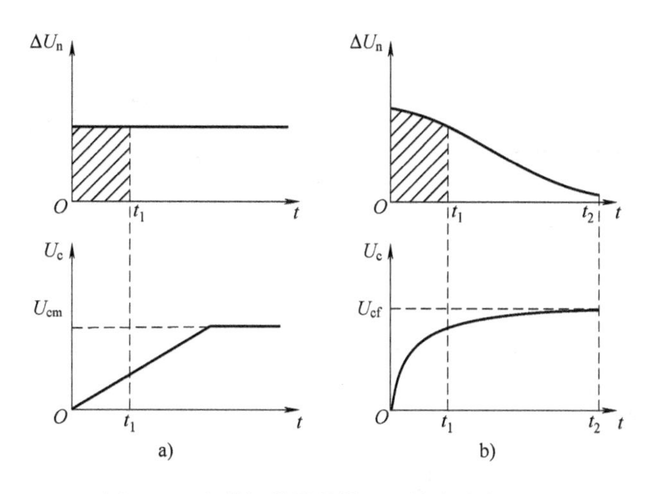

图 1-28　积分调节器的输入和输出动态过程

3. 比例积分控制

前面从无静差的角度突出地表明了积分控制优于比例控制的地方，但是从另一方面看，在控制的快速性上，积分控制却又不如比例控制。同样在阶跃输入作用之下，比例调节器的输出可以立即响应，而积分调节器的输出却只能逐渐地变化（见图 1-28）。那么，如果既要稳态精度高，又要动态响应快，该怎么办呢？只要把比例和积分两种控制结合起来就行了，这便是比例积分（Proportional Integral，PI）控制。

为了使 PI 调节器的表达式更具有通用性，用 U_{in}表示 PI 调节器的输入，用 U_{ex}表示其输出，此输出量由比例和积分两部分叠加而成，输入输出关系为

$$U_{ex}=K_pU_{in}+\frac{1}{\tau}\int_0^t U_{in}dt \tag{1-46}$$

依据式（1-46）可以画出 PI 调节器在 U_{in}为方波输入时的输出特性，如图 1-29 所示。当 $t=0$ 时，突加输入 U_{in}，由于比例部分的作用，输出量立即响应，突跳到 $U_{ex}(t)=K_pU_{in}$，实现了快速响应；随后 $U_{ex}(t)$ 按积分规律增长，$U_{ex}(t)=K_pU_{in}+\frac{1}{\tau}U_{in}t$。在 $t=t_1$ 时，输入突降到零，即 $U_{in}=0$，此时 $U_{ex}=\frac{1}{\tau}U_{in}t_1$，使电力电子变换器的稳态输出电压足以克服负载电流产生的压降，实现稳态转速无静差。由此可见，PI 控制综合了比例控制和积分控制两种方法的优点，又克服了各自的缺点，扬长避短，互相补充。比例部分能迅速响应控制的变化，积分部分则最终消除稳态误差。

在闭环调速系统中，负载扰动同样引起 ΔU_n 的变化，图 1-30 绘出了负载扰动时闭环系统 PI 调节器的输入和输出的动态过程。假设输入偏差电压 ΔU_n 的波形如图 1-30 所示，则输出波形中比例部分①和 ΔU_n 成正比，积分部分②是 ΔU_n 的积分曲线，而 PI 调节器的输出电压 U_c 是这两部分之和，即①+②。可见，U_c 既具有快速响应性能，又足以消除调速系统的静差。除此以外，PI 调节器还是提高系统稳定性的校正装置，因此它在调速系统和其他控制系统中获得了广泛的应用。

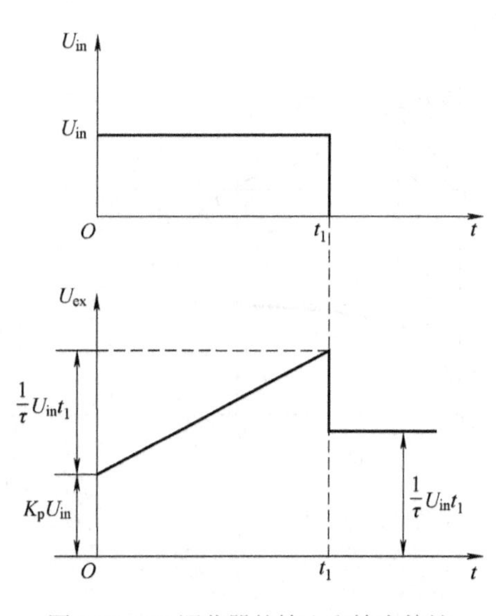

图 1-29 PI 调节器的输入和输出特性

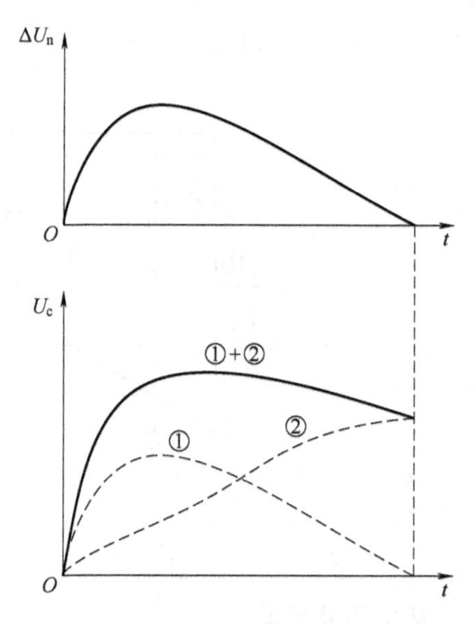

图 1-30 闭环系统中 PI 调节器的输入和输出动态过程

在设计 PI 调节器时，如何选择参数 K_p 和 τ 成为一个新的问题。在自动控制理论中提出了很多 PI 调节器的设计方法，例如根轨迹法、频率法等，其中频率法中的伯德图是用得较多的方法。其关键之处是：既要求 PI 控制调速系统的稳定性好，又要求系统的快速性好，同时还要求稳态精度高和抗干扰性能好。但是这些指标是相互矛盾的，设计时往往需要采用多种手段，反复试凑。在稳、准、快和抗干扰这四个矛盾之间取得折中，才能获得比较满意的结果。

仅有速度负反馈的调速系统在速度给定发生突变时，整流桥的输出电压变化很大，可能会引起电机电枢电流剧增，使晶闸管损坏。此时，电流的急剧变化也会导致直流电机换向恶化，并引起电机转矩的剧变，对传动系统产生猛烈的冲击，这是不允许的。这都是因为这类系统只对转速实现了控制而没有对电流实现控制。为此，在调速系统中还必须采取限制电流冲击的措施，即再加入电流反馈闭环以构成所谓转速、电流双闭环调速系统。

1.2.3.3 转速、电流双闭环系统控制

图 1-31 所示为典型的晶闸管供电直流电动机双闭环调速系统的结构框图。双闭环调速系统中包括两个反馈控制闭环，其内环是电流控制环，外环是速度控制环。电流环由 PI 型电流调节器 LT、晶闸管移相触发器 CF、晶闸管整流器和电动机电枢回路所组成。电流调节器的给定信号 u_n 与电机电枢电流反馈信号 u_{fi} 相比较，其差值 Δu_i 送入电流调节器。调节器的输出为移相电压 u_k，通过移相触发器去控制整流桥的输出电压 U_d，在这个电压的作用下电机的电流及转矩将相应地发生变化。电流反馈信号可以通过直流互感器或霍尔电流传感器取自电枢回路电流，也可以用交流互感器取自整流桥的交流输入电流，然后经整流而得到。由于交流互感器结构比较简单，后一种电流传感方式应用较多。

电流调节的过程是这样实现的：当电流调节器的给定信号 u_n 大于电流反馈信号 u_{fi} 时，经过调节器控制整流桥的移相角 α，使整流输出电压升高，电枢电流增大；反之，当给定信

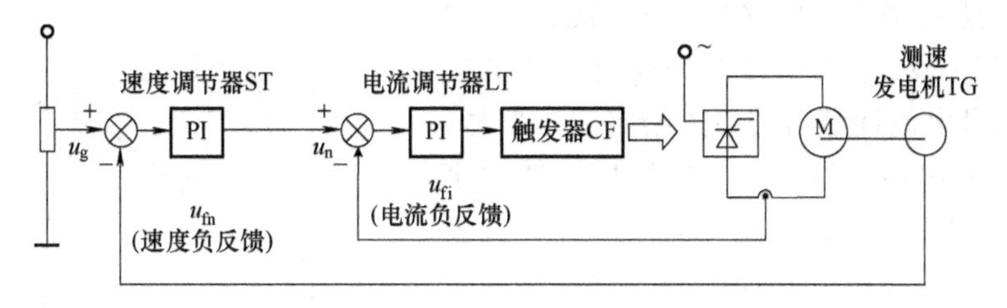

图 1-31　直流电动机的双闭环调速系统的结构框图

号 u_n 小于电流反馈信号时，使整流桥输出电压降低，电流减小，力图使电枢电流与电流给定值相等。

速度环中速度调节器 ST 也是一个 PI 调节器，它的一个输入端送入速度给定信号 u_g，由它规定电机运行的速度；另一端送入来自于电机同轴的测速发电机 TG 的速度反馈信号 u_{fn}，两者之差 ΔU_n 输入到速度调节器，经 PI 调节后的输出信号 U_n 则作为电流给定信号输入到电流调节器，通过前面所讲的电流调节环的控制作用调节电机电枢电流 I_d 和转矩 T，使电机转速发生变化，最后达到给定转速。

调速系统中采用 PI 调节器可使被控制量获得静态无差和快速动态调节的控制效果。能实现静态无差调节是因为调节器中的积分运算具有记忆功能，对输入偏差量保持有“记忆”。这样，当调节器输入输出相等，系统达到无差时，调节器的输出并不为零，其值用以维持调节器输入误差第一次为零时刻的系统状态，即维持相应的触发角 α、整流器输出直流电压 U_d、电枢电流 I_d、电磁转矩 T 及转速 n。采用这种误差控制机制控制调节器的输出时，可保证被控制值与指令值严格相等。

PI 调节器的快速动态响应得益于调节器采取限幅输出的控制。这既从安全角度约束了被控制量的数值范围，也保证了系统能以最大限幅值实现相应被控制量的快速调节。

值得注意的是，一旦调节器进入饱和限幅输出时，PI 调节器将退变为一个简单限幅器，失去 PI 调节功能，相应的闭环系统也将退变成开环系统。

双闭环调速系统连接上的特点是速度调节器的输出作为电流调节器的给定来控制电动机的电流和转矩。这样做的好处在于可以根据给定速度与实际速度的差额及时地控制电机的转矩，使得速度差值比较大时电机转矩大，速度变化快，以便尽快地把电机转速拉向给定值，实现调速过程的快速性；而当转速接近给定值时又能使电机的转矩自动减小，避免过大的超调，使转速很快达到给定，做到静态无差。

此外，由于电流环的等效时间常数一般比较小，当系统受到外来干扰时能比较迅速地做出响应，抑制干扰的影响，提高系统运行的稳定性和抗干扰能力。而且双闭环系统有以速度调节器的输出作为电流调节器的输入给定值的特点，速度调节器的输出限幅值也就限定了电枢电流的最大值，对过载能力比较低的晶闸管器件能起到有效的保护作用。因此双闭环系统在现代交、直流电机调速系统中得到极为广泛的应用。

双闭环调速系统的工作过程可以直流电动机的起动过程为例具体说明。

图 1-32 示出了双闭环调速系统控制直流电动机起动时的过渡过程，图中（1）为开始起动阶段，在速度调节器的输入端突然加上给定电压 u_g 时，由于电机还没有转动，速度反馈电压 $u_{fn}=0$，这样速度调节器 ST 中给定信号和反馈信号的差值 ΔU_n 相当大，经调节器放大

后，其输出将达到调节器的输出饱和限幅值。因此ST退化成限幅器，实为速度开环控制。ST的饱和输出值也就是电流调节器的最大给定输入信号，由于此时电流刚由零开始增长，电流反馈值远小于指令值，LT也饱和输出，退化为限幅器，失去PI调节功能，电流也实为开环控制，使得晶闸管整流桥的移相角 α 前移，整流输出电压增加，电枢电流急剧上升，电机转矩 T 也随之迅速增大，于是电机就很快起动起来。因此就起动阶段而言，调速系统实为双开环系统。由于电枢回路参数经调节器适当校正后其等效时间常数比较小，电枢电流很快就会达到速度调节器输出的限定值 I_{dmax}，于是就进入第（2）阶段——加速阶段。

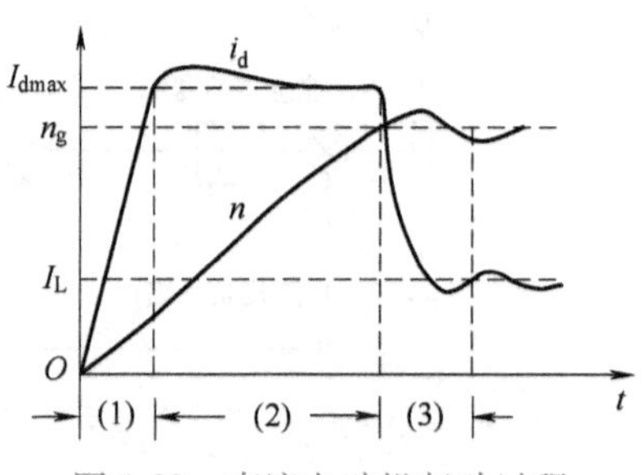

图 1-32　直流电动机起动过程

在加速阶段由于电枢电流已达到了限定值 I_{dmax}（通常就是电枢回路和晶闸管所允许的最大电流），电流反馈信号与速度调节器的输出限幅值（电流调节器输入给定信号）相平衡，使整流桥的移相角 α 保持在某一数值上。随着转速的升高，电机的反电动势将增大，受其影响电枢电流可能要下降。但只要 I_d 有所下降，电流反馈信号也将变小，电流调节器的输入信号差额 ΔU_i 就会增加，它的输出 u_k 也将随之上升，通过 u_k 对整流桥移相角的控制，使电枢电流又回到 I_{dmax} 上。这种电枢电流保持在最大值的动态过程一直要持续到电机的转速接近给定值时为止，然后进入第（3）阶段。在第（2）阶段中由于实际转速一直小于转速给定值，速度调节器始终处在饱和输出状态，速度实为开环控制。系统中实际上只有电流调节器在起作用，仅实现了电流的闭环控制，动态地保持电流为最大值，从而使电机始终以最大转矩加速，转速直线上升。

当电机转速达到给定值时就开始进入第（3）阶段，这个阶段的特点是调速系统真正实现了转速、电流的双闭环控制。这时电机的转速因惯性会超过转速给定值，使速度反馈电压 $u_{fn}>u_g$，速度调节器的输出 u_n 将退出饱和，实现转速的PI调节。退出限幅值后的 u_n 作为电流调节器的给定值，其下降将使电枢电流下降，随之电机的转矩也将下降。当它小于电机负载转矩 T_L 时，电机就会减速，从而重新回到转速给定值。当速度反馈值达到给定值的时刻速度调节器的输入为零，即 $\Delta U_n=0$。由于一般都采用PI调节器，通过调节器的积分作用，虽然此时输入端信号之差为零，但它的输出 u_n 和 u_k 都不为零，这就能使整流桥的 α、U_d、I_d 保持在一定的数值，使电机稳定地运行在由给定信号所规定的转速下。至此起动过程结束。

双闭环调速系统对突加负载的反应过程可以用来说明系统的抗干扰能力，如图1-33所示。假如负载突然增加，电机转速就会下降，于是速度反馈电压 u_{fn} 将小于给定电压 u_g，在速度调节器的输入端将出现正的偏差电压，经过速度调节器的作用将使电流调节器的给定信号增大，整流桥的移相角 α 前移，I_d 增加，电机电磁转矩增大。当 $T>T_L$ 时，电机转速就会回升，使 u_{fn} 接近于原来的给定值 u_g。由于速度调节器是PI调节器，即使在某一瞬间其输入信号趋于平衡，但只要在调节过程中给定电压 u_g 和反馈电压 u_{fn} 之间一度出现偏差，经过积分它就会改变调节器的输出，使电机的电流和转矩有所变化。一般经过一、二次调整、振荡，最后能在 $T=T_L$ 的条件下重新达到平衡。

某些机械，如挖土机等在运行过程中可能遇到很大的阻力，电机的转速会急剧下降，甚至堵转。这时速度调节器的给定信号和反馈信号之间将出现很大的偏差，速度调节器将进入饱和输出状态。通过电流调节器的作用，又使电机的电流和转矩达到最大限幅值 I_{dmax} 和 T_{max}。如外界阻力转矩大于 T_{max}，则电机就停止不转，进入所谓堵转状态。电机的堵转电流和起动电流一样是由速度调节器的限幅值所整定的，如该值整定适宜，可以对电机和晶闸管器件起到有效的限流保护作用。

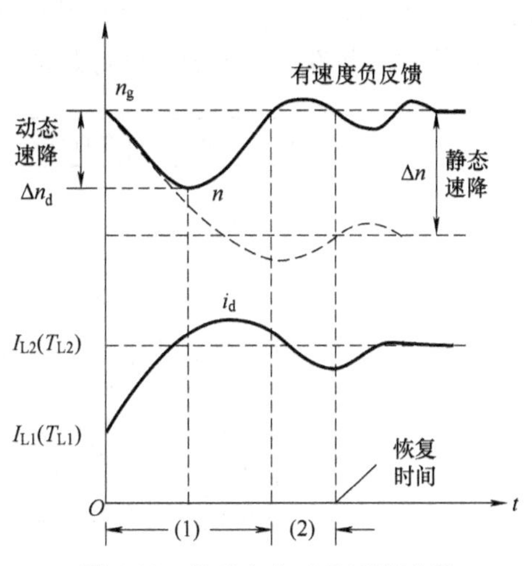

图 1-33　负载突变时的过渡过程

双闭环 PI 型调速系统结构简单，设计和调试方便，具有良好的静态及动态特性，是一种得到广泛工程应用的调速系统控制结构。唯一不足是转速有超调，抗干扰性能的进一步提高也受到限制，对于某些要求高的应用场合必须加以改进。此时可在双闭环的 PI 型速度调节器上增设速度微分负反馈功能，构成带微分负反馈的比例-积分微分（Proportional Integral Differential，PID）型速度调节器。

1.3　闭环调速系统参数设计

在“调节器最佳整定法”的基础上，结合随动系统设计用的“振荡指标法”以及“模型系统法”，归纳出调速系统调节器的设计和性能优化的方法。该方法主要基于以下认知：

（1）多环的处理

由物理概念可知，速度电流双闭环系统中的电流（转矩）环是内环，是改变速度的原因。所以需要先设计好内环，然后把内环也就是转矩实现环节的整体当作外环中的一个环节，再设计速度外环。因此，基于各个环之间的物理关系确定多环的设计顺序，对于调速系统调节器的设计来说不失为一种有效的方法。

（2）每个环的设计

现代速度控制系统中，除了电动机之外，都是由惯性很小的电力电子器件、电子器件以及数字控制器等组成。经过合理的简化处理，整个系统一般都可以用低阶的系统来近似等效。这就有可能将多种多样的高阶实际系统近似成少数典型的低阶结构，然后利用已有的基于典型系统特性的知识来设计调节器的类型和参数。

这种做法的好处是：①便于认识影响系统性能的主要环节，抓住系统分析、设计以及优化中的主要矛盾；②可以依据低阶的典型系统的知识进行定量的调节器类型和参数设计。

对于第②点，由于已知控制理论所述的低阶典型系统的参数和该系统性能指标之间的关系，所以在设计实际系统时，可以采用图 1-34 所示的步骤。即首先化简实际被控对象的数学模型以突出决定其性能的环节；然后根据对系统特性的要求选择最终的典型系统类型，并据此设计调节器类型；接着利用典型参数与性能指标的关系设计调节器的参数；最后将简化实际对象时的条件代入系统中进行验证。

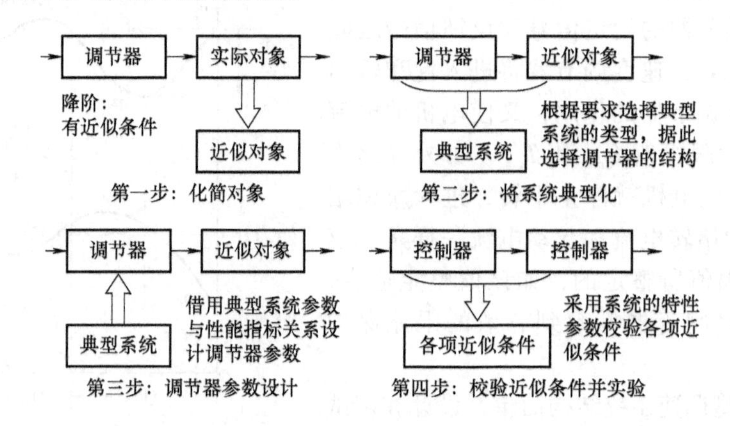

图 1-34　利用典型系统校正实际系统的思路

这样做就能够把稳、准、快和抗干扰之间互相交叉的矛盾问题分成两步来解决，通过选择典型系统的阶次确定调节器的结构，优先解决主要矛盾，确保动态稳定性和稳态精度；然后再通过调整调节器内部参数来进一步满足其他动态性能指标。

1.3.1　直流调速系统性能

直流电动机调速系统的性能分析主要可以从两个方面进行：静态性能和动态性能。

1.3.1.1　静态性能

系统的静态（稳态）性能指标是以它的稳态误差来衡量的，包括调速的精度和跟踪误差两个方面，与系统的类型和输入信号的性质有关。图 1-35 所示是一个典型的单位反馈系统，其中 $W_0(s)$ 为系统的开环传递函数，$R(s)$ 和 $C(s)$ 分别为系统的输入和输出，而 $E(s)$ 为系统的误差。

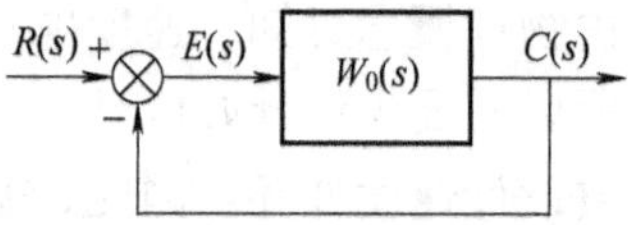

图 1-35　单位反馈系统

系统开环传递函数一般形式为

$$W_0(s)=\frac{K(b_m s^m+b_{m-1}s^{m-1}+\cdots+b_1 s+1)}{s^{\gamma}(a_n s^n+a_{n-1}s^{n-1}+\cdots+a_1 s+1)} \qquad (1\text{-}47)$$

对系统的静态特性有重要意义的是传递函数 $W_0(s)$ 中积分因子数 γ。通常根据 $\gamma=0$、1、2，可分别把相应的系统称为 0 型、Ⅰ型、Ⅱ型系统。为了说明这些系统的静态特性的好坏，通常以它们对三种不同典型输入函数，即单位阶跃函数 $[1(t)]$、单位斜坡（等速度）函数 $[t]$ 和单位抛物线（等加速度）函数 $[t^2/2]$ 的响应来表征。在图 1-36 示出了 0 型、Ⅰ型、Ⅱ型系统对上述三种输入信号的响应曲线，由图可见，0 型系统在跟踪阶跃输入信号时就存在一定的稳态误差，所以称为有差系统，它不能跟踪速度和加速度输入信号。Ⅰ型系统在跟踪阶跃输入信号时其稳态误差为零，但在跟踪速度输入信号时有一定稳态（速度）误差，而跟踪加速度输入信号时稳态误差趋于无穷大，故Ⅰ型系统称为一阶无差系统。Ⅱ型系统跟踪阶跃输入信号和速度信号时稳态误差均为零，而跟踪加速度输入信号时存在一定的稳态误差（加速度误差），故Ⅱ型系统称为二阶无差系统。一般来说，系统的类型数或无差度（γ）愈大，它的稳态误差愈小，但是系统的动态性能却要差一些，容易出现稳定性问题，设计也更为复杂繁琐。因此，为了保证系统的稳定性和一定的稳态精度，实际的控制系统基本上是Ⅰ型或Ⅱ型系统。

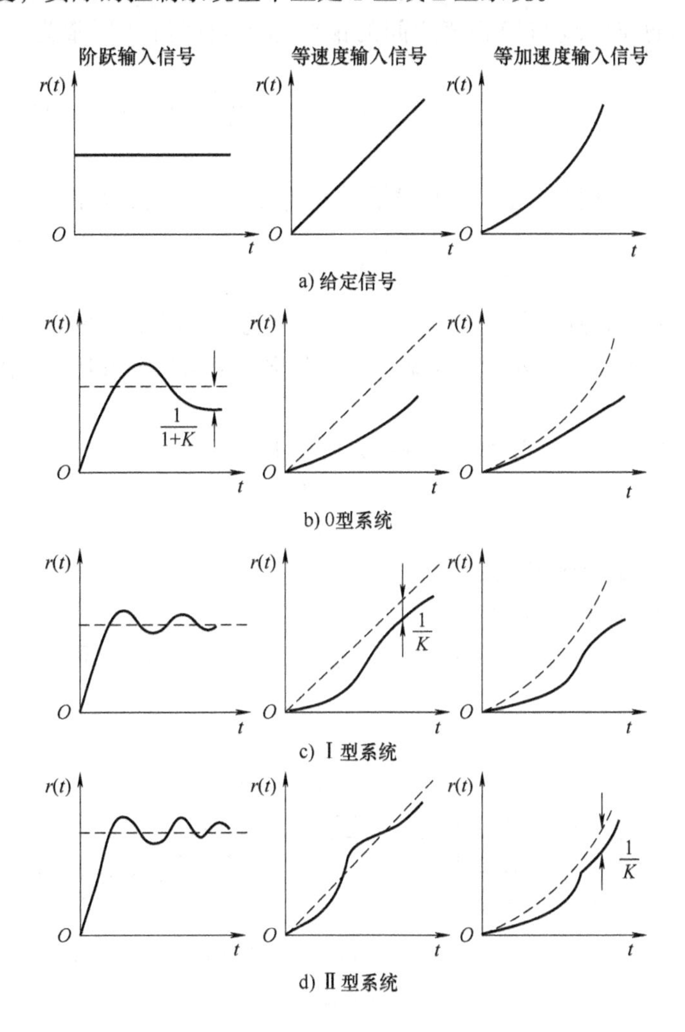

图 1-36　典型输入信号作用下，三类系统的响应

1.3.1.2　动态性能

调速系统的动态性能，是指在运行条件突变，系统从一种运行状态切换到另一种运行状态的过渡过程的响应情况。系统的动态特性通常可以采用其在单位阶跃输入信号作用下的动态响应曲线来表征，如图 1-37 所示。

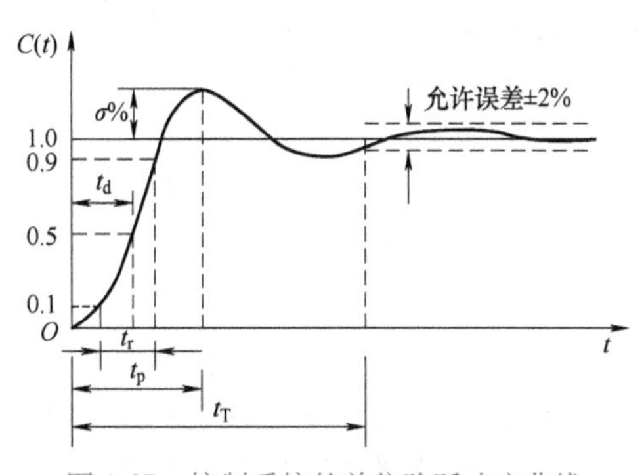

图 1-37　控制系统的单位阶跃响应曲线

在工程上常用以下几个特征量作为衡量系统动态响应过程的性能指标：

上升时间 t_r：响应曲线从稳态值的 10%上升到 90%所需的时间（单位为 s）；

延迟时间 t_d：响应曲线第一次达到稳态值的 50%所需的时间（单位为 s）；

峰值时间 t_p：响应曲达到第一个峰值所需的时间（单位为 s）；

超调量 σ(%)：响应曲线第一次达到稳定值后的最大偏差量与稳态值之比的百分值；

调整时间 t_T：响应曲线与稳态值之间的偏差达到允许值（通常为±2%）范围内所需时间；

振荡次数 N：在过渡过程持续期间，即在 $0<t<t_T$ 范围内系统单位阶跃响应曲线在稳态值上下起伏的次数。

在实际应用中常以**调整时间 t_T** 和**超调量 σ** 作为衡量系统动态特性的主要指标。

1.3.2 典型系统参数与性能指标关系

由 1.3.1.1 小节中分析，实际中的控制系统往往为了兼顾系统的稳定性和控制精度，其阶次一般不会很高，本节中主要介绍典型Ⅰ型、Ⅱ型系统及其参数与性能指标之间的关系。

1.3.2.1 典型Ⅰ型系统

开环传递函数具有如下式形式的系统称为典型Ⅰ型系统：

$$W(s)=\frac{K}{s(Ts+1)} \tag{1-48}$$

式中 K——系统的开环放大系数；

T——系统的惯性时间常数。

典型Ⅰ型系统的结构图如图 1-38a 所示，它属于“一阶无差”系统。该系统的开环对数幅频特性如图 1-38b 所示。

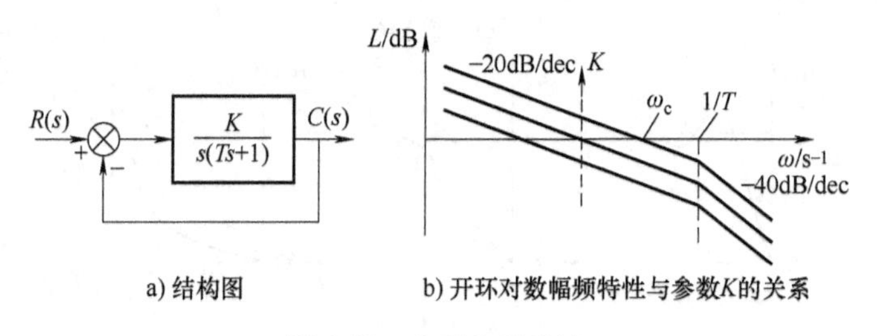

图 1-38 典型Ⅰ型系统

典型Ⅰ型系统是一种二阶系统，因此也可以称为二阶典型系统。当开环对数幅频特性的中频段以-20dB/dec 的斜率穿越 0dB 线，只要有足够的中频带宽，系统就有足够的稳定裕量。按照下式设计相角稳定裕量：

$$\omega_c<\frac{1}{T}(\text{或 } \omega_c T<1),\qquad \arctan\omega_c T<45° \tag{1-49}$$

得出相角的稳定裕量为：$\gamma=180°-90°-\arctan\omega_c T=90°-\arctan\omega_c T>45°$ 即可满足系统稳定要求。

典型Ⅰ型系统的开环传递函数式（1-48）中有两个特征参数：开环放大系数 K 和惯性时间常数 T。实际上，T 往往是被控对象本身的固有参数，是不能任意改变的。因此，能够自由改变的调节器参数只有开环放大系数 K。设计时需要按照性能指标的需求选择 K 的大小。

图 1-38b 中给出了 K 值与开环频率特性的关系。假定 $1/T\gg1$，在 $\omega=1$ 处，典型Ⅰ型系

统开环对数幅频特性的幅值是

$$L(\omega)\big|_{\omega=1}=20\lg K=20(\lg\omega_c-\lg 1)=20\lg\omega_c \tag{1-50}$$

由式（1-50）可以得到 $K=\omega_c$，因此开环放大系数 K 越大，该系统的截止频率 ω_c 也越大，系统的响应速度越快。但是，须使 $\omega_c<1/T$，否则开环对数幅频特性将以 -40dB/dec 的斜率穿越 0dB 线，系统的相对稳定性将会恶化。

调速系统的控制动态性能指标包括跟随性能指标和抗扰性能指标。下面给出 K 值与动态跟随性能指标的定量关系。

典型 Ⅰ 型系统的闭环传递函数为二阶系统，即

$$W_{cl}(s)=\frac{C(s)}{R(s)}=\frac{K/T}{s^2+\frac{1}{T}s+\frac{K}{T}} \tag{1-51}$$

由自动控制理论可知，二阶系统的动态跟随性能与其参数之间有着准确的数学解析关系，可表示为

$$W_{cl}(s)=\frac{\omega_n^2}{s^2+2\zeta\omega_n s+\omega_n^2} \tag{1-52}$$

式中　ω_n——无阻尼自然振荡频率；

　　ζ——阻尼系数，或称阻尼比。

比较式（1-51）和式（1-52），可以得到如下的参数换算关系：

$$\omega_n=\sqrt{\frac{K}{T}},\qquad \zeta=\frac{1}{2}\sqrt{\frac{1}{KT}}$$

$$\Rightarrow\zeta\omega_n=\frac{1}{2T} \tag{1-53}$$

二阶系统的动态响应特性主要取决于阻尼系数。当 $0<\zeta<1$ 时，系统的动态响应是欠阻尼的衰减振荡特性；当 $\zeta>1$ 时是过阻尼状态；而当 $\zeta=1$ 时是临界阻尼状态，系统的动态响应是单调的非周期特性。在实际系统中，为了保证系统动态响应的快速性，一般把系统设计成欠阻尼状态。因此，在典型 Ⅰ 型系统中，一般取 $0.5<\zeta<1$。对于欠阻尼的二阶系统，零初始条件和阶跃信号输入下的各项动态性能指标如下所示：

上升时间和超调量分别为

$$\begin{cases}t_r=\dfrac{\pi-\arccos\zeta}{\omega_n\sqrt{1-\zeta^2}}\\[2ex]\sigma=e^{-\frac{\zeta\pi}{\sqrt{1-\zeta^2}}}\end{cases} \tag{1-54}$$

而调节时间 t_T 与 ζ 和 ω_n 的关系比较复杂，可以通过下面的经验式进行近似估算：

$$\begin{cases}t_T\approx\dfrac{3}{\zeta\omega_n}(\text{当允许误差上下限为}\pm5\%\text{时})\\[2ex]t_T\approx\dfrac{4}{\zeta\omega_n}(\text{当允许误差上下限为}\pm2\%\text{时})\end{cases} \tag{1-55}$$

根据二阶系统传递函数的标准形式，还可求出其截止频率 ω_c 和相角稳定裕量 γ 为

$$\begin{cases} \omega_c=\omega_n\sqrt{\sqrt{1+4\zeta^2}-2\zeta^2} \\ \gamma=\arctan\dfrac{2\zeta}{\sqrt{\sqrt{1+4\zeta^2}-2\zeta^2}} \end{cases} \tag{1-56}$$

根据上述有关公式，可以求得典型Ⅰ型系统在不同参数时的动态跟随性能指标见表 1-1。由该表可知，典型Ⅰ型系统的参数在 $KT=0.5\sim1$、$\zeta=0.5\sim0.707$ 时，系统的超调量不大，在 $\sigma=4.33\%\sim16.3\%$，系统的响应速度也比较快；如果要求超调小或者无超调调节器，则可以取 $KT=0.25\sim0.39$、$\zeta=0.8\sim1$ 的参数条件，此时系统的响应速度就会变慢。在具体设计时，需要根据不同系统的具体要求选择合适的参数。

表 1-1　典型Ⅰ型系统参数与动态跟随性能指标的关系

参数关系 KT	0.25	0.31	0.39	0.5	0.69	1.0	1.56
阻尼系数 ζ	1.0	0.9	0.8	0.707	0.6	0.5	0.4
上升时间 t_r/T	∞	11.1T	6.66T	4.71T	3.32T	2.42T	1.73T
超调量 σ(%)	0	0.15	1.52	4.33	9.48	16.3	25.4
截止频率 $\omega_c/\left(\frac{1}{T}\right)$	0.243	0.299	0.367	0.455	0.596	0.786	1.068
相角裕量 γ/(°)	76.3	73.5	69.9	65.5	59.2	51.8	43.9

1.3.2.2　典型Ⅱ型系统

在Ⅱ型系统，选择一种最简单而稳定的结构作为其典型系统，它的开环传递函数形式为

$$W(s)=\frac{K(T_1s+1)}{s^2(T_2s+1)} \tag{1-57}$$

式中　K——系统的开环放大系数；

T_1——比例微分时间常数；

T_2——惯性时间常数。

典型Ⅱ型系统是一种三阶系统，因此也可以称为三阶典型系统，其动态结构图如图 1-39a 所示，具有二阶无静差特性。在阶跃信号和斜坡信号输入下都能够保持稳态无静差，在抛物线信号输入下，系统存在稳态误差，大小与开环放大系数成反比。

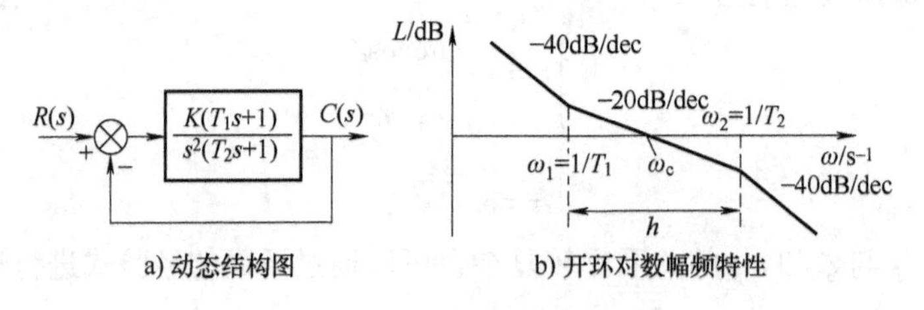

a) 动态结构图　　b) 开环对数幅频特性

图 1-39　典型Ⅱ型系统

与典型Ⅰ型系统相似，典型Ⅱ型系统的时间常数 T_2 是控制对象本身的固有参数，参数 K 和 T_1 是有待选择的。由于有两个参数待定，则增加了参数选择时问题的复杂性。

典型Ⅱ型系统的开环对数幅频特性如图 1-39b 所示。首先为了保证稳定性，使其中频段

以 −20dB/dec 的斜率穿越 0dB 线。于是系统的参数应该满足

$$\frac{1}{T_1}<\omega_c<\frac{1}{T_2} \tag{1-58}$$

定义转折频率 $\omega_1=1/T_1$ 与 $\omega_2=1/T_2$ 的比值为 h，h 是斜率为 −20dB/dec 的中频段的宽度，称为“中频宽”。由于开环对数幅频特性中频段的状况对控制系统的动态品质起着决定作用，因此 h 值的取值是影响典型Ⅱ型系统运行的一个关键参数。

由图 1-39b 中频段可以得到在点 ω_c 处的幅频特性为

$$L(\omega_c)\approx 20\lg K+20\lg T_1\omega_c-20\lg\omega_c^2 \tag{1-59}$$

所以

$$K=\omega_1\omega_2 \tag{1-60}$$

$$\begin{aligned}\gamma &=180°-180°+\arctan\omega_c T_1-\arctan\omega_c T_2\\ &=\arctan\omega_c T_1-\arctan\omega_c T_2>0\end{aligned} \tag{1-61}$$

由图 1-39b 可以看出，由于 T_2 是保持不变的，改变 T_1 就等于改变了中频宽 h；在 T_1 确定以后，即确定了 h 的取值，改变开环放大系数 K 将使系统的开环对数幅频特性垂直上下移动，从而改变截止频率 ω_c。因此，在设计典型Ⅱ型系统时，选择两个参数 h 与 ω_c 和选择 T_1 和 K 是相当的。

目前对于典型Ⅱ型系统，工程设计中有两种准则选择参数 h 与 ω_c，即最大相角裕量准则 γ_{max} 和最小闭环幅频特性峰值 M_{rmin} 准则。依据这两个准则，都可以找出相应的参数 h 与 ω_c 之间的较好的配合关系，通过该准则就可以将双参数的选择问题转化为单个参数的设计。下面以最大相角裕量准则 γ_{max} 为例说明Ⅱ型系统的参数选择方法。

由控制理论可知，系统的相角稳定裕量 γ 反映了系统的相对稳定性。一般情况下系统的相角稳定裕量越大，系统的相对稳定性越好，阶跃输入下输出超调量也越小。因此，最大相角裕量准则 γ_{max} 的指导思想是在选择典型Ⅱ型系统的参数时使系统的相角裕量 γ 最大，从而优化和提升系统的相对稳定性。

由式（1-61），当系统的中频宽 h 一定时，典型Ⅱ型系统开环对数相频特性的形状是一定的，并不会随着截止频率 ω_c（或开环放大系数 K）的改变而改变；但是随着 ω_c 的变化，相角稳定裕量 γ 会发生变化。并且，当 ω_c 为某一数值时，γ 可以取到最大值，并且可以通过公式计算出此时的截止频率。对式（1-61）两边取 ω_c 的倒数并令其为 0，可以解得当典型Ⅱ型系统的截止频率 ω_c 为

$$\lg\omega_c=\frac{1}{2}(\lg\omega_1+\lg\omega_2) \tag{1-62}$$

此时能够取到相角裕量的极大值

$$\gamma_{max}=\arctan\frac{T_1}{\sqrt{h}T_2}-\arctan\frac{T_2}{\sqrt{h}T_2}=\arctan\sqrt{h}-\arctan\frac{1}{\sqrt{h}}=\arctan\frac{h-1}{\sqrt{h}} \tag{1-63}$$

这表明，在典型Ⅱ型系统开环对数幅频特性上，当 ω_c 处于两转折频率 ω_1 和 ω_2 的集合中值处时，系统的相角稳定裕量取到极大值 γ_{max}。

由式（1-59）~式（1-61），在最大相角稳定裕量 γ_{max} 准则下，还可以求得典型Ⅱ型系统的开环放大系数 K 与中频宽 h 存在以下关系

$$K=\frac{1}{h^{1.5}T_2^2} \tag{1-64}$$

由式（1-63）可以看出，当中频宽 h 增大时，典型Ⅱ型系统 $\gamma_{\max}$ 也增大，则表明在按最大相角稳定裕量 $\gamma_{\max}$ 准则选择参数的条件下，系统的动态品质仅取决于开环对数幅频特性中的中频宽 h。由于在 $\gamma_{\max}$ 最大准则下典型Ⅱ型系统截止频率 ω_c 位于开环对数幅频特性两转折频率 ω_1 和 ω_2 的几何中点上，因此也把这种准则称为"**对称最佳准则**"。

式（1-65）即为典型Ⅱ型系统的闭环传递函数

$$\begin{aligned}W_{cl}(s)&=\frac{C(s)}{R(s)}=\frac{W(s)}{1+W(s)}\\&=\frac{K(T_1s+1)}{s^2(T_2s+1)+K(T_1s+1)}=\frac{T_1s+1}{\frac{T_2}{K}s^3+\frac{1}{K}s^2+T_1s+1}\end{aligned} \tag{1-65}$$

式（1-65）表明典型Ⅱ型系统是一种三阶系统。一般三阶系统的动态跟随特性性能指标与参数之间不存在明确的解析关系，但是当典型Ⅱ型系统按照某一准则选择参数的情况下，仍然可以找出它们之间的关系。当典型Ⅱ型系统按照 $\gamma_{\max}$ 准则选择参数时，将 $T_1=hT_2$ 代入式（1-65）中可以求得其闭环传递函数为

$$W_{cl}(s)=\frac{hT_2s+1}{h^{1.5}T_2^3s^3+h^{1.5}T_2^2s^2+hT_2s+1} \tag{1-66}$$

当输入信号为单位阶跃函数时，$R(s)=1/s$，因此

$$C(s)=\frac{hT_2s+1}{s(h^{1.5}T_2^3s^3+h^{1.5}T_2^2s^2+hT_2s+1)} \tag{1-67}$$

以 T_2 为时间基准，对于具体的 h 值，可以由式（1-67）求出所对应的单位阶跃响应函数 $C(t/T_2)$，并且计算出超调量 σ、上升时间 t_r/T_2 和±5%误差带下的调节时间 t_T/T_2。数值计算的结果见表 1-2。

表 1-2　典型Ⅱ型系统不同中频宽 h 下基于 $\gamma_{\max}$ 准则的动态跟随性能

中频宽 h	3	4	5	6	7	8	9	10
$\sigma(\%)$	52.5	43.4	37.3	32.9	29.6	27.0	24.9	23.2
t_r/T_2	2.7	3.1	3.5	3.9	4.2	4.6	4.9	5.2
t_T/T_2	14.7	13.5	12.1	14.0	15.9	17.8	19.7	21.5

从表中结果可以看出，在按照 $\gamma_{\max}$ 准则选择参数时，中频宽 h 越大，超调量越小，系统的相对稳定性能越好，但上升时间越长，系统的快速性也越差。由于过渡过程的衰减振荡性质，调节时间随 h 的变化不是单调的，当 $h=5$ 时系统的调节时间最短；当 $h>5$ 时，t_T 随 h 增大而变大；当 $h<5$ 时，t_T 随 h 减小而变大。

取中频宽 $h=4$，代入式（1-67）得到系统的开环和闭环传递函数分别为

$$\begin{cases}W_{op}(s)=\dfrac{4T_2s+1}{8T_2^2s^2(T_2s+1)}\\[2ex]W_{cl}(s)=\dfrac{4T_2s+1}{8T_2^3s^3+8T_2^2s^2+4T_2s+1}\end{cases} \tag{1-68}$$

具有这种配置的典型Ⅱ型系统，就是“调节器最佳整定设计法”中的**“三阶最佳”系统**，相应的阶跃响应跟随性能指标为：超调量 $\sigma=43.4\%$，上升时间 $t_r=3.1T_2$，调节时间 $t_T=13.5T_2$。

1.3.3 双闭环直流电机调速系统的工程优化设计

实际中调速系统的控制结构往往不是具有典型系统的形式，因此需要通过采取措施把非典型系统转化为典型系统的形式，以便利用典型系统的参数和性能指标的对应关系来确定和优化系统的参数。这就是非典型系统的典型化，这项工作可以分为两个部分：首先是基于线性系统的零极点与性能的关系对被控对象的结构作近似处理；然后基于串联校正的基本思路可以设计调节器将“调节器+近似处理的被控对象”校正为所需的典型系统。

1.3.3.1 系统结构的近似化处理

1. 高频段小惯性环节的近似处理

如果在高频段有时间常数为 $T_{\mu1}$，$T_{\mu2}$，$T_{\mu3}$，…的复数个小惯性环节，只要它们的转折频率均远大于系统的开环截止频率 ω_c，就可以将它们近似地看成是一个时间常数为 $T_\Sigma=T_{\mu1}+T_{\mu2}+T_{\mu3}+\cdots$ 的小惯性环节。这一近似处理不会显著影响系统的动态响应性能。例如，系统的开环传递函数为

$$W(s)=\frac{K(T_1s+1)}{s^2(T_2s+1)(T_3s+1)} \tag{1-69}$$

式中，T_2、T_3 都是小时间常数，即 $T_1\gg T_2$ 和 T_3。此时可以略去分母中的高阶项 $T_2T_3s^4$，可以得到以下近似关系

$$\frac{1}{(T_2s+1)(T_3s+1)}\approx\frac{1}{(T_2s+T_3)s+1}=\frac{1}{T_\Sigma s+1} \tag{1-70}$$

2. 高频段高阶系统的降阶处理

当高阶项的系数很小时，也可以采用上面的近似处理方法，将高阶项忽略，假设系统中含有三阶结构，当满足条件

$$\omega_c\leqslant\frac{1}{3}\min\{\sqrt{1/b},\sqrt{c/a}\} \tag{1-71}$$

系统可以近似成一阶惯性环节，当系统稳定时能够忽略高阶项的影响

$$\frac{1}{as^3+bs^2+cs+1}\approx\frac{1}{cs+1} \tag{1-72}$$

3. 纯滞后环节的近似处理

对于功率变换装置，其在控制系统动态结构中往往表现出一个滞后时间较小的纯滞后环节，即其传递函数中包含指数函数 $e^{-\tau s}$。可以把这类纯滞后环节近似成一阶惯性环节

$$e^{-\tau s}\approx\frac{1}{\tau s+1} \tag{1-73}$$

其近似条件为

$$\omega_c\leqslant\frac{1}{3\tau} \tag{1-74}$$

4. 低频段大惯性环节的近似处理

在低频段大惯性环节的工程设计中，为了按照典型系统选择校正装置，有时需要把系统中存在的一个时间常数特别大的大惯性环节近似地当作积分环节来处理，即

$$\frac{1}{Ts+1}\approx\frac{1}{Ts} \tag{1-75}$$

其近似条件为

$$\omega_c\geqslant\frac{3}{T} \tag{1-76}$$

此时相角 $\arctan\omega T$ 被近似为90°。当 $\omega T=\sqrt{10}$ 时，有 $\arctan\omega T=72.45°$。虽然误差看起来较大，但将大惯性环节近似成积分环节后，由于相角滞后的更大，相当于相角稳定裕量更小，在此条件下将系统近似并设计好参数后，实际系统的相角稳定裕量会大于设计值，故其相对稳定性也更好。

1.3.3.2 双闭环调速系统的动态结构图

直流电动机调速系统中电流环内存在电动机反电动势产生的交叉反馈，它代表转速环输出量对电流环的影响。但在实际系统中，电枢回路的电磁时间常数 T_a 一般都要比电力拖动系统的机电时间常数 T_m 小得多，因而电流的调节过程往往比转速的变化过程快得多，也就是比电动机反电动势 E 的变化快得多，反电动势对电流环来说只是一个缓慢变化的扰动作用。因而在电流调节器快速调节的过程中，可以认为反电动势 E 在这个过程中是不变的，从而将直流电动机精确模型按照图1-40的简化模型进行考虑。

在工程设计中，忽略反电动势环的条件为

$$\omega_{ci}\geqslant3\sqrt{\frac{1}{T_mT_a}} \tag{1-77}$$

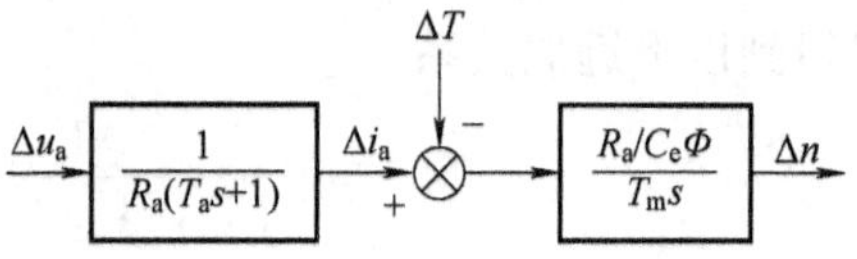

图1-40 直流电动机简化模型

这样，在设计电流环时可以暂时不用考虑反电动势变化的影响，将作用于电流环的电动势反馈作用断开，解除了交叉反馈。根据直流电动机简化模型，得到转速电流双闭环调速系统的动态结构图如图1-41所示，在简化后的直流电动机数学模型中加入了前后两个闭环反馈环节，分别是转速闭环反馈和电流闭环反馈。

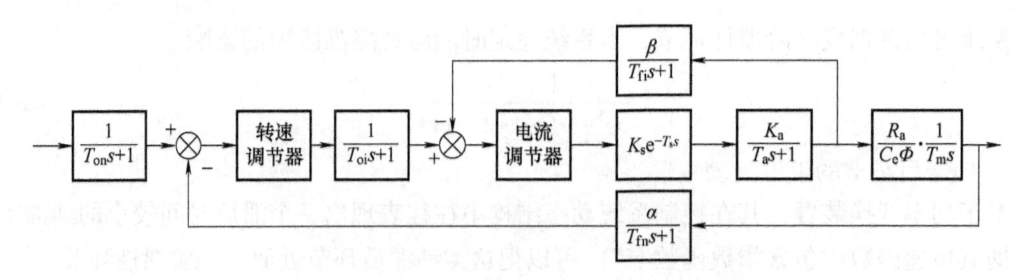

图1-41 转速电流双闭环调速系统的动态结构图

1）环节 $K_a/(1+T_as)$ 代表电枢回路，是一个惯性环节；环节 $[R_a/(C_e\Phi)][1/(T_ms)]$ 代表电机（包括轴上的机械负载）转动部分的惯性，是一个大的积分环节。

2）环节 $K_se^{-T_ss}$ 代表可控整流桥，其中 K_s 是它的放大倍数，T_s 为整流桥的等效时间常

数。由于可控整流桥在一个晶闸管触发后到另一个晶闸管触发之前有一个失控期，在这期间内整流桥对控制信号不能即时响应，出现了时间上的滞后现象，可以表示为一个滞后环节。

3）环节 $\alpha/(1+T_{fn}s)$ 和 $\beta/(1+T_{fi}s)$ 分别为转速反馈回路和电流反馈回路的传递函数，α 和 β 分别为其反馈系数，T_{fi} 和 T_{fn} 则为反馈回路滤波时间常数。

4）环节 $1/(1+T_{on}s)$ 和 $1/(1+T_{oi}s)$ 分别为速度环输入端和电流环输入端的滤波环节，T_{on} 和 T_{oi} 分别为其时间常数，其目的在于减少当给定突变时转速调节过程中可能出现的超调现象，并且由于反馈回路中的滤波环节在滤除反馈信号中交流分量的同时，也使得反馈信号产生信号延滞，为了平衡这一延滞作用，令信号给定端滤波环节的时间常数 T_{on}、T_{oi} 与 T_{fn}、T_{fi} 对应相等，让给定信号和反馈信号经过相同的延滞，使二者在时间上得到恰当的配合，从而带来设计上的方便。

5）转速调节器和电流调节器都是一个 PI 调节器，其形式为 $K_{PI}(1+\tau s)/(\tau s)$，对双闭环调速系统的设计及优化主要便是围绕转速调节器和电流调节器的参数 K_{PI} 和 τ 的设计及确定进行的。

1.3.3.3 电流调节器的设计

根据双闭环调速系统设计原则和基本思路，首先考虑图 1-41 电流环部分，根据结构图的等效交换原则可将反馈滤波和给定滤波两个环节移至反馈闭环内，得到如图 1-42a 所示的电流环动态结构图。

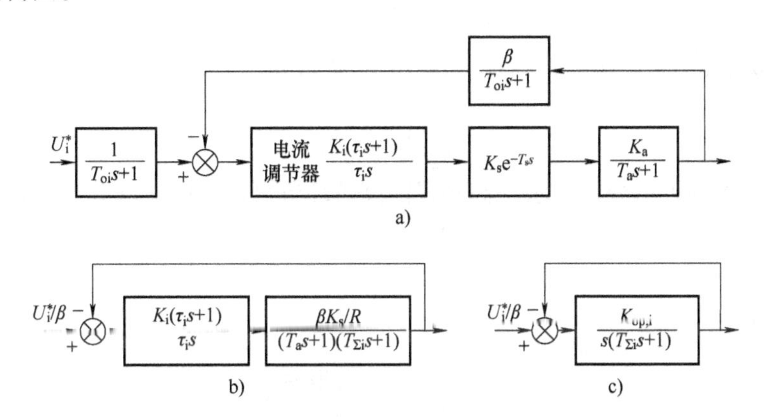

图 1-42 电流环的动态结构图及简化

根据 1.3.3.1 节中近似处理，首先将晶闸管在控制系统动态结构图中引入的滞后时间较小的纯滞后环节，近似成一阶惯性环节，再将电流内环滤波时间常数 T_{oi} 与晶闸管装置时间常数 T_s 合并成为 $T_{\Sigma i}$，就得到图 1-42b 的电流环结构图，其简化条件为

$$\omega_{ci} \leqslant \frac{1}{3}\min\left(\frac{1}{T_s}, \sqrt{\frac{1}{T_s T_{oi}}}\right) \tag{1-78}$$

注意在电流环设计好后需要用 ω_{ci} 校验该条件是否满足。

在电流调节器的典型系统类型选择上，电流环校正成典型 I 型系统能够做到无静差从而获得理想堵转特性，并且在动态性能方面使超调量尽量小；电流环校正成典型 II 型系统则可以提高系统的抗扰性能。在一般情况下，当电流环控制对象中的两个时间常数之比满足

$$\frac{T_a}{T_{\Sigma i}} \leqslant 10 \tag{1-79}$$

典型Ⅰ型系统的恢复时间还是处在可以接受的范围内，因此在这种情况下可以按照典型Ⅰ型系统来选择电流调节器。在选择 PI 调节器调节系统参数时，电流调节器的比例放大系数 K_i 的选择取决于系统的动态性能指标和 ω_{ci}。通常，希望超调量越小越好，如果要求 $\sigma<5\%$，则由表 1-1，可以取 $K_{op,i}T_{\Sigma i}=0.5$（其中 $K_{op,i}$ 为电流环的开环放大系数），此时的 $\sigma=4.33\%<5\%$，由此可求解电流调节器的比例放大系数为

$$K_i=\frac{K_{op,i}\tau_i R}{K_s\beta}=\frac{T_a R}{2K_s\beta T_{\Sigma i}} \tag{1-80}$$

式中，令积分系数 $\tau_i=T_a$，则 PI 调节器的零点可以对消掉被控对象的大惯性环节的极点，电流环的动态结构图就可以转变成图 1-42c。

如果实际系统要求不同的动态性能指标，则式（1-80）应当做相应的改变；若电流环的动态抗扰性能有具体的要求，则应检验设计后系统的抗扰性能是否满足指标要求。

1.3.3.4 转速调节器的设计

在设计转速调节器时，可以把已经设计好的电流环当作转速环内的一个环节，和其他环节一起构成转速环的控制对象，由图 1-42c 可以求出电流环的闭环传递函数为

$$\frac{1}{\dfrac{T_{\Sigma i}}{K_{op,i}}s^2+\dfrac{1}{K_{op,i}}s+1} \tag{1-81}$$

若 $\zeta=0.707$，$K_{op,i}T_{\Sigma i}=0.5$，则式（1-81）可以改写为

$$\frac{1}{2T_{\Sigma i}^2s^2+2T_{\Sigma i}s+1} \tag{1-82}$$

根据前面提到的近似处理方法，高频段的高阶环节可以按照式（1-72）降阶近似为

$$\frac{1}{2T_{\Sigma i}^2s^2+2T_{\Sigma i}s+1}\approx\frac{1}{2T_{\Sigma i}s+1} \tag{1-83}$$

其近似条件为

$$\omega_{cn}\leqslant\frac{1}{3\sqrt{2}\,T_{\Sigma i}},\quad 可取\leqslant\frac{1}{5T_{\Sigma i}} \tag{1-84}$$

由式（1-84）可知，原来电流环的控制对象可以近似为两个惯性环节，时间常数分别为 T_a 和 $T_{\Sigma i}$，电流闭环后，整个电流环等效为一个无阻尼自然振荡频率周期为 $1.414T_{\Sigma i}$ 的二阶振荡环节，或者近似为一个只有小时间常数 $2T_{\Sigma i}$ 的一阶惯性环节。这表明，引入电流内环后，改造了控制对象，这是多环控制系统中局部闭环（内环）的一个重要功能。若电流调节器的结构和参数与以上讨论时的取值不相同，电流环的等效传递函数仍可以近似为一阶惯性环节，只是时间常数要根据具体情况重新计算得到。

求出电流环的等效闭环传递函数后，用式（1-83）所示的电流环等效环节代替原本图 1-41 中的电流闭环，则整个转速环的动态结构如图 1-43a 所示，与讨论电流环动态结构一样，将给定滤波和反馈滤波环节移至反馈环节内使系统结构转为单位反馈的形式，再对 T_{on} 和 $2T_{\Sigma i}$ 作近似处理等效合并为一个时间常数为 $T_{\Sigma n}$ 的小惯性环节，则转速环的动态结构图可以简化为图 1-43b 的形式。

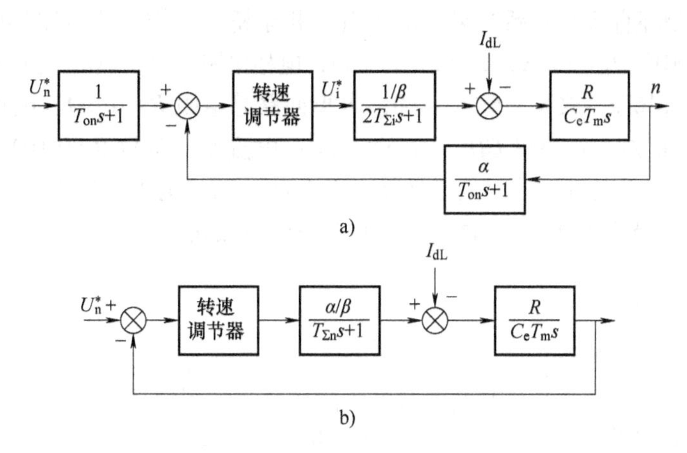

图 1-43　转速环的动态结构图及简化

由图 1-43b，转速环控制对象的传递函数中包含了一个积分环节和一个惯性环节，且积分环节在负载扰动 I_{dL} 作用点之后。而转速环的扰动主要为负载扰动，因此如果允许调速系统在负载扰动下有静差，那么转速调节器可以只采用比例调节器，按照典型Ⅰ型系统选择参数即可；若要实现转速无静差，那么就需要在扰动作用点之前设置一个积分环节，此时系统应该按照典型Ⅱ型系统设计转速调节器，由图 1-43 可以看出为使系统校正成为典型Ⅱ型系统转速调节器的形式为 PI 调节器，表示为

$$\frac{K_n(\tau_n s+1)}{\tau_n s} \tag{1-85}$$

式中　K_n——转速调节器的比例放大系数；

K_n/τ_n——转速调节器积分时间常数。

此时可以表示出 PI 调节器接入调速系统后的开环传递函数为

$$\frac{K_n\alpha R(\tau_n s+1)}{\tau_n\beta C_e T_m s^2(T_{\Sigma n}s+1)} \tag{1-86}$$

由转速环的开环传递函数可以推出转速环开环放大系数为

$$K_{op,n}=\frac{K_n\alpha R}{\tau_n\beta C_e T_m} \tag{1-87}$$

按照典型Ⅱ型系统的参数设计方法，由式 $T_1=hT_2$ 确定 τ_n，即

$$\tau_n=hT_{\Sigma n} \tag{1-88}$$

频宽 h 应该视系统对动态性能的要求来决定，如无特殊要求，按照前节的分析，一般可以选 $h=5$。

比例放大系数 K_n 的选择和采用何种准则有关，当按照 γ_{max} 准则确定系统参数时，由式（1-64），再结合上面的式（1-87）和式（1-88），可以得到转速调节器的比例放大系数为

$$K_n=\frac{\beta C_e T_m}{\sqrt{h}\alpha R T_{\Sigma n}} \tag{1-89}$$

1.3.3.5　直流电机双闭环调速系统典型设计

本节中给出一个综合性例题，以此说明一个直流电机双闭环调速系统典型设计的全步骤。

例 1-1 某双闭环直流调速系统采用晶闸管三相全桥式全控整流电路供电，基本数据为：直流电动机 $U_N=220V$，$I_N=136A$，$n_N=1460r/min$，电枢电阻 $R_a=0.2\Omega$，允许过载倍数 $\lambda=1.5$；晶闸管装置 $T_s=0.00167s$，放大系数 $K_s=40$；电枢回路总电阻 $R=0.5\Omega$；电枢回路总电感 $L=15mH$；电动机轴上的总飞轮惯量 $GD^2=22.5N\cdot m^2$；电流反馈系数 $\beta=0.05V/A$；转速反馈系数 $\alpha=0.007V\cdot min/r$；电流滤波时间常数 $T_{oi}=0.002s$，转速滤波时间常数 $T_{on}=0.01s$。

设计要求：①稳态指标转速无静差；②动态指标电流超调量 $\sigma_i\leqslant5\%$。

解：

（1）电流环的设计

第一步，确定时间常数：

1）电流环小时间常数 $T_{\Sigma i}$：由于已给出 $T_{oi}=0.002s$，因此 $T_{\Sigma i}=T_{oi}+T_s=0.00367s$。

2）电枢回路时间常数 T_a：$T_a=L/R=0.015/0.5s=0.03s$。

第二步，确定电流调节器结构和参数：

1）结构选择。根据性能指标要求，且 $T_a/T_{\Sigma i}=8.17<10$，因此电流环选择按照典型Ⅰ型系统进行设计。电流环调节器选用 PI 调节器。

2）参数计算。为了将电流环校正成典型Ⅰ型系统，电流调节器的领先时间常数 τ_i 应抵消控制对象中的大惯性环节时间常数 T_a，即取 $\tau_i=T_a=0.03s$。

为了满足超调量的指标要求，取 $K_{op,i}T_{\Sigma i}=0.5$，因此

$$K_{op,i}=\frac{1}{2T_{\Sigma i}}=\frac{1}{2\times0.00367}s^{-1}=136.2s^{-1}=\omega_{ci}$$

于是可以求得电流环调节器的比例放大系数为

$$K_i=\frac{K_{op,i}\tau_iR}{\beta K_s}=\frac{136.2\times0.03\times0.5}{0.05\times40}=1.022$$

第三步，校验近似条件：

$$\frac{1}{3T_s}=\frac{1}{3\times0.00167}s^{-1}=199.6s^{-1}$$

$$\frac{1}{3}\sqrt{\frac{1}{T_sT_{oi}}}=\frac{1}{3}\sqrt{\frac{1}{0.00167\times0.002}}s^{-1}=182.4s^{-1}$$

$$\omega_{ci}=136.2s^{-1}<\frac{1}{3}\min\left(\frac{1}{T_s},\sqrt{\frac{1}{T_sT_{oi}}}\right)$$

因此满足晶闸管整流装置和电流环小时间常数的近似处理条件。

由于

$$C_e=\frac{U_N-I_NR_a}{n_N}=\frac{220-136\times0.2}{1460}=0.132V/(min/r),C_m=30C_e/\pi$$

所以

$$T_m=\frac{GD^2R}{375C_eC_m}=\frac{22.5\times0.5}{375\times0.132^2\times30/\pi}s=0.18s$$

因此

$$3\sqrt{\frac{1}{T_mT_a}}=3\sqrt{\frac{1}{0.18\times0.03}}=40.82s^{-1}<\omega_{ci}$$

满足忽略反电动势对电流环影响的近似条件。

（2）转速环的设计

第一步，确定时间常数：

1）电流环等效时间常数：由于电流环按照典型Ⅰ型系统设计，且参数选择为 $K_{op,i}T_{\Sigma i}=0.5$，因此电流环等效时间常数为 $2T_{\Sigma i}=2\times0.00367s=0.00734s$。

2）转速环小时间常数：已知转速滤波时间常数，因此转速环小时间常数为

$$T_{\Sigma n}=2T_{\Sigma i}+T_{on}=0.00734s+0.01s=0.01734s$$

第二步，确定转速环调节器结构和参数：

1）结构选择。由于设计要求无静差，因此转速调节器必须含有积分环节，又考虑到动态要求，转速调节器应采用 PI 调节器，按照典型Ⅱ型系统设计转速环。

2）参数计算。由于无特殊要求，取 $h=5$，按照准则确定参数关系，转速环调节器的超前时间常数为

$$\tau_n=hT_{\Sigma n}=5\times0.01734s=0.0867s$$

转速环开环放大系数为

$$K_n=\frac{\beta C_e T_m}{\sqrt{h}\,\alpha R T_{\Sigma n}}=\frac{0.05\times0.132\times0.18}{\sqrt{5}\times0.007\times0.5\times0.01734}=8.75$$

第三步，校验近似条件：

转速环截止频率 ω_{cn} 为

$$\omega_{cn}=\frac{K_{op,n}}{\omega_1}=K_{op,n}\tau_n=297.5\times0.0867s^{-1}=25.8s^{-1}<\frac{1}{5}T_{\Sigma i}=54.5s^{-1}$$

满足电流环传递函数等效条件。

$$\frac{1}{3}\sqrt{\frac{1}{2T_{\Sigma i}T_{on}}}=\frac{1}{3}\sqrt{\frac{1}{0.00734\times0.01}}s^{-1}=38.9s^{-1}>\omega_{cn}$$

满足转速环小时间常数近似处理条件。

1.4 本章小结

本章介绍了直流电动机调速系统的控制以及双闭环调速系统的参数设计方法。

直流电动机数学模型与机械特性部分，首先介绍了直流电动机的结构以及工作原理，然后从电动势平衡方程式和转矩平衡方程式构建直流电动机的精确数学模型，最后推导了直流电动机的机械特性表达式，并分析了直流电动机的人工机械特性。

直流电动机调速系统部分，首先介绍了可逆晶闸管-直流电动机调速系统，分析了电流连续和断续时电动机调速特性。然后介绍了脉宽调制（PWM）直流电动机调速系统，根据是否能够产生双向转矩分别介绍了不可逆 PWM 调速系统和可逆 PWM 调速系统，其中不可逆 PWM 调速系统又包含无制动能力和有制动能力的不可逆调速系统；可逆 PWM 调速系统又包含单极性和双极性的 PWM 方式。1.2.3 节为直流电动机的调速系统转速控制，从基础的有静差开环控制，到含比例-积分控制环节的转速闭环控制，再进一步分析了直流电动机调速系统的转速、电流双闭环控制。

闭环调速系统的参数设计部分，首先介绍了直流调速系统的动静态性能指标，然后基于控制理论中的典型系统分析了系统参数与性能指标之间的关系，再以典型系统为目标对双闭环直流电动机调速系统进行参数设计。

思考题与习题

1. 一台并励直流电动机，$P_N = 5.5\text{kW}$，$U_N = 100\text{V}$，$I_N = 58\text{A}$，$n_N = 1470\text{r/min}$，$R_f = 138\Omega$，$R_a = 0.15\Omega$。在额定负载时突然在电枢回路中串联 0.5Ω 电阻，若不计电枢回路中的电感和略去电枢反应去磁的影响，试计算此瞬间的下列各项：

（1）电枢电动势。

（2）电枢电流。

（3）电磁转矩。

（4）若总制动转矩不变，试求达到稳定状态后的转速。

2. 在转速、电流双闭环调速系统中，速度调节器有哪些作用，其输出限幅值应按什么要求来调整？电流调节器有哪些作用，其限幅值又应如何整定？

3. 请分析仅采用比例控制时、仅采用积分控制时、采用比例积分控制时，直流电动机调速系统中速度调节器的输出 U_c 的特点。

4. 在转速、电流双闭环调速系统中出现电网电压波动与负载扰动时，各是哪个调节器在起主要调节作用，并请说明理由。

5. 双闭环调速系统正常工作时，调节什么参数可以改变电动机转速？如果速度闭环的转速反馈线突然断掉，会发生什么现象？电动机还能否调速？

6. 双闭环调速系统稳态运行时，两个 PI 调节器的输入偏差（给定与反馈之差）是多少？它们的输出电压应对应于何种状态的数值，为什么？

7. 对于 H 型桥式单极性 PWM 变换器，当电机工作在电动状态时，晶体管的总功率损耗主要是由哪几只晶体管中何种损耗（指截止损耗、导通损耗和开关损耗）所组成？

8. 受限制极性 PWM 变换器在驱动信号安排上与常规单极性 PWM 电路有何不同？由此引起的运行特性上有什么特点？

9. 画出可逆脉宽调速系统在单极性调制、双极性调制工作过程各阶段电流路径，标出电枢电压 U_a、电枢电流 I_a、反电动势 E_a 及自感电动势 $E_L = L\mathrm{d}i_a/(\mathrm{d}t)$（如有）的方向，指出该阶段直流电机工作在何种状态（电动、能耗制动、再生制动或反接制动）及其原因。

10. 为什么 PWM 型调速系统比晶闸管型调速系统能获得更好的动态特性？

11. 某 PWM 变换器供电的双闭环直流调速系统，开关频率为 8kHz，电动机型号为 Z4-132-1，其基本数据如下：

直流电动机：$U_N = 400\text{V}$，$I_N = 52.2\text{A}$，$n_N = 2610\text{r/min}$，$C_e = 0.1459\text{V}\cdot(\text{min/r})$，允许过载倍数 $\lambda = 1.5$。

PWM 变换器放大系数：$K_s = 107.5$（按理想情况计算的电压放大系数。三相整流输出点的最大直流电压为 538V，最大控制电压为 5V，因此，538/5 = 107.5）。

电枢回路总电阻：$R = 0.368\Omega$。

时间常数：$T_l = 0.0144\text{s}$，$T_m = 0.18\text{s}$，$T_{oi} = 0.000125\text{s}$。

反馈系数：$\alpha = 0.00383\text{V}\cdot(\text{min/r})$，$\beta = 0.1277\text{V/A}$。

设计要求：电流超调量 $\sigma_i \leqslant 5\%$。

（1）按照典型Ⅰ型系统设计电流调节器。

（2）在典型Ⅱ型系统中加入输入滤波器环节，输入滤波时间常数取 $T_{in} = 4T_{\Sigma i}$，系统动态性能指标的超

调量 σ 降为 2.96%（已知加入输入滤波环节后，可以有效降低系统阶跃响应的超调量，但会增加上升时间），试按照典型Ⅱ型系统设计电流调节器。

（3）电流环按照典型Ⅰ型系统设计，要求转速无静差，空载起动到额定转速时的转速超调量 $\sigma_n \leqslant 5\%$，试设计转速调节器。

12. 有一个闭环系统，其控制对象传递函数为

$$W_{obj}(s)=\frac{K_1}{s(Ts+1)}=\frac{10}{s(0.02s+1)}$$

要求校正为典型Ⅱ型系统（中频宽 $h=5$），在阶跃输入下系统超调量 $\sigma \leqslant 30\%$（按线性系统考虑），试决定调节器结构，并选择其参数。

第 2 章　笼型异步电动机的控制

异步电动机是工业生产中应用最为广泛的一种交流电机，它的调速控制具有重要的工程实际意义，也是本书的重点内容。异步电动机有多种调速控制方法，本章 2.1 节首先对异步电动机的调速方法进行介绍，随后仅针对笼型异步电动机，主要介绍基于稳态数学模型的调压调速和变频调速控制以及基于暂态数学模型的高性能控制两大类方法。变频调速是本章的重点，其内容紧密结合电机原理和电力电子技术，本章前 6 节将从变频调速理论、静止变频器及脉宽调制技术、变频调速系统等几个方面分节进入深入讨论。实际上，基于暂态数学模型的高性能控制也属于变频调速的范畴，本章后两节将分别介绍异步电动机的矢量控制和直接转矩控制。

2.1　异步电动机的调速方法

异步电动机调速方法的分类可以分别根据其转速表达式和转差功率变化情况进行分析，具体有 6 种常见的调速方法，分别为调压调速、电磁转差离合器调速、变极调速、变频调速以及专门针对绕线转子异步电动机的转子串电阻调速和双馈调速。

2.1.1　按转速公式分类

根据异步电动机基本原理，可得异步电动机转速 n 的表达式为

$$n=(1-s)n_{s}=(1-s)\frac{60f_{1}}{n_{p}} \tag{2-1}$$

由式 2-1 可知，异步电动机的调速方法主要分为两大类：①在保持电动机中旋转磁场同步速度 n_s 不变的条件下改变转差率 s，包含调压调速、转子串电阻调速、转差离合器调速和串级调速；②保持转差率不变而通过改变旋转磁场的同步速度 n_s 来调速，包含变频调速和变极调速。

2.1.2　按转差功率变化情况分类

根据异步电动机的功率关系可知，从电机定子传输到转子的电磁功率 $P_e=T_e\omega$ 主要分为两部分：一部分 $P_m=(1-s)P_e$ 用于拖动生产机械负载，称作机械功率；另一部分 $P_s=sP_e$ 是传输给转子电路的转差功率，与转差率成正比，消耗在转子电阻中。在一定的转矩下调速，如果保持旋转磁场的同步速度不变，异步电动机从定子侧输送到转子侧的功率是一定的，因此要使电机的转速下降，即输出功率减少，只有通过增加转差率来增加转子回路中的损耗来实现。而转差率的大小直接意味着电机转子损耗的大小，所以增大转差率的调速方法就是增大电机中转差功率消耗，是一种低效的调速方式。而通过改变旋转磁场的同步速度进行调

速，在一定的转矩下保持转差率不变，随着同步速度的降低由定子传输到转子的转差功率和输出的机械功率随之下降，而转子上的损耗没有增加，所以是一种高效的调速方式。由此可见，转差功率是否增大，能量是被消耗掉还是被有效利用，是评价异步电动机效率高低的重要指标，故而根据异步电动机调速过程中转差功率的变化情况，亦可将异步电动机的调速系统分成以下三大类：

（1）转差功率消耗型调速方式

这种调速方式将全部的转差功率都消耗在转子电路中，以消耗更多的转差功率来换取转速的下降，结构简单、成本低，但效率较低。调压调速、电磁转差离合器调速和绕线转子异步电动机转子串电阻调速均属于该类调速方式。

（2）转差功率不变型调速方式

这种调速方式的转差功率在调速过程中基本保持不变，是一种高效的调速方式，但在定子电路中配备与电动机容量相当的变频器，增加了设备的成本。异步电动机的变频调速和变极调速均属于该类调速方式。

（3）转差功率回馈型调速方式

在这种调速方式中，一部分的转差功率被消耗掉，大部分功率通过电力电子电路回馈给电网或者转化为机械能加以利用，转速越低，回馈的功率越多，效率较高，但须在电路中增加一些设备。绕线转子异步电动机串级调速属于该类调速方式，不过这类调速方法仅局限于绕线转子异步电动机系统。

2.1.3 常见调速方法的基本原理及特点

可见，异步电动机的调压调速、转子串电阻调速和转差离合器调速等均属于在不改变旋转磁场转速的情况下通过改变转差率的调速方法，都是属于低效调速系列；而变极调速和变频调速属于高效调速系列。串级调速属于一种特殊的调速方法，它本质上也是一种调节转差的调速方法，似应属于低效调速系列。但由于串级调速系统通过在转子回路中串入一个与转子同频的附加电动势，把多余的转差功率回收利用而没有白白消耗在转子电路中，使得系统的实际损耗减小了，因此也属于一种高效调速方法。

本章主要介绍笼型异步电动机的调压调速和变频调速方法，绕线式异步电动机的转子串电阻调速和串级调速方法将在第 3 章介绍，因此下面先简单介绍变极调速和转差离合器调速方法的基本原理及特点，此两种调速方法不作为重点学习。

（1）变极调速

变极调速是通过改变绕组的连接方式来改变笼型异步电动机的极对数，进而改变旋转磁场的同步速度以达到调速的目的，属于高效的调速方法之列。根据电机原理，只有定、转子磁场具有相同极对数时才能产生大小、方向恒定的电磁转矩，这就要求定、转子绕组的极对数要同时改变。这样只有笼型异步电动机才能采用变极调速，因为笼型转子的极对数能自动地随着定子极对数的改变而改变。变极调速的特点是具有较硬的机械特性，稳定性良好；无转差损耗，效率高；但属于有级调速，无法实现平滑调速。

（2）转差离合器调速

电磁转差离合器是通过调节转差离合器的励磁电流，改变其内部的磁场强度实现调速的，是一种调速原理和性能与异步电动机调压调速十分相似的系统，也属于转差功率消耗型调速方式，只是转差功率不消耗在电机内部而是消耗在与电机同轴的电磁转差离合器之中。电磁转差离合器结构简单、价格低廉、控制方便、运行可靠。但它低速运行时损耗大、效率低，常用于调速范围不太宽、经常处于高速运行的场合，特别适合风机、水泵的调速节能应用。

2.2 异步电动机的稳态数学模型

异步电动机的稳态数学模型包括异步电动机的稳态等效电路和机械特性，稳态等效电路表明了一定转差率条件下电动机的稳态电气特性，而机械特性则表明了转矩与转差率（或转速）之间的关系。

2.2.1 异步电动机的稳态等效电路

根据电机原理，在忽略空间和时间谐波、忽略铁磁非线性饱和、忽略铁损的假定条件下，异步电动机稳态等效电路如图 2-1 所示。

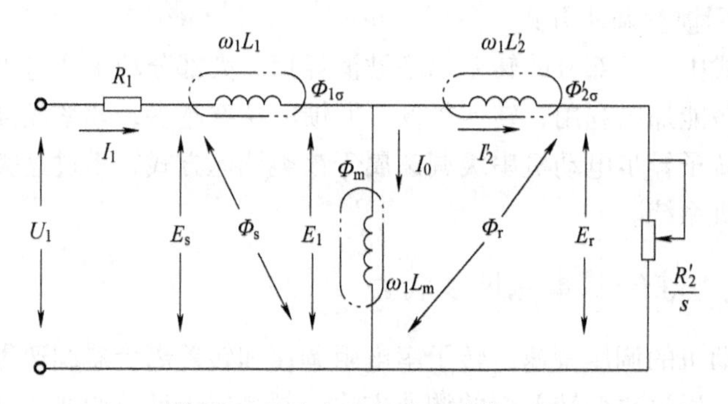

图 2-1 异步电动机稳态等效电路

图 2-1 中，R_1、R_2' 分别为定子每相电阻和折算到定子侧的转子每相电阻；L_1、L_2' 分别为定子每相漏感和折算到定子侧的转子每相漏感；L_m 为每相励磁电感；U_1 和 ω_1 为定子每相电压及运行角频率，$\omega_1=2\pi f_1$；s 为转差率，$s=(n_s-n)/n_s$；n_s 为运行频率下的同步转速；n 为转子转速；E_1 为定子每相气隙（互感）电动势；E_s 为对应定子全磁通（$\Phi_s=\Phi_m+\Phi_{1\sigma}$）的定子每相感应电动势；$E_r$ 为对应转子全磁通（$\Phi_r=\Phi_m+\Phi_{2\sigma}'$）的转子每相感应电动势。

一般情况下，励磁电感的值远大于定子电抗，因此可以忽略励磁电流支路得到异步电动机的简化等效电路如图 2-2 所示。

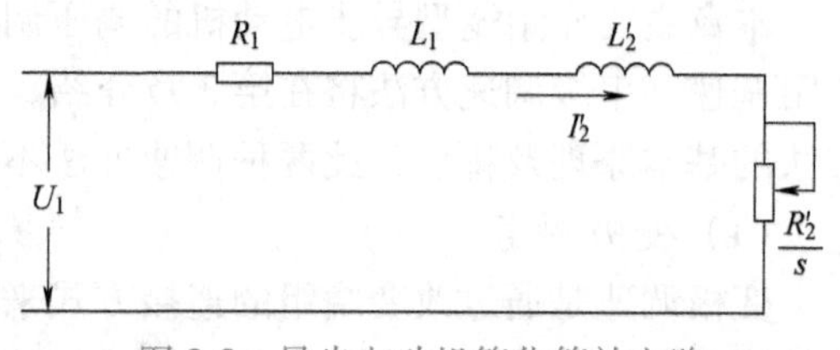

图 2-2 异步电动机简化等效电路

根据简化等效电路图 2-2 可得转子相电流幅值为

$$I_2'=\frac{U_1}{\sqrt{(R_1+R_2'/s)^2+\omega_1^2(L_1+L_2')^2}} \tag{2-2}$$

2.2.2 异步电动机的机械特性

异步电动机所传递的电磁功率为 $P_m=3I_2'^2R_2'/s$，机械同步角速度为 $\omega_{m1}=\omega_1/n_p$，由此可

得异步电动机的电磁转矩为

$$T_e=\frac{P_m}{\omega_{m1}}=\frac{3n_p}{\omega_1}I_2'^2\frac{R_2'}{s}=\frac{3n_pU_1^2R_2's}{\omega_1[(sR_1+R_2')^2+s^2\omega_1^2(L_1+L_2')^2]} \tag{2-3}$$

式中　n_p——异步电动机的极对数。

将式（2-3）对 s 求导，并令导数值等于零，可求出对应于最大转矩时的转差率，称作临界转差率 s_m，可以表示为

$$s_m=\frac{R_2'}{\sqrt{R_1^2+\omega_1^2(L_1+L_2')^2}} \tag{2-4}$$

此时对应的最大转矩称作临界转矩 T_{em}，可表示为

$$T_{em}=\frac{3n_pU_1^2}{2\omega_1[R_1+\sqrt{R_1^2+\omega_1^2(L_1+L_2')^2}]} \tag{2-5}$$

若确定某一固定频率进行供电，当转差率 s 较小时，可忽略式（2-3）分母中含 s 的各项，可得

$$T_e\approx\frac{3n_pU_1^2s}{\omega_1R_2'}\propto s \tag{2-6}$$

也就是说，当转差率 s 较小时，转矩与转差率近似成正比，则此时异步电动机的机械特性近似是一条直线，如图 2-3 中线段 a 所示。

当转差率 s 较大时，则可忽略式（2-3）分母中的一次项和零次项，得

$$T_e\approx\frac{3n_pU_1^2R_2'}{\omega_1s[R_1^2+\omega_1^2(L_1+L_2')^2]} \tag{2-7}$$

即当 s 较大时，转矩近似与转差率成反比，机械特性是一段双曲线，如图 2-3 中曲线 b 所示。当 s 为中间数值时，机械特性曲线如图 2-3 中由直线逐渐过渡到了双曲线，最终形成了如图 2-3 所示的异步电动机的机械特性曲线。

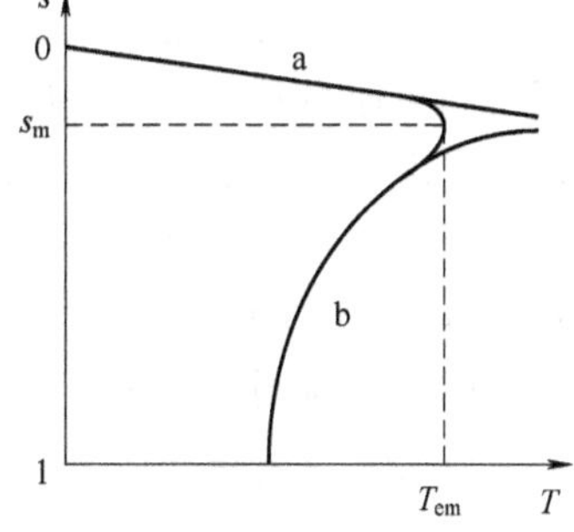

图 2-3　异步电动机的机械特性

2.2.3　异步电动机基于稳态数学模型的调速方法

所谓异步电动机的调速方法就是人为改变异步电动机的自然机械特性，从而使得电动机的稳态工作点偏移原有的机械特性，工作在人为机械特性上，以达到调速的目的。

由前述的异步电动机的机械特性方程式可知，改变异步电动机的自然机械特性主要有三种方法：改变电动机参数、改变电源电压和电源频率。本章主要重点介绍基于异步电动机稳态数学模型的调速方法，即改变电源电压的调压调速方法和改变电源频率的变频调速方法。

2.3　异步电动机的调压调速

保持异步电动机三相定子绕组供电电源的频率不变，也就是不改变旋转磁场的速度，只改变定子电压的调速方法称作调压调速。当定子电压升高时，电机的绝缘水平也应相应提

高，这会增加电机本体的成本，另外电压升高还受到磁路饱和的限制。因此调压调速方法一般通过减小定子电压来实现调速，故又称为降压调速。忽略定子绕组漏阻抗上的压降可得定子电压与气隙磁通之间的关系为

$$\Phi_{m} \approx \frac{U_1}{4.44 f_1 N k_N} \tag{2-8}$$

式中　N——定子每相绕组串联匝数；

　　k_N——定子基波绕组系数。

当电源的频率保持不变时，随着定子电压的降低，气隙磁通也会随之下降，因此调压调速也属于弱磁调速。

2.3.1　异步电动机调压调速的主电路

异步电动机调压调速是一种比较简单的调速方法，过去一般采用在定子回路中串联饱和电抗器或自耦变压器的方式来改变电机输入端电压，近年来随着电力电子技术的发展，大多采用晶闸管交流调压器来实现调压调速。双向晶闸管调压的触发方式有两种：相控和整周波通断控制。采用整周波通断控制时，若通断交替频率较高，则每次通断时间间隔中的交流电周波数较少，会导致速度调节不够平滑，所以异步电动机调压调速大都采用相控方式。此外，异步电动机相对于晶闸管调压电路而言是一种感性负载，由电力电子技术相关知识可知，只有当移相触发角 α 大于感性负载的功率因数角 φ 时才能起到调压作用。而在 $\alpha<\varphi$ 时晶闸管的导通时间将一直保持在 180°，失去了调压的效果，甚至在晶闸管触发脉冲不够宽时还会出现只有一个方向的晶闸管导通工作的情况，负载中可能出现直流分量，危害晶闸管安全。因此用于异步电动机调压调速的相控晶闸管电路必须采用宽脉冲触发，且晶闸管的触发角限制在 $\varphi<\alpha<180°$。

晶闸管交流调压器多采用 3 对晶闸管反并联或者 3 个双向晶闸管串联在三相定子回路中，交流调压主电路的接法有多种方案，如图 2-4 所示，每种方案都有各自的优缺点。其中方案 a 是用 6 个晶闸管（或 3 个双向晶闸管）分别串联在Y联结的三相定子绕组上，此时电机电流谐波比较少，调速性能最为优越，与用自耦变压器（电压接近正弦波）时相比，在同样输出功率下电流只比正弦电压供电时增加 7%左右。其次是方案 b，在这种接法中所用晶闸管器件的数量与方案 a 相同，只是电机绕组为△联结，也可以得到良好的调速性能。但△联结绕组中由三次谐波电压所引起的三次谐波电流可以流通，将使绕组电流增大，绕组附加铜耗增加。方案 c 接法的损耗要比方案 a 和方案 b 大，所用的晶闸管器件虽然同样是 6 个，但器件的参数定额可以比方案 a 和 b 减少到 $1/\sqrt{3}$。这是因为在方案 a 和方案 b 中虽然表面看来器件承受的是相电压，但是在故障的情况下可能出现两相晶闸管没有导通而第三相却导通的情况，这时全部线电压将加在没有导通的晶闸管上，所以晶闸管的额定电压还应按线电压来选择，而它们的电流定额显然要比方案 c 大$\sqrt{3}$倍。方案 d~方案 h 是属于不对称的接线方式，所需晶闸管器件较少、电路不对称、系统比较简单，但是性能不太理想、电流谐波分量较多、电机损耗较大，一般只适用于小容量电机。比如方案 h 所用晶闸管很少、触发电路简单，较有吸引力。但在输出相同功率条件下，电流要比正弦电压供电下增大 43%，只能用于小容量大转子电阻的力矩电机调速中。

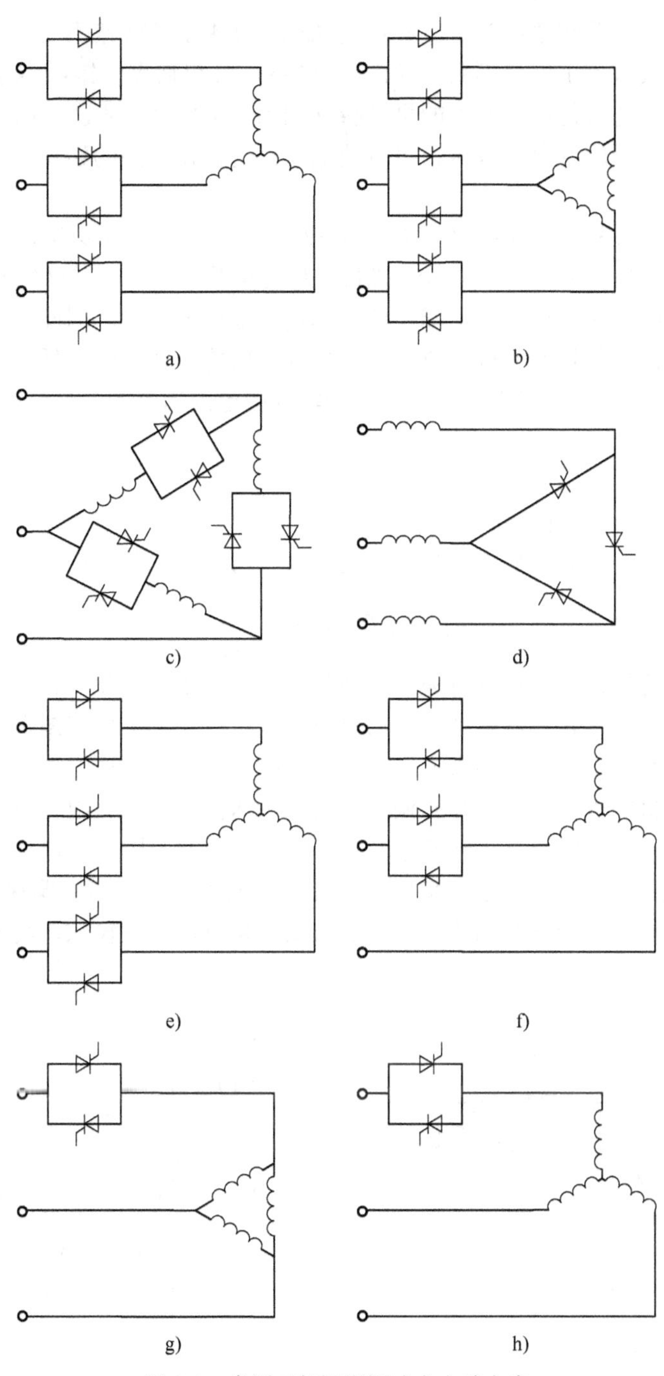

图 2-4　常用三相调压调速主电路方案

2.3.2　异步电动机调压调速的机械特性

异步电动机调压调速的机械特性表达式为

$$T_e = \frac{3n_p U_1^2 R_2' s}{\omega_1[(sR_1+R_2')^2+s^2\omega_1^2(L_1+L_2')^2]} \tag{2-9}$$

调压调速时保持电源频率不变，故异步电动机的理想空载转速不变，又因临界转差率和定子电压无关，故其数值也保持不变，而由式（2-5）可知临界转矩随定子电压的减小而成二次方比地下降。由此可得调压调速的机械特性如图 2-5 所示。从这组曲线上可以发现，当负载转矩一定时，如果改变定子电压，可以使电动机运行在不同的转差率下，从而达到调速的目的。

由图 2-5 可见，当异步电动机带恒转矩负载工作时，由于异步电动机的稳态工作区为 $0<s<s_m$，调速范围十分有限。当异步电动机带风机类负载工作时，其转矩与转速的二次方成正比，当转速下降时其转矩也随之下降，此时调速范围稍大一些。因此调压调速适用于风机类特性的负载，可以获得较宽的调速范围，但也存在低速下功率因数低、电流大等问题。

电机带恒定转矩负载 T_L 工作时，由定子侧输入的电磁功率为

$$P_e = \omega_{m1} T_L = \frac{\omega_1 T_L}{n_p} \tag{2-10}$$

式中　ω_{m1}——异步电动机机械同步角速度。

由于 ω_1 和 T_L 均为常数，故电磁功率恒定不变，与转速无关。而电机输出的机械功率为

$$P_m = \omega_m T_L = (1-s)\frac{\omega_1 T_L}{n_p} \tag{2-11}$$

由式（2-11）可得，机械功率将随着转速的降低而减小。因此，转差功率随着转差率的增加而增加，转速越低，转差功率越大。通过以上分析可知，带恒转矩负载的调压调速是靠增加转差功率、减小输出机械功率来换取转速的下降，故调压调速方法的效率低。

根据异步电动机的机械特性可知，调压调速的调速范围十分有限，可以通过增大临界转差率来增大调速范围。又因为临界转差率与转子电阻成正比，因此可以通过增大转子电阻来增大调速范围。这种高转子电阻电机又称作交流力矩电机，它的调压调速机械特性如图 2-6 所示，相比常规电机具有较宽的调速范围，但其缺点是机械特性较软，转速受负载影响比较明显。

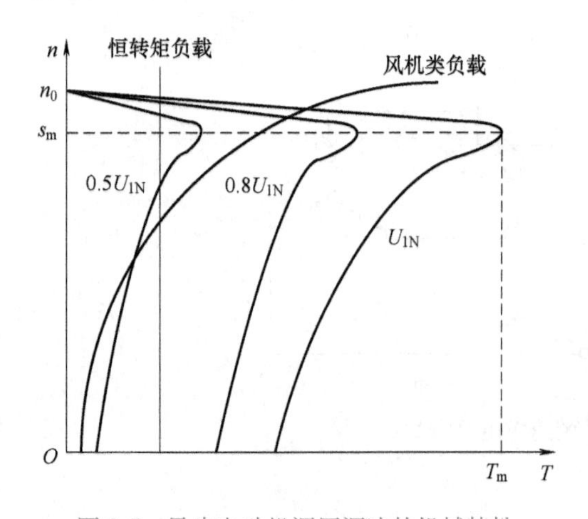

图 2-5　异步电动机调压调速的机械特性

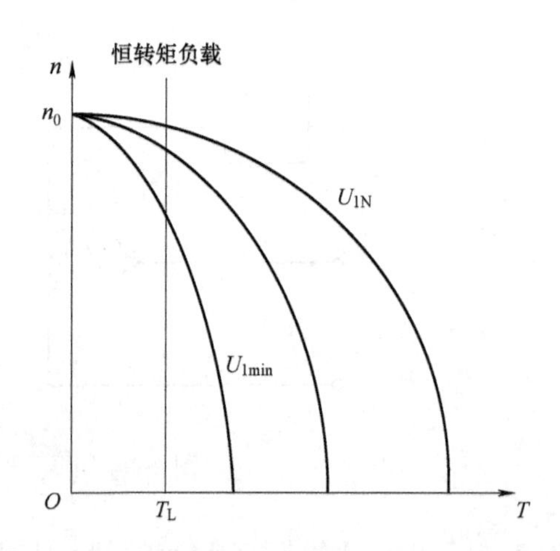

图 2-6　高转子电阻异步电动机调压调速的机械特性

2.3.3　闭环控制的调压调速系统

为了提高降压调速时机械特性的硬度，增大笼型电机的调速范围，可以采用速度闭环控

制系统。最常用的速度负反馈调压调速系统如图 2-7a 的所示，闭环机械特性如图 2-7b 所示。如果系统最初带负载 T_L 运行于 A 点，当 T_L 增大引起转速下降时，速度反馈的结果会使定子电压提高，从而在新的一条机械特性上找到工作点 A′；当 T_L 减小时，也会在定子电压低的机械特性上找到新的工作点 A″。将工作点 A″、A、A′连接起来便是闭环系统的机械特性，其硬度得到了极大提升。改变系统速度给定电压 u_g 时特性上下平行移动，从而达到调速目的。闭环机械特性的左、右边界则分别是最低定子电压和额定定子电压下的开环机械特性。

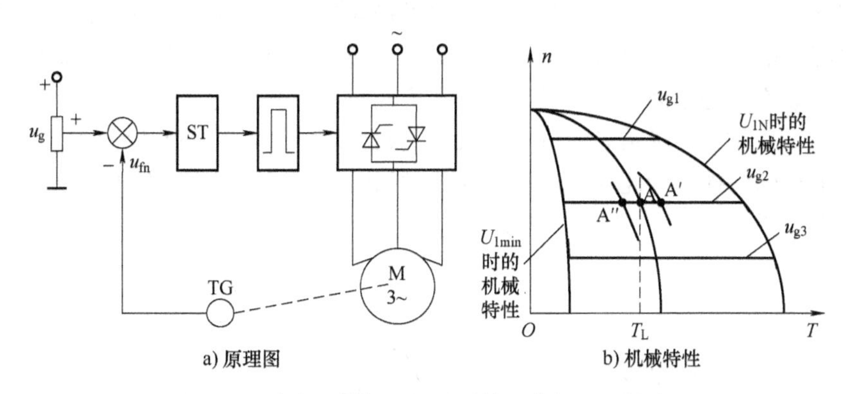

图 2-7　速度负反馈调压调速系统及其闭环机械特性

2.3.4　降压控制在软起动器轻载降压节能运行中的应用

1. 恒流软起动器

对于较小容量异步电动机而言，只要满足供电电网和变压器的容量足够（一般要求为电动机容量 4 倍以上），供电线路不太长（起动电流造成的瞬时电压降落小于 10%～15%）的条件，便可以采取全压直接起动，其起动电流将为额定值的 4～7 倍，起动转矩将为额定转矩的 1.2～2.2 倍（功率大的取小值）。但对于中、大容量电机而言，直接起动的大电流会使电网电压降落过大，影响其他并网用电设备的正常运行；此外，远距离长馈电线连接时，还会因大起动电流造成线路压降过大，机端得不到所需电压而无法起动。因此中、大容量电机的起动是个大问题，常采用降压起动方法。

常规降压起动方法有定子Y/△改接起动、串联电抗起动、自耦变压器降压起动等，它们都是一次降压，起动中经历二次电流冲击，如图 2-8 所示。

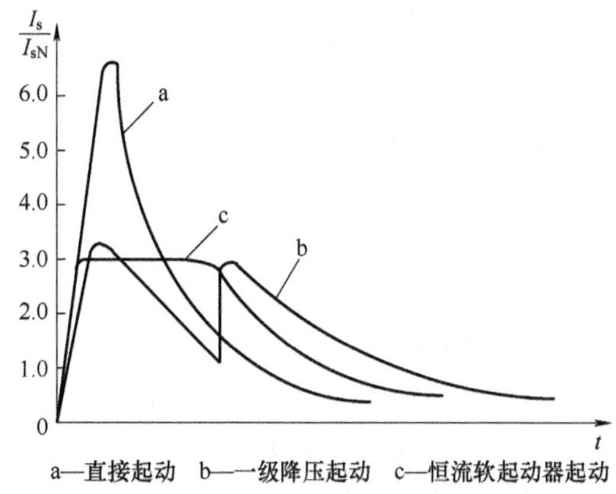

图 2-8　异步电动机不同起动方法的电流冲击

现代电流闭环的电子控制软起动器可以限制起动电流并保持恒值，直到转速升高后电流自动衰减下来，起动时间也短于传统的降压起动方法。主电路采用晶闸管交流调压器，用连续改变其输出电压来保证恒流起动，达到稳定运行后，可用接触器将晶闸管旁路，以免晶闸管不必要地长期工作。通过对起动电流的恒流控制来连续调节电机电压，使起动电流限制在 0.5～4 倍额定电流上，获得最佳的起动效果，但不宜满载下起动。

2. 准恒速轻载调压节能

双向晶闸管交流调压装置还可以用于准恒速下的轻载调压节能。在生产实际中许多设备所配置的电机由于种种原因容量选配过大，形成“大马拉小车”的局面；或者电机长时间处于轻载甚至空载状态运行，如机床主轴驱动电机，切削时电机负载率通常只有 25%～40%。电机在轻载运行时虽然负载电流小、铜损小，但电压不变，铁损仍然保持额定，造成损耗比例很高、效率下降，功率因数低下。如果轻载时能在确保拖动负载和转速基本不变的条件下适当降低电压，此时电机内磁场强度减弱，使得铁损及励磁电流随之降低，于是电机轻载运行下的效率、功率因数明显提高，达到了轻载运行节能的目的。图 2-9 所示为异步电动机定子绕组△联结及Y联结时的 η 及 $\cos\varphi$ 均获提高的事实。值得注意的是，轻载调压节能节省的是电机的铁损，因此要求电机必须长时间运行在轻载状态，同时电机需要有一定的额定容量才有效果。

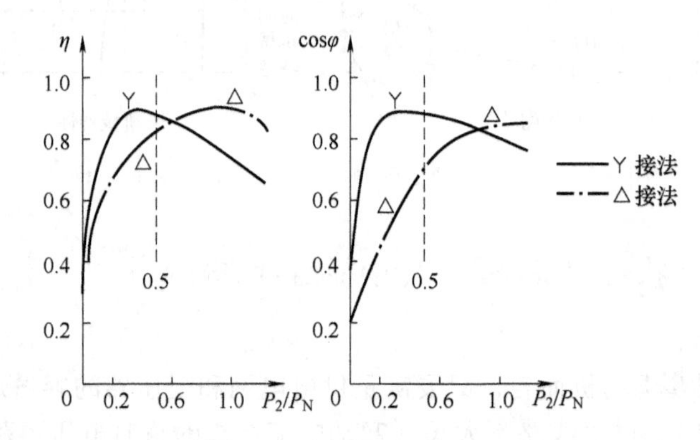

图 2-9 异步电动机定子绕组△联结及Y联结时运行特性比较

2.4 异步电动机变频调速理论

异步电动机特别是笼型电动机，结构简单、牢固、价格便宜、运行可靠、维护简单方便，在交流传动中得到了极为广泛的应用。异步电动机采用变频调速技术后，调速范围广，调速时因转差功率不变而无附加能量损失，因此变频调速技术是一种性能优良的高效调速方式，是交流电机调速传动发展的主要方向，也是本章的重点介绍内容。

2.4.1 变频调速的基本原理

异步电动机的变频调速方法是通过改变异步电动机的同步转速来调节电机速度的一种方法。根据电机的原理，一台电机若想获得良好的运行性能，必须使其磁路工作点保持不变，即保持其气隙磁通不变。电机运行时如果磁通太弱，电机的铁心得不到充分的利用，造成浪费；如果磁通太强，又会使得铁心饱和，进而使得励磁电流增大和绕组发热增加，严重时会因绕组过热而损坏电机。

三相异步电动机定子每相电动势的有效值为

$$E_1 = 4.44 f_1 N k_N \Phi_m \tag{2-12}$$

可知，只要协调控制好 E_1 和 f_1 就可以达到气隙磁通恒定的目的。

1. 基频以下调速

根据式（2-12）可知，要保持气隙磁通 Φ_m 恒定，当频率向下调节时，必须同时降低电动势 E_1，采用恒电动势频率比控制，即变频过程中必须维持 E_1/f_1 为定值。

然而，异步电动机绕组中的电动势为内部量，难以直接检测与控制。当运行频率较高、电动势较大时，可以忽略定子绕组漏阻抗上的压降，即认为定子相电压 $U_1 \approx E_1$，故只要维持恒电压频率比就可以近似维持气隙磁通恒定。

当运行频率较低时，电动势值和端电压值都较小，定子绕组的漏阻抗压降不能忽略。这时必须有意提高定子电压以补偿定子阻抗上的压降，称作低频补偿。带低频补偿的恒压频比控制特性曲线如图 2-10 中 b 线所示，无补偿的控制特性如图 2-10 中 a 线所示。由于基频以下调速过程中气隙磁通近似保持不变，故电机将做恒转矩运行。因此基频以下的调速也被称为恒转矩调速。

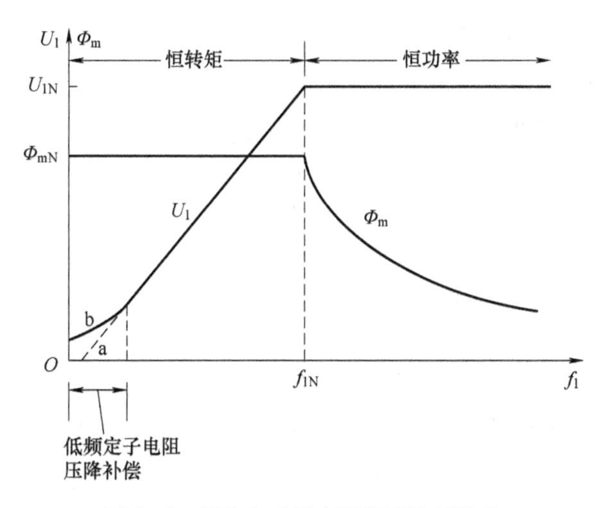

图 2-10　异步电动机变频调速控制特性

2. 基频以上调速

当电源频率从基频往上升时，受电机绝缘水平和磁路饱和的限制，定子电压 U_1 不能随之升高，最多只能维持额定电压 U_{1N} 不变，这样随着电机运行频率的升高，E_1/f_1 比值下降，气隙磁通与频率成反比地减小，属于弱磁升速的情况。此时电机转矩大体上反比于频率变化，电机的输出功率基本不变，近似处于恒功率运行状态。

将基频上下两种调速方法的控制特性画在一起如图 2-10 所示。

变频调速需要设置变频器来实现供电电源电压与频率的调节，由于变频器类型不同，提供给异步电动机端部的激励可能是电压，也可能是电流。本书主要讨论采用电压源供电时异步电动机的工作特性。

2.4.2　异步电动机的工作特性

2.4.2.1　变频调速的机械特性

采用电压源供电时异步电动机的等效电路已经在前文中图 2-1 给出，在基频以下采用恒

压频比控制时，可将异步电动机的机械特性方程改写成

$$T_e = 3n_p\left(\frac{U_1}{\omega_1}\right)^2 \frac{R_2' s\omega_1}{(sR_1+R_2')^2+s^2\omega_1^2(L_1+L_2')^2} \tag{2-13}$$

当转差率 s 较小时，可以忽略式（2-13）分母上含 s 各项，经化简可得

$$s\omega_1 \approx \frac{R_2' T_e}{3n_p\left(\frac{U_1}{\omega_1}\right)^2} \tag{2-14}$$

当异步电动机带一定负载时，转速降落 Δn 为

$$\Delta n = sn_1 = \frac{60}{2\pi n_p}s\omega_1 \approx \frac{10R_2' T_e}{\pi n_p^2}\left(\frac{U_1}{\omega_1}\right)^2 \tag{2-15}$$

由此可见，当转矩保持不变时，采用恒压频比控制时，Δn 基本不变，即改变频率时其机械特性是平行下移的，如图 2-11 所示。

采用恒压频比控制时，临界转矩可改写为

$$T_{em} = \frac{3n_p}{2}\left(\frac{U_1}{\omega_1}\right)^2 \frac{1}{R_1/\omega_1+\sqrt{(R_1/\omega_1)^2+(L_1+L_2')^2}} \tag{2-16}$$

可见临界转矩随频率 ω_1 的降低而减小。当频率较低时，最大转矩值过小，将限制电动机的过载能力。如果在低频时适当提高电压 U_1 以补偿定子漏阻抗压降，则可在局部低频范围内提高最大转矩，增强电机的带载能力。恒压频比控制方式只适合调速范围不大、最低转速不太低或负载转矩与转速二次方成正比的风机、水泵类负载，如图 2-11 中虚线所示。

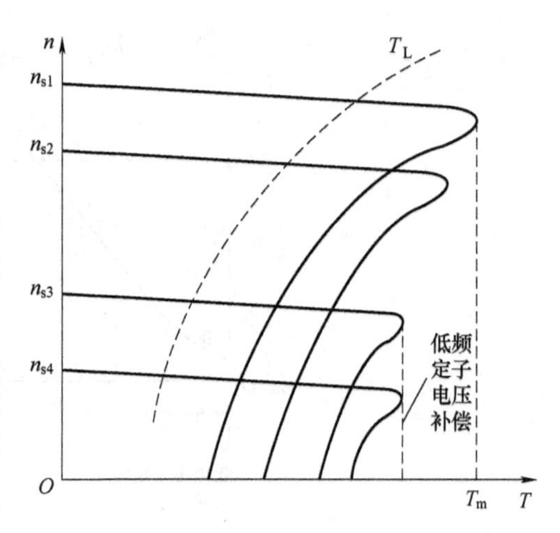

图 2-11　异步电动机变频调速机械特性

2.4.2.2　基频以下的电压补偿控制

电压源型变频器供电时，必须对施加在电机端部的电压及频率实行协调控制，以确保获得期望的工作特性。电压 U_1 与角频率 ω_1 可以有多种配合关系，即不同的电压、频率控制方式，其运行特性亦不相同。现将异步电动机的等效电路再次绘出，由图 2-12 可知磁通与电压的对应关系。

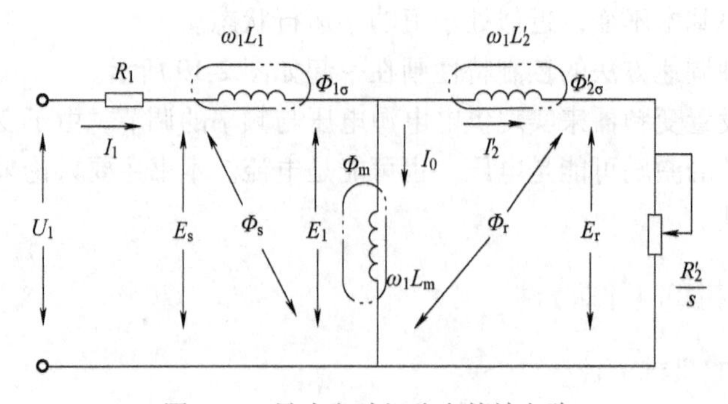

图 2-12　异步电动机稳态等效电路

式（2-12）已经给出气隙磁通在定子每相绕组中的感应电动势，即

$$E_1 = 4.44 f_1 N k_N \Phi_m$$

与之对应，转子全磁通 Φ_r 在转子绕组中的感应电动势为

$$E_r = 4.44 f_1 N_s k_{N_s} \Phi_r \tag{2-17}$$

下面分别讨论保持气隙磁通 Φ_m 和转子磁通 Φ_r 恒定的控制方法及对应的机械特性。

1. 恒气隙磁通控制

只有使得 E_1/f_1 为常值，才可以保持气隙磁通 Φ_m 恒定。由异步电动机的等效电路可知，气隙电动势和定子电压之间的关系为

$$\dot{U}_1 = (R_1 + \mathrm{j}\omega_1 L_1)\dot{I}_1 + \dot{E}_1 \tag{2-18}$$

要想保持气隙磁通恒定，除了补偿定子电阻上的压降外，还要补偿定子电抗上的压降。

根据异步电动机等效电路，转子电流的幅值为

$$I_2' = \frac{E_1}{\sqrt{\left(\frac{R_2'}{s}\right)^2 + (\omega_1 L_2')^2}} \tag{2-19}$$

代入电磁转矩基本关系式，得

$$T_e = 3n_p\left(\frac{E_1}{\omega_1}\right)^2 \frac{s\omega_1 R_2'}{(R_2')^2 + (s\omega_1 L_2')^2} \tag{2-20}$$

此种控制方式下的异步电动机机械特性如图 2-13 所示，它具有以下特点：

1）整条特性曲线与恒压频比控制时性质相同，但对比式（2-20）与式（2-13）时发现，前者分母中含 s 项要小于后者中的含 s 项，可见恒定 E_1/f_1 值控制时，s 值要更大一些才会使含 s 项在分母中占主导地位而不会被忽略，因此恒定 E_1/f_1 控制的机械特性段的范围比恒压频比控制更宽，即调速范围更广。

2）低频下起动时起动转矩比额定频率下的起动转矩大，而起动电流并不大。这是因为低频起动时转子回路中感应电动势频率低，电抗作用小，转子功率因数高，从而使较小转子电流就能产生较大转矩，有效改善了异步电动机起动性能，这是变频调速的重要优点。

3）对式（2-20）进行求极值运算，可以求得临界转差率和最大转矩分别为

$$s_m = \frac{r_2'}{\omega_1 L_2'} \tag{2-21}$$

$$T_{em} = \frac{3n_p}{2}\left(\frac{E_1}{\omega_1}\right)^2 \frac{1}{L_2'} \tag{2-22}$$

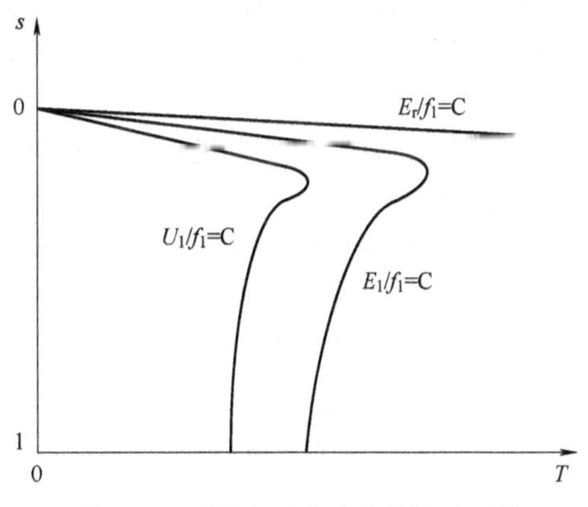

图 2-13　不同电压-频率协调控制下的机械特性

与恒压频比控制方式相比，恒气隙磁通控制方式的临界转差率和临界转矩更大，机械特性更硬。

下面说明基频以下恒气隙磁通控制方式的电压补偿基本原理。要实现恒 E_1/f_1 运行，必须确保电机内部气隙磁通 Φ_m 在变频运行中大小恒定。由于电动势 E_1 是电机内部量无法直

接控制，而能控制的外部量是电机端电压 U_1，两者之间相差一个定子漏阻抗压降（主要是定子电阻压降）。为此，必须随着频率的降低，寻找出适当提高定子电压 U_1 来加以补偿的规律。

若将电机最大转矩保持在额定频率 f_{1N}、额定电压 U_{1N} 时的大小，根据式（2-16）并设 $f_1/f_{1N}=\omega_1/\omega_{1N}=\alpha$，可得

$$\left(\frac{U_1}{U_{1N}}\right)^2=\alpha\left[\frac{R_1+\sqrt{R_1^2+\alpha^2\omega_{1N}^2(L_1+L_2')^2}}{R_1+\sqrt{R_1^2+\omega_{1N}^2(L_1+L_2')^2}}\right]=\alpha\left[\frac{1+\sqrt{1+\alpha^2Q^2}}{1+\sqrt{1+Q^2}}\right] \tag{2-23}$$

或

$$U_1=\alpha U_{1N}\sqrt{\frac{\frac{1}{\alpha}+\sqrt{\left(\frac{1}{\alpha}\right)^2+Q^2}}{1+\sqrt{1+Q^2}}} \tag{2-24}$$

式中

$$Q=\frac{\omega_{1N}(L_1+L_2')}{R_1} \tag{2-25}$$

此式表示了在电机参数一定（Q 一定）的条件下，维持气隙磁通 Φ_m 以及 E_1/f_1 恒定时，定子电压 U_1 随运行频率 $f_1=\alpha f_{1N}$ 变化所应遵循的规律，其图形表示如图 2-14 所示。从图 2-14 可以看出，定子电阻 R_1 越大，即 Q 值越小，定子电压所需补偿的程度也越高。

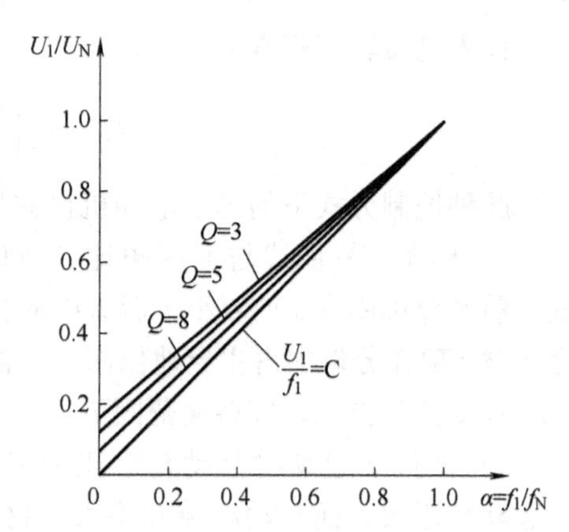

图 2-14　恒定 E_1/f_1 运行时，定子电压与运行频率关系

在低频定子电阻压降补偿中有两点值得注意：①由于定子电阻上的压降随负载变化而变化，若单纯从保持最大转矩恒定的角度出发来考虑定子压降补偿时，则在正常负载下电机可能会处于过补偿状态，即随着频率的降低，气隙磁通将增大，空载电流会显著增加，甚至出现电机负载愈轻电流愈大的反常现象，为克服这种不希望的情况出现，一般应采取电流反馈控制使轻载时电压降低；②在大多数的实际场合下，特别是拖动风机、水泵类负载时并不要求低速下也有满载转矩。相反地为减少轻载时的电机损耗，提高运行效率，此时反而采用减小电压/频率比的运行方式。

2. 恒转子磁通控制

只有使得 E_r/f_1 为常值，才可以保持转子磁通 Φ_r 恒定。由异步电动机的等效电路可知，定子电压与转子电动势之间的关系为

$$\dot{U}_1=[R_1+j\omega_1(L_1+L_2')]\dot{I}_1+\dot{E}_r \tag{2-26}$$

如果将电压-频率曲线中低频段 U_1 值再提高一些，除了补偿定子阻抗上的压降还要随时补偿转子漏抗的压降以保持 E_r/f_1 为常值。

根据图 2-1 的等效电路，转子电流可表示为

$$I_2'=\frac{E_r}{R_2'/s} \tag{2-27}$$

代入电磁转矩表达式，可求得

$$T_e = 3n_p\left(\frac{E_r}{\omega_1}\right)^2 \frac{s\omega_1}{R_2'} \tag{2-28}$$

这时的机械特性 $T_e=f(s)$ 为一准确的直线，如图 2-13 中所示。与 $U_1/f_1=C$、$E_1/f_1=C$ 控制方式相比，$E_r/f_1=C$ 控制下的稳态工作特性最好，可以获得类似并励直流电机一样的直线型机械特性，没有最大转矩 T_m 的限制，这是高性能交流电机变频调速所最终追求的目标，这也正是 2.7 节中矢量控制的基本思想。

2.4.2.3 基频以上的恒功率运行

在基频以上变频调速时，由于定子电压不能超过额定电压值 U_{1N}，调速只能通过减小气隙磁通来实现。由于定子电压一直为额定电压值，异步电动机的机械特性方程可以改写为

$$T_e = 3n_p U_{1N}^2 \frac{R_2's}{\omega_1[(sR_1+R_2')^2+s^2\omega_1^2(L_1+L_2')^2]} \tag{2-29}$$

而临界转矩的表达式可改写为

$$T_{em} = \frac{3n_p}{2}U_{1N}^2 \frac{1}{\omega_1\left[R_1+\sqrt{R_1^2+\omega_1^2(L_1+L_2')^2}\right]} \tag{2-30}$$

当转差率 s 较小时，忽略式（2-29）分母中含 s 各项，则

$$s\omega_1 \approx \frac{R_2'T_e\omega_1^2}{3n_pU_{1N}^2} \tag{2-31}$$

由此可得带一定负载时的转速降落 Δn 为

$$\Delta n = sn_1 = \frac{60}{2\pi n_p}s\omega_1 \approx \frac{10R_2'T_e}{\pi n_p^2}\frac{\omega_1^2}{U_{1N}^2} \tag{2-32}$$

由此可见，当频率 ω_1 升高而电压保持不变时，同步转速随之升高，临界转矩减小，对于同一转矩，频率 ω_1 越大，转速降落 Δn 越大，机械特性越软，如图 2-15 所示。由于气隙磁通减小，导致转矩减小，但转速却升高了，可以认为输出功率基本不变，所以基频以上变频调速属于弱磁恒功率调速。

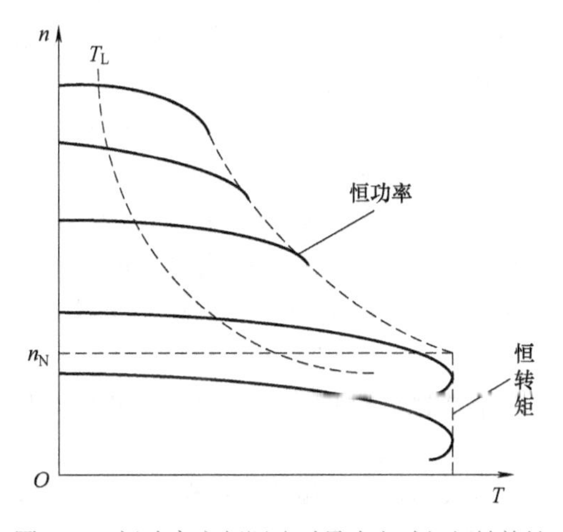

图 2-15 恒功率变频调速时异步电动机机械特性

2.5 静止变频器及脉宽调制技术

异步电动机变频调速需要电压和频率均可调的交流电源，常用的交流可调电源是由电力电子器件构成的静止式功率变换器。静止变频器是一种能提供频率及电压同时变化的电力电子电源装置，可分为间接变频器和直接变频器两大类。间接变频器先将工频交流电源整流成电压大小可控的直流，或将工频交流电源整流成大小固定的直流后经直流斩波调压，再经过逆变器变换成可变频率交流，故可称交-直-交变频器。直接变频器则将工频交流一次性变换成可变频率交流，故可称交-交变频器。目前中、小容量调速传动中以间接变频器应用较为广泛，交-交变频器则多用于大容量、低速调速传动。

早期的变频器由晶闸管组成，晶闸管属于半控型器件，不能通过门极关断，需要附加的强迫换相电路实现换相，主电路复杂。此外，晶闸管的开关速度慢，变频器的开关频率低，输出电压谐波成分大。全控型器件通过门极既可以控制其导通也可以控制其关断，无需附加的换相电路，且全控型器件的开关速度快，用全控型器件构成的变频器具有主电路简单、输出电压质量好等优点。常用的全控型器件有电力场效应晶体管、绝缘栅双极型晶体管等。

现代变频器中最常用的控制技术是脉宽调制（PWM），其基本原理为面积等效原理，控制电力电子器件的开通或关断，输出电压幅值相等、宽度按照一定规律变化的脉冲序列，用这样的高频脉冲序列来代替期望的输出电压。本节将先简单回顾交-直-交变频器，主要介绍基于全控器件的电压源型三相逆变器，重点讨论 PWM 技术。

2.5.1 交-直-交变频器

1. 结构形式

交-直-交变频器由整流器、滤波环节、逆变器三部分组成，其基本工作原理是通过整流器将恒压恒频的交流电变为可调直流电，经过中间滤波环节为逆变器提供稳定的直流电源，再通过电压源型或电流源型逆变器将直流电变成频率可调的交流电。按照电压、频率的控制方式，交-直-交变频器结构有三种拓扑形式：

1）可控整流器调压、逆变器调频方式，如图 2-16a 所示。由可控整流器进行调压，逆变器进行调频，其调压与调频功能相对独立，由控制电路协调配合，故结构简单，控制方便。缺点是采用晶闸管进行整流和调压，当低频低压运行时，移相触发角 α 很大，电网功率因数比较低；输出环节常采用晶闸管组成的三相六拍逆变器，器件开关频率低，输出谐波成分大。

2）不控整流器整流、斩波器调压、逆变器调频方式，如图 2-16b 所示。由于采用不控整流电路，可使输入电流基波与电网电压同相位，虽有电流谐波，但输入功率因数获得提高。输出逆变环节不变，输出谐波仍较大。

3）不控整流器整流、PWM 逆变器同时实现调压调频方式，如图 2-16c 所示。整流器只整流不调压，可实现调压时电网功率因数不变，具有较高的输入功率因数，又因采用高开关频率的自关断器件构造逆变器，输出谐波很小。

2. 电压源型变频器和电流源型变频器

对于交-直-交变频器，存在电压源型和电流源型两类变频器，这两者的主要区别在于中间直流环节采用何种滤波器。当滤波元件为电容时，则在动态过程中等效电源内阻很小，输出电压比较稳定，逆变器具有电压源的性质，称电压源型逆变器，如图 2-17a 所示，适合于多台电机的并联运行和协同调速。当滤波元件采用大电感时，则在动态过程中等效电源内阻较大，输出电流比较稳定，逆变器具有电流源性质，称电流源型逆变器，如图 2-17b 所示，适用于中等以上容量的单台电机调速。

电压源型变频器的输出电流可以突变，比较容易出现过电流，所以要有快速的保护系统，它的问题是难以满足电机四象限运行的要求，不易实现再生制动。电流源型变频器的输出电流比较稳定，出现过电流的可能性较小，这对过载能力比较低的半导体器件来说比较安全，但是异步电动机在电流源型变频器供电下运行稳定性较差，通常需要闭环控制和动态校正，才能保证电机稳定运行，它最大的优点在于能够实现四象限运行，可以再生制动。

两种类型逆变器性能比较见表 2-1。

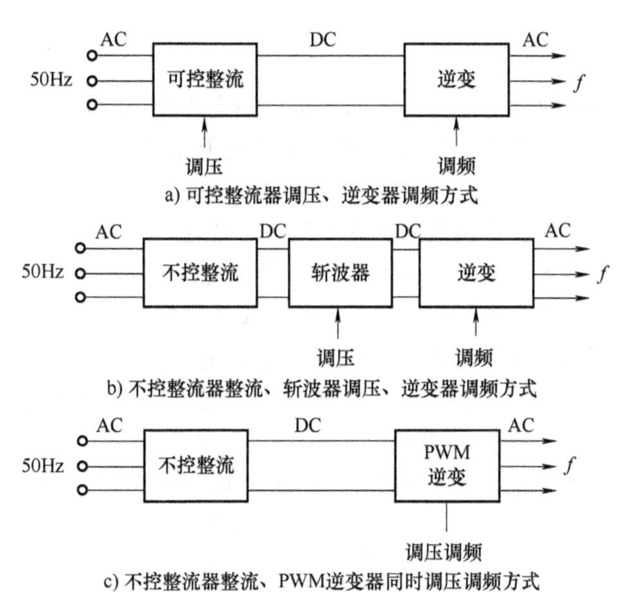

图 2-16　交-直-交变频装置拓扑结构形式

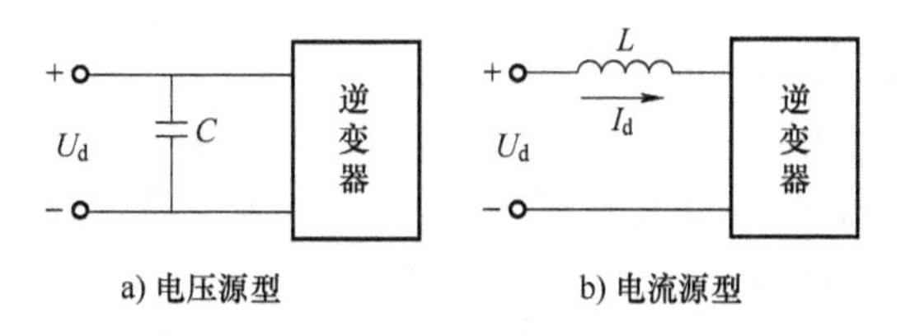

图 2-17　逆变器分类

表 2-1　电压源型与电流源型逆变器性能比较

特　性	类　型	
	电压源型	电流源型
直流滤波环节	电容器	电抗器
输出电压波形	矩形波	近似正弦波，叠加有换相尖峰
输出电流波形	近似正弦波，含有较大谐波成分	矩形波
动态输出阻抗	小	大
开关器件导通方式	180°导通型	120°导通型
四象限运行能力	不便，需在电源侧另外反并联逆变器或采用双 PWM 变换器电路结构	方便，只需改变两变流器移相触发角
过电流及短路保护	困难	容易
线路结构	较复杂	较简单
适用范围	多电机传动，不可逆稳定运行场合（双 PWM 电压源型变频器具有可逆运行能力）	单电机可逆运行，经常需正、反转及电动、制动场合

2.5.2 脉宽调制技术

异步电动机在变频调速运行时，一方面要求机端电压大小随频率连续变化，另一方面又要求电压波形尽可能地接近正弦，谐波含量（尤其是低次谐波含量）应尽可能少，即要求输出特性好。若采用可控整流器调压、逆变器调频的交-直-交-变频电路时，调压采用相控整流方式，会使调速系统输出功率因数随整流电压大小变化。当电机低频低速运行时，系统功率因数会变得很差，即输入特性差。当采用晶闸管构成的6阶梯波逆变器时，输出电压或电流波形含有较大的5次和7次等低次谐波，影响异步电动机运行性能。

为了解决以上变频器输入、输出特性问题，变频电路多采用由不控整流器整流、PWM逆变器实现调频调压的交-直-交变频形式。图2-18为电压源型PWM逆变器主电路结构图，$VT_1 \sim VT_6$为功率开关器件（图示为IGBT），$VD_1 \sim VD_6$为与之反并联的大功率快速恢复二极管，它们为异步电动机无功电流提供通路。U_d为恒定直流电源，由三相不控整流器产生；C为滤波电容，故为电压源型逆变电路。由于两电容的中点O′可以认为与电机定子Y联结绕组中点O等电位，因而当逆变器一相导通时，电机绕组上获得的相电压为$U_d/2$。逆变器输出的三相PWM波形取决于功率开关器件驱动信号波形，即PWM方式。

生成PWM波形的具体调制方式有很多种，从控制思想上可分为三大类：即正弦脉宽调制（Sine Pulse Width Moduation，SPWM）、电流跟踪型脉宽调制和磁链跟踪型脉宽调制，它们的形成体现了人们对高性能交流调速特性的追求。从电机原理可知，要使交流电机具备优良的运行性能，首先要提供三相平衡的正弦交流电压，当它作用在三相对称的交流电机绕组中，就能产生三相平衡的正弦交流电流。若交流电机磁路对称、线性，就能在定、转子气隙间建立一个幅值恒定、方向单一的圆形旋转磁场，使电机获得平滑的转矩、均匀的转速和良好的运行性能，这在大电网供电条件下是自然而然能得到满足的。但在变频器开关方式供电的交流调速系统中就有一个形成、发展和完善过程，其中SPWM逆变器追求给电机提供一个频率可变的三相正弦电压源，但不去关心电流情况，电流要受电机参数的影响；电流跟踪型PWM逆变器则避开电压，直接追求在电机三相绕组中产生出频率可变的三相正弦电流，这比只考虑电压波形进了一步，但电机内部是否能建立圆形气隙磁场还受很多因素制约。磁链跟踪型PWM逆变器更是一步到位，它将逆变器与交流电机作为一个整体来考虑，通过对电机三相供电电压的综合控制，直接追求在气隙中建立一个转向、转速可控的圆形磁场，使变频调速系统运行性能达到一个更高的水平。

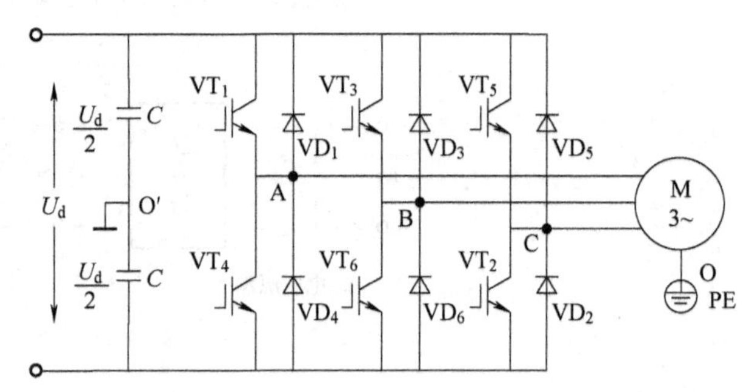

图2-18 电压源型PWM逆变器主电路结构图

2.5.3 正弦脉宽调制技术

SPWM是以获得三相对称电压为目标的一种调制方式，以频率与期望输出电压波形相同的正弦波作为调制波，以频率比期望波高得多的等腰三角形波作为载波，当调制波与载波相交时，由它们的交点确定逆变器开关器件的通断时刻，从而获得幅值相等、宽度按正弦规律

变化的脉冲序列，如图 2-19 所示，这就是 SPWM 的基本原理。其中每个脉冲的面积等于每个脉冲周期 T_t 内的正弦波下面积。这样一种 SPWM 脉冲波分解成傅里叶级数时主要是基波和高次谐波，明显地降低了低次谐波含量。同时通过成比例地改变各脉冲波的宽度就可控制逆变器输出交流基波电压的幅值，通过改变脉冲宽度变化规律的周期可以控制其输出频率，从而在同一逆变器中实现输出电压大小及频率的控制，这就是 SPWM 逆变器的基本原理和特点。

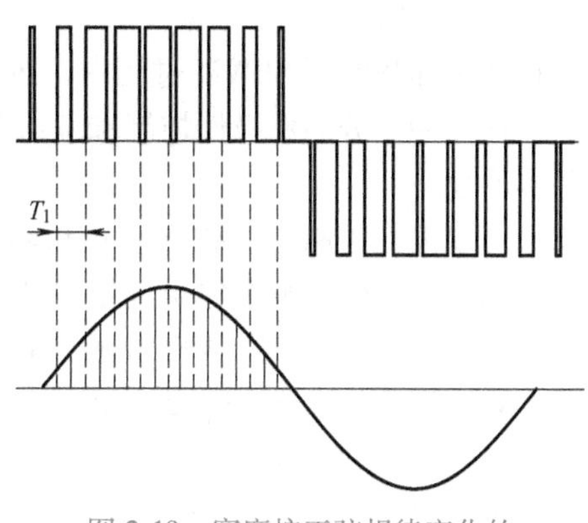

图 2-19　宽度按正弦规律变化的 SPWM 脉冲波

SPWM 控制的具体实现方法有自然采样法、规则采样法和指定谐波消去法等方式，其中最常用的方法为自然采样法。下面以自然采样法为例阐述 SPWM 控制的基本原理。采用一组三相对称正弦参考电压信号（调制波）u_{RA}、u_{RB}、u_{RC}与等腰三角波电压信号（载波）u_T 相比较，交点处确定逆变器功率开关器件的通、断时刻，由此产生出一组逆变器开关器件的驱动信号 u_{DA}、u_{DB}、u_{DC}，其控制框图如图 2-20 所示。由于等腰三角波是上、下宽度线性对称变化的波形，它与任何光滑曲线相交时，交点时刻控制功率开关器件的通断，便可得到一组等幅而脉冲宽度正比于该曲线函数值的矩形脉冲列。所以采用正弦波 u_{RA}与三角波 u_T 相交时，交点处便可得到一组 SPWM 波 u_{DA}，如图 2-21 所示。这样，改变 SPWM 波的频率便可调节其输出基波频率，改变 SPWM 波的幅值（如 u_{RA}和 u'_{RA}，但必须低于三角形载波幅值）便可改变同一时间位置上的脉冲宽度，调节 SPWM 波的输出基波幅值，从而实现了在同一逆变器内同时对输出基波频率和幅值的控制。

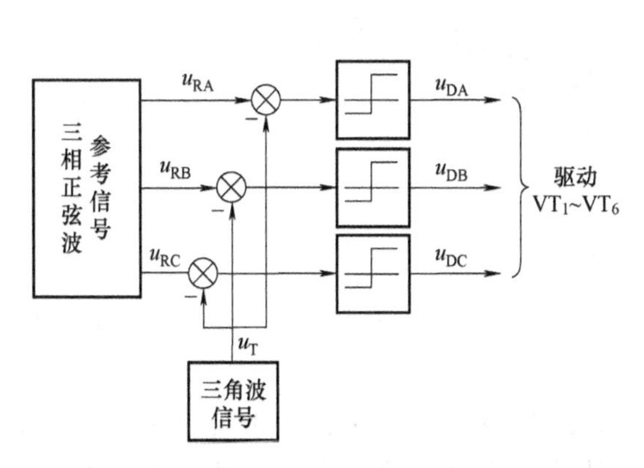

图 2-20　SPWM 波形控制框图

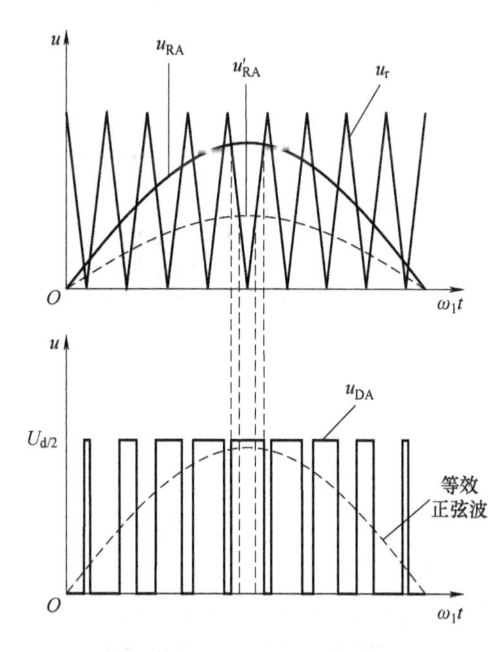

图 2-21　SPWM 波形的形成

2.5.3.1 调制脉冲极性控制

自然采样法实现 SPWM 过程中，按照逆变器功率开关器件的控制方式不同可产生出不同的极性脉冲，分为单极性控制和双极性控制。本节将以双极性控制为例说明 SPWM 控制的基本原理。

采用双极性控制时，载波信号和调制波信号的极性均在不断地交变，逆变器同一桥臂上、下两开关器件在整个输出周期内均交替互补地通、断，其过程可用图 2-22 来说明。以 A 相为例，当 $u_{RA}>u_T$ 时，VT_1 导通、VT_4 关断，输出相电压 $u_{AO}=+U_d/2$；当 $u_{RA}<u_T$ 时，VT_4 导通，VT_1 关断，$u_{AO}=-U_d/2$，使 u_{AO} 在 $+U_d/2$ 和 $-U_d/2$ 两种极性间跳变。B 相电压 u_{BO} 是 VT_3、VT_6 交替导通的结果，C 相电压 u_{CO} 是 VT_5、VT_2 交替导通的结果。输出线电压则是有关两相电压之差，脉冲幅值在 U_d 与 $-U_d$ 之间跳变，如 u_{AB} 所示，直流母线电压获得了充分利用。

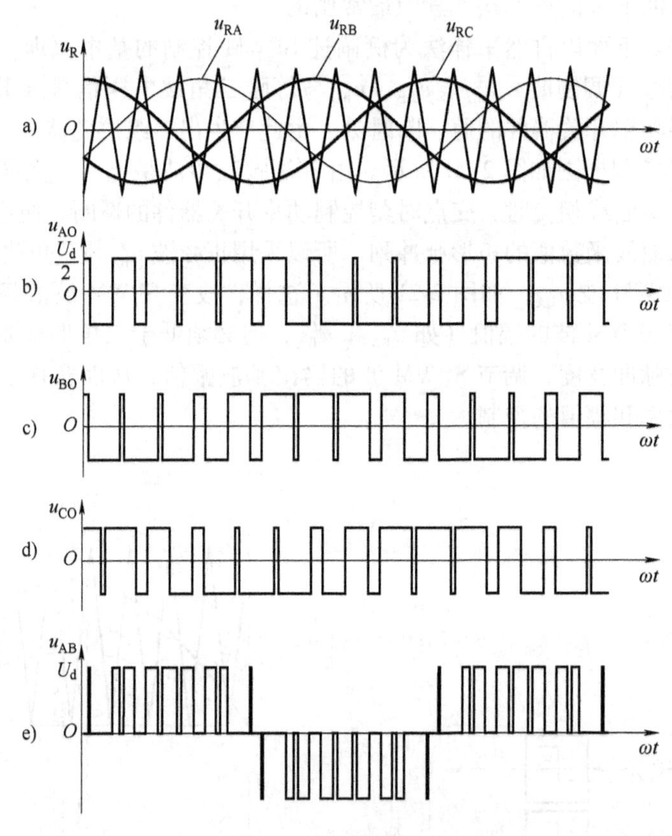

图 2-22 双极性控制 SPWM

2.5.3.2 调制波与载波的配合控制

在实现 SPWM 时，调制波频率 f_R 与载波频率 f_T 之间可有不同的配合关系，从而形成不同的调制方式。

采用同步调制时，载波频率与调制波频率同步改变，以保持载波比 $N=f_T/f_R$ 为常数，这样不同频率运行时输出电压半波内的脉冲数固定不变，可使电机运行平稳。一般应取 N 为 3 的倍数，这样能保证输出波形正、负半波对称，同时三相波形互差 120°。

然而当输出频率很低时，相邻脉冲间的间距扩大，造成谐波增加，这是应予解决的重要问题。

采用异步调制时，整个输出频率范围内载波比 N 不为常数，一般是保持载波频率始终不变。这样，一方面可使低频时载波比增大，输出半周内脉冲数增加，解决了谐波问题；但另一方面不能在整个输出频率范围内满足 N 为 3 的倍数的要求，会使输出电压波形、相位随时变化，难以保持正、负半波以及三相之间脉冲的对称性，引起电机运行不稳定。

综合考虑上述两种调制波与载波的配合控制可得第三种调制方式。分段同步调制是将同步、异步调制相结合的一种调制方法，它把整个变频运行范围划分为若干频率段，不同的频率段 N 取值不同，在每段内都维持恒定的载波比，低频时 N 取值增大，其规律如图 2-23 所示。这样，既保持了同步调制下波形对称、运行稳定的优点，又解决了低频运行时谐波增大的弊病。图 2-23 中频率段的划分和载波比 N 的取值应注意到使各段的开关频率变化范围基本一致，并适应功率开关器件对开关频率的限制，图中最高开关频率约 2kHz，适合采用 GTR 作逆变器功率开关器件。此外当运行频率超过额定频率后运行在 6 阶梯方式，不再进行 PWM（$N=1$），以提高输出基波电压幅值。

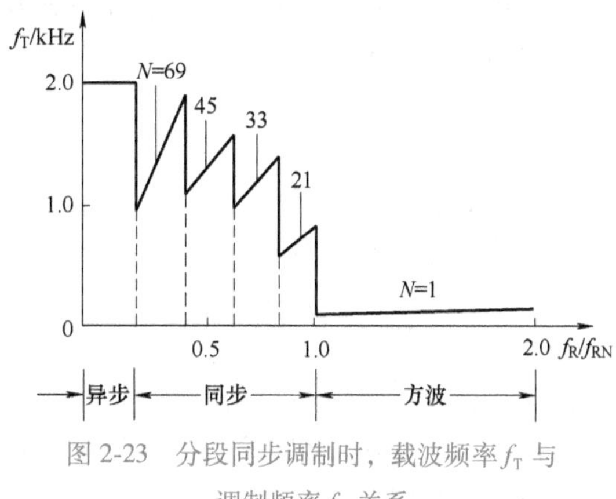

图 2-23　分段同步调制时，载波频率 f_T 与调制频率 f_R 关系

2.5.3.3　桥臂器件开关死区对 PWM 变频器输出的影响

双极性 SPWM 控制中，逆变器同相桥臂上、下功率器件驱动信号互补，而实际功率器件存在有开通与关断过程，开关过程中易发生同相桥臂上、下器件直通短路，造成逆变器故障。为保证逆变器的工作安全，必须在上、下桥臂器件驱动信号之间设置一段死区时间 t_d，使上、下桥臂器件均关断。一般选定 $t_d=(2\sim5)\mu s$（IGBT）或 $t_d=(10\sim20)\mu s$（GTR）。死区时间的存在使变频器输出电压波形偏离了按 SPWM 控制设计的理想波形，产生电压谐波，造成输出电压损失，使交流电机变频调速系统性能恶化。桥臂器件的死区对变频器的输出电压波形具有一定的影响。

以图 2-24 所示三相 SPWM 逆变器 A 相桥臂器件 VT_1、VT_4 的开关过程波形图 2-25 为例说明。无开关死区的理想 A 相电压波形 u_{A0}^* 如图 2-25a 所示；设置死区时间 t_d 的 VT_1、VT_4 驱动信号 u_{g1}、u_{g4} 及实际输出 A 相电压波形 u_{A0} 分别如图 2-25b ~ d 所示。由于死区时间 VT_1、VT_4 均阻断，异步电动机感性电流 i_A（滞后于 A 相电压基波功率因数角 φ）将通过 VD_1 或 VD_4 续流，取决于 i_A 流向。当 $i_A>0$ 时，VT_1 关

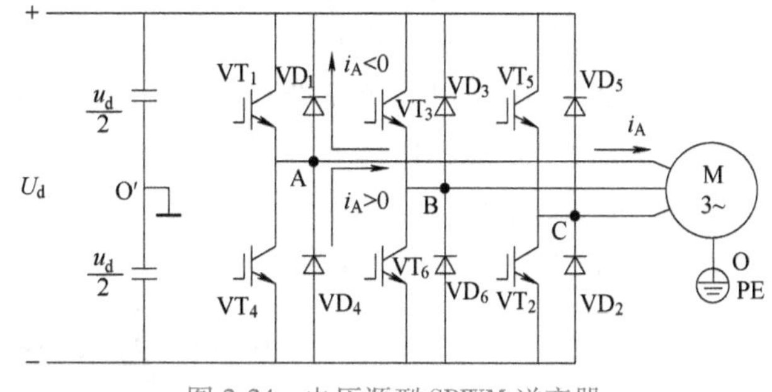

图 2-24　电压源型 SPWM 逆变器

断后 VD_4 续流，电机 A 点电位被钳位于 $-U_d/2$；当 $i_A<0$ 时，VD_1 续流，A 点电位被钳于 $+U_d/2$。这样，当 $i_A>0$ 时，实际 u_{AO} 的负脉冲增宽、正脉冲变窄；当 $i_A<0$ 时，u_{AO} 变化反之。A 相电压的实际输出 u_{AO} 与理想输出 u_{AO}^* 之差为一系列脉冲电压 u_{er}，如图 2-25e 所示，一周期 T 内的平均值可等效为矩形波的平均偏差电压 U_{ef}，即

$$U_{ef}=\frac{t_d U_d N}{T} \tag{2-33}$$

式中 N——载波比，且 $N=f_T/f_R$。

偏差电压 U_{ef} 的基波幅值为

$$U_{ef}=\frac{2\sqrt{2}}{\pi}\frac{t_d U_d N}{T} \tag{2-34}$$

这样，死区对变频器输出的影响规律如下：

1）计及死区效应的实际输出电压基波幅值比不计死区效应的理想情况减小，且电动机运行功率因数越好，影响越大。

2）随着变频器输出频率的降低，死区影响增大，故低频、低速运行时，死区效应会越严重。

3）理想输出 SPWM 波形中只存在与载波比有关的高次谐波，不存在低次谐波。但计及死区效应后，变频器输出波形发生畸变，存在非 3 的倍数低次谐波，引起电磁转矩脉动，甚至发生机组振荡。

死区的影响在各种调制类型 PWM 变频器中均存在，应采取相应死区补偿措施来消除。

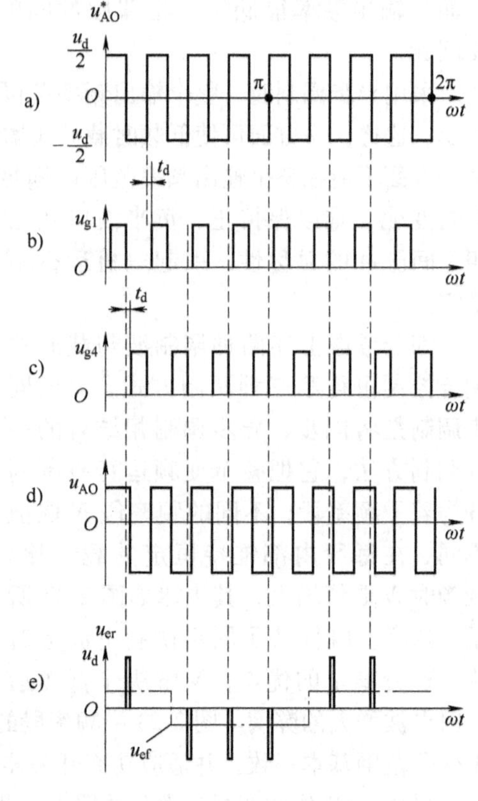

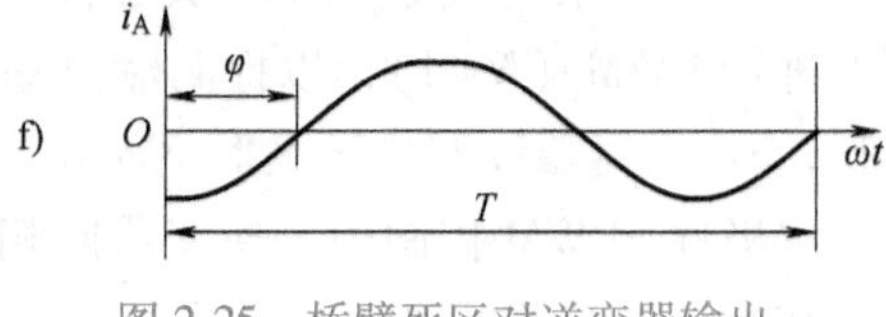

图 2-25 桥臂死区对逆变器输出电压波形的影响

2.5.4 指定谐波消除法

指定谐波消除法是将变频器与电动机作为一个整体进行分析，从消去对系统有害的某些指定次数谐波出发来确定低开关频率 PWM 波形的开关时刻，使逆变器输出的电压接近正弦波，改善整个变频调速系统的工作性能。

图 2-26 为 1/4 周期内仅有 3 个开关角 α_1、α_2、α_3 的三脉冲单极性 SPWM 波形，要求控制逆变器输出基波电压幅值为 U_{1m}，消除其中的 5 次、7 次谐波电压（电机丫联结无中线，无 3 及 3 的倍数次谐波）。为决定开关时刻，可将时间坐标原点取在波形的 1/4 周期处，则该 PWM 电压的傅里叶级数展开为

$$u(\omega t)=\sum_{k=1}^{\infty} U_{km}\cos k\omega_1 t \tag{2-35}$$

式中，第 k 次谐波电压幅值 U_{km} 可展开成

$$
\begin{aligned}
U_{km} &= \frac{2}{\pi}\int_0^{\pi} u(\omega t)\cos k\omega_1 t\mathrm{d}(\omega_{1t}) \\
&= \frac{U_\mathrm{d}}{\pi}\Big[\int_0^{\alpha_1}\cos k\omega_1 t\mathrm{d}(\omega_{1t}) + \int_{\alpha_2}^{\alpha_3}\cos k\omega_1 t\mathrm{d}(\omega_{1t}) - \\
&\quad \int_{\pi-\alpha_3}^{\pi-\alpha_2}\cos k\omega_1 t\mathrm{d}(\omega_1 t) - \int_{\pi-\alpha_1}^{\pi}\cos k\omega_1 t\mathrm{d}(\omega_1 t) \\
&= \frac{2U_\mathrm{d}}{k\pi}[\sin k\alpha_1 - \sin k\alpha_2 + \sin k\alpha_3]
\end{aligned} \tag{2-36}
$$

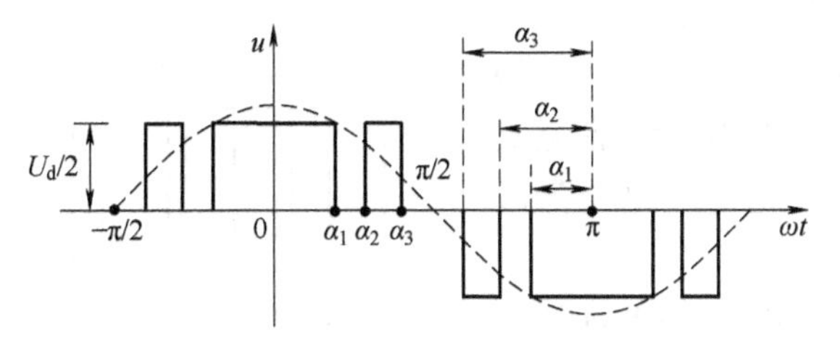

图 2-26　可以消除 5 次、7 次谐波的三脉冲 SPWM 波形

由于脉冲具有轴对称性，无偶次谐波，则 k 为奇数。将式（2-36）代入式（2-35），可得

$$
\begin{aligned}
u(\omega t) &= \frac{2U_\mathrm{d}}{\pi}\sum_{k=1}^{\infty}\frac{1}{k}(\sin k\alpha_1 - \sin k\alpha_2 + \sin k\alpha_3)\cos k\omega_1 t \\
&= \frac{2U_\mathrm{d}}{\pi}(\sin\alpha_1 - \sin\alpha_2 + \sin\alpha_3)\cos\omega_1 t + \frac{2U_\mathrm{d}}{5\pi}(\sin 5\alpha_1 - \sin 5\alpha_2 + \sin 5\alpha_3)\cos 5\omega_1 t + \\
&\quad \frac{2U_\mathrm{d}}{7\pi}(\sin 7\alpha_1 - \sin 7\alpha_2 + \sin 7\alpha_3)\cos\omega_1 t + \cdots
\end{aligned} \tag{2-37}
$$

根据要求，应有

$$
\left.
\begin{aligned}
U_{1m} &= \frac{2U_\mathrm{d}}{\pi}(\sin\alpha_1 - \sin\alpha_2 + \sin\alpha_3) = \text{要求值} \\
U_{5m} &= \frac{2U_\mathrm{d}}{5\pi}(\sin 5\alpha_1 - \sin 5\alpha_2 + \sin 5\alpha_3) = 0 \\
U_{7m} &= \frac{2U_\mathrm{d}}{7\pi}(\sin 7\alpha_1 - \sin 7\alpha_2 + \sin 7\alpha_3) = 0
\end{aligned}
\right\} \tag{2-38}
$$

求解以上谐波幅值方程，即可求得为消除 5 次、7 次谐波所必须满足的开关角 α_1、α_2 及 α_3。不言而喻，如若消除更高次数的谐波，需要用更多幅值方程来求解更多的开关时刻。

值得指出的是，由于变频运行时基波电压幅值 U_{1m} 必须随运行频率按一定规律变化，因此为消除指定谐波设计的特定开关角 α_1，α_2，α_3，…也将是运行频率的函数，这必然会给实施带来困难。另外，还必须注意在消除指定谐波的同时会使某些本来不重要的谐波得到不恰当的提升，带来其他次谐波问题，这是需要认真对待的。

2.5.5　电流跟踪型脉宽调制

SPWM 控制技术以输出电压接近正弦波为目标，电流波形则根据负载的性质和大小而有所不同。然而对于交流电动机来说，应该保证电流为正弦波，稳态时在三相定子绕组中通入三相平衡的正弦电流才能使得合成的电磁转矩为恒定值，减小电机的转矩脉动。电流跟踪型PWM（CFPWM）是将电机实际的定子三相电流与综合的三相正弦参考电流相比较，如果实际定子电流大于给定的参考电流，通过控制逆变器的功率开关器件使之减小；如果实际电流小于参考电流，则控制逆变器的功率开关使之增大。通过对电流的这种闭环控制，强迫电机电流的频率、幅值按给定值变化，从而提高电压源型PWM逆变器的电流响应速度，使之具有较好的动态性能，因此也叫电流滞环控制。

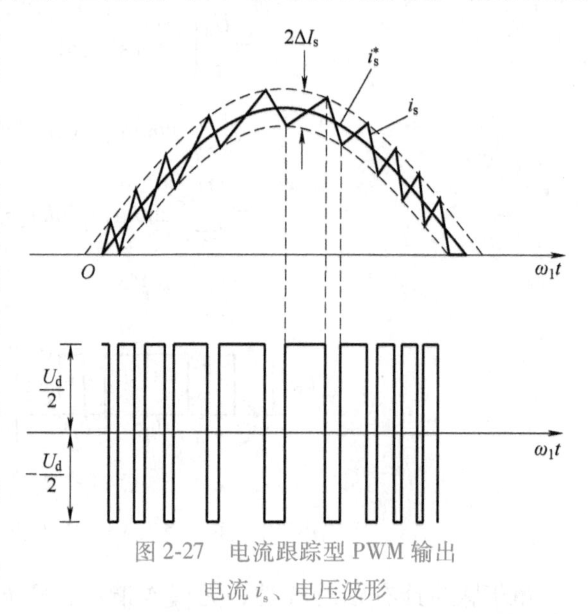

图2-27　电流跟踪型PWM输出电流i_s、电压波形

图2-27给出了电流跟踪型PWM逆变器输出的一相电流、电压波形，图中i_s^*为给定正弦电流参考信号，i_s为逆变器实际输出电流，ΔI_s为设定的电流允许偏差。当（$i_s-i_s^*$）>ΔI_s时，控制逆变器下桥臂功率器件导通，使i_s衰减；当（$i_s-i_s^*$）<ΔI_s时，控制逆变器上桥臂功率器件导通，使i_s增大，以此方式将定子电流i_s变化限制在允许的$\pm\Delta I_s$范围内。这样，逆变器输出电流呈锯齿波，输出电压为双极性PWM波形。逆变器功率半导体器件工作在高频开关状态，允许偏差ΔI_s越小，电流跟踪精度越高，但要求器件开关频率也越高。为此必须注意所用功率开关器件的最高开关频率限制。

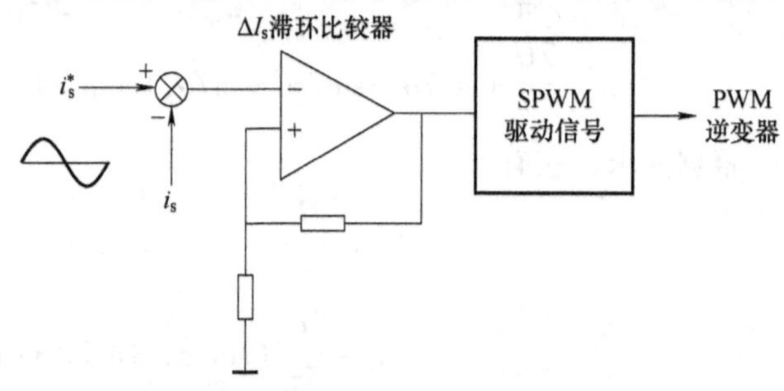

图2-28　电流跟踪型PWM逆变器控制框图

电流跟踪型PWM逆变器控制框图如图2-28所示，由于实际电流波形是围绕给定正弦波作锯齿变化，与负载无关，故常称为电流源型PWM逆变器。由于电流被严格控制在参考正弦波周围的允许误差带内，故防止过电流十分有利。

2.5.6　磁链跟踪型脉宽调制

SPWM主要着眼于使逆变器的输出电压尽量接近正弦波，并未顾及输出电流的波形。而电流跟踪型PWM则直接控制输出电流，使之在正弦波附近变化，比只要求正弦电压更进一步。然而交流电动机需要输入三相平衡电流的最终控制目标是获得空间圆形旋转磁场，从而产生恒定的电磁转矩。磁链跟踪型PWM将逆变器和交流电动机视为一个整体，以圆形旋转磁场为目标来控制逆变器工作，因此这种方法称作磁链跟踪控制。由于磁链的轨迹是靠电压空间矢量作用获得，所以这种PWM方式又称电压空间矢量调制（SVPWM）。下面从电压空间矢量概念开始讨论这种调制过程。

2.5.6.1 空间矢量的定义

交流电动机绕组的电压、电流、磁链等物理量都是随时间变化的，如果考虑到它们所在的空间位置，可以定义空间矢量。在图 2-29 中，A、B、C 分别是三相绕组的轴线，它们在空间互差 120°，三相定子电压分别加在三相绕组上。此时，可定义 3 个定子电压空间矢量 $\boldsymbol{u}_{AO}$、$\boldsymbol{u}_{BO}$、$\boldsymbol{u}_{CO}$，如图 2-29 所示。当 $u_{AO}>0$ 时，$\boldsymbol{u}_{AO}$ 与 A 轴同向，其中

$$\begin{cases}\boldsymbol{u}_{AO}=ku_{AO}\\ \boldsymbol{u}_{BO}=ku_{BO}e^{j\gamma}\\ \boldsymbol{u}_{CO}=ku_{CO}e^{j2\gamma}\end{cases} \tag{2-39}$$

式中，$\gamma=2\pi/3$，k 为待定系数。

三相合成矢量为

$$\boldsymbol{u}_s=\boldsymbol{u}_{AO}+\boldsymbol{u}_{BO}+\boldsymbol{u}_{CO}=ku_{AO}+ku_{BO}e^{j\gamma}+ku_{CO}e^{j2\gamma} \tag{2-40}$$

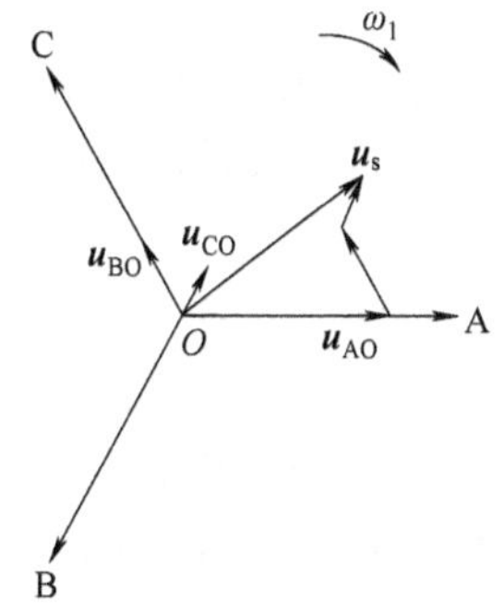

图 2-29 电压空间矢量图

图 2-29 所示为某一时刻的合成矢量示意图。

与定子电压矢量相仿，可以定义定子电流和磁链的空间矢量分别为

$$\boldsymbol{i}_s=\boldsymbol{i}_{AO}+\boldsymbol{i}_{BO}+\boldsymbol{i}_{CO}=ki_{AO}+ki_{BO}e^{j\gamma}+ki_{CO}e^{j2\gamma} \tag{2-41}$$

$$\boldsymbol{\psi}_s=\boldsymbol{\psi}_{AO}+\boldsymbol{\psi}_{BO}+\boldsymbol{\psi}_{CO}=k\psi_{AO}+k\psi_{BO}e^{j\gamma}+k\psi_{CO}e^{j2\gamma} \tag{2-42}$$

根据空间矢量功率与三相瞬时功率相等的原则，可以求出待定系数 $k=\sqrt{2/3}$，于是可得

$$\boldsymbol{u}_s=\sqrt{\frac{2}{3}}\left(u_{AO}+u_{BO}e^{j\gamma}+u_{CO}e^{j2\gamma}\right) \tag{2-43}$$

$$\boldsymbol{i}_s=\sqrt{\frac{2}{3}}\left(i_{AO}+i_{BO}e^{j\gamma}+i_{CO}e^{j2\gamma}\right) \tag{2-44}$$

$$\boldsymbol{\psi}_s=\sqrt{\frac{2}{3}}\left(\psi_{AO}+\psi_{BO}e^{j\gamma}+\psi_{CO}e^{j2\gamma}\right) \tag{2-45}$$

当定子三相电压为三相平衡正弦电压时，三相合成矢量为

$$\begin{aligned}\boldsymbol{u}_s&=\boldsymbol{u}_{AO}+\boldsymbol{u}_{BO}+\boldsymbol{u}_{CO}\\&=\sqrt{\frac{2}{3}}\left[U_m\cos\omega_1t+U_m\cos\left(\omega_1t-\frac{2\pi}{3}\right)e^{j\gamma}+U_m\cos\left(\omega_1t-\frac{4\pi}{3}\right)e^{j2\gamma}\right]\\&=\sqrt{\frac{3}{2}}U_me^{j\omega_1t}=U_se^{j\omega_1t}\end{aligned} \tag{2-46}$$

这是一个旋转空间矢量；幅值为相电压幅值的$\sqrt{2/3}$倍，以角频率 ω_1 恒速旋转，转向遵循供电电压相序，即哪相电压瞬时值最大即转至该相轴线上。

2.5.6.2 电压与磁链矢量的关系

当异步电动机的三相对称定子绕组由三相电压供电时，定子电压方程可简洁地采用空间矢量的形式来表示为

$$\boldsymbol{u}_s=R_1\boldsymbol{i}_s+\frac{d\boldsymbol{\psi}_s}{dt} \tag{2-47}$$

当运行频率不太低时，可以忽略定子电阻压降的影响，则有

$$\boldsymbol{u}_s \approx \frac{d\boldsymbol{\psi}_s}{dt} \tag{2-48}$$

或

$$\boldsymbol{\psi}_s \approx \int \boldsymbol{u}_s dt \tag{2-49}$$

由于平衡的三相正弦电压供电时定子磁链空间矢量幅值恒定、以供电角频率 ω_1 在空间恒速旋转，其矢量顶点运动轨迹构成了一个圆，这就是磁链跟踪控制中用作基准的磁链圆。定子旋转矢量为

$$\boldsymbol{\psi}_s = \psi_m e^{j\omega_1 t} \tag{2-50}$$

式中 ψ_m——$\boldsymbol{\psi}_s$ 的幅值；

ω_1——旋转角速度。

根据式（2-48）可以求得

$$\boldsymbol{u}_s = \frac{d}{dt}(\psi_m e^{j\omega_1 t}) = \omega_1 \psi_m e^{j(\omega_1 t + \pi/2)} = U_m e^{j(\omega_1 t + \pi/2)} \tag{2-51}$$

$$\psi_m = \frac{U_m}{\omega_1} = \frac{U_m}{2\pi f_1} \tag{2-52}$$

式（2-52）表明，磁链幅值等于电压幅值与频率之比，由此可见只有实行恒压频比控制才能获得保持旋转磁场的幅值不变，才能获得圆形旋转磁场；电压矢量的方向与磁链矢量正交，即为磁链圆的切线方向。当磁链矢量在空间旋转一周时，电压矢量也连续地按磁链切线方向转动一周，若将电压矢量的参考点放在一起，则电压矢量的轨迹也是一个圆。因此，异步电动机旋转磁场的轨迹问题就可以转化为电压空间矢量的运动轨迹问题。

2.5.6.3 PWM 逆变器基本电压空间矢量

在电压源型逆变器供电条件下，功率开关器件一般采用 180°导通型，这样在任一时刻都会有不同桥臂的 3 个器件同时导通，向三相定子绕组提供一组三相电压，也就构成了一个电压空间矢量。可以按 A、B、C 的相序排列使用一组“1”“0”的逻辑量来标出不同的合成空间矢量，规定逆变器对应相的上桥臂器件导通时逻辑量 $S_x(x=A,B,C)$ 取“1”，下桥臂器件导通时逻辑量 S_x 取“0”。

当 $(S_A,S_B,S_C)=(1,0,0)$ 时，$(u_a,u_b,u_c)=(U_d/2,-U_d/2,-U_d/2)$，代入式（2-43）得

$$\begin{aligned}
\boldsymbol{u}_1 &= \sqrt{\frac{2}{3}}\frac{U_d}{2}(1-e^{j\gamma}-e^{j2\gamma}) \\
&= \sqrt{\frac{2}{3}}\frac{U_d}{2}(1-e^{j\frac{2\pi}{3}}-e^{j\frac{4\pi}{3}}) \\
&= \sqrt{\frac{2}{3}}\frac{U_d}{2}\left[\left(1-\cos\frac{2\pi}{3}-\cos\frac{4\pi}{3}\right)-j\left(\sin\frac{2\pi}{3}+\sin\frac{4\pi}{3}\right)\right] \\
&= \sqrt{\frac{2}{3}}U_d
\end{aligned} \tag{2-53}$$

依此类推，可得逆变器输出的八个基本电压空间矢量，见表 2-2。其中，$\boldsymbol{u}_1 \sim \boldsymbol{u}_6$ 为有效电压空间矢量，其幅值相等但相位不同且互差 60°；$\boldsymbol{u}_0$ 和 $\boldsymbol{u}_7$ 为无效电压空间矢量，均相当于三相绕组接至同一极性直流母线，其矢量幅值为零，也无相位，位于原点，也称为零电压

空间矢量。图 2-30 为 PWM 逆变器输出基本电压空间矢量。

表 2-2 基本电压空间矢量

	S_A	S_B	S_C	u_A	u_B	u_C	$\boldsymbol{u}_s$
$\boldsymbol{u}_0$	0	0	0	$-U_d/2$	$-U_d/2$	$-U_d/2$	0
$\boldsymbol{u}_1$	1	0	0	$U_d/2$	$-U_d/2$	$-U_d/2$	$\sqrt{2/3}U_d$
$\boldsymbol{u}_2$	1	1	0	$U_d/2$	$U_d/2$	$-U_d/2$	$\sqrt{2/3}U_d e^{j\pi/3}$
$\boldsymbol{u}_3$	0	1	0	$-U_d/2$	$U_d/2$	$-U_d/2$	$\sqrt{2/3}U_d e^{j2\pi/3}$
$\boldsymbol{u}_4$	0	1	1	$-U_d/2$	$U_d/2$	$U_d/2$	$\sqrt{2/3}U_d e^{j\pi}$
$\boldsymbol{u}_5$	0	0	1	$-U_d/2$	$-U_d/2$	$U_d/2$	$\sqrt{2/3}U_d e^{j4\pi/3}$
$\boldsymbol{u}_6$	1	0	1	$U_d/2$	$-U_d/2$	$U_d/2$	$\sqrt{2/3}U_d e^{j5\pi/3}$
$\boldsymbol{u}_7$	1	1	1	$U_d/2$	$U_d/2$	$U_d/2$	0

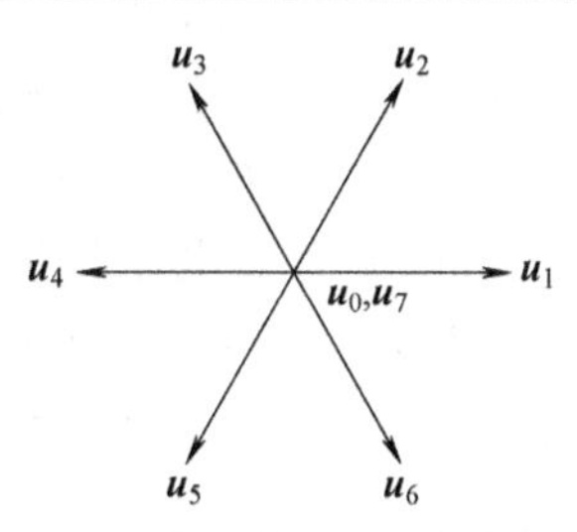

图 2-30 PWM 逆变器输出基本电压空间矢量

2.5.6.4 正六边形空间旋转磁场

令 6 个有效电压矢量在 1 个工作周期内分别按顺序作用 Δt 时间，并使

$$\Delta t=\frac{\pi}{3\omega_1} \tag{2-54}$$

也就是说，每个有效电压矢量作用 $\pi/3$ 弧度，输出基波电压角频率 $\omega_1=\pi/(3\Delta t)$。

在 Δt 时间内，逆变器输出电压矢量保持不变，式（2-48）可用增量的形式表示

$$\Delta\boldsymbol{\psi}_s=\boldsymbol{u}_s\Delta t \tag{2-55}$$

由此可知，定子磁链矢量的运动方向与电压矢量相同，定子磁链矢量的运动轨迹为

$$\boldsymbol{\psi}_s(k+1)=\boldsymbol{\psi}_s(k)+\boldsymbol{u}_s(k)\Delta t \tag{2-56}$$

图 2-31 显示了定子磁链矢量增量、电压矢量和时间增量之间的关系。

在 1 个周期内，6 个有效电压矢量按顺序各作用 1 次，将 6 个磁链增量首尾相接，得到一个封闭的正六边形，如图 2-32 所示，即定子磁链的运动轨迹为正六边形。此时的气隙磁场是步进磁场而非圆形旋转磁场，包含很多的磁场谐波，这将导致转矩与转速的波动，恶化了电机运行性能。

根据正六边形的性质可得

$$|\boldsymbol{\psi}_s(k)|=|\Delta\boldsymbol{\psi}_s(k)|=|\boldsymbol{u}_s(k)|\Delta t=\sqrt{\frac{2}{3}}\frac{\pi U_d}{3\omega_1} \tag{2-57}$$

式中 U_d——逆变器输入直流电压；

$\sqrt{\dfrac{2}{3}}$——所选用坐标折算中引入的系数。

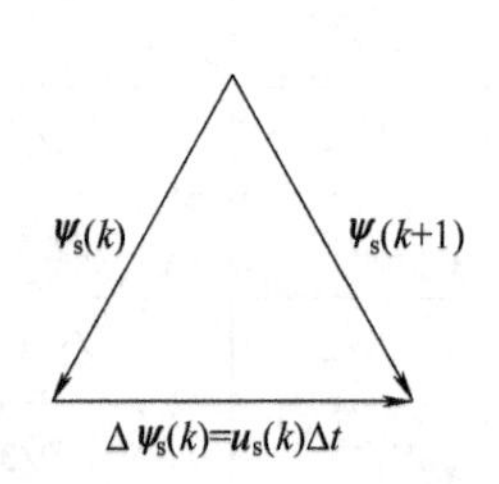

图 2-31　定子磁链矢量增量、电压时间矢量和时间增量之间的关系

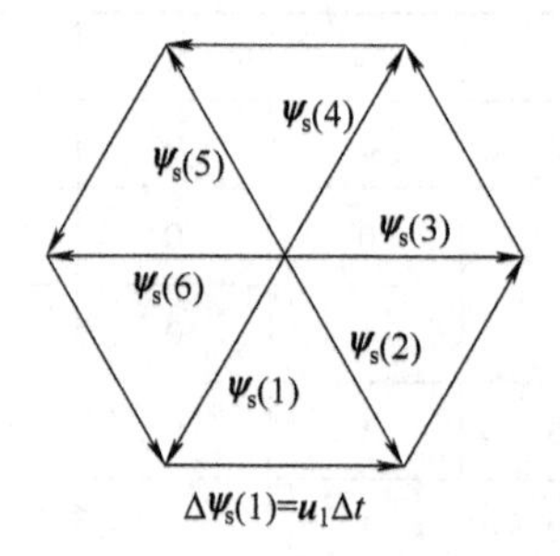

图 2-32　正六边形定子磁链轨迹

由式（2-57）可知，在基频以下调速时，若直流侧电压 U_{d} 恒定，则 ω_1 越小，Δt 越大，$|\boldsymbol{\psi}_{\mathrm{s}}(k)|$ 也越大。因此，要想保持定子磁链矢量幅值恒定，需要保持电压与频率的比值恒定，这就意味着在变频的同时还需要调压，造成了控制的复杂性。

为了解决这个矛盾，有效的方法是插入零矢量。当零矢量作用时，定子磁链的增量为零，定子磁链矢量停留不动。因此，可以令有效电压矢量的工作时间 $\Delta t_1<\Delta t$，剩下的时间 $\Delta t_0=\Delta t-\Delta t_1$ 由零矢量补齐，此时在 $\pi/3$ 弧度内定子磁链的增量为

$$\Delta\boldsymbol{\psi}_{\mathrm{s}}(k)=\boldsymbol{u}_{\mathrm{s}}(k)\Delta t_1+0\Delta t_0 \tag{2-58}$$

此时正六边形定子磁链的幅值为

$$|\boldsymbol{\psi}_{\mathrm{s}}(k)|=|\Delta\boldsymbol{\psi}_{\mathrm{s}}(k)|=|\boldsymbol{u}_{\mathrm{s}}(k)|\Delta t=\sqrt{\frac{2}{3}}U_{\mathrm{d}}\Delta t_1 \tag{2-59}$$

因此，在直流电压 U_{d} 保持恒定的情况下，要想保持定子磁链幅值 $|\boldsymbol{\psi}_{\mathrm{s}}(k)|$ 恒定，只需要保持 Δt_1 为定值。电源角频率 ω_1 越低，Δt 越长，零矢量的作用时间 Δt_0 变得越长。由此可知，零矢量的插入有效地解决了定子磁链矢量幅值与旋转速度的矛盾。

2.5.6.5　期望电压空间矢量的合成

每个有效电压矢量在 1 个周期内只工作 1 次的方式只能产生正六边形的旋转磁场，与在正弦波供电时所产生的圆形旋转磁场相差甚远，这种步进磁场带有较大的谐波分量，进而导致转矩与转速的脉动。如果想要获得一个近似圆形的旋转磁场，必须使用更多的开关模式，形成更多的电压及磁链空间矢量，为此必须对逆变器工作方式进行改造。虽然逆变器只有 8 种开关模式，只能形成 8 种磁链空间矢量，但可以采用细分矢量作用时间和组合新矢量的方法，形成尽可能逼近圆形的多边磁链轨迹。这样，在 1 个输出周期内逆变器的开关切换次数显然要超过 6 次，有的开关模式还将多次重复，逆变器输出电压波形不再是 6 阶梯波而是等幅不等宽的脉冲序列，这就形成了磁链跟踪型 PWM 方式。

按 6 个有效电压矢量将电压空间矢量分为对称的 6 个扇区，如图 2-33 所示。当期望输出电压矢量落在某个扇区时，就用与期望输出电压矢量相邻的两个有效矢量根据平行四边形法则等效地合成期望输出矢量，通常有效电压矢量的工作时间小于 1 个工作周期，其余时间由零矢量填补，这就是三段逼近式磁链跟踪控制算法的基本原理。

下面以期望电压矢量落在图 2-34 所示的第 I 扇区为例说明三段逼近式磁链跟踪控制算

法的基本原理，θ 为期望电压矢量与扇区起始边的夹角，此时应选用基本电压矢量 $\boldsymbol{u}_1$ 和 $\boldsymbol{u}_2$ 来合成 $\boldsymbol{u}_s$。在 1 个开关周期 T_0 内，设 $\boldsymbol{u}_1$ 的作用时间为 t_1，$\boldsymbol{u}_2$ 的作用时间为 t_2，按矢量合成法则可得

$$\boldsymbol{u}_s=\frac{t_1}{T_0}\boldsymbol{u}_1+\frac{t_2}{T_0}\boldsymbol{u}_2=\frac{t_1}{T_0}\sqrt{\frac{2}{3}}U_d+\frac{t_2}{T_0}\sqrt{\frac{2}{3}}U_d e^{j\frac{\pi}{3}} \tag{2-60}$$

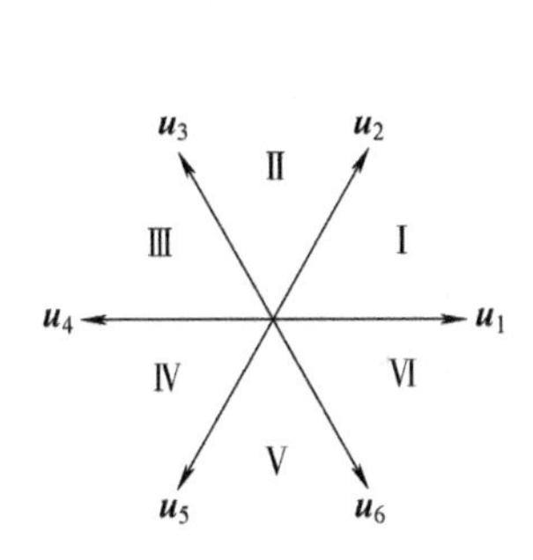

图 2-33　电压空间矢量扇区图

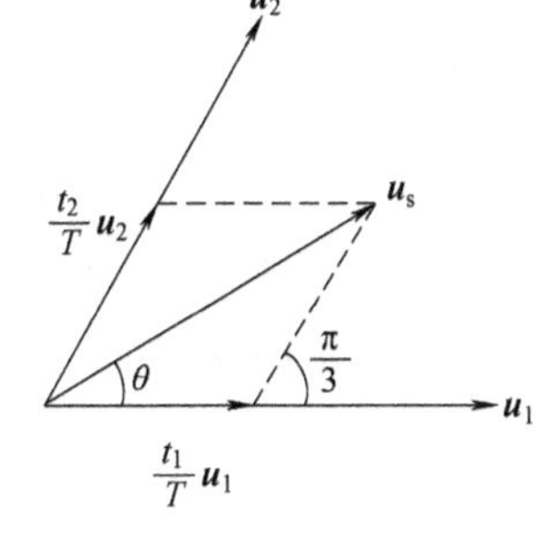

图 2-34　期望输出电压矢量合成

由正弦定理可知

$$\frac{\frac{t_1}{T_0}\sqrt{\frac{2}{3}}U_d}{\sin\left(\frac{\pi}{3}-\theta\right)}=\frac{\frac{t_2}{T_0}\sqrt{\frac{2}{3}}U_d}{\sin\left(\frac{2\pi}{3}\right)} \tag{2-61}$$

由式（2-61）解得

$$\begin{cases} t_1=\dfrac{\sqrt{2}u_sT_0}{U_d}\sin\left(\dfrac{\pi}{3}-\theta\right) \\ t_2=\dfrac{\sqrt{2}u_sT_0}{U_d}\sin\theta \end{cases} \tag{2-62}$$

由于 $\boldsymbol{u}_1$、$\boldsymbol{u}_2$ 矢量在 1 个开关周期内作用的总时间一般小于 T_0，此时要用零矢量作用时间来调节，以使 $\boldsymbol{u}_1$、$\boldsymbol{u}_2$ 矢量作用产生的磁链角速度正好等于 $\omega_1=2\pi f_1$，即使调制生成的 PWM 波基波频率正好为所要求的输出频率 f_1。零矢量的作用时间为

$$t_0=T_0-t_1-t_2 \tag{2-63}$$

期望电压矢量的完整表达式为

$$\boldsymbol{u}_s=\frac{t_1}{T_0}\boldsymbol{u}_1+\frac{t_2}{T_0}\boldsymbol{u}_2+t_0\boldsymbol{u}_0 \tag{2-64}$$

由于扇区的对称性，以上分析过程可以推广到其他扇区内。

2.5.6.6　期望电压空间矢量的过调制分析

调制区域分布的示意图如图 2-35 所示，当期望电压空间矢量的幅值始终在电压六边形轨迹里面，即不超过电压六边形内切圆时，输出电压矢量都可以通过同一扇区相邻的两个电压矢量线性地合成，使得输出电压矢量轨迹按照圆形进行旋转，此时这一调制区被称为线性调制区，如图 2-35a 所示；当期望电压矢量的幅值在电压六边形外面，即大于其内切圆半径时，有一部分输出电压矢量将无法通过两个相邻的基本电压矢量进行合成，使得输出电压的波形发生畸变，进而导致输出的电压矢量轨迹不能形成一个圆形，此时称电压矢量进入过调制区，如图 2-35b 所示。

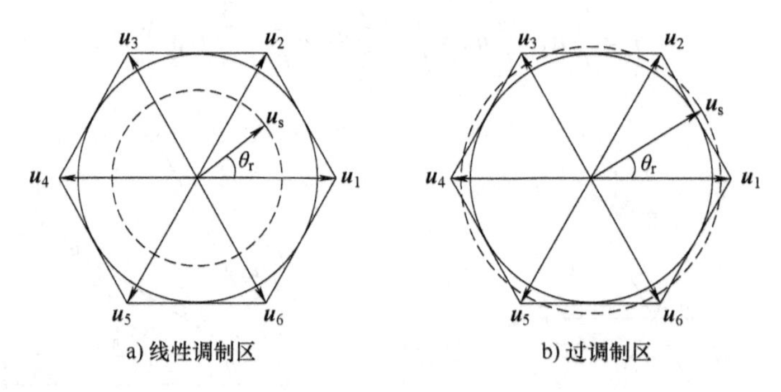

图 2-35 调制区域分布示意图

为了判断期望电压矢量所在的调制区，定义期望电压矢量调制度 M 为期望电压矢量与方波模式下最大输出电压基波幅值之比为

$$M=\frac{\boldsymbol{u}_s}{\frac{2}{\pi}U_d} \tag{2-65}$$

线性调制区边界对应的调制度 M_{lin} 为

$$M_{lin}=\frac{\frac{1}{\sqrt{3}}U_d}{\frac{2}{\pi}U_d}\approx 0.9069 \tag{2-66}$$

根据式（2-65）和式（2-66），当 $0<M<0.9069$ 时，期望电压矢量位于线性调制区内，以常规的磁链跟踪型 PWM 方法对期望电压矢量进行调制；当 $M>0.9069$ 时，期望电压矢量位于过调制区，需要采用过调制方法进行校正，使其回到逆变器可调制的范围内（六边形范围内）。

目前，常用的过调制方法主要有两种：①单模式过调制算法；②双模式过调制算法。

1. 单模式过调制算法

单模式过调制指的是在整个过调制区只以一种算法对期望电压矢量进行过调制处理。单模式过调制的输出电压矢量轨迹如图 2-36 所示，其中，期望电压矢量的轨迹如虚线所示，实际输出电压矢量的轨迹如粗实线所示。

这种过调制方式的基本原理是保证实际输出电压矢量的幅值和期望电压矢量的幅值相等，实际输出电压矢量幅值的表达式为

$$f(\theta_r)=r \tag{2-67}$$

式中 r——期望电压矢量的幅值；

θ_r——期望电压矢量的相角。

而由于当期望电压矢量超出限幅六边形时，实际电压矢量被钳制在限幅六边形内，因此需要对实际输出电压矢量的相角 α 进行校正，以 0~π/3 扇区为例：

$$\alpha=\begin{cases}\theta_r, 0<\theta_r\leqslant\alpha_g\\ \alpha_g, \alpha_g<\theta_r\leqslant\dfrac{\pi}{6}\\ \dfrac{\pi}{3}-\alpha_g, \dfrac{\pi}{6}<\theta_r\leqslant\dfrac{\pi}{3}-\alpha_g\\ \theta_r, \dfrac{\pi}{3}-\alpha_g<\theta_r\leqslant\dfrac{\pi}{3}\end{cases} \tag{2-68}$$

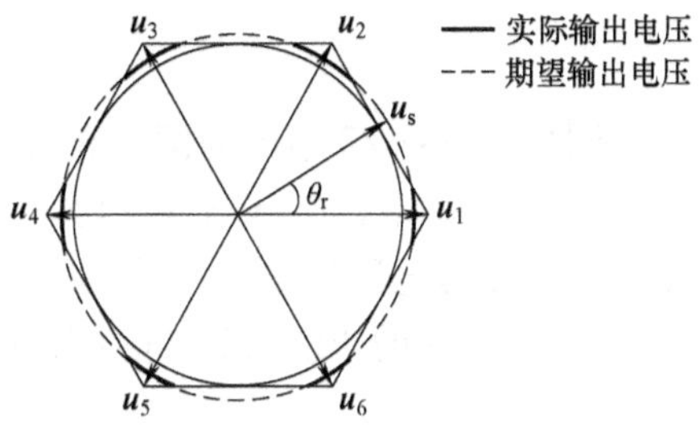

图 2-36　单模式过调制电压矢量轨迹

式中　α_g——保持角，由三角形的余弦定理可以得到：

$$\cos\left(\frac{\pi}{6}-\alpha_g\right)=\frac{\sqrt{3}r}{U_d} \tag{2-69}$$

单模式过调制方法具有计算处理方便、算法简单等优点，但采用这种方法，使得输出电压矢量的相位较期望电压矢量有较大的变化，输出电压谐波含量明显增加。为了进一步减小输出电压矢量谐波含量，可以采用双模式过调制算法。

2. 双模式过调制算法

双模式过调制中，需要将整个过调制区分为两个区间——过调制Ⅰ区和过调制Ⅱ区。在过调制Ⅰ区内，保持输出电压矢量的相角和期望电压矢量一致，只是对输出电压矢量的幅值进行改变；在过调制Ⅱ区，为了使输出电压尽可能连续，对电压矢量的相角和幅值都要进行调整。

（1）过调制Ⅰ区

在过调制Ⅰ区中，期望电压矢量幅值范围为

$$\frac{U_d}{\sqrt{3}}\leqslant\boldsymbol{u}_s\leqslant\frac{\sqrt{3}\ln 3U_d}{\pi} \tag{2-70}$$

以 0~π/3 扇区为例，双模式过调制Ⅰ区输出电压矢量轨迹如图 2-37 所示。

在过调制Ⅰ区内，保持输出电压矢量的相角与参考电压矢量一致，只是对输出电压矢量的幅值进行改变，具体做法是保证实际输出电压矢量的基波幅值等于参考电压矢量的幅值。因此实际输出电压矢量的幅值在 0~π/3 扇区的表达式为

$$f(\theta_r)=\begin{cases}\dfrac{U_d}{\sqrt{3}\cos\left(\dfrac{\pi}{6}-\alpha_g\right)}, 0\leqslant\theta_r\leqslant\alpha_g\\ \dfrac{U_d}{\sqrt{3}\cos\left(\dfrac{\pi}{6}-\alpha\right)}, \alpha_g<\theta_r\leqslant\dfrac{\pi}{3}-\alpha_g\\ \dfrac{U_d}{\sqrt{3}\cos\left(\dfrac{\pi}{6}-\alpha_g\right)}, \dfrac{\pi}{3}-\alpha_g<\theta_r\leqslant\dfrac{\pi}{3}\end{cases} \tag{2-71}$$

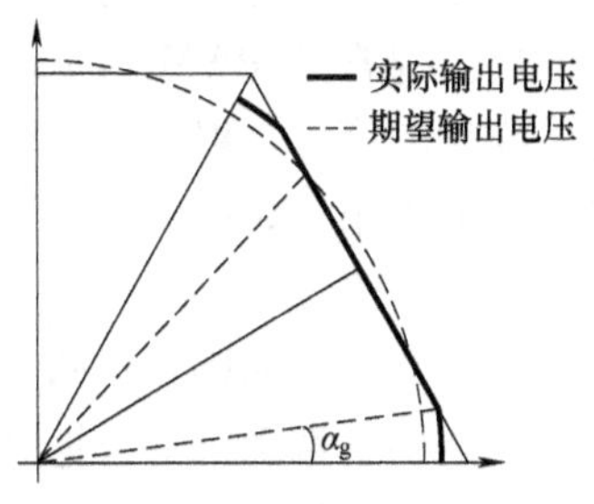

图 2-37　双模式过调制Ⅰ区输出电压矢量轨迹

而实际输出电压矢量的相角仍与期望电压矢量保持一致

$$\alpha=\theta_r \tag{2-72}$$

（2）过调制Ⅱ区

在过调制Ⅱ区中，期望电压矢量幅值范围为

$$\frac{\sqrt{3}\ln 3U_{\mathrm{d}}}{\pi} \leqslant \boldsymbol{u}_{\mathrm{s}} \leqslant \frac{2U_{\mathrm{d}}}{3} \tag{2-73}$$

同样以 0~π/3 扇区为例，双模式过调制Ⅱ区输出电压矢量轨迹如图 2-38 所示。

在图 2-38 中，B、C 点表示实际输出电压矢量在此处停留。实际输出电压矢量在每个顶点的停留参考电压矢量转过保持角 α_g 的时间，而后从 B 点运动到 C 点。实际输出电压矢量在 0~π/3 扇区的幅值与其实际相角的表达式分别为

$$f(\theta_r)=\begin{cases}\dfrac{2U_d}{3},0\leqslant\theta_r\leqslant\alpha_g\\[2ex]\dfrac{U_d}{\sqrt{3}\cos\left(\dfrac{\pi}{6}-\alpha\right)},\alpha_g<\theta_r\leqslant\dfrac{\pi}{3}-\alpha_g\\[2ex]\dfrac{2U_d}{3},\dfrac{\pi}{3}-\alpha_g<\theta_r\leqslant\dfrac{\pi}{3}\end{cases} \tag{2-74}$$

$$\alpha=\begin{cases}0,0<\theta_r\leqslant\alpha_g\\[2ex]\dfrac{\theta_r-\alpha_g}{\dfrac{\pi}{6}-\alpha_g}\times\dfrac{\pi}{6},\alpha_g<\theta_r\leqslant\dfrac{\pi}{3}-\alpha_g\\[2ex]\dfrac{\pi}{3},\dfrac{\pi}{3}-\alpha_g<\theta_r\leqslant\dfrac{\pi}{3}\end{cases} \tag{2-75}$$

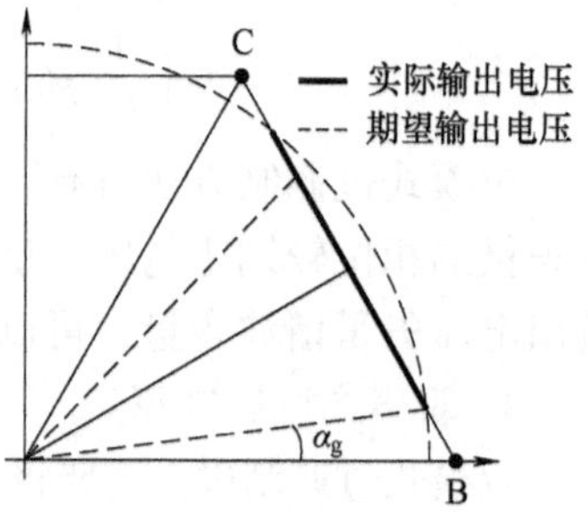

图 2-38　双模式过调制Ⅱ区输出电压矢量轨迹

双模式的过调制算法通过对过调制区进行二次划分，可以减少电压矢量过调制校正而导致的谐波畸变率，但其控制算法相对比较复杂，并且实现过程通常需要利用查表法对大量复杂数据进行辅助运算，对处理器的内存空间要求也比较大。

2.5.6.7　SVPWM 实现方式

由以上分析可知，零矢量在合成期望输出电压矢量的过程中十分重要，它可以调节 PWM 输出基波频率的作用。由期望输出电压矢量的幅值及位置可以确定相邻的两个基本电压矢量以及它们的作用时间，并由此得到零矢量的作用时间，但是还没有确定电压矢量的作用顺序。通常 SVPWM 的实现以开关损耗和谐波分量都较小为原则，来安排基本矢量和零矢量的作用顺序，一般在减少开关次数的同时，尽量使得 PWM 输出波形对称，以减小谐波分量。下面以第一扇区为例，介绍两种常见的 SVPWM 实现方法。

1. 零矢量集中的实现方法

按照对称的原则，将两个有效工作矢量 $\boldsymbol{u}_1$、$\boldsymbol{u}_2$ 的作用时间 t_1、t_2 平分为二后，安放在开关周期的首端和末端，把零矢量的作用时间放在开关周期的中间，并按照开关次数最少的原则选择零矢量。图 2-39 给出了两种零矢量集中的 SVPWM 实现方法。

由图 2-39 可知，在 1 个开关周期内，有一相的状态一直保持不变，且从一个矢量切换到另一个矢量时，只有一相的状态发生改变，因而开关次数少，开关损耗低。

2. 零矢量分散的实现方法

将零矢量平分为四份，在开关周期的首、尾各放一份，中间放两份，将有效工作矢量 $\boldsymbol{u}_1$、$\boldsymbol{u}_2$ 的作用时间平分为二后插在零矢量之间，同理零矢量的选择按照开关次数最少的原则选择零矢量。

由图 2-40 可知，在 1 个开关周期内，均以零矢量开始和结束，且从一个矢量切换到另一个矢量时只有一相的状态发生改变，但在 1 个开关周期内三相的状态均发生改变，开关损耗略大于前一种方法。

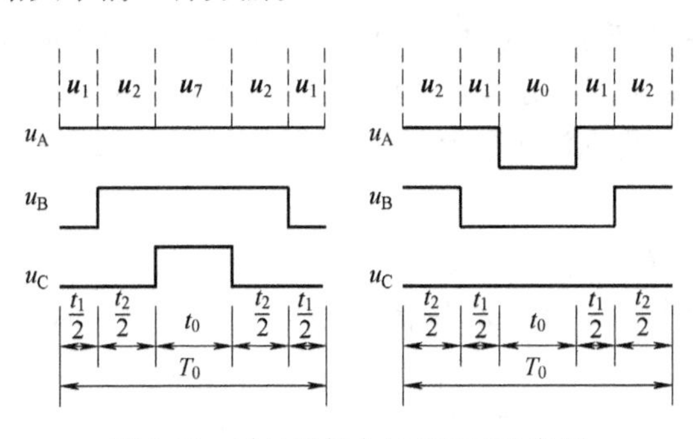

图 2-39　零矢量集中的 SVPWM 实现

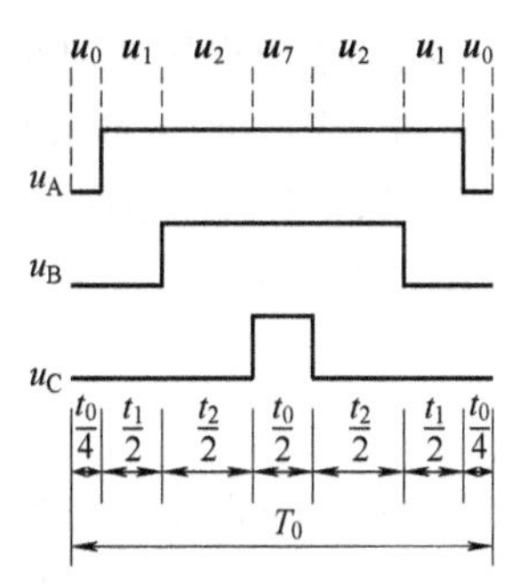

图 2-40　零矢量分散的 SVPWM 实现

2.5.6.8　SVPWM 控制的定子磁链

定义磁链圆的等分次数为 N，一般取 N 为 6 的倍数，此时产生的磁场即为正 N 边形磁场。当 $N=6$ 时，将理想磁链圆分成 6 份，若在每个工作周期只采用一个有效工作矢量将产生正六边形磁场；若在每一个扇区均采用三段式逼近算法并辅以零矢量分散技术，产生的空间磁场如图 2-41 所示。

为了使定子磁链矢量的轨迹更接近圆，从而减小转矩脉动和谐波分量，需要增大 N 的值。图 2-42 给出了 N 取 12 时定子磁链矢量的轨迹。

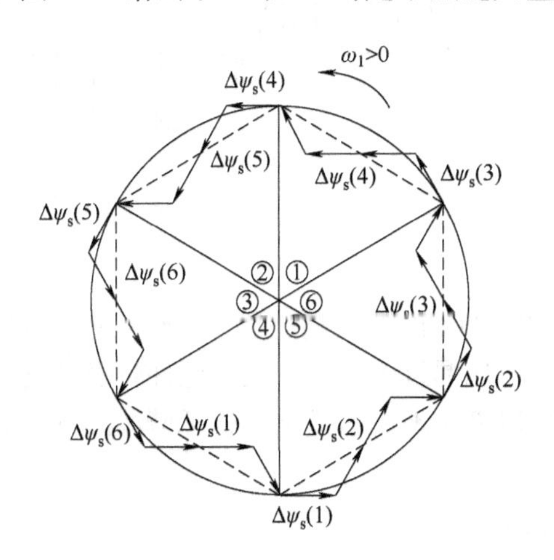

图 2-41　$N=6$ 时三段式 SVPWM 控制磁链轨迹

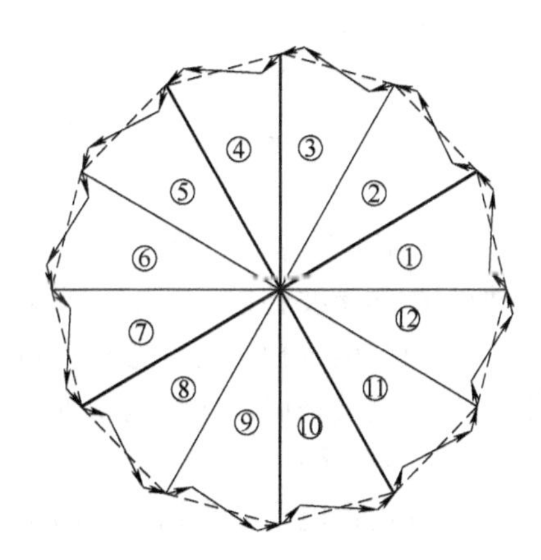

图 2-42　$N=12$ 时三段式磁链跟踪 PWM 控制磁链轨迹

2.5.7　变频器非正弦供电对异步电动机运行性能的影响

2.4 节中对于异步电动机变频调速的讨论是基于电机输入端电压为正弦波的情况下进行的，但在实际电机中，由于电机制造等方面的原因，电机输入端电压并非正弦，含有丰富的谐波成分，因此当采用变频电源供电时，异步电动机的气隙磁场中除了含有基波旋转磁场外，还含有许多高次谐波的磁场。这些谐波分量对异步电动机的运行性能具有较大影响，如使电机电流增大、损耗增加、效率和功率因数低、转矩脉动等问题，因此有必要分析非正弦供电下异步电动机运行性能的变化。

2.5.7.1 变频器供电的非正弦特性

几种变频器输出电压的典型波形如图 2-43 所示，其中图 2-43a 为 6 阶梯波，图 2-43b 为 12 阶梯波，图 2-43c 为 PWM 波形。这些非正弦电压可分解出一系列谐波，对典型的三相系统而言，只存在除 3 及其倍数次之外的奇次谐波，即谐波次数为 $k=6m\pm1$，$m=0$，1，2，3，…；于是输出电压可表示成

$$u=\sqrt{2}\left[U_1\sin\omega_1 t+U_5\sin(5\omega_1 t+\theta_5)+U_7\sin(7\omega_1 t+\theta_7)+\cdots+U_k\sin(k\omega_1 t+\theta_k)+\cdots\right] \tag{2-76}$$

式中　U_k——k 次谐波电压有效值；

θ_k——k 次谐波电压初相位；

ω_1——基波角频率。

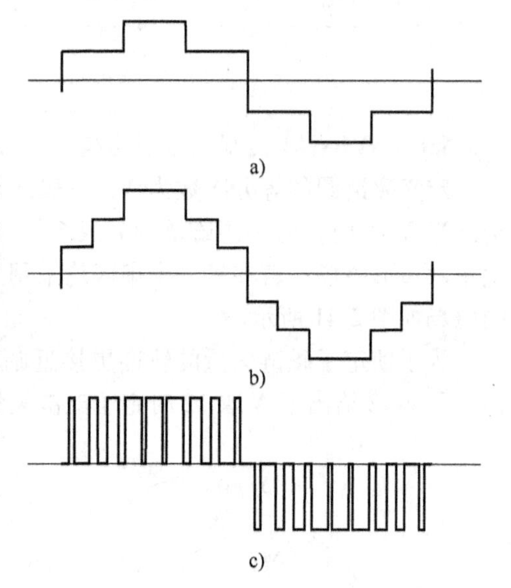

图 2-43　变频器输出电压典型波形

这样，如果不考虑磁心饱和等非线性因素，则可利用叠加原理，采用异步电动机的等效电路分别计算出各次谐波电压产生的电流、功率、损耗、转矩，从而可分析出非正弦供电对电机运行性能的影响。

由于谐波频率一般比基波高得多，谐波气隙磁场的转速很高，使得 k 次谐波磁场对转子的转差率 s_k 一般都很大。根据 k 次谐波旋转磁场相对转子转速的相对转差定义 $s_k=(\pm k\omega_1-\omega)/\pm k\omega_1$ 及 $\omega=(1-s_1)\omega_1$ 关系，可以证明

$$s_k=\frac{k\pm(1-s_1)}{k}\approx 1 \tag{2-77}$$

式中　s_1——基波转差率，且 $s_1=(n_s-n)/n_s$。

在如此高的谐波转差率下，异步电动机等效电路中转子回路电阻 $R_2'/s_k\approx R_2'$ 将很小，定、转子电阻与电抗相比均可忽略，同时励磁电抗要比漏抗大得多，足以允许将激励支路视为开路。故对谐波来说，异步电动机的等效电路可以简单地表示成定、转子谐波漏抗之和的形式，如图 2-44 所示。

这样，在电源电压 k 次谐波 U_k 的作用下，相应定子谐波电流将为

$$I_k=\frac{U_k}{k(X_1+X_2')} \tag{2-78}$$

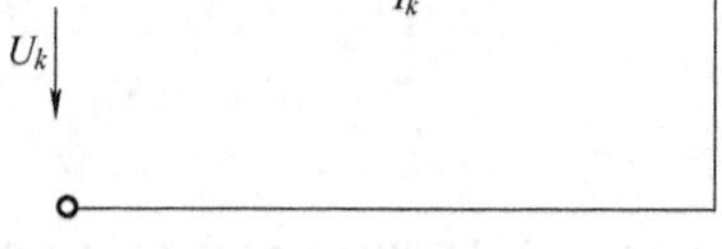

式中　X_1，X_2'——基波频率下的定、转子每相漏抗。

kX_1　kX_2'　I_k　U_k

图 2-44　异步电动机谐波等效电路

总的谐波电流有效值为

$$I_h=\sqrt{\sum_{k=5}^{\infty}I_k^2} \tag{2-79}$$

总的定子电流有效值为

$$I=\sqrt{I_1^2+I_h^2} \tag{2-80}$$

由于矩形波的谐波电压大小与谐波次数成反比，$U_k=U_1/k$，则

$$I_k=\frac{U_1}{k^2(X_1+X_2')} \tag{2-81}$$

如果把 6 阶梯波和 12 阶梯波中谐波电压的相应次数代入式（2-70）及式（2-68），可得以电机额定电流（基波）为基值的谐波电流标幺有效值，分别为 $0.46/\overline{X}$ 和 $0.105/\overline{X}$，基波频率下的漏抗标幺值其中

$$\overline{X}=(X_1+X_2')I_N/U_N \tag{2-82}$$

式中 I_N、U_N——电机相电流、相电压额定值。

这样，可求出额定负载下定子总电流标幺有效值 $\overline{I}$，在 6 阶梯波电压供电时为

$$\overline{I}=\sqrt{1+(0.46/\overline{X})^2} \tag{2-83}$$

而 12 阶梯波电压供电时为

$$\overline{I}=\sqrt{1+(0.105/\overline{X})^2} \tag{2-84}$$

式（2-82）和式（2-83）的关系见图 2-45。可见在 12 阶梯波电压供电下，电流有效值的增加可以忽略不计，但在 6 阶梯波电压供电下，按电机漏抗大小的不同，额定电流有效值可能会比基波电流增大 2%～10%。6 阶梯波供电时电机定子电流波形如图 2-46 所示，可以看出非正弦的严重程度。

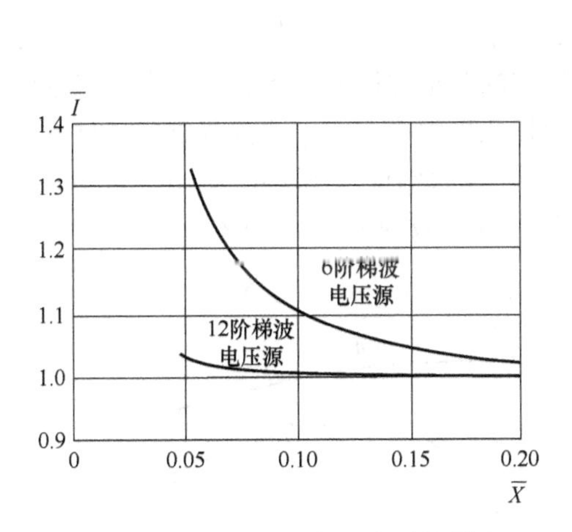

图 2-45 定子总电流标幺有效值 $\overline{I}$ 与漏抗标幺值 $\overline{X}$ 关系

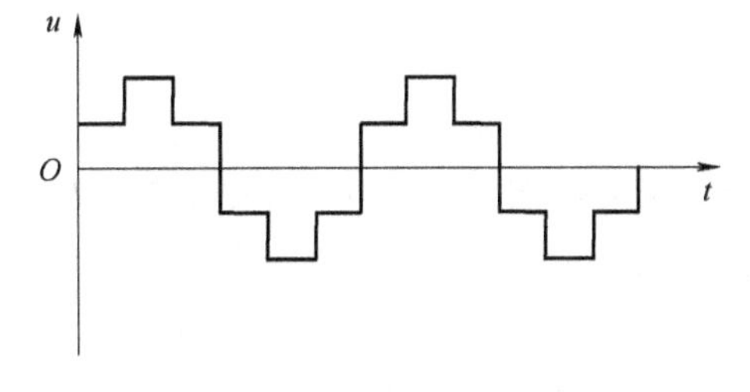

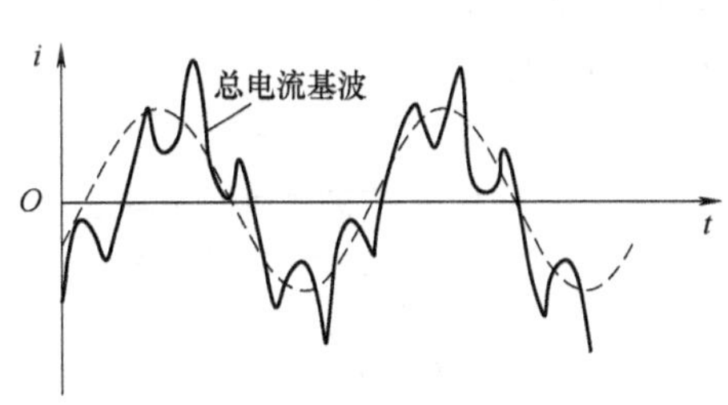

图 2-46 6 阶梯波电压及电机定子电流波形

2.5.7.2 电源非正弦对电机运行性能的影响

1. 磁路工作点

在非正弦供电下，电机气隙中存在有谐波磁场分量，气隙磁通密度可表达为

$$B(\theta,\omega_1 t)=B_1\cos(\theta_1-\omega_1 t)+B_5\cos(\theta_5+5\omega_1 t)+B_7\cos(\theta_7-7\omega_1 t)+\cdots+B_k\cos(\theta_k\pm k\omega_1 t)+\cdots \tag{2-85}$$

这样，在正弦供电时只有基波磁场，气隙磁通密度的幅值恒定；而在非正弦供电下，由于高次谐波的存在，气隙磁通密度的幅值不再恒定，其可能的最大幅值将增大到

$$B=B_1+B_5+B_7+\cdots+B_k+\cdots \tag{2-86}$$

试验表明，在保持基波电压相同的条件下，6阶梯波电压源供电时电机气隙等效磁通密度一般比正弦供电时增加10%。如果电压波形中有更多的谐波，等效磁通密度还要增大。所以在设计非正弦电压源供电的调速电机时，其磁路计算和空载试验都必须在适当提高的电压下进行。

2. 定子漏抗

在电压非正弦情况下，绕组中除基波以外还存在许多谐波电流，使槽电流增大，槽漏磁增加，漏磁路饱和程度提高。这种情况下定子漏抗一般将比只有基波额定电流时减少15%~20%。

3. 转子回路参数

非正弦供电下，高次谐波转差率 $s_k \approx 1$，所以转子谐波参数相应的频率几乎等于对应定子谐波频率。由于频率较高，转子导体中趋肤效应相当强，使转子有效电阻比相应直流电阻值大几倍；与此同时高频造成的挤流效应使转子电流集中在槽口部位，其等效磁链及相应电抗减小，转子槽漏感则会减少到只通直流时的1/3，且频率越高，变化越大，这就使转子谐波电流大幅增大。谐波电流和有效电阻的同时增大，大大增加了转子谐波损耗，成为变频器在电机运行中的重要问题。

4. 功率因数

波形非正弦引起的谐波一方面使电流有效值增大，另一方面使气隙最大磁通密度增大，使磁路饱和程度提高，无功励磁电流增加，所以电机功率因数下降明显。

5. 损耗与效率

变频器非正弦供电下，异步电动机损耗增大、效率下降，但损耗与相应效率的变化与变频器类型有密切关系。电压源型变频器供电时，谐波的含量比例取决于供电电压，与电机负载大小关系不大，使谐波电流及其所产生的附加损耗几乎大小一定。这就造成轻载时效率下降较多，满载时影响较小，满载效率只下降2%左右。作为例证，图2-47给出一台10kW异步电动机在正弦波电压源及6阶梯波电压源供电下，60Hz及30Hz时的运行特性，可以看出效率变化的趋势。

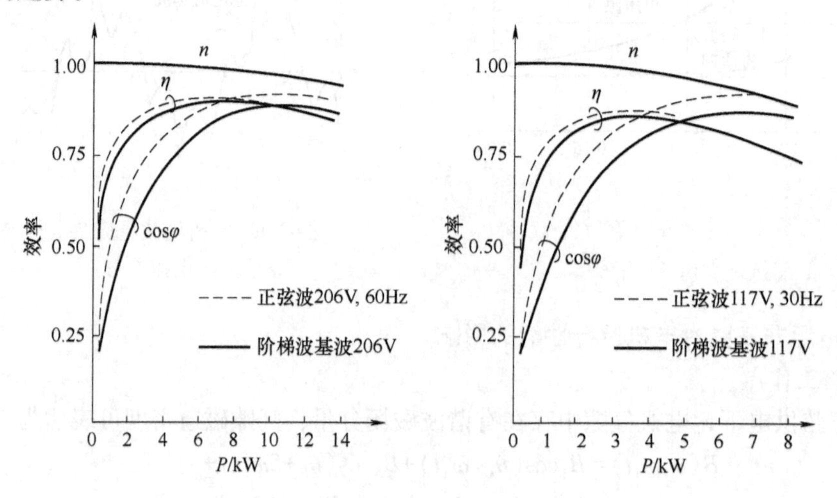

图2-47 不同波形电压源供电下异步电动机运行特性

至于总损耗中各项单耗所占比例可用一般电压源型 PWM 供电下、15Hz 时某异步电动机的各项损耗来说明，见表 2-3。

表 2-3　一般电压源型 PWM 供电下（15Hz），某异步电动机损耗分配　（单位：W）

负载	第一组损耗				第二组损耗						
	定子基波铜损	转子基波铜损	附加损耗	第一组总损耗	风摩损耗	定子谐波损耗	转子谐波损耗	磁心附加损耗			第二组总损耗
								曲折损耗	定子端部损耗	转子端部损耗	
空载	194.3	0	0	194.3	98	158	532	3.4	57.7	54	933.7
满载	509	224	5.3	738.3	98	158	532	36.7	64	54	942.7

可以看出，电机损耗可分两组，第一组损耗随负载变化，第二组损耗基本与负载无关。各项损耗中，定子谐波损耗不是很大，满载时仅使基本损耗增加 30%。转子谐波损耗很大，可达转子基波铜损的两倍以上，这是转子谐波的趋肤效应使转子有效电阻大大增加的结果。如改用 SPWM 供电时，随着低次谐波的减小，损耗有所降低，但高次谐波损耗仍然比较大。

6. 谐波转矩

非正弦供电下谐波电流产生的谐波转矩有两种形式：恒定谐波转矩和脉动谐波转矩。

（1）恒定谐波转矩

主要是由气隙谐波磁通和它在转子上感应出的同次电流相互作用产生的异步性质转矩。由于谐波电流频率高，转子对谐波磁场的转差率 $s_k \approx 1$ 相当大，转子回路内功率因数角 $\psi_2' = \arctan(s_k k\omega_1 L_2'/R_2')$ 很差，转子回路中电抗远大于电阻，谐波电流基本上为无功电流，故产生的谐波转矩 $T_k = \Phi_{km} I_{2k}' \cos\psi_{2k}'$ 很小，通常在基波转矩的 1%以下，影响甚微，可以忽略不计。

（2）脉动谐波转矩

在 6 阶梯波电源供电时，5 次、7 次谐波电流幅值较大，它们在转子中感应的电流与气隙基波磁场相互作用将产生 6 倍基频的脉动转矩，影响最严重。这是因为 5 次谐波电流为负序电流，所产生的旋转磁场将以 5 倍基波同步速反方向旋转；7 次谐波电流为正序电流，所产生的旋转磁场将以 7 倍基波同步速正方向旋转。这两个谐波磁场与正转的基波磁场之间的相对速度都是 6 倍基波同步速，而这两种时间谐波电流所产生的旋转磁场极数和基波磁场极数相等，所以它们能相互作用产生 6 倍基频的脉动转矩。脉动转矩是交变的，其平均值为零，但脉动转矩单方向幅值可能很大，在低频运行时可能达到额定转矩的 1/3，而某些 PWM 变频器由调制引起的谐波分量电流可能更大，它们与基波磁场作用产生的脉动转矩有时甚至达到与额定转矩差不多大小的程度。

为了减小脉动转矩，对 6 阶梯波电压源供电电机要选择好电机参数，限制谐波电流的大小，适当减小气隙磁通密度。对 PWM 变频器供电电机，则要从电源角度设法改善输出特性，如增加调制频率、优化输出波形、限制谐波电流大小等。

7. 电应力问题

在变频器非正弦供电下，电机电压波形常因供电方式而不同，但一般都有很高的瞬间电压变化梯度，如图 2-43 所示。其中电压的陡升、陡降均带来趋于无穷大的电压变化率，即 $dv/(dt) \to \infty$。而在电流源型逆变器供电时，会在基波电压之上叠加换相引起的浪涌（脉冲）电压尖峰。浪涌尖峰前沿上升速度在 2.5～25μs 之间，幅值高达电机额定电压的 1.5

倍。由于电机线圈之间有分布电容，浪涌电压侵入的过程中各线圈之间电压不再按绕组阻抗分配而按电容分布，有40%左右的浪涌电压施加在接入电源的第一个线圈上，出现线圈绝缘能否承受住如此强、反复施加的电应力问题。所以变频调速电机需要加强绝缘，以确保能长期反复承受较高浪涌电压而不产生电晕和出现绝缘老化现象。

8. 轴电流问题

在变频器供电电机中，由于变频装置主电路、元器件、连接及回路阻抗甚至开关过程可能的不平衡，电源电压不可避免地会产生零点漂移，使电源零点对地电压 $U_0=(U_A+U_B+U_C)/3\neq 0$，构成了轴电流的源头。此外由于静电耦合，电机各部分间存在大小不等的分布电容，再经由电机轴承就会构成电机的零序回路路径。零点漂移电压作用在零序回路上就会产生一种流过轴承的轴电流，如图2-48所示。轴电流是零序阻抗的函数，与零序电压频率有关。由于通常电网供电电机的工频频率低，电源中点对地阻抗及电机容性电抗较大，有效地抑制了轴电压及轴电流；而对变频器供电电机而言，由于零点漂移电压中含有大量的高次谐波，零序路径呈现阻抗很小，轴电流大大增加。流过轴承的大电流不但破坏轴承油膜的稳定性，对平滑的转动有害，而且将在滚动轴承的滚子和滚道、滑动轴承的轴颈与轴瓦表面产生电弧放电麻点，破坏轴承的光洁度和油膜的形成条件，导致轴承温度升高甚至烧毁，这就是变频调速电机中的轴电流问题。

为消除轴电流，可以采取如下措施：

1）对于较小的轴电流，可以适当增大电机气隙和选用合适轴承及润滑脂来加以限制。

2）对于过高轴电压，应设法隔断轴电流回路，如采用陶瓷滚子轴承或实现轴承室绝缘。

3）使用隔离变压器并经可靠接地可以消除定子零序电压。

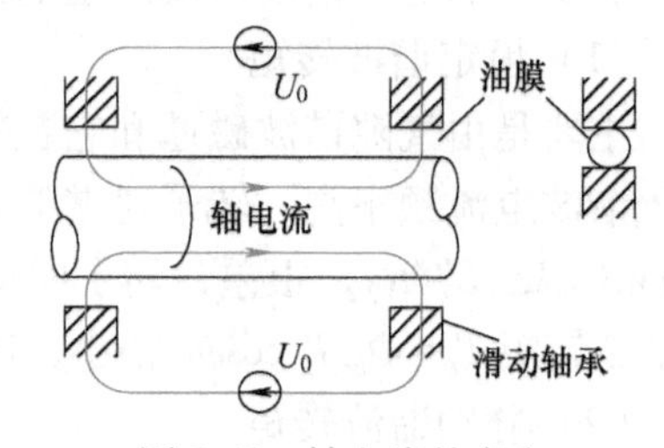

图2-48　轴电流的产生

4）在电机定子槽楔上覆以接地金属箔并与磁心绝缘，可使定子零序电压通过由金属箔形成的旁路电容短路而消失。这是一种“静电屏蔽电机”的新思想，实验证明非常有效。

综上可见，要减小非正弦供电对异步电动机运行性能的不良影响，关键是要减小和限制谐波电压和电流。一般来说，电压源型非正弦电源输出电压谐波确定，需选用漏抗大的电机来限制谐波电流及其影响，电流源型非正弦电源输出电流谐波成分确定，需选用漏抗小的电机来减小所产生的谐波电压及其影响。根据电机漏抗大小来适配非正弦电源是交流调速系统设计中需考虑的问题。

2.6 异步电动机变频调速系统

异步电动机变频调速系统可以分为频率开环和频率闭环两种结构。频率开环系统一旦速度给定后，电机供电频率不再调节，气隙磁场同步速确定，电机转速将在转差范围内随负载大小变化。频率闭环系统则在速度给定后，由控制系统实现对供电频率和同步速自动调节，确保负载变化时电机转速恒定不变。前者适用于静态调速精度要求不高的场合，可以采用转速开环恒压频比带低频电压补偿的控制方案，其控制系统结构简单、成本低，风机、水泵类的节能调速常采用这种系统；后者适用于静态调速精度高、动态调

速性能有要求的场合。

2.6.1 频率开环调速系统

调速系统框图如图 2-49 所示。主电路中，三相不控整流输出经大电容滤波后，形成低阻抗性质的电压源对逆变器激励。PWM 逆变器采用 IGBT 作功率开关器件，180°导通型，即换相是在同相上、下桥臂器件之间进行。为解决异步电动机感性无功电流的续流通路，每只 IGBT 旁均反并联一只快速恢复二极管，其工作机理可用图 2-50 来说明。以图 2-49 中逆变器 a 相桥臂为例，其输出感性电流 i_a 落后 a 点电压 u_a 一个 φ 角。规定：

1）$u_a>0$ 时，应使 a 点接至直流母线正（+）端的上桥臂器件 VT_1 或 VD_1 导通；$u_a<0$ 时，应使 a 点接至直流母线负（-）端的下桥臂器件 VT_4 或 VD_4 导通。

2）$i_a>0$ 时，应使电流 i_a 流出 a 点的器件 VT_1 或 VD_4 导通；$i_a<0$ 时，应使 i_a 流入 a 点的器件 VD_1 或 VT_4 导通。

3）a 点输出功率 $p_a=u_ai_a$，当 $p_a>0$ 时，逆变器向电机提供能量（有功），电机作电动运行；当 $p_a<0$ 时，电机向逆变器回馈能量（无功），电机作发电（制动）运行。根此原则，可判断出 u_a、i_a 不同极性的四个区间内功率流向（性质）及相应 a 相桥臂的导通器件，说明主开关器件旁反并联的二极管起了感性无功电流的续流通路作用。

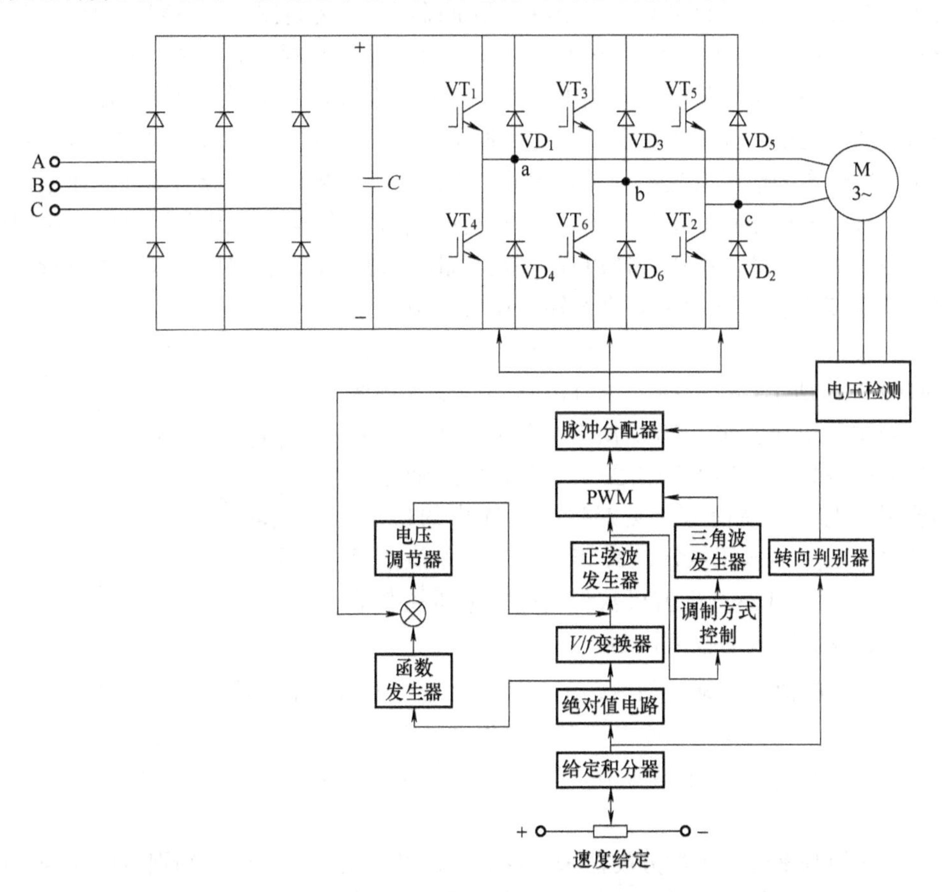

图 2-49 频率开环 PWM 电压源逆变器-异步电动机变频调速系统框图

PWM 逆变器一般采用微机数字控制，为表达控制系统信息传递、流动关系，图中用方块来表示系统的功能部件或处理过程。整个系统的控制信号来源于速度给定。由于系统本身没有自动限制起制动电流的作用，为了使速度给定阶跃变化时也不致产生过大的电流、转矩、转速冲击，因此频率设定必须通过给定积分器产生平缓的升速或降速信号。

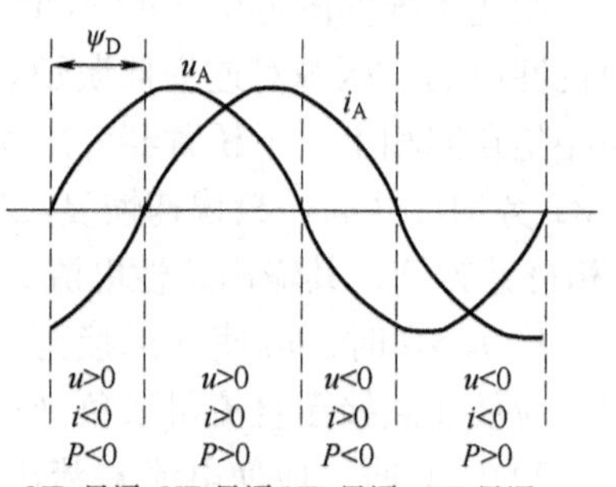

图 2-50　无功二极管导通续流机理

$$\omega_1(t)=\begin{cases}\omega_1^*, \omega_1=\omega_1^* \\ \omega_1(t_0)+\int_{t_0}^{t}\dfrac{\omega_{1N}}{\tau_{up}}dt, \omega_1<\omega_1^* \\ \omega_1(t_0)-\int_{t_0}^{t}\dfrac{\omega_{1N}}{\tau_{down}}dt, \omega_1>\omega_1^*\end{cases} \tag{2-87}$$

式中　τ_{up}——从 0 上升到额定频率 ω_{1N} 的时间；

τ_{down}——从额定频率 ω_{1N} 下降到 0 的时间，可根据负载需要分别进行选择。

为了控制电机的正、反转，速度给定及给定积分器输出可正可负，但控制逆变器输出频率及幅值只需正值的信号电压，为此设置了绝对值电路，以简化信号处理。

由于正弦脉宽调制（SPWM）逆变器主要是通过正弦调制波与三角载波的控制实现对输出 PWM 电压的频率、幅值及调制方式（同步调制、异步调制、分段同步调制等）的控制，因此代表运行频率的绝对值电路输出电压信号将分别进入频率控制及电压控制通道。进入频率控制通道的电压信号经 V/f 变换器（压控振荡器）后产生了决定正弦调制波频率的脉冲；进入电压控制通道的信号首先经函数发生器产生出与运行频率相适应的基波电压幅值。根据变频调速运行的要求，在额定频率 f_{1N} 以下运行时函数发生器的输出应与频率正比变化，低频时还应加上一定程度的电压补偿以保持电机气隙磁通恒定，实现恒最大转矩运行；当运行频率超过额定频率后函数发生器应作输出限幅，以保证电机电压恒定，实现近似恒功率运行。这样，函数发生器应具有图 2-51 所示特性曲线，也就由它协调了变频调速系统的频率、电压控制。为了使 PWM 逆变器输出基波电压严格按函数发生器的输出关系变化，电压通道采用闭环控制。电压反馈信号来自对逆变器输出的检测，与函数发生器产生的电压给定信号相比较后，差值信号通过电压调节器的 PI 运算后就可获得精确的电压控制信号，实现对正弦调制波的幅值控制。

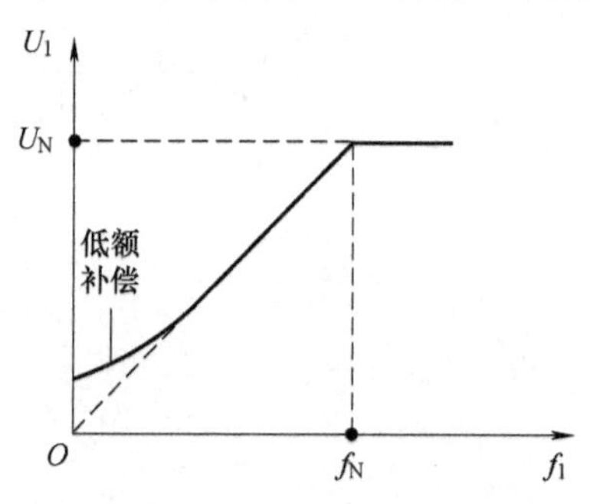

图 2-51　函数发生器特性曲线

经过频率与幅值的协调控制后，正弦波发生器产生出频率和幅值都与速度指令相适应的正弦调制波。这个调制波一方面经调制方式控制环节决定出三角载波的频率，另一方面又将与三角波发生器生成的三角载波在 PWM 环节合成，产生出驱动逆变器功率开关器件的 SPWM 信号。

电机转向控制是通过脉冲分配器来实现的。速度给定信号经极性判别器后获得了速度给定的极性，也即转向信号，用它参与三相逆变器开关器件驱动信号的分配。当速度给定为正时，使逆变器按 A→B→C 的相序依次导通各相开关器件，输出正序的三相 SPWM 电压，驱动电机反转。

图 2-49 所介绍的是一个频率和速度开环、电压闭环的调速系统，这就是常见的变压变频（Variable Voltage Variable Frequency，VVVF）控制系统。其中的函数发生器可以有多条不同的电压/频率比值曲线供选用，以适用不同的电机负载运行需要。

2.6.2 转差频率控制调速系统

以上讨论的电压源逆变器-异步电动机变频调速系统都是频率开环系统。当电机长期作稳定运行或者调速精度要求不高时，由于正常运行的异步电动机转差率不大，电机转速与同步速度相差不多，频率开环系统也就能满足一般的运行要求。但是当调速系统要求进行快速起动、制动、加速、减速时，频率开环系统就不能满足这种动态运行要求了。这是由于电机转子及轴上负载的转动惯量限制了转速的快速响应，一旦电源频率变化过快时，转子速度将大大偏离电源、频率变化后的旋转磁场同步速，导致转子转差率超过对应于最大转矩的临界转差率 s_{max}。在这种大转差率下，由于转子电路频率增大，转子内功率因数变差，促使转子电流及损耗增大，电磁转矩反而变小，运行趋于不稳定。因此在有动态运行性能要求的场合下，必须采用频率反馈控制，控制转子的转差频率使之总保持在小转差率下，调速系统就可在高功率因数、小转子电流、低转子损耗下获得最大的电磁转矩。这就是转差频率控制的基本思路。

2.6.2.1 控制方法

众所周知，异步电动机电磁转矩与气隙磁通和转子有功电流之积成正比，即

$$T_e = C_t \Phi_m I_2' \cos\psi_2 \tag{2-88}$$

式中 C_t——异步电动机转矩常数。

在频率闭环的控制系统中，转子转差角频率总被限制在临界转差率 s_{max} 对应值之下，其运行区被限制在转矩-转速特性曲线的稳态运行区内，如图 2-52 的阴影线区域所示。这里用电角频率的形式表示绝对转差 $\omega_s = \omega_1 - \omega = s\omega_1$，即运行频率下基波旋转磁场转速 ω_1 与转子实际速度 ω 之差，而 $s = \omega_s/\omega_1$ 则是相对转差。

在小转差运行区域内，转子转差频率很低，转子阻抗呈现电阻性质，内功率因数很高，$\cos\psi_2 \approx 1$。这样，电机的电磁转矩可近似写成

$$T_e \approx C_t \Phi_m I_2' \tag{2-89}$$

从异步电动机的等效电路可以求出转子电流为

$$I_2' = \frac{sE_1}{\sqrt{(R_2')^2 + (sX_2')^2}} \tag{2-90}$$

因为转差被控制得很小，$sX_2' \ll R_2'$，则

$$I_2' \approx \frac{sE_1}{R_2} = \left(\frac{E_1}{\omega_1}\right)\frac{\omega_s}{R_2'} \tag{2-91}$$

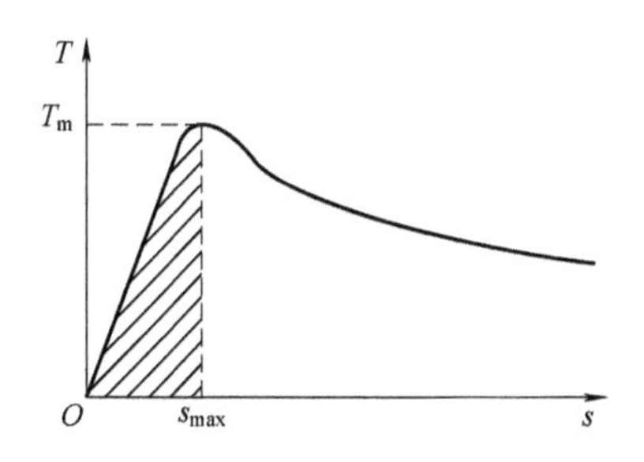

图 2-52 异步电动机 T-s 曲线

由于 $E_1/\omega_1 \propto E_1/f_1 \propto \Phi_m$，则

$$I_2' \propto \Phi_m \omega_s \tag{2-92}$$

即转子电流与气隙磁通 Φ_m 和绝对转差 ω_s 之积成正比，即

$$T_e = C_t' \Phi_m^2 \omega_s \tag{2-93}$$

根据式（2-82），如果设法维持气隙磁通 Φ_m 不变，则电磁转矩直接与绝对转差 ω_s 成正比。只要控制绝对转差，就能达到控制转矩的目的。至于如何维持气隙磁通 Φ_m 恒定，2.4.2 节中已经给出了详细的电压补偿控制原理。对于一台特定的电机，其参数 Q 一般为固定值，由此便可得到对应该电机的电压补偿控制曲线。

2.6.2.2 转差频率控制变频调速系统

转差频率控制变频调速系统结构框图如图 2-53 所示。可以看出，控制信号来自于速度给定 ω^*，与测速发电机 TG 反馈的实际转速信号 ω 相比较，其差值信号（$\omega^*-\omega$）通过转差调节器产生出绝对转差信号，如图 2-54 所示。即根据输入信号（$\omega^*-\omega$）的极性不同，转差调节器将输出不同极性的转差信号；在 $|\omega^*-\omega|$ 达到一定值后，则以 $|\omega_{smax}|$ 为其饱和输出。这样，在动态过程中就能控制调速系统运行在绝对转差≤$|\omega_{smax}|$的很小范围内。

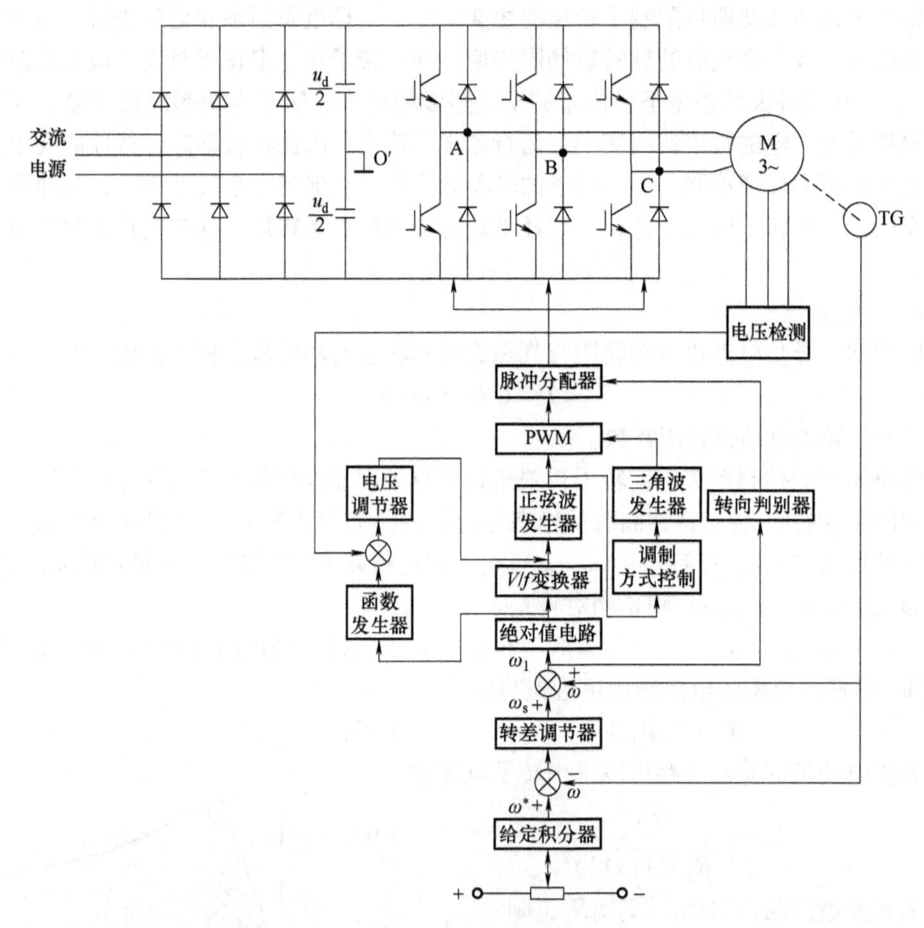

图 2-53　转差频率控制变频调速系统结构框图

为了控制逆变器的输出频率，将转差调节器的输出绝对转差 ω_s 与转子实际速度 ω 相加，得到逆变器输出频率设置值为

$$\omega_1=\omega+\omega_s \tag{2-94}$$

然后，对给定频率 ω_1 根据电压补偿控制规律求得定子电压给定信号，采用电压闭环后能保证定子电压完全按照这个规律变化，这样就能做到整个调整过程中维持气隙磁通 Φ_m 恒

定不变，为实现转差频率控制创造条件。

通过脉冲分配器、脉冲放大器形成逆变器的触发信号。极性鉴别器根据算出的 ω_1 的正、负极性，决定触发脉冲的相序，从而控制电机的正、反转向。

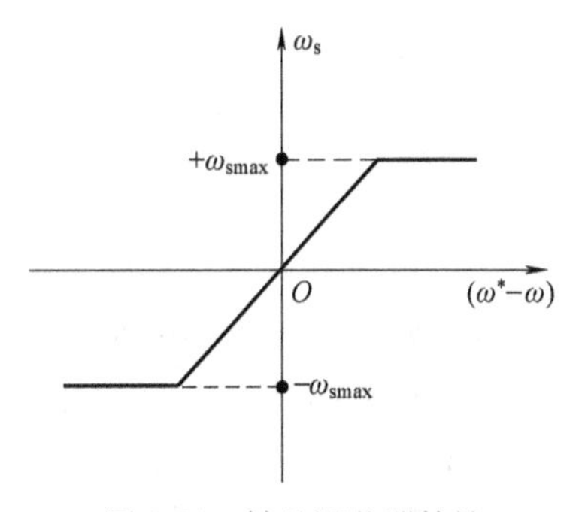

图 2-54 转差调节器特性

2.6.2.3 转差频率控制调速过程

在维持磁通恒定的条件下电机空载起动时，由于起动的初始瞬时转速 $\omega=0$，速度给定 ω^* 与实际转速之差（$\omega^*-\omega$）很大，转差调节器以 ω_{smax} 之值饱和输出，根据式（2-83）可以确定此时逆变器的输出频率。

由于几乎在整个起动过程中（$\omega^*-\omega$）总是很大，可以维持 $\omega_s=\omega_{smax}$ 不变，这样就使得 ω_1 自动地跟随转速 ω 的上升而增加，电机以最大转矩进行加速，直到 ω 接近 ω^*，转差调节器输出 ω_s 退出饱和区为止，最后稳定于 $\omega=\omega^*$，整个起动过程如图 2-55 中 A 点到 B 点的一段所示。稳定到 B 点后，$\omega_s=0$，$\omega_1=\omega^*$，故 B 点为电机理想空载运行点，此时相应的逆变器输出频率或定子频率为 ω_1（或 f_1）。

如果这时电机轴上突加负载 T_L，根据转矩平衡关系，加载的初始瞬间电机工作点将退至 C 点。转速 ω 的下降将使转差调节器输出一个正值绝对转差 ω_s，根据 $\omega_1=\omega+\omega_s$ 的关系，定子频率 ω_1 将增加到新值 $\omega_1'>\omega$，促使转速 ω 相应提高。由于是无差调节系统，转速最终将与给定值相符，即 $\omega=\omega^*$，电机将稳定运行于 D 点。

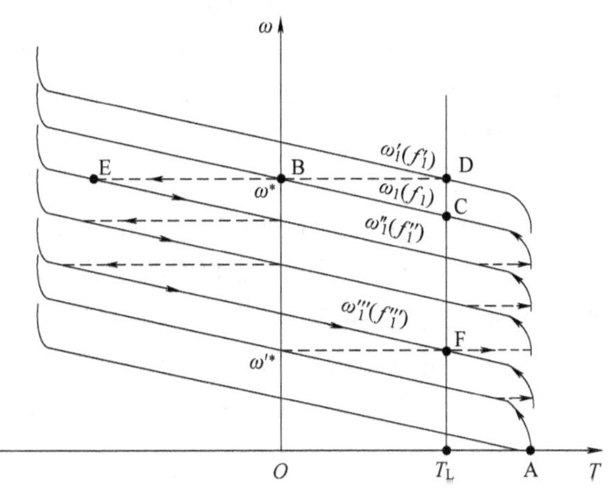

图 2-55 转差频率控制的调速过程

如果减小转速的给定值至 ω'^*（$\omega'^*<\omega^*$），这时将出现一个再生制动的动态过程。在改变转速给定值的初始瞬间，转子的惯性限制了转速 ω 不能突变，转差调节器将饱和输出 $-\omega_{smax}$，使逆变器输出频率变为

$$\omega_1^*=\omega-\omega_{smax} \tag{2-95}$$

显然 $\omega_1^*<\omega_1$，电机进入发电制动状态，工作点应由 D 点移到 E 点。在整个的制动过程中，一般 $|\omega^*-\omega|$ 都比较大，转差调节器维持饱和输出，使电机能以接近最大转矩，即 $T\approx T_{max}$ 进行制动。随着转速 ω 的降低，逆变器或定子频率逐渐减小直到进入新的平衡点 F，此时 $\omega=\omega'^*$，新的定子频率为 $\omega'''=\omega'^*+\omega_s$。由于是恒转矩调速，F 点的绝对转差 ω_s 将和 D 点的 ω_s 数值相同。

根据以上叙述的工作情况来看，转差频率控制变频调速系统在稳态时可以实现无差调节，有着优良的静态特性；急剧的动态变化过程中可以最大转矩作为动态转矩自动实现四象限运行，电机转差被严格控制在临界转差以内，也就有着良好的动态性能，故是一种有较高性能的调速方案。

2.7 异步电动机的动态数学模型

2.7.1 坐标变换理论

坐标变换理论是交流电动机建立动态数学模型的基础。如图 2-56 所示，各矢量的坐标变换中涉及的坐标系有三相静止 abc 坐标系、两相静止 $\alpha\beta$ 坐标系以及两相任意速旋转 dq 坐标系。三相静止 abc 坐标系是建立三相绕组电压方程和磁链方程的自然坐标系；两相静止 $\alpha\beta$ 坐标系是一个静止的正交坐标系，其中 β 坐标系超前 α 坐标系 90°，通常选取 α 坐标系和 a 相绕组轴线重合；两相任意速旋转 dq 坐标系是一个旋转的正交坐标系，其中 q 坐标系超前 d 坐标系 90°。从三相静止 abc 坐标系到两相静止 $\alpha\beta$ 坐标系的变换称为 Clark 变换，从两相静止 $\alpha\beta$ 坐标系到任意速旋转 dq 坐标系称为 Park 变换。

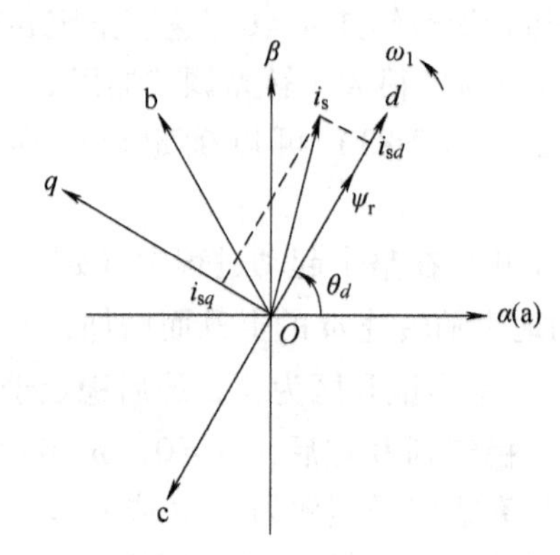

图 2-56 三相静止 abc 坐标系、两相静止 $\alpha\beta$ 坐标系及两相任意速旋转 dq 坐标系

2.7.1.1 三相静止 abc 坐标系到两相静止 $\alpha\beta$ 坐标系的坐标变换（Clark 变换）

三相静止 abc 坐标系到两相静止 $\alpha\beta$ 坐标系的变换通常称为 Clark 变换，又可以称为相数变换，这是因为变换后的电流仍为时变的正弦电流，其频率和相位都没有发生变化。坐标变换的基础是保证变换前后电机旋转磁场的大小、方向及转速不变。根据磁动势等效原则，abc 坐标系中定子电流 i_a、i_b、i_c 产生的磁动势 F_a、F_b、F_c，应当与 $\alpha\beta$ 坐标系中定子电流 i_α、i_β 产生的磁动势 F_α、F_β 保持一致。根据图 2-57，可写出 abc 坐标系和 $\alpha\beta$ 坐标系下磁动势等效的关系式。

$$\begin{cases}\sqrt{\dfrac{3}{2}}N_s i_\alpha = N_s i_a\cos 0 + N_s i_b\cos\dfrac{2\pi}{3} + N_s i_c\cos\dfrac{4\pi}{3} \\ \sqrt{\dfrac{3}{2}}N_s i_\beta = 0 + N_s i_b\sin\dfrac{2\pi}{3} + N_s i_c\sin\dfrac{4\pi}{3}\end{cases} \tag{2-96}$$

设置 abc 坐标系定子和转子绕组匝数都为 N_s，为保证 Clark 变换前后电机功率不变，$\alpha\beta$ 坐标系下每相绕组的绕组匝数为 abc 坐标系下每相绕组的绕组匝数的 $\sqrt{3/2}$ 倍。由式（2-96）可得从三相 abc 坐标系变换到两相 $\alpha\beta$ 坐标系（即 Clark 变换）的变换矩阵为

$$C_{3s/2s} = \sqrt{\frac{2}{3}}\begin{pmatrix}1 & -\dfrac{1}{2} & -\dfrac{1}{2} \\ 0 & \dfrac{\sqrt{3}}{2} & -\dfrac{\sqrt{3}}{2}\end{pmatrix} \tag{2-97}$$

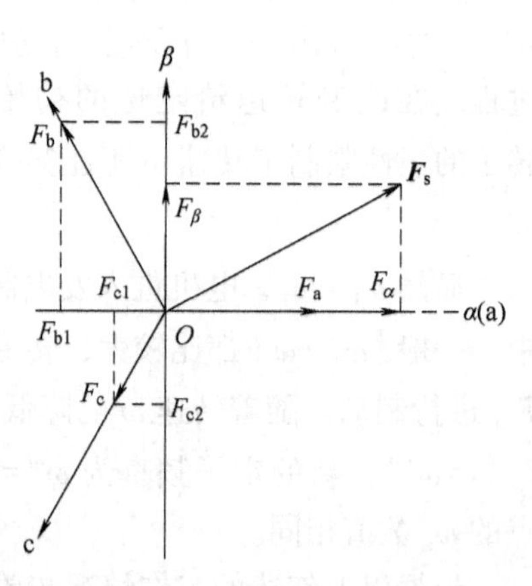

图 2-57 三相静止 abc 坐标系和两相静止 $\alpha\beta$ 坐标系

若要从两相坐标系变换到三相坐标系（即 Clark 逆变换），可利用增广矩阵的方法将 $\boldsymbol{C}_{3s/2s}$ 扩展成方阵。求逆后，再除去增加的一列，即得

$$\boldsymbol{C}_{3s/2s}^{-1}=\boldsymbol{C}_{2s/3s}=\sqrt{\frac{2}{3}}\begin{pmatrix}1 & 0\\ -\frac{1}{2} & \frac{\sqrt{3}}{2}\\ -\frac{1}{2} & -\frac{\sqrt{3}}{2}\end{pmatrix} \tag{2-98}$$

如果三相绕组是丫联结不带零线，则有 $i_a+i_b+i_c=0$ 或 $i_c=-i_a-i_b$ 的约束条件，代入式（2-98）可得

$$\begin{bmatrix}i_\alpha\\ i_\beta\end{bmatrix}=\begin{bmatrix}\sqrt{\frac{3}{2}} & 0\\ \frac{1}{\sqrt{2}} & \sqrt{2}\end{bmatrix}\begin{bmatrix}i_a\\ i_b\end{bmatrix} \tag{2-99}$$

此外，对于供电系统中的 3 相 4 线系统，$i_a+i_b+i_c\neq 0$，也可将 abc 坐标系变换成 $\alpha\beta 0$ 坐标系。此时的坐标变换矩阵为

$$\begin{bmatrix}i_\alpha\\ i_\beta\\ i_0\end{bmatrix}=\sqrt{\frac{2}{3}}\begin{pmatrix}1 & -\frac{1}{2} & -\frac{1}{2}\\ 0 & \frac{\sqrt{3}}{2} & -\frac{\sqrt{3}}{2}\\ \frac{1}{\sqrt{2}} & \frac{1}{\sqrt{2}} & \frac{1}{\sqrt{2}}\end{pmatrix}\begin{bmatrix}i_a\\ i_b\\ i_c\end{bmatrix} \tag{2-100}$$

式中，i_0 为流经零线的电流。同样，由 $\alpha\beta 0$ 坐标系变换到 abc 坐标系的变换矩阵为

$$\begin{bmatrix}i_a\\ i_b\\ i_c\end{bmatrix}=\sqrt{\frac{2}{3}}\begin{pmatrix}1 & 0 & \frac{1}{\sqrt{2}}\\ -\frac{1}{2} & \frac{\sqrt{3}}{2} & \frac{1}{\sqrt{2}}\\ -\frac{1}{2} & -\frac{\sqrt{3}}{2} & \frac{1}{\sqrt{2}}\end{pmatrix}\begin{bmatrix}i_\alpha\\ i_\beta\\ i_0\end{bmatrix} \tag{2-101}$$

2.7.1.2 两相静止 $\alpha\beta$ 坐标系到两相任意速旋转 dq 坐标系的坐标变换（Park 变换）

两相静止 $\alpha\beta$ 坐标系到两相任意速旋转 dq 坐标系的变换通常称为 Park 变换，又可以称为频率变换，这是因为经过频率变换，定子电流由时变的交流量变为 dq 坐标系的直流量，此变换等效于直流电动机的电刷和换向器所起的作用。正是由于 Park 变换（频率变换），异步电动机才能采用直流电动机的工作方式，对磁链和转矩进行解耦控制。根据磁动势等效原则，按照图 2-58，可写出 $\alpha\beta$ 坐标系和 dq 坐标系下磁动势的关系式。

$$\begin{cases}N_s i_d=N_s i_\alpha\cos\theta_d+N_s i_\beta\sin\theta_d\\ N_s i_q=-N_s i_\alpha\sin\theta_d+N_s i_\beta\cos\theta_d\end{cases} \tag{2-102}$$

设置 dq 坐标系和 $\alpha\beta$ 坐标系下每相绕组的匝数相同，dq 坐标系以任意角速度旋转，但

通常设定 dq 坐标系与定子电流矢量 $\boldsymbol{i}_s$ 同步旋转，旋转角速度为 ω_1。磁场定向角 θ_d 为 d 轴与 α 轴的夹角，因为 dq 坐标系以同步速 ω_1 旋转，故 $\theta_d=\omega_1 t+\theta_0$，其中初始角 θ_0 为初始时刻 d 轴与 α 轴的夹角。此时 dq 坐标系方向未确定，θ_0 可设置为任意值。由式（2-102）可得 $\alpha\beta$-dq 坐标系的 Park 变换矩阵为

$$\boldsymbol{C}_{2s/2r}=\begin{pmatrix}\cos\theta_d & \sin\theta_d\\ -\sin\theta_d & \cos\theta_d\end{pmatrix} \tag{2-103}$$

Park 逆变换矩阵为

$$\boldsymbol{C}_{2s/2r}^{-1}=\boldsymbol{C}_{2r/2s}=\begin{pmatrix}\cos\theta_d & -\sin\theta_d\\ \sin\theta_d & \cos\theta_d\end{pmatrix} \tag{2-104}$$

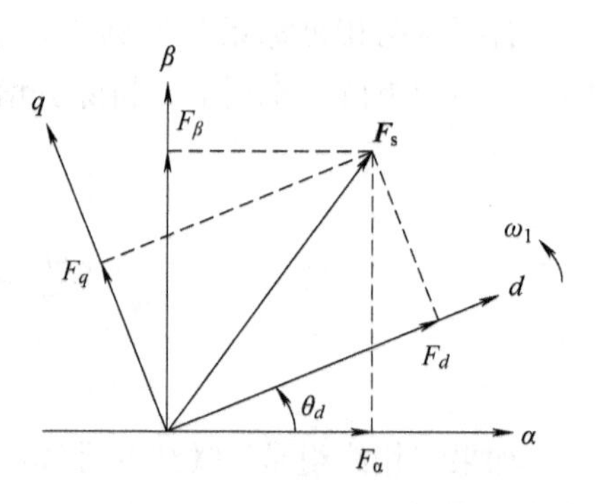

图 2-58 两相静止 $\alpha\beta$ 坐标系和两相任意速度旋转 dq 坐标系

2.7.2 动态数学模型

2.7.2.1 三相静止 abc 坐标系下的动态数学模型

在研究异步电动机的多变量数学模型时，经常作如下假设：

1）忽略空间谐波，三相绕组在空间对称且互差 120°，所产生的磁动势沿气隙按正弦规律分布。

2）忽略磁心损耗。

3）忽略磁路饱和，各绕组的自感和互感都为恒定值。

4）忽略温度变化和频率变化对电机参数的影响。

如图 2-59 所示，图中 sa，sb，sc 表示三相静止坐标系；α，β 表示两相静止坐标系。三相异步电动机的物理模型有定子和转子，转子分为绕线式转子和笼型转子，绕线式和笼型转子都可以等效成三相对称绕组，并且折算到定子侧，折算后的转子绕组的频率、相数以及每相绕组的有效匝数都与定子绕组保持一致。

定子坐标系下，三相定子绕组的电压方程为

$$\begin{cases}u_{sa}=R_s i_{sa}+\dfrac{d\psi_{sa}}{dt}\\ u_{sb}=R_s i_{sb}+\dfrac{d\psi_{sb}}{dt}\\ u_{sc}=R_s i_{sc}+\dfrac{d\psi_{sc}}{dt}\end{cases} \tag{2-105}$$

式中　R_s——定子每相绕组电阻；

ψ_{sa}、ψ_{sb}、ψ_{sc}——a 相、b 相、c 相定子绕组的全磁链。

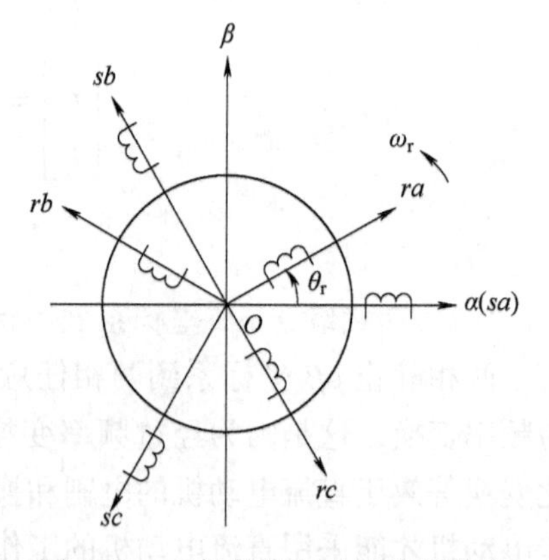

图 2-59 三相异步电动机物理模型

式（2-105）为时变的标量方程，将式（2-105）中的三相电压方程式两边分别乘以空间算子 $e^{j0°}$、$e^{j120°}$、$e^{j240°}$ 后相加，再乘以 $\sqrt{2/3}$，可得定子绕组的电压矢量方程为

$$\boldsymbol{u}_s=R_s\boldsymbol{i}_s+\frac{d\boldsymbol{\psi}_s}{dt} \tag{2-106}$$

转子坐标系中，三相转子绕组的电压方程为

$$\begin{cases} u_{ra}^{r}=R_{r}i_{ra}^{r}+\dfrac{d\psi_{ra}^{r}}{dt} \\ u_{rb}^{r}=R_{r}i_{rb}^{r}+\dfrac{d\psi_{rb}^{r}}{dt} \\ u_{rc}^{r}=R_{r}i_{rc}^{r}+\dfrac{d\psi_{rc}^{r}}{dt} \end{cases} \tag{2-107}$$

式中 上标“r”——转子坐标系中的变量；

R_r——转子每相绕组电阻；

ψ_{ra}^{r}、ψ_{rb}^{r}、ψ_{rc}^{r}——a 相、b 相、c 相转子绕组的全磁链。

同样，由式（2-107）可得转子坐标系下转子绕组的电压矢量方程为

$$\boldsymbol{u}_{r}^{r}=R_{r}\boldsymbol{i}_{r}^{r}+\frac{d\boldsymbol{\psi}_{r}^{r}}{dt} \tag{2-108}$$

将转子坐标系下的转子电压矢量方程经过频率归算到定子坐标系中，得

$$\boldsymbol{u}_{r}^{r}=\boldsymbol{u}_{r}e^{-j\theta_{r}} \tag{2-109}$$

$$\boldsymbol{i}_{r}^{r}=\boldsymbol{i}_{r}e^{-j\theta_{r}} \tag{2-110}$$

$$\boldsymbol{\psi}_{r}^{r}=\boldsymbol{\psi}_{r}e^{-j\theta_{r}} \tag{2-111}$$

可得定子坐标系下的转子电压矢量方程为

$$\boldsymbol{u}_{r}=R_{r}\boldsymbol{i}_{r}+\frac{d\boldsymbol{\psi}_{r}}{dt}-j\omega_{r}\boldsymbol{\psi}_{r} \tag{2-112}$$

式中 θ_r——定子绕组和转子绕组的夹角；

ω_r——转子旋转的电角速度。

三相定子绕组的磁链矢量方程为

$$\boldsymbol{\psi}_{s}=\sqrt{\frac{2}{3}}\left(\psi_{sa}+e^{j120^{\circ}}\psi_{sb}+e^{j240^{\circ}}\psi_{sc}\right) \tag{2-113}$$

同理，可得三相转子绕组的磁链矢量方程为

$$\boldsymbol{\psi}_{r}=\sqrt{\frac{2}{3}}\left(\psi_{ra}+e^{j120^{\circ}}\psi_{rb}+e^{j240^{\circ}}\psi_{rc}\right)e^{j\theta_{r}} \tag{2-114}$$

三相定子绕组和转子绕组的磁链都由自感磁链和互感磁链两部分组成。其中，自感磁链包括励磁磁链和漏磁链；互感磁链包括定子绕组间、转子绕组间以及定转子绕组间的磁链。因此三相 abc 坐标系下定子绕组、转子绕组各相全磁链的表达式为

$$\begin{pmatrix}\psi_{sa}\\ \psi_{sb}\\ \psi_{sc}\\ \psi_{ra}\\ \psi_{rb}\\ \psi_{rc}\end{pmatrix}=\begin{pmatrix}L_{A} & L_{AB} & L_{AC} & L_{Aa} & L_{Ab} & L_{Ac}\\ L_{BA} & L_{B} & L_{BC} & L_{Ba} & L_{Bb} & L_{Bc}\\ L_{CA} & L_{CB} & L_{C} & L_{Ca} & L_{Cb} & L_{Cc}\\ L_{aA} & L_{aB} & L_{aC} & L_{a} & L_{ab} & L_{ac}\\ L_{bA} & L_{bB} & L_{bC} & L_{ba} & L_{b} & L_{bc}\\ L_{cA} & L_{cB} & L_{cC} & L_{ca} & L_{cb} & L_{c}\end{pmatrix}\begin{pmatrix}i_{sa}\\ i_{sb}\\ i_{sc}\\ i_{ra}\\ i_{rb}\\ i_{rc}\end{pmatrix} \tag{2-115}$$

式中 $L_X(X=A、B、C)$——定子各相绕组自感；

$L_x(x=a、b、c)$——转子各相绕组自感；

$L_{XY}(X、Y=A、B、C)$——定子绕组间的互感；

$L_{xy}(x、y=a、b、c)$——转子绕组间的互感；

$L_{Xx}、L_{xX}$——定子绕组和转子绕组间的互感。

由于定子绕组和转子绕组的有效匝数相等，并且三相绕组气隙均匀、磁阻相同，所以定子各相绕组的励磁电感 L_{sm} 和转子各相绕组的励磁电感 L_{rm} 相等且为常数，即 $L_{sm}=L_{rm}=L_{mm}$。定转子的漏磁路径不同，漏磁磁阻不同，因此定子各相绕组漏磁电感 $L_{s\sigma}$ 和转子各相绕组漏磁电感 $L_{r\sigma}$ 不相同。但由于三相绕组的对称性，定子和转子的每相漏磁电感是相同的，即 $L_{\sigma A}=L_{\sigma B}=L_{\sigma C}=L_{s\sigma}$，$L_{\sigma a}=L_{\sigma b}=L_{\sigma c}=L_{r\sigma}$。因此，三相定子绕组自感 L_A、L_B、L_C 和三相转子绕组自感 L_a、L_b、L_c 可表示为

$$L_A=L_B=L_C=L_{sm}+L_{s\sigma}=L_{mm}+L_{s\sigma} \tag{2-116}$$

$$L_a=L_b=L_c=L_{rm}+L_{r\sigma}=L_{mm}+L_{r\sigma} \tag{2-117}$$

三相异步电动机气隙均匀、磁场正弦、绕组间相差120°对称分布，因此三相定子绕组之间的互感磁链 L_{AB}、L_{BC}、L_{AC} 相等且为常数；三相转子绕组之间的互感磁链 L_{ab}、L_{bc}、L_{ac} 也相等且为常数。

$$L_{AB}=L_{BA}=L_{BC}=L_{CB}=L_{AC}=L_{CA}=L_{mm}\cos120°=-\frac{1}{2}L_{mm} \tag{2-118}$$

$$L_{ab}=L_{ba}=L_{bc}=L_{cb}=L_{ac}=L_{ca}=L_{mm}\cos120°=-\frac{1}{2}L_{mm} \tag{2-119}$$

在仅考虑气隙磁场基波的情况下，实际中定子绕组和转子绕组之间的互感与绕组间的夹角 θ_r 有关，互感不再为常数。但将旋转的转子绕组折算到定子侧后，转子静止，此时的互感只和相绕组励磁电感 L_{mm} 有关。为方便计算，可取定子绕组轴线和转子绕组轴线方向一致，令 $\theta_r=0$，则

$$\begin{cases} L_{Aa}=L_{aA}=L_{Bb}=L_{bB}=L_{Cc}=L_{cC}=L_{mm}\cos\theta_r=L_{mm} \\ L_{Ab}=L_{bA}=L_{Bc}=L_{cB}=L_{Ca}=L_{aC}=L_{mm}\cos\left(\theta_r+\dfrac{2\pi}{3}\right)=-\dfrac{1}{2}L_{mm} \\ L_{Ac}=L_{cA}=L_{Ba}=L_{aB}=L_{Cb}=L_{bC}=L_{mm}\cos\left(\theta_r-\dfrac{2\pi}{3}\right)=-\dfrac{1}{2}L_{mm} \end{cases} \tag{2-120}$$

结合式（2-116）~式（2-120），可得三相异步电动机的磁链方程为

$$\begin{pmatrix} \boldsymbol{\psi}_s \\ \boldsymbol{\psi}_r \end{pmatrix}=\begin{pmatrix} \boldsymbol{L}_{SS} & \boldsymbol{L}_{SR} \\ \boldsymbol{L}_{RS} & \boldsymbol{L}_{RR} \end{pmatrix}\begin{pmatrix} \boldsymbol{i}_s \\ \boldsymbol{i}_r \end{pmatrix} \tag{2-121}$$

$$\boldsymbol{L}_{SS}=\begin{pmatrix} L_{mm}+L_{s\sigma} & -\dfrac{1}{2}L_{mm} & -\dfrac{1}{2}L_{mm} \\ -\dfrac{1}{2}L_{mm} & L_{mm}+L_{s\sigma} & -\dfrac{1}{2}L_{mm} \\ -\dfrac{1}{2}L_{mm} & -\dfrac{1}{2}L_{mm} & L_{mm}+L_{s\sigma} \end{pmatrix} \tag{2-122}$$

$$\boldsymbol{L}_{\mathrm{RR}}=\begin{pmatrix} L_{\mathrm{mm}}+L_{\mathrm{r}\sigma} & -\frac{1}{2}L_{\mathrm{mm}} & -\frac{1}{2}L_{\mathrm{mm}} \\ -\frac{1}{2}L_{\mathrm{mm}} & L_{\mathrm{mm}}+L_{\mathrm{r}\sigma} & -\frac{1}{2}L_{\mathrm{mm}} \\ -\frac{1}{2}L_{\mathrm{mm}} & -\frac{1}{2}L_{\mathrm{mm}} & L_{\mathrm{mm}}+L_{\mathrm{r}\sigma} \end{pmatrix} \tag{2-123}$$

$$\boldsymbol{L}_{\mathrm{SR}}=\boldsymbol{L}_{\mathrm{RS}}^{\mathrm{T}}=\boldsymbol{L}_{\mathrm{mm}}\begin{pmatrix} \cos\theta_{\mathrm{r}} & \cos\left(\theta_{\mathrm{r}}+\frac{2\pi}{3}\right) & \cos\left(\theta_{\mathrm{r}}-\frac{2\pi}{3}\right) \\ \cos\left(\theta_{\mathrm{r}}-\frac{2\pi}{3}\right) & \cos\theta_{\mathrm{r}} & \cos\left(\theta_{\mathrm{r}}+\frac{2\pi}{3}\right) \\ \cos\left(\theta_{\mathrm{r}}+\frac{2\pi}{3}\right) & \cos\left(\theta_{\mathrm{r}}-\frac{2\pi}{3}\right) & \cos\theta_{\mathrm{r}} \end{pmatrix}=\begin{pmatrix} L_{\mathrm{mm}} & -\frac{1}{2}L_{\mathrm{mm}} & -\frac{1}{2}L_{\mathrm{mm}} \\ -\frac{1}{2}L_{\mathrm{mm}} & L_{\mathrm{mm}} & -\frac{1}{2}L_{\mathrm{mm}} \\ -\frac{1}{2}L_{\mathrm{mm}} & -\frac{1}{2}L_{\mathrm{mm}} & L_{\mathrm{mm}} \end{pmatrix} \tag{2-124}$$

式中　$\boldsymbol{L}_{\mathrm{SS}}$——定子绕组间的自感、互感矩阵；

$\boldsymbol{L}_{\mathrm{RR}}$——转子绕组间的自感、互感矩阵；

$\boldsymbol{L}_{\mathrm{SR}}$、$\boldsymbol{L}_{\mathrm{RS}}$——定子和转子绕组间的互感矩阵。

异步电动机通常采用三相对称的丫联结，因此将 $i_{\mathrm{sa}}+i_{\mathrm{sb}}+i_{\mathrm{sc}}=0$ 和 $i_{\mathrm{ra}}+i_{\mathrm{rb}}+i_{\mathrm{rc}}=0$ 代入式（2-121）~式（2-124）可得 a 相定子磁链表达式为

$$\begin{aligned}\psi_{\mathrm{sa}}&=(L_{\mathrm{mm}}+L_{\mathrm{s}\sigma})i_{\mathrm{sa}}-\frac{1}{2}L_{\mathrm{mm}}i_{\mathrm{sb}}-\frac{1}{2}L_{\mathrm{mm}}i_{\mathrm{sc}}+L_{\mathrm{mm}}i_{\mathrm{ra}}-\frac{1}{2}L_{\mathrm{mm}}i_{\mathrm{rb}}-\frac{1}{2}L_{\mathrm{mm}}i_{\mathrm{rc}}\\&=\left(\frac{3}{2}L_{\mathrm{mm}}+L_{\mathrm{s}\sigma}\right)i_{\mathrm{sa}}+\frac{3}{2}L_{\mathrm{mm}}i_{\mathrm{ra}}\\&=L_{\mathrm{s}}i_{\mathrm{sa}}+L_{\mathrm{m}}i_{\mathrm{ra}}\end{aligned} \tag{2-125}$$

式中　L_{m}——定子绕组和转子绕组的等效励磁电感，且 $L_{\mathrm{m}}=\frac{3}{2}L_{\mathrm{mm}}$；

L_{s}——定子绕组的等效自感。

同理，利用 $i_{\mathrm{sa}}+i_{\mathrm{sb}}+i_{\mathrm{sc}}=0$ 和 $i_{\mathrm{ra}}+i_{\mathrm{rb}}+i_{\mathrm{rc}}=0$ 的关系，可得 a 相转子磁链的表达式为

$$\begin{aligned}\psi_{\mathrm{ra}}&=L_{\mathrm{mm}}i_{\mathrm{sa}}-\frac{1}{2}L_{\mathrm{mm}}i_{\mathrm{sb}}-\frac{1}{2}L_{\mathrm{mm}}i_{\mathrm{sc}}+(L_{\mathrm{mm}}+L_{\mathrm{r}\sigma})i_{\mathrm{ra}}-\frac{1}{2}L_{\mathrm{mm}}i_{\mathrm{rb}}-\frac{1}{2}L_{\mathrm{mm}}i_{\mathrm{rc}}\\&=\frac{3}{2}L_{\mathrm{mm}}i_{\mathrm{sa}}+\left(\frac{3}{2}L_{\mathrm{mm}}+L_{\mathrm{r}\sigma}\right)i_{\mathrm{ra}}\\&=L_{\mathrm{m}}i_{\mathrm{sa}}+L_{\mathrm{r}}i_{\mathrm{ra}}\end{aligned} \tag{2-126}$$

式中　L_{r}——转子绕组的等效自感。

因此，式（2-121）可以化简为

$$\begin{pmatrix}\psi_{\mathrm{sa}}\\ \psi_{\mathrm{sb}}\\ \psi_{\mathrm{sc}}\end{pmatrix}=L_{\mathrm{s}}\begin{pmatrix}i_{\mathrm{sa}}\\ i_{\mathrm{sb}}\\ i_{\mathrm{sc}}\end{pmatrix}+L_{\mathrm{m}}\begin{pmatrix}i_{\mathrm{ra}}\\ i_{\mathrm{rb}}\\ i_{\mathrm{rc}}\end{pmatrix} \tag{2-127}$$

$$\begin{pmatrix}\psi_{\mathrm{ra}}\\ \psi_{\mathrm{rb}}\\ \psi_{\mathrm{rc}}\end{pmatrix}=L_{\mathrm{m}}\begin{pmatrix}i_{\mathrm{sa}}\\ i_{\mathrm{sb}}\\ i_{\mathrm{sc}}\end{pmatrix}+L_{\mathrm{r}}\begin{pmatrix}i_{\mathrm{ra}}\\ i_{\mathrm{rb}}\\ i_{\mathrm{rc}}\end{pmatrix} \tag{2-128}$$

对式（2-127）和式（2-128）进一步处理，可得定子、转子磁链矢量方程为

$$\boldsymbol{\psi}_s = L_s \boldsymbol{i}_s + L_m \boldsymbol{i}_r \tag{2-129}$$

$$\boldsymbol{\psi}_r = L_m \boldsymbol{i}_s + L_r \boldsymbol{i}_r \tag{2-130}$$

三相 abc 坐标系下异步电动机电磁转矩的表达式为

$$T_e = n_p L_m \left[(i_A i_a + i_B i_b + i_C i_c) \sin\theta_r + (i_A i_b + i_B i_c + i_C i_a) \sin\left(\theta_r + \frac{2\pi}{3}\right) + (i_A i_c + i_B i_a + i_C i_b) \sin\left(\theta_r - \frac{2\pi}{3}\right) \right] \tag{2-131}$$

由上述数学模型可知，异步电动机是一个非线性、强耦合、高阶的多变量系统，在三相静止 abc 坐标系中难以实现磁场和转矩的解耦控制。为了减少控制变量、线性化数学模型、动态解耦磁场和转矩，考虑使用坐标变换的方法，分析两相旋转 dq 坐标系下异步电动机的数学模型。

2.7.2.2 任意速旋转 dq 坐标系下的动态数学模型

利用坐标变换，可以将三相 abc 坐标系下的矢量和任意速 dq 坐标系下的矢量进行相互转换。两者的变换关系为

$$\boldsymbol{\psi}_s = \boldsymbol{\psi}_{sdq} e^{j\theta_d} \tag{2-132}$$

$$\boldsymbol{\psi}_r = \boldsymbol{\psi}_{rdq} e^{j\theta_d} \tag{2-133}$$

$$\boldsymbol{u}_s = \boldsymbol{u}_{sdq} e^{j\theta_d} \tag{2-134}$$

$$\boldsymbol{u}_r = \boldsymbol{u}_{rdq} e^{j\theta_d} \tag{2-135}$$

$$\boldsymbol{i}_s = \boldsymbol{i}_{sdq} e^{j\theta_d} \tag{2-136}$$

$$\boldsymbol{i}_r = i_{rdq} e^{j\theta_d} \tag{2-137}$$

式中，下标“dq”表示 dq 坐标系中的变量。

利用上式的矢量变换，可以将 abc 坐标系下的定转子磁链方程和定转子电压方程转换到 dq 坐标系中表示为

$$\boldsymbol{\psi}_{sdq} = L_s \boldsymbol{i}_{sdq} + L_m \boldsymbol{i}_{rdq} \tag{2-138}$$

$$\boldsymbol{\psi}_{rdq} = L_m \boldsymbol{i}_{sdq} + L_r \boldsymbol{i}_{rdq} \tag{2-139}$$

$$\boldsymbol{u}_{sdq} = \boldsymbol{i}_{sdq} R_s + \frac{d\boldsymbol{\psi}_{sdq}}{dt} + j\omega_1 \boldsymbol{\psi}_{sdq} \tag{2-140}$$

$$\boldsymbol{u}_{rdq} = \boldsymbol{i}_{rdq} R_r + \frac{d\boldsymbol{\psi}_{rdq}}{dt} + j\omega_s \boldsymbol{\psi}_{rdq} \tag{2-141}$$

式中　ω_s——转差角速度，且 $\omega_s = \omega_1 - \omega_r = s\omega_1$。

$$\begin{bmatrix} u_{sd} \\ u_{sq} \\ u_{rd} \\ u_{rq} \end{bmatrix} = \begin{bmatrix} R_s + L_s p & -\omega_1 L_s & L_m p & -\omega_1 L_m \\ \omega_1 L_s & R_s + L_s p & \omega_1 L_m & L_m p \\ L_m p & -\omega_s L_m & R_r + L_r p & -\omega_s L_r \\ \omega_s L_m & L_m p & \omega_s L_r & R_r + L_r p \end{bmatrix} \begin{bmatrix} i_{sd} \\ i_{sq} \\ i_{rd} \\ i_{rq} \end{bmatrix} \tag{2-142}$$

另外，由于笼型异步电动机的转子短路，转子侧电压为 0，因此上式表示为

$$\begin{bmatrix} u_{sd} \\ u_{sq} \\ 0 \\ 0 \end{bmatrix} = \begin{bmatrix} R_s + L_s p & -\omega_1 L_s & L_m p & -\omega_1 L_m \\ \omega_1 L_s & R_s + L_s p & \omega_1 L_m & L_m p \\ L_m p & -\omega_s L_m & R_r + L_r p & -\omega_s L_r \\ \omega_s L_m & L_m p & \omega_s L_r & R_r + L_r p \end{bmatrix} \begin{bmatrix} i_{sd} \\ i_{sq} \\ i_{rd} \\ i_{rq} \end{bmatrix} \tag{2-143}$$

上式表明，定子和转子电压均由三部分构成：Ri 形式的电阻压降，Lp 形式的自感电动势，以及坐标旋转引起的 $\omega_1 L$ 或 $\omega_s L$ 形式的旋转电动势，其中只有旋转电动势才与电机电磁功率或电磁转矩有关。

2.8 异步电动机的矢量控制

异步电动机作为一个高阶、时变、非线性、强耦合的多变量系统，难以实时控制电机的电磁转矩和转速，因此很长一段时间内电机调速系统都被直流电机所主导。为提高异步电动机调速系统的动态性能和静态性能，F. Blaschke 于 1971 年提出了矢量控制技术，开启了异步电动机调速控制技术的新篇章。矢量控制（Vector Control，VC）也称为磁场定向控制（Field-Oriented Control，FOC），是将异步电动机通过坐标变换转换为同步旋转的直流电动机，将定子电流矢量分解成互相解耦的励磁电流标量和转矩电流标量，从而使异步电动机模拟直流电动机的工作方式对转矩和转速进行动态控制。目前，矢量控制的广泛应用已经使异步电动机系统的调速性能足以与直流电动机的调速系统相媲美。

2.8.1 异步电动机矢量变换控制的基本概念

任何一个电气传动系统在运行中都要服从基本的机电运动规律，这种机电运动规律可用转矩平衡方程式表示

$$T_e - T_L = J\frac{d\omega_r}{dt} \tag{2-144}$$

可以看出，整个系统动态性能的控制反映在转子角加速度 $d\omega_r/(dt)$ 的控制上，实质上是对系统动态转矩（$T_e - T_L$）的控制。当负载转矩 T_L 的变化规律已知时，通过对电机电磁转矩 T_e 的瞬时控制，可以实现对系统动态性能的瞬时控制。

前面所讨论的一些控制方式中，恒电压/频率比运行虽在低频时采用电压补偿的方法可使气隙磁通基本恒定，电机能作恒转矩运行，但由于频率开环，无法动态地控制电磁转矩。转差频率控制既可以控制磁通又可以控制转矩，但由于两者都与转差频率有关，无法实现磁通和转矩的单独（解耦）控制。此外，这些控制方式所控制的变量，如电压有效值、定子频率及转差频率等都是一些平均值，故是在平均值意义上进行的控制，而不是瞬时值控制，也就得不到快速的系统响应及良好的动态性能。

直流电动机的调速性能十分优越，可以分别调节励磁电流和电枢电流，使磁链和转矩的控制完全解耦。这是因为当不考虑磁路的饱和效应和电枢反应、电刷位于磁极的几何中心线时，无论电枢绕组如何旋转，电枢磁动势 F_a 的方向始终不变，并且垂直于励磁磁动势 F_f，如图 2-60 所示。通常将这种自身在旋转，同时又产生固定方向磁动势的绕组称为“伪静止绕组”（pseudo-stationary coil）。同时直流电动机中励磁绕组和电枢绕组相互独立、互不影响，因此可以通过分别控制励磁电流和电枢电流，实现

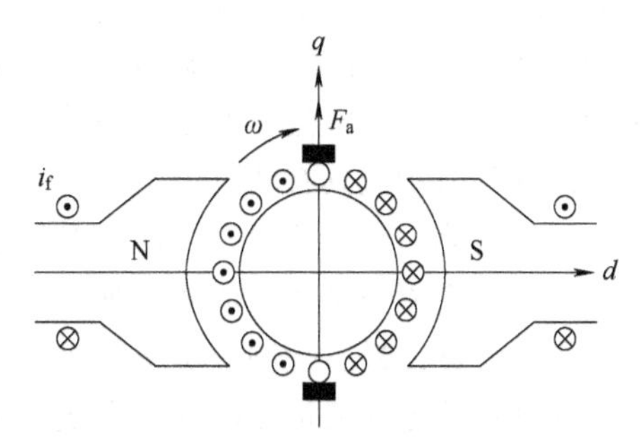

图 2-60　直流电动机励磁磁通 Φ 与电枢磁动势 F_a 的空间关系

对电磁转矩的解耦控制。此时直流电动机的电磁转矩最大，可以表示为

$$T_e = n_p \psi_f i_a \tag{2-145}$$

式中 n_p——电机的极对数；

ψ_f——励磁电流产生的励磁磁链；

i_a——电枢电流。

可以看出，当励磁磁通保持恒定时，电磁转矩 T_e 和电枢电流 i_a 成正比。也就是说，通过调节电枢电流 i_a 即可控制电磁转矩 T_e，进而实现对电机转速的快速控制。这就使得直流电动机成为一种操作简单、实现方便且性能优良的调速电动机。

相比于直流电动机，异步电动机的变量更多，并且气隙磁场和电流具有强烈的耦合关系。异步电动机电磁转矩的表达式为

$$T_e = n_p \boldsymbol{\psi} \boldsymbol{i}_r \cos\psi_r \tag{2-146}$$

式中 $\boldsymbol{i}_r$——转子电流；

$\cos\psi_r$——转子内功率因数；

$\boldsymbol{\psi}$——气隙磁链。

气隙磁链 $\boldsymbol{\psi}$ 由励磁电流 $\boldsymbol{i}_m$ 产生，励磁电流 $\boldsymbol{i}_m$ 由定子电流 $\boldsymbol{i}_s$ 和转子电流 $\boldsymbol{i}_r$ 构成，即 $\boldsymbol{i}_m = \boldsymbol{i}_s + \boldsymbol{i}_r$。

式（2-146）中转子电流 $\boldsymbol{i}_r$ 和转子内功率因数 $\cos\psi_r$ 的表达式如下：

$$\boldsymbol{i}_r = \frac{\boldsymbol{E}_r}{\sqrt{\left(\frac{R_r}{s}\right)^2 + (X_r)^2}} \tag{2-147}$$

$$\cos\psi_r = \frac{R_r/s}{\sqrt{\left(\frac{R_r}{s}\right)^2 + (X_r)^2}} \tag{2-148}$$

式中 $\boldsymbol{E}_r$、R_r、X_r——转子感应电动势、转子电阻及转子电抗。

可以看出，$\boldsymbol{i}_r$ 和 $\cos\psi_r$ 均是转差率 s 的函数。气隙磁链 $\boldsymbol{\psi}$ 是定子励磁磁链和转子励磁磁链的合成磁链，因此气隙磁链 $\boldsymbol{\psi}$ 也应是转差率 s 的函数。故异步电动机电磁转矩的三个分量，即气隙磁链 $\boldsymbol{\psi}$、转子电流 $\boldsymbol{i}_r$ 及转子功率因数 $\cos\psi_r$ 都与转差率 s 有关，都无法单独控制电磁转矩，三者存在复杂的耦合关系。动态过程中，这种复杂的耦合关系会使变量之间相互影响，进而使系统产生振荡，难以实时动态控制电磁转矩。同时，定子电流、转子电流是交变的时间矢量，气隙磁链是旋转的空间矢量，矢量的控制需要考虑大小和方向。而直流电动机的被控量是励磁电流 i_f 和电枢电流 i_a 这两个只需考虑大小和正负极性变化的标量。因此，为了使异步电动机具有和直流电动机一样理想的调速性能，需要将异步电动机的被控变量从交流矢量转化为直流标量，从而提升异步电动机对电磁转矩的动态控制性能。

为了将交流矢量变换成两个独立的直流标量来分别进行调节，以及将被调节后的直流量还原成交流量，最后控制异步电动机的运行状态，必须采用矢量的坐标变换及其逆变换，故这种控制系统称为矢量变换控制系统。矢量变换控制是在保证电机旋转磁场的大小、方向和转速不变的前提下，通过绕组等效变换（坐标变换）实现的。同时，由于并励直流电动机具有无最大转矩 T_m 限制的直线型机械特性，将异步电动机等效为直流电动机时，须采用异

步电动机的恒转子电动势/频率比（$E_r/f_1=C$）控制，以动态地保持转子磁场恒定，故坐标变换是以转子磁场的方向作为同步速 MT 坐标系中 M 轴的方向，使定子电流可以分解成沿转子磁场方向的励磁电流分量 i_{sM}和沿垂直方向的转矩电流分量 i_{sT}，所以也称为磁场定向控制，MT 坐标系也就可以称为磁场定向坐标系。

按照转子磁场定向，异步电动机在 M 轴的电流分量就等效于直流电动机的励磁电流，在 T 轴的电流分量就等效于直流电动机的电枢电流。采用基于转子磁场定向的矢量控制，参照直流电动机的数学模型，可得异步电动机电磁转矩的表达式为

$$T_e=n_p\boldsymbol{\psi}_r\times\boldsymbol{i}_r \tag{2-149}$$

当转子磁链 $\boldsymbol{\psi}_r$ 保持不变时，电磁转矩 T_e 和转子电流 $\boldsymbol{i}_r$ 成正比。并且由转子电流 $\boldsymbol{i}_r=sE_r/R_r$ 的表达式可知，电磁转矩 T_e 和转差率 s 成正比，此时交流异步电动机与直流电动机具有相同的线性机械特性，交流异步电动机具有理想的调速性能。那么如何保持转子磁链恒定呢？首先，定子电流矢量 $\boldsymbol{i}_s$ 通过坐标变换分解为沿转子磁场方向的励磁分量 i_{sM}和垂直于转子磁场方向的转矩分量 i_{sT}，然后定子电流励磁分量 i_{sM}用来建立转子磁场，通过控制 i_{sM}来保持转子磁链 $\boldsymbol{\psi}_r$ 不变。而当转子磁链固定时，转子电流 $\boldsymbol{i}_r$ 与定子电流转矩分量 i_{sT}成正比，即电磁转矩 T_e 与 i_{sT}成正比，定子电流转矩分量 i_{sT}用来产生电磁转矩 T_e。因此，通过坐标变换，定子电流励磁分量控制了转子磁链，定子电流转矩分量控制了电磁转矩，实现了磁场和转矩的完全解耦控制。

2.8.2 异步电动机矢量变换控制的矢量方程

异步电动机的矢量变换控制是以坐标变换和电机动态数学模型为基础，将一个矢量电流变换成两个易于控制的标量电流。将三相静止坐标系下的矢量方程经过 Clark 变换和 Park 变换，可以得到任意速旋转 dq 坐标系下的矢量方程，但 dq 坐标系在初始时刻的角度 θ_0 未固定。将 dq 坐标系以同步速 ω_1 旋转，此时的 dq 坐标系变为 MT 坐标系，如图 2-61 所示，M 轴始终与转子磁链矢量重合，MT 坐标系的初始角 θ_0 得以固定，实现了磁场定向。经磁场定向后的 M 轴定子电流励磁分量完全用于建立转子磁场，T 轴定子电流转矩分量完全用于产生电磁转矩。

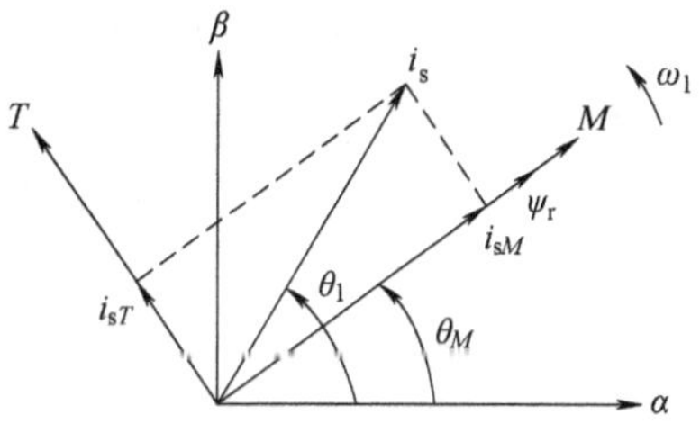

图 2-61 基于转子磁场定向的同步速旋转 MT 坐标系

由式（2-142）可得 dq 坐标系下异步电动机的空间矢量方程，为了进一步简化控制方式，任意速旋转 dq 坐标系变为 MT 坐标系，MT 坐标系采用转子磁场定向控制，其中 M 轴方向和转子磁链矢量方向一致。因此，转子磁链在 M 轴方向上的分量等于它本身，在 T 轴方向上的分量为零。转子磁链可表示为

$$\psi_{rM}=L_m i_{sM}+L_r i_{rM}=\psi_r \tag{2-150}$$

$$\psi_{rT}=L_m i_{sT}+L_r i_{rT}=0 \tag{2-151}$$

将 dq 坐标系下的电压矢量方程转化为 MT 坐标系下的电压矢量方程，式（2-143）改写为

$$\begin{bmatrix} u_{sM} \\ u_{sT} \\ 0 \\ 0 \end{bmatrix}=\begin{bmatrix} R_s+L_s p & -\omega_1 L_s & L_m p & -\omega_1 L_m \\ \omega_1 L_s & R_s+L_s p & \omega_1 L_m & L_m p \\ L_m p & -\omega_s L_m & R_r+L_r p & -\omega_s L_r \\ \omega_s L_m & L_m p & \omega_s L_r & R_r+L_r p \end{bmatrix}\begin{bmatrix} i_{sM} \\ i_{sT} \\ i_{rM} \\ i_{rT} \end{bmatrix} \tag{2-152}$$

将式（2-150）和式（2-151）代入式（2-152）中，此时异步电动机的电压方程式可简化为

$$\begin{bmatrix} u_{sM} \\ u_{sT} \\ 0 \\ 0 \end{bmatrix} = \begin{bmatrix} R_s+L_s p & -\omega_1 L_s & L_m p & -\omega_1 L_m \\ \omega_1 L_s & R_s+L_s p & \omega_1 L_m & L_m p \\ L_m p & 0 & R_r+L_r p & 0 \\ \omega_s L_m & 0 & \omega_s L_r & R_r \end{bmatrix} \begin{bmatrix} i_{sM} \\ i_{sT} \\ i_{rM} \\ i_{rT} \end{bmatrix} \tag{2-153}$$

这就是矢量变换控制所依据的异步电动机数学模型。

由式（2-153）的第三、四行可得

$$\left.\begin{aligned} p(L_m i_{sM}+L_r i_{rM})+R_r i_{rM}=0 \\ p\psi_{rM}+R_r i_{rM}=0 \end{aligned}\right\} \tag{2-154}$$

$$\left.\begin{aligned} \omega_s(L_m i_{sM}+L_r i_{rM})+R_r i_{rT}=0 \\ \omega_s\psi_{rM}+R_r i_{rT}=0 \end{aligned}\right\} \tag{2-155}$$

因为只有旋转电动势才与电机的电磁功率相关，所以电磁功率可表示为旋转电动势与其相应电流的乘积，假设转子磁链幅值不变，根据式（2-153）的前两行可得电磁功率表达式为

$$\begin{aligned} P_e &= \frac{3}{2}(u_{sM}i_{sM}+u_{sT}i_{sT}) \\ &= \frac{3}{2}[(-\omega_1 L_s i_{sT}-\omega_1 L_m i_{rT})i_{sM}+(\omega_1 L_s i_{sM}+\omega_1 L_m i_{rM})i_{sT}] \\ &= \frac{3}{2}\omega_1 L_m(i_{sT}i_{rM}-i_{sM}i_{rT}) \end{aligned} \tag{2-156}$$

由于 MT 坐标系采用了转子磁场定向，因此转子磁链幅值不变化，即 $p\psi_{rM}=p\psi_r=0$。根据式（2-154），可以推出电机稳态运行时转子电流的励磁分量为零，即 $i_{rM}=0$。因此，电磁功率可以表示为

$$P_e=-\frac{3}{2}\omega_1 L_m i_{sM}i_{rT} \tag{2-157}$$

根据式（2-151），可以得到转子电流转矩分量的表达式为

$$i_{rT}=-\frac{L_m}{L_r}i_{sT} \tag{2-158}$$

代入式（2-151）中，得到电磁功率表达式为

$$P_e=\frac{3}{2}\omega_1\frac{L_m^2}{L_r}i_{sM}i_{sT} \tag{2-159}$$

将式（2-150）和 $i_{rM}=0$ 代入式（2-159）中，可以得到定子电流励磁分量的表达式为

$$i_{sM}=\frac{\psi_{rM}}{L_m} \tag{2-160}$$

将式（2-160）代入式（2-159）中，进一步改写电磁功率表达式为

$$P_e=\frac{3}{2}\omega_1\frac{L_m}{L_r}\psi_{rM}i_{sT} \tag{2-161}$$

最终得到异步电动机的电磁转矩方程为

$$T_e=\frac{P_e}{\omega_1/n_p}=\frac{3}{2}n_p\frac{L_m}{L_r}\psi_{rM}i_{sT} \tag{2-162}$$

由式（2-162）可以看出，基于转子磁场定向控制的异步电动机转矩表达式与式（2-145）直流电动机转矩表达式一致，磁路和转矩实现了解耦控制。当转子磁链幅值 ψ_{rM} 保持不变时，通过调节定子电流的转矩分量 i_{sT} 即可控制电磁转矩 T_e。下面介绍影响转子磁链幅值 ψ_{rM} 和定子电流转矩分量 i_{sT} 的因素。

根据式（2-155），转差角速度可以表示为

$$\omega_s=\omega_1-\omega_r=-\frac{R_r i_{rT}}{\psi_{rM}} \tag{2-163}$$

将式（2-158）代入式（2-163）中，可得

$$i_{sT}=\frac{\omega_s\psi_{rM}T_r}{L_m} \tag{2-164}$$

式中　T_r——转子时间常数，$T_r=L_r/R_r$。

此外根据式（2-154），可得

$$i_{rM}=-\frac{p\psi_{rM}}{R_r} \tag{2-165}$$

将式（2-165）代入式（2-150），可得

$$\psi_{rM}=\frac{L_m}{1+T_r p}i_{sM} \tag{2-166}$$

由式（2-166）可知，转子磁链幅值 ψ_{rM} 与定子电流的励磁分量 i_{sM} 间的关系为一阶惯性环节，且转子磁链幅值只和定子电流的励磁分量有关，和转矩分量无关，实现了磁链和转矩的解耦控制。由于转子时间常数 T_r 较大，定子电流的励磁分量 i_{sM} 改变时，转子磁链幅值 ψ_r 的变化会有时间延迟。因此通常先控制 i_{sM} 使 ψ_r 恒定不变，再通过控制 i_{sT} 实现对电磁转矩的实时动态控制，这样便可实现磁场和转矩的完全解耦。

2.8.3　异步电动机矢量变换控制系统

2.8.3.1　转子磁场定向技术

矢量控制的关键在于定子电流的励磁分量 i_{sM} 和转矩分量 i_{sT} 是否完全解耦，而励磁分量 i_{sM} 的方向取决于转子磁场的方向。因此，自矢量控制被提出以来，便有众多学者对转子磁场定向的方法进行研究。目前基本的磁场定向技术按照是否进行转子磁链 $\boldsymbol{\psi}_r$ 的反馈闭环，分为磁通检测式磁场定向技术和转差频率控制式磁场定向技术。磁通检测式位于转子磁链闭环系统的反馈环节，转差频率控制式位于转子磁链开环系统的前馈环节。磁通检测式和转差频率控制式各有利弊，在其基础上衍生的控制策略也越来越多。

1. 磁通检测式磁场定向技术

磁通检测式磁场定向技术是将测量或计算的转子磁链反馈到系统输入端，以确保转子磁链 $\boldsymbol{\psi}_r$ 的幅值和空间角度与给定值一致。因此磁通检测式磁场定向技术分为直接检测式和间接检测式，直接检测式是利用安装在电机内部的磁通传感器测得气隙磁链，将气隙磁链与转子漏磁链相加，便可直接得到转子磁链。直接检测式简单、易于操作，观测到的空间角度可

令磁场实现定向，观测到的磁链幅值可对磁链进行控制。但转子磁链矢量会受观测器精度、异步电动机齿槽等多种因素的影响，使得检测信号产生脉动，因此实际情况下很少应用直接检测的方式。间接检测式是利用定子电压、定子电流和电机转速等易于测量的物理量，通过异步电动机的数学模型，间接计算得到转子磁链的幅值和角度。利用不同的物理量可得到不同的转子磁链观测器，因此间接检测式又分为电压模型磁链观测器和电流模型磁链观测器。直接检测式磁场定向技术较为简单，此处不做详细介绍，下面主要阐述间接检测式磁场定向技术中的两种检测原理。

（1）间接检测式电压模型转子磁链观测器

间接检测式磁场定向的电压模型由定子电压和定子电流组成，通过对两者进行积分运算，可以计算出 $\alpha\beta$ 坐标系下的转子磁链矢量。

定子绕组的电压矢量方程为

$$\boldsymbol{u}_{\mathrm{s}}=R_{\mathrm{s}}\boldsymbol{i}_{\mathrm{s}}+\frac{\mathrm{d}\boldsymbol{\psi}_{\mathrm{s}}}{\mathrm{d}t}=R_{\mathrm{s}}\boldsymbol{i}_{\mathrm{s}}+L_{\mathrm{s}}\frac{\mathrm{d}\boldsymbol{i}_{\mathrm{s}}}{\mathrm{d}t}+L_{\mathrm{m}}\frac{\mathrm{d}\boldsymbol{i}_{\mathrm{r}}}{\mathrm{d}t} \tag{2-167}$$

根据转子磁链矢量方程 $\boldsymbol{\psi}_{\mathrm{r}}=L_{\mathrm{m}}\boldsymbol{i}_{\mathrm{s}}+L_{\mathrm{r}}\boldsymbol{i}_{\mathrm{r}}$，可得

$$\boldsymbol{u}_{\mathrm{s}}=R_{\mathrm{s}}\boldsymbol{i}_{\mathrm{s}}+\sigma L_{\mathrm{s}}\frac{\mathrm{d}\boldsymbol{i}_{\mathrm{s}}}{\mathrm{d}t}+\frac{L_{\mathrm{m}}}{L_{\mathrm{r}}}\frac{\mathrm{d}\boldsymbol{\psi}_{\mathrm{r}}}{\mathrm{d}t} \tag{2-168}$$

式中　σ——漏磁系数，且 $\sigma=1-L_{\mathrm{m}}^{2}/(L_{\mathrm{s}}L_{\mathrm{r}})$。

转子磁链在 $\alpha\beta$ 坐标系下的表达式为

$$\begin{cases}\psi_{\mathrm{r}\alpha}=\dfrac{L_{\mathrm{r}}}{L_{\mathrm{m}}p}[u_{\mathrm{s}\alpha}-(R_{\mathrm{s}}+\sigma L_{\mathrm{s}}p)i_{\mathrm{s}\alpha}]\\ \psi_{\mathrm{r}\beta}=\dfrac{L_{\mathrm{r}}}{L_{\mathrm{m}}p}[u_{\mathrm{s}\beta}-(R_{\mathrm{s}}+\sigma L_{\mathrm{s}}p)i_{\mathrm{s}\beta}]\end{cases} \tag{2-169}$$

基于电压模型的转子磁链观测器如图 2-62 所示，由此可得转子磁链矢量的幅值和角度为

$$\begin{cases}\psi_{\mathrm{r}}=\sqrt{\psi_{\mathrm{r}\alpha}^{2}+\psi_{\mathrm{r}\beta}^{2}}\\ \theta_{M}=\arctan\left(\dfrac{\psi_{\mathrm{r}\beta}}{\psi_{\mathrm{r}\alpha}}\right)\end{cases} \tag{2-170}$$

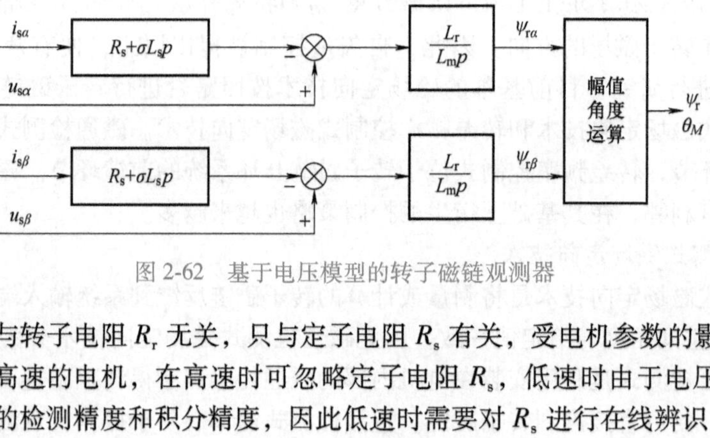

图 2-62　基于电压模型的转子磁链观测器

电压模型法与转子电阻 R_{r} 无关，只与定子电阻 R_{s} 有关，受电机参数的影响较小。电压模型法适应于中高速的电机，在高速时可忽略定子电阻 R_{s}，低速时由于电压信号很小，忽略 R_{s} 会影响 $\boldsymbol{\psi}_{\mathrm{r}}$ 的检测精度和积分精度，因此低速时需要对 R_{s} 进行在线辨识。

（2）间接检测式电流模型转子磁链观测器

电机低速时，可采用电流模型来观测转子磁链矢量，电流模型由定子电流和电机转速组成，通过对转子电压方程和磁链方程进行组合，可以计算出 $\alpha\beta$ 坐标系下的转子磁链矢量。

笼型转子绕组的电压方程为

$$R_r\boldsymbol{i}_r+\frac{d\boldsymbol{\psi}_r}{dt}-j\omega_r\boldsymbol{\psi}_r=0 \tag{2-171}$$

根据转子磁链矢量方程 $\boldsymbol{\psi}_r=L_m\boldsymbol{i}_s+L_r\boldsymbol{i}_r$，可得

$$T_r\frac{d\boldsymbol{\psi}_r}{dt}+\boldsymbol{\psi}_r=L_m\boldsymbol{i}_s+j\omega_rT_r\boldsymbol{\psi}_r \tag{2-172}$$

转子磁链在 $\alpha\beta$ 坐标系下的表达式为

$$\begin{cases}\psi_{r\alpha}=\dfrac{1}{T_rp+1}[L_mi_{s\alpha}-\omega_rT_r\psi_{r\beta}]\\ \psi_{r\beta}=\dfrac{1}{T_rp+1}[L_mi_{s\beta}+\omega_rT_r\psi_{r\alpha}]\end{cases} \tag{2-173}$$

基于电流模型的转子磁链观测器如图 2-63 所示，由此可得转子磁链矢量的幅值和角度分别为

$$\begin{cases}\psi_r=\sqrt{\psi_{r\alpha}^2+\psi_{r\beta}^2}\\ \theta_M=\arctan\left(\dfrac{\psi_{r\beta}}{\psi_{r\alpha}}\right)\end{cases} \tag{2-174}$$

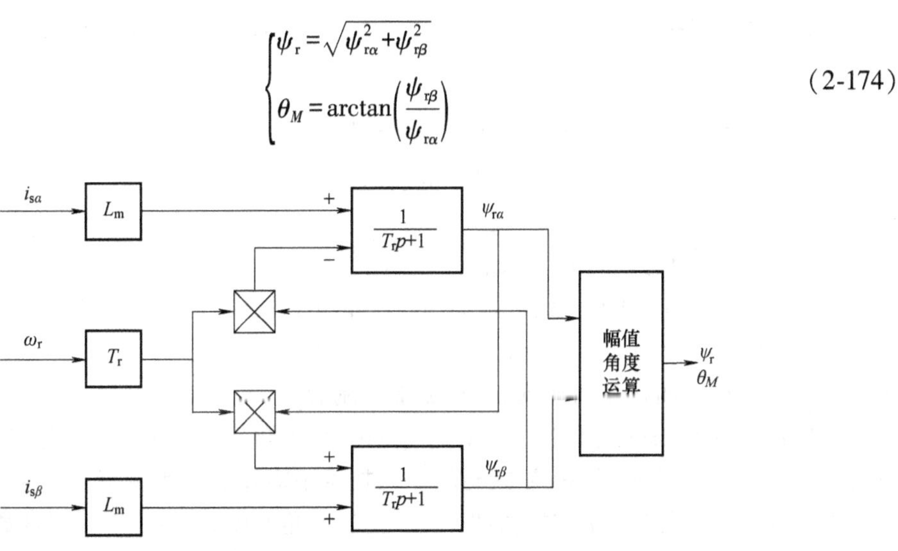

图 2-63　$\alpha\beta$ 坐标系下基于电流模型的转子磁链观测器

基于电流模型的转子磁链观测器也可表示在同步旋转 MT 坐标系上，如图 2-64 所示。利用坐标变换，得到定子电流的励磁分量 i_{sM} 和转矩分量 i_{sT}。根据式（2-166）可得转子磁链幅值的表达式 $\psi_{rM}=L_mi_{sM}/(1+T_rp)$，完成转子磁链幅值的观测。将式（2-166）代入式（2-164），可以求得转差角速度的表达式为

$$\omega_s=\frac{1+T_rp}{T_r}\cdot\frac{i_{sT}}{i_{sM}} \tag{2-175}$$

将转差角速度 ω_s 与电机实测角速度 ω_r 相加，得到同步旋转角速度 ω_1，ω_1 经过积分运算，得到转子磁链矢量的空间角度 θ_M，完成转子磁链角度的观测。

与电压模型相比，电流模型虽然不受积分初始值和累积误差的影响，但转子磁链 $\boldsymbol{\psi}_r$ 与转子时间常数 T_r 有关，T_r 发生畸变，会影响转子磁链 $\boldsymbol{\psi}_r$ 观测的准确性，使电机运行异常。

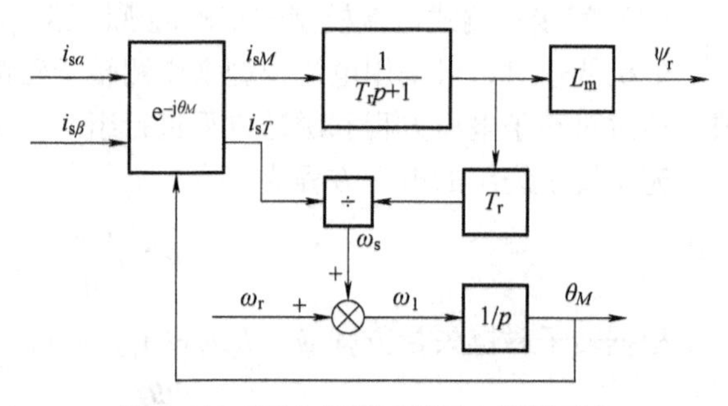

图 2-64　*MT* 坐标系下基于电流模型的转子磁链观测器

间接检测式磁场定向的电压模型和电流模型分别适应于不同的场合，因此可以采用两种模型结合的混合模型，电机低速运行时采用电流模型，中高速运行时采用电压模型，两者之间需保持平滑稳定地过渡。磁链观测位于闭环系统的反馈环节，可有效提高电机的动态性能，使得转子磁链对电机参数变化的敏感性相对降低。但磁通检测式磁场定向技术所需要的观测器较多，不论是直接检测法还是间接检测法，系统的检测量都比较大，检测费用都比较昂贵。

2. 转差频率控制式磁场定向技术

转差频率控制式磁场定向技术是利用转差频率的积分得到转子磁链定向角，而非利用磁链模型。定转子磁链空间坐标系的位置关系如图 2-65 所示，转子磁链的旋转角速度由转差频率角速度和转子绕组的旋转角速度组成，即 $\omega_1=\omega_s+\omega_r$，对其积分可得转子磁链矢量的角度方程为

$$\theta_M=\theta_s+\theta_r=\int(\omega_s+\omega_r)\mathrm{d}t \tag{2-176}$$

其中，根据式（2-175），转差频率的表达式为

$$\omega_s=\frac{L_m i_{sT}^*}{T_r\psi_r^*}=\frac{T_r p+1}{T_r}\cdot\frac{i_{sT}}{i_{sM}} \tag{2-177}$$

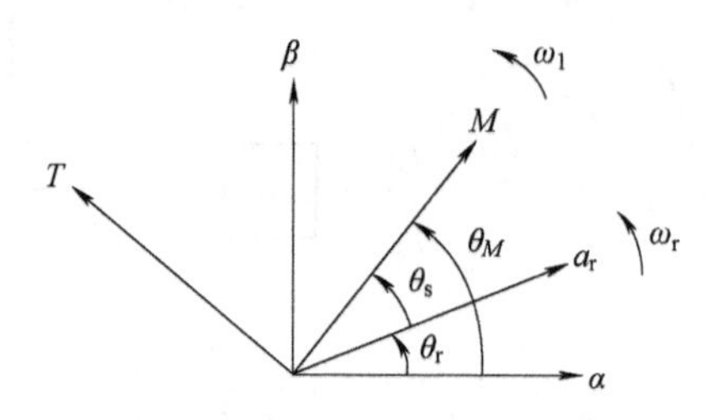

图 2-65　定转子磁链空间坐标系位置关系

根据式（2-176）和式（2-175）可知，当转子绕组的电角速度已知时，转子磁链角度 θ_M 仅取决于转差角速度 ω_s，而转差角速度 ω_s 与定子电流的励磁分量 i_{sM}和转矩分量 i_{sT}有关。又由式（2-166）可知，转子磁链幅值与定子电流的励磁分量 i_{sM}有关。可见，转差频率控制式磁场定向技术不需要磁链观测器，仅通过转差频率的计算，便可得到转子磁链矢量的幅值和方向。但转差角速度 ω_s 与转子时间常数 T_r 有关，系统受转子参数影响较大，这也是转差频率控制式磁场定向技术的缺陷之一。并且电机的磁饱和情况会使电感产生变化，电机运行时周围环境温度的改变会使电阻发生变化，电阻误差甚至可以超过 50%。电机参数的不匹配会使转子磁链观测产生误差，导致 *MT* 坐标系的励磁分量和转矩分量无法完全解耦，影响电机的动态运行性能。为提高转差频率控制式的鲁棒性，可采用参数辨识和自适应控制技术。

2.8.3.2　矢量控制系统

三相异步电动机可以采用电压源逆变器馈电，也可以采用电流可控电压源逆变器馈电。电压源逆变器馈电一般应用于大容量伺服驱动系统，其容量可达几百千瓦。电压源逆变器是利用定子电压方程，通过对定子电压的控制，间接实现对定子电流的控制，因此定子电流的闭环控制速度较慢，逆变器的开关频率较低。电流可控电压源逆变器的开关频率较高，这是

因为逆变器采用电流滞环跟踪控制，可快速实现电流闭环控制。磁通检测式磁场定向技术和转差频率控制式磁场定向技术都可为电压源逆变器和电流可控电压源逆变器提供控制信号，为避免内容重复，下面仅介绍两种矢量控制系统：应用磁通检测式磁场定向技术的电压源逆变器矢量控制系统，应用转差频率控制式磁场定向技术的电流可控电压源逆变器矢量控制系统。

1. 电压源逆变器馈电的磁通检测式矢量控制系统

图 2-66 为应用磁通检测式磁场定向技术的电压源逆变器矢量控制系统框图。该系统包括电机转速、转子磁链以及定子电流的闭环控制，并且使用转子磁链观测器计算转子磁链的幅值和空间角度。其中，电压模型磁场定向技术和电流模型磁场定向技术都可应用于电压源逆变器，为避免内容重复，该系统的转子磁链观测环节选用图 2-64 的 *MT* 坐标系下电流模型磁链观测器。

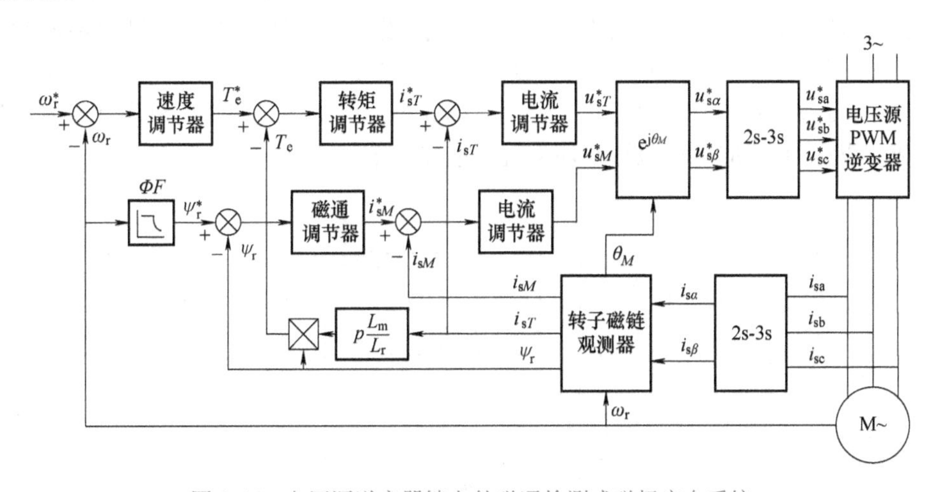

图 2-66 电压源逆变器馈电的磁通检测式磁场定向系统

如图 2-66 所示，转速、转矩闭环子系统包括转速调节器、转矩调节器以及转矩电流分量调节器。控制系统中电机转速给定值 ω_r^* 与实测值 ω_r 相比较，差值信号输入速度调节器形成闭环控制，其输出为电磁转矩给定值 T_e^*。根据公式 $T_e = 3pL_m\psi_r i_{sT}/L_r$，可由实际转子磁链 $\boldsymbol{\psi}_r$ 和转矩电流 i_{sT}得到电磁转矩实际值 T_e。将 T_e^* 和 T_e 的差值输入转矩调节器，输出定子电流转矩分量给定值 i_{sT}^*。由于采用电压源逆变器馈电，系统的控制对象为定子电压，因此 i_{sT}^* 经过电流调节器输出定子电压转矩分量给定值 u_{sT}^*。

磁链闭环子系统包括函数发生器 *ΦF*、磁通调节器以及励磁电流分量调节器。电机转速实测值 ω_r 经过函数发生器 *ΦF* 输出转子磁链给定值 ψ_r^*，当 $\omega_r \leqslant \omega_n$（基速）时，电机恒转矩运行，输出的 ψ_r^* 为额定值；当 $\omega_r \geqslant \omega_n$（基速）时，电机恒功率运行，输出的 ψ_r^* 随转速的增大而减小，此时为弱磁控制。三相定子电流实测值经过 Clark 逆变换，得到 $\alpha\beta$ 坐标系下的电流分量 $i_{s\alpha}$、$i_{s\beta}$，将 $i_{s\alpha}$、$i_{s\beta}$和电机转速实测值 ω_r 输入转子磁链观测器中，输出转子磁链的实际值 ψ_r。转子磁链给定值 ψ_r^* 与实际值 ψ_r 相比较，差值信号输入磁通调节器，输出的定子电流励磁分量给定值 i_{sM}^*与 i_{sM}的差值输入电流调节器，最终输出定子电压励磁分量给定值 u_{sM}^*。为方便控制，将 u_{sM}^*和 u_{sT}^*经过坐标变换从 *MT* 坐标系变换到 $\alpha\beta$ 坐标系，坐标变换

的角度 θ_M 由磁链反馈环节的转子磁链观测器得到。$u_{s\alpha}^*$和 $u_{s\beta}^*$再经过 Clark 逆变换，输出三相定子电压给定值 u_{sa}^*、u_{sb}^*、u_{sc}^*，最终控制电压源逆变器的开关状态。

磁通检测式磁场定向系统包含多个闭环控制，其中转速闭环和磁链闭环存在耦合，因此在转速闭环子系统中设计转矩闭环，抑制耦合项产生的扰动。电机运行时转子磁链 $\boldsymbol{\psi}_r$ 的波动会对转速产生干扰，而 $\boldsymbol{\psi}_r$ 正是作用在转矩闭环的前向通道，因此通过转矩 T_e 的闭环控制可使转速的抗干扰性增强，转速和磁链近似解耦。

2. 电流可控电压源逆变器馈电的转差频率控制式矢量控制系统

图 2-67 为应用转差频率控制式磁场定向技术的电流可控电压源逆变器矢量控制系统框图。系统采用了电流可控电压源逆变器，利用电流滞环跟踪控制，使实际电流快速跟踪给定电流，提高了动态性能。与电压源逆变器馈电的磁场定向系统相比，电流可控电压源逆变器型省去了电流转换电压的过程，因此模型更加简单，响应速度更快。此系统包括电机转速和定子电流的闭环控制，并且使用转差频率磁场定向模型计算转子磁链矢量的幅值和空间角度。其中，转子磁链空间角度 θ_M 的求解过程与前面提到的 MT 坐标系下磁通检测式电流模型法都是利用转差频率，但不同之处是磁通检测式电流模型法应用在磁链闭环系统的反馈环节，而转差频率控制式应用在磁链开环系统的前馈环节。

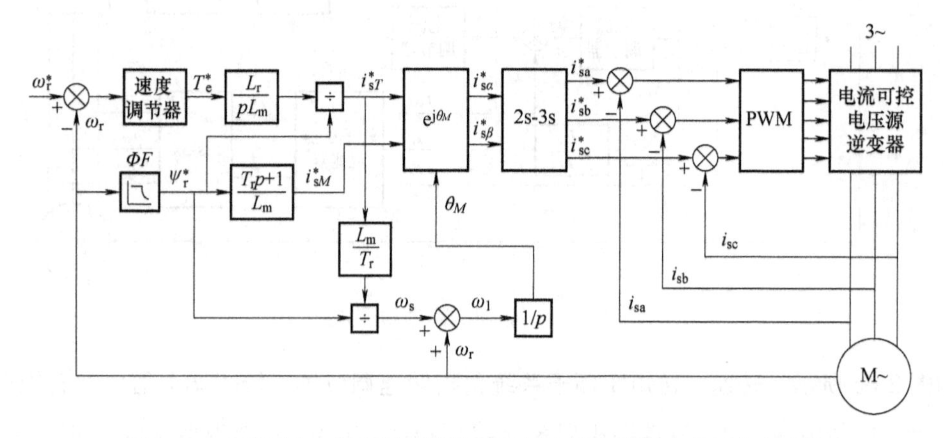

图 2-67　电流可控电压源逆变器馈电的转差频率控制式磁场定向系统

如图 2-67 所示，系统并没有对转子磁链幅值进行控制，仅通过转差频率对转子磁链定向角 θ_M 进行估计，实现了对 $\boldsymbol{\psi}_r$ 的转差频率控制式磁场定向控制。与磁通检测式磁场定向系统相比，转差频率控制式磁场定向系统要简单得多，转速闭环子系统只包括转速调节器。控制系统中电机转速给定值 ω_r^* 与实测值 ω_r 相比较，差值信号输入速度调节器形成闭环控制，其输出为电磁转矩给定值 T_e^*。根据公式 $T_e^*=3pL_m\psi_r^*i_{sT}^*/L_r$，可得到与 T_e^* 成正比的定子电流转矩分量给定值 i_{sT}^*。电机转速实测值 ω_r 经过函数发生器 ΦF 输出转子磁链给定值 ψ_r^*，根据电流方程 $i_{sM}^*=\psi_r^*(pT_r+1)/L_m$，得到定子电流励磁分量给定值 i_{sM}^*。

根据公式 $\omega_s^*=L_mi_{sT}^*/(T_r\psi_r^*)$ 得到转差角速度，转差角速度给定值 ω_s^* 与电机实测转速 ω_r 的和 ω_1 为同步旋转角速度，ω_1 积分后便在电机转速闭环系统的前向通道得到转子磁链空间角度 θ_M。利用得到的 θ_M 将 MT 坐标系下的定子电流给定值 i_{sM}^*、i_{sT}^*转化到 $\alpha\beta$ 坐标系下，实现了磁场定向控制。再将 $i_{s\alpha}^*$、$i_{s\beta}^*$经过 Clark 逆变换得到三相定子电流给定值 i_{sa}^*、i_{sb}^*、i_{sc}^*，利用滞环比较器，实际电流可以快速跟踪给定电流，最终输出电流可控电压源逆变器的控制信号。

由于电流环的高增益性，三相定子电流实测值 i_{sa}、i_{sb}、i_{sc} 能快速跟踪其给定值 i_{sa}^*、i_{sb}^*、i_{sc}^*，提高了系统的动态响应能力。但由于电流可控电压源逆变器采用滞环控制，因此定子电流跟踪性能的精确度受到滞环宽度影响：滞环宽度较宽时，逆变器开关频率较低，电流的跟踪误差较大；滞环宽度较窄时，逆变器开关频率较高，逆变器的开关损耗较大，因此实际应用时需要选取合适的滞环宽度。并且使用转差频率控制技术求解磁场定向角 θ_M 时，电机的数学模型易受参数变换的干扰，例如温度引起的电阻变化会使转差频率的估计不准确。为解决转差频率磁场定向技术的鲁棒性问题，近年来也有较多学者尝试了参数辨识、自适应控制及智能控制等多方向的研究，并且取得了一定的成果。

2.9 异步电动机的直接转矩控制

直接转矩控制是继矢量控制之后发展的一种高性能交流调速技术。矢量控制利用坐标变换和转子磁场定向，将定子电流分解成互相解耦的励磁分量和转矩分量进行控制，使交流电动机具有和直流电动机可媲美的调速性能。但矢量控制存在难以准确观测转子磁链、观测精度受电机参数影响等问题，电机难以达到理想的运行性能。基于此，德国学者 M. Depenbrock 于 1985 年提出了直接自控制（Direct Self Control，DSC），建立了六边形定子磁链轨迹的 DSC 系统；随后日本学者 I. Takahashi 也提出了类似而又不尽相同的控制方案，即直接转矩控制（Direct Torque Control，DTC），建立了圆形定子磁链轨迹的 DTC 系统。DSC 系统和 DTC 系统都属于直接转矩控制的范围，但是两者磁链控制方式不同，且适用的电机场合不同。直接转矩控制将电机与逆变器作为一个整体来考虑，采用电压空间矢量对定子三相电压作综合描述、统一处理，在定子坐标系内直接控制定子磁链和电磁转矩，无需进行定子电流解耦所需的旋转坐标变换和电流的 PI 调节，控制过程简单、直接。作为与矢量控制并列的控制策略，直接转矩控制以其思想新颖、控制结构简单、控制性能优良等优点，在电机调速系统中得到了迅速的发展。

2.9.1 异步电动机直接转矩控制的基本原理

有效调节异步电动机转速的关键在于电磁转矩的实时动态控制，电磁转矩可表示为定子磁链和定子电流的矢量积。

$$T_e = n_p \boldsymbol{\psi}_s \times \boldsymbol{i}_s \tag{2-178}$$

定子磁链 $\boldsymbol{\psi}_s$ 和转子磁链 $\boldsymbol{\psi}_r$ 的表达式分别为

$$\boldsymbol{\psi}_s = L_s \boldsymbol{i}_s + L_m \boldsymbol{i}_r \tag{2-179}$$

$$\boldsymbol{\psi}_r = L_m \boldsymbol{i}_s + L_r \boldsymbol{i}_r \tag{2-180}$$

将式（2-179）和式（2-180）中的定子电流 $\boldsymbol{i}_s$ 用定子磁链 $\boldsymbol{\psi}_s$ 表示，$\boldsymbol{i}_r = (\psi_s L_r - \psi_r L_m)/(L_s' L_r)$ 并将其代入式（2-178）中，可得电磁转矩表达式为

$$T_e = n_p \frac{L_m}{L_s' L_r} \boldsymbol{\psi}_r \times \boldsymbol{\psi}_s = n_p \frac{L_m}{L_s' L_r} |\boldsymbol{\psi}_s| \, |\boldsymbol{\psi}_r| \sin\theta_{sr} \tag{2-181}$$

式中 L_s'——定子瞬态电感，且 $L_s' = \sigma L_s = L_s - L_m{}^2/L_r$；

θ_{sr}——定子磁链和转子磁链矢量之间的夹角。

由式（2-181）可知，电磁转矩与定子磁链、转子磁链以及负载角有关。转子时间常数 T_r 较大，因此在足够短暂的时间内，可以认为转子磁链 $\boldsymbol{\psi}_r$ 是静止的，而定子磁链 $\boldsymbol{\psi}_s$ 在做相对运动。为充分利用铁心，定子磁链幅值恒定时，只需要控制 $\boldsymbol{\psi}_s$ 和 $\boldsymbol{\psi}_r$ 之间负载角 θ_{sr} 的大小，便可快速调节电磁转矩的大小，这便是直接转矩控制的基本思想。

2.9.2 异步电动机直接转矩控制的理论基础

2.9.2.1 定子磁链矢量与定子电压矢量关系

定子磁链矢量的幅值和旋转速度都会影响电磁转矩的大小，因此需要进一步分析定子磁链矢量的轨迹变化情况。在三相异步电动机中，定子磁链矢量的表达式为

$$\boldsymbol{\psi}_s=\int(\boldsymbol{u}_s-R_s\boldsymbol{i}_s)\,\mathrm{d}t \tag{2-182}$$

当电机运行频率不太低时，可以忽略定子电阻的影响，式（2-182）表示为

$$\Delta\boldsymbol{\psi}_s=\boldsymbol{u}_s\Delta t \tag{2-183}$$

如图 2-68 所示，定子磁链矢量 $\boldsymbol{\psi}_s$ 矢端的运动方向与当前时刻所施加的定子电压矢量 $\boldsymbol{u}_s$ 的方向一致。并且，定子磁链变化量 $\Delta\psi_s$ 的大小与电压矢量的作用时间 Δt 成正比。

式（2-182）表示了定子磁链和定子电压的关系，而电压矢量与逆变器的开关状态是一一对应的。根据逆变器开关状态的不同，电压矢量可分为六种有效工作电压（$\boldsymbol{u}_1\sim\boldsymbol{u}_6$）和两种零电压（$\boldsymbol{u}_0$、$\boldsymbol{u}_7$）。对异步电动机施加电压矢量时，定子磁链的幅值和角度会在有效工作电压的作用下发生变化，零电压的作用下静止不变，因此采用有效工作电压和零电压共同作用，可改变定子磁链 $\boldsymbol{\psi}_s$ 运动的平均速度。

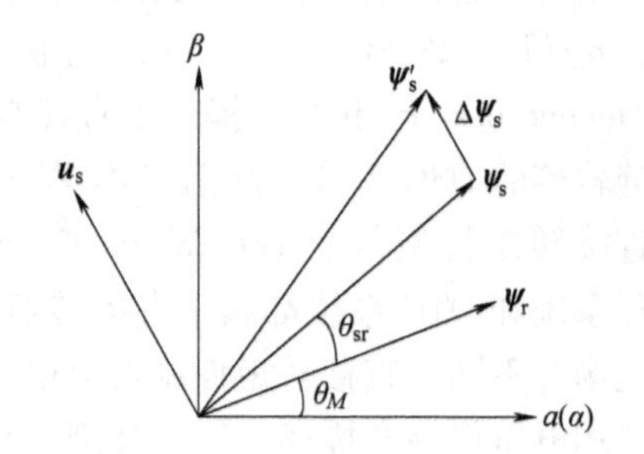

图 2-68 定子电压矢量与定子磁链增量

如图 2-69 所示，定子电压矢量对定子磁链幅值的影响取决于两者之间夹角的绝对值：假设定子磁链 $\boldsymbol{\psi}_s$ 与 $\boldsymbol{u}_1$ 同向，当 $\boldsymbol{\psi}_s$ 与 $\boldsymbol{u}_s$ 夹角的绝对值小于 90°时，电压矢量 $\boldsymbol{u}_s$ 使得磁链幅值增加，例如 $\boldsymbol{u}_2$、$\boldsymbol{u}_6$；当 $\boldsymbol{\psi}_s$ 与 $\boldsymbol{u}_s$ 夹角的绝对值大于 90°时，电压矢量 $\boldsymbol{u}_s$ 使得磁链幅值减小，例如 $\boldsymbol{u}_3$、$\boldsymbol{u}_5$；夹角的绝对值等于 90°时，电压矢量不改变磁链幅值。

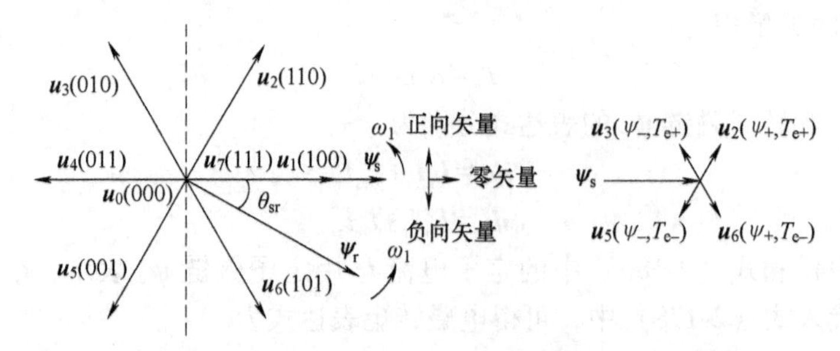

图 2-69 定子电压矢量作用与定子磁链轨迹变化

定子磁链幅值和转子磁链幅值一定时，电磁转矩的大小由负载角 θ_{sr} 决定，电压空间矢量控制负载角的旋转速度和方向，使定子磁链走走停停并且改变定子磁链的平均转速。电压矢量对电磁转矩的影响取决于电压矢量的方向：施加正向有效电压矢量，定子磁链

转速大于转子磁链转速，负载角增大，电磁转矩增大，例如 $\boldsymbol{u}_2$、$\boldsymbol{u}_3$；施加负向有效电压矢量，定子磁链转速小于转子磁链转速，负载角减小，电磁转矩减小，例如 $\boldsymbol{u}_5$、$\boldsymbol{u}_6$；施加零电压矢量 $\boldsymbol{u}_0$、$\boldsymbol{u}_7$，定子磁链静止不动，但转子磁链仍按同步速运行，负载角减小，电磁转矩减小。

定子磁链的轨迹与电压矢量作用顺序有关，若电压作用顺序为 $\boldsymbol{u}_1 \to \boldsymbol{u}_2 \to \boldsymbol{u}_3 \to \boldsymbol{u}_4 \to \boldsymbol{u}_5 \to \boldsymbol{u}_6$，则定子磁链 $\boldsymbol{\psi}_s$ 的空间轨迹为六边形；若根据滞环控制器选择合适的电压矢量，则定子磁链 $\boldsymbol{\psi}_s$ 的空间轨迹为幅值不变的圆形。

2.9.2.2 定子磁链观测器与电磁转矩观测器

1. 定子磁链观测器

矢量控制策略是以转子磁链 $\boldsymbol{\psi}_r$ 为控制对象，而直接转矩策略是以定子磁链 $\boldsymbol{\psi}_s$ 和电磁转矩 T_e 为控制对象，实现磁链自控制和转矩自控制。与转子磁链观测器相似，定子磁链观测器通常利用定子电压、定子电流以及电机转速等易于测量的物理量实现 $\boldsymbol{\psi}_s$ 幅值和空间角度的计算。根据所测物理量的不同，可将定子磁链观测器分为电压模型和电流模型。

（1）电压模型定子磁链观测器

电压模型定子磁链观测器利用定子电压和定子电流进行积分运算，得到定子磁链 $\boldsymbol{\psi}_s$ 的幅值和空间角度，因此又称为电压-电流模型（u-i 模型）。

根据式（2-182）可得定子磁链在 $\alpha\beta$ 坐标系下的表达式

$$\psi_{s\alpha}=\frac{1}{p}(u_{s\alpha}-R_s i_{s\alpha})$$

$$\psi_{s\beta}=\frac{1}{p}(u_{s\beta}-R_s i_{s\beta}) \tag{2-184}$$

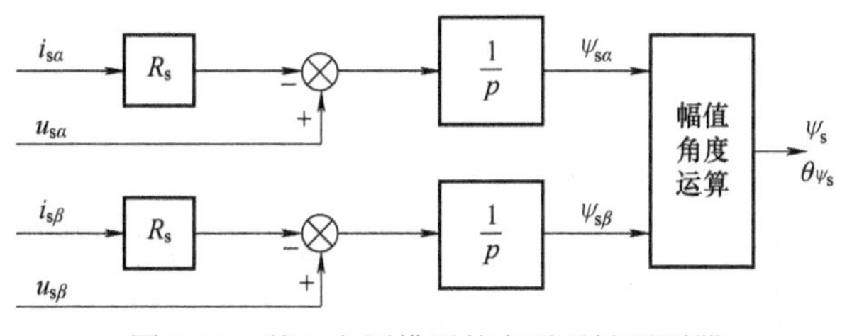

图 2-70 基于电压模型的定子磁链观测器

由此可得定子磁链的幅值和角度，如图 2-70 所示。

$$\begin{cases}\psi_s=\sqrt{\psi_{s\alpha}^2+\psi_{s\beta}^2}\\ \theta_{\psi s}=\arctan\left(\dfrac{\psi_{s\beta}}{\psi_{s\alpha}}\right)\end{cases} \tag{2-185}$$

（2）电流模型定子磁链观测器

电流模型定子磁链观测器以定子电流和电机转速为实测量，通过数学模型的计算得到定子磁链 $\boldsymbol{\psi}_s$ 的幅值和空间角度，因此又称为电流-转速模型（i-n 模型）。

将转子电流 $\boldsymbol{i}_r=(\boldsymbol{\psi}_r-L_m\boldsymbol{i}_s)/L_r$ 代入上述定子磁链的表达式中，可得

$$\boldsymbol{\psi}_s=L_s\boldsymbol{i}_s+L_m\boldsymbol{i}_r=L_s\left(1-\frac{L_m^2}{L_sL_r}\right)\boldsymbol{i}_s+\frac{L_m}{L_r}\boldsymbol{\psi}_r=\sigma L_s\boldsymbol{i}_s+\frac{L_m}{L_r}\boldsymbol{\psi}_r \tag{2-186}$$

将转子磁链表达式

$$\begin{cases}\psi_{r\alpha}=\dfrac{1}{T_rp+1}[L_m i_{s\alpha}-\omega_r T_r\psi_{r\beta}]\\ \psi_{r\beta}=\dfrac{1}{T_rp+1}[L_m i_{s\beta}+\omega_r T_r\psi_{r\alpha}]\end{cases} \tag{2-187}$$

代入式（2-186）中可以得到定子磁链在 $\alpha\beta$ 坐标系的表达式为

$$\begin{cases}\psi_{s\alpha}=\sigma L_s i_{s\alpha}+\dfrac{L_m}{L_r}\psi_{r\alpha}\\ \psi_{s\beta}=\sigma L_s i_{s\beta}+\dfrac{L_m}{L_r}\psi_{r\beta}\end{cases} \tag{2-188}$$

结合定子磁链表达式（2-186）和转子磁链表达式（2-187），可以得到基于电流模型的定子磁链观测器，如图 2-71 所示。

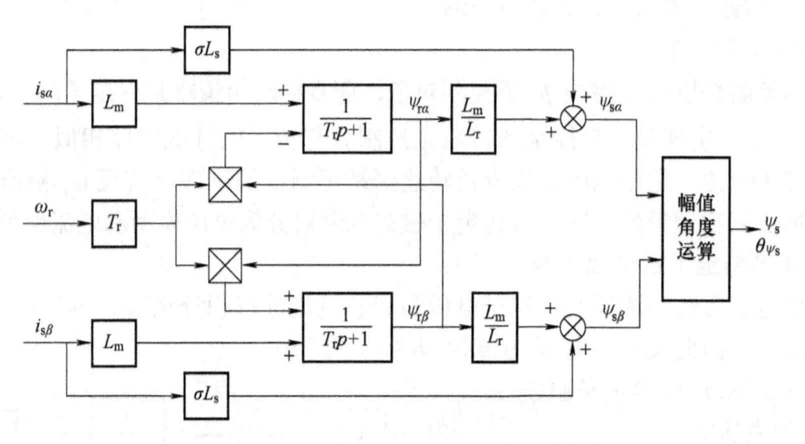

图 2-71　基于电流模型的定子磁链观测器

2. 电磁转矩观测器

由式（2-178）可得，在两相静止坐标系中电磁转矩表达式为

$$T_e=n_p(i_{s\beta}\psi_{s\alpha}-i_{s\alpha}\psi_{s\beta}) \tag{2-189}$$

这就是电磁转矩的观测模型，其结构如图 2-72 所示。

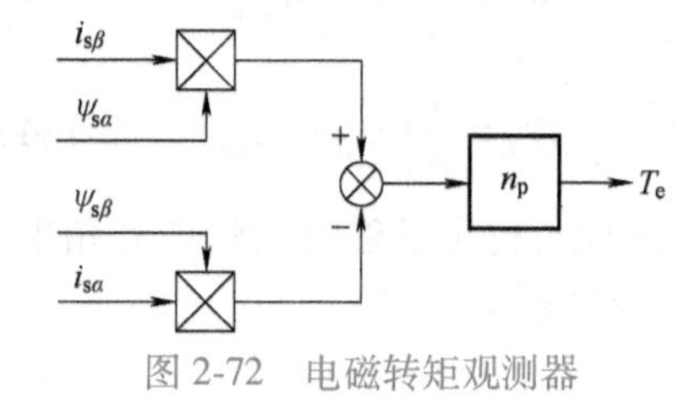

图 2-72　电磁转矩观测器

2.9.3　异步电动机的直接转矩控制系统

直接转矩控制的磁链控制方式有两种：一种是直接自控制（DSC），定子磁链轨迹为六边形；另一种是直接转矩控制（DTC），定子磁链轨迹为圆形。DSC 是利用电压源逆变器的六个有效工作电压，按照预先给定的定子磁链幅值指令依次切换六个矢量，从而实现了预设的六边形定子磁链轨迹控制。DTC 是采用电压矢量表的方法来对定子磁链和电磁转矩同时进行控制，根据定子磁链的滞环调节器、电磁转矩的滞环调节器和定子磁链空间位置进行查表，获取应施加的电压矢量对应的开关信号，以此来控制逆变器，从而实现了圆形定子磁链轨迹控制。为实现全速范围调速，直接转矩控制需要综合考虑高速和低速范围的磁链和转矩控制性能。电机在高速运行时通常采用六边形磁链控制，此时逆变器开关频率低，功率器件损耗小；电机在低速运行时通常采用圆形磁链控制，此时逆变器开关频率高，转矩脉动小。直接转矩控制的这两种控制方案各有利弊，根据不同的场合应用不同的控制，使系统取得良好的控制性能。

2.9.3.1 六边形磁链轨迹的直接转矩控制系统

六边形磁链轨迹的直接转矩控制最初是为具有电压源逆变器的大功率变频调速系统而提出的。在这样的逆变器中，定子磁链矢量沿六边形磁链轨迹运动，逆变器的开关频率较低。图 2-73 为六边形磁链轨迹的直接转矩控制系统框图。控制系统中电机转速给定值 ω_r^* 与实测值 ω_r 相比较，差值信号输入速度调节器形成闭环控制，经过速度调节器输出电磁转矩给定值 T_e^*。三相电压和电流实测值经过 Clark 坐标变换后，输入磁链观测器和转矩观测器，得到定子磁链实测值在 $\alpha\beta$ 坐标系的分量 $\psi_{s\alpha}$、$\psi_{s\beta}$以及电磁转矩实测值 T_e。$\psi_{s\alpha}$、$\psi_{s\beta}$变换到 β 坐标系的 $\psi_{\beta a}$、$\psi_{\beta b}$、$\psi_{\beta c}$输入两位滞环控制器中，得到磁链开关信号 $S\psi_a$、$S\psi_b$、$S\psi_c$，再经过换相逻辑最终得到控制逆变器的开关信号。其中，逆变器的开关信号还受转矩开关信号 S 的影响：经过转矩滞环控制器得到的 S 输出为高电平时，有效工作电压作用于定子磁链；S 输出为低电平时，零电压作用于定子磁链。最终，经过坐标变换、磁链调节、转矩调节等环节，该系统实现了异步电动机的磁链自控制和转矩自控制。

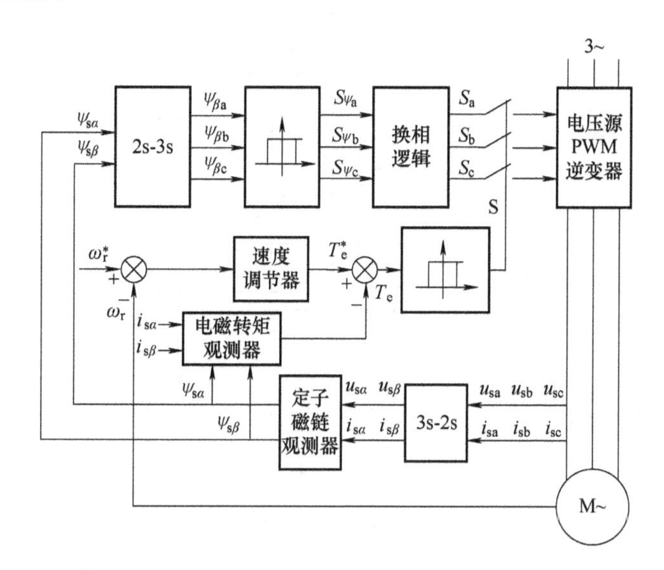

图 2-73 六边形磁链轨迹的直接转矩控制系统框图

1. 定子磁链调节

六边形磁链控制系统中，每个电压矢量作用的时间都为 2π/6＝π/3，逆变器开关频率小，功率器件损耗小。为进一步分析定子磁链与逆变器开关信号的关系，在空间设计一个 β 三相静止坐标系，六边形定子磁链 $\boldsymbol{\psi}_s$ 在坐标系上的投影是三个相差 120° 的梯形波 $\psi_{\beta a}$、$\psi_{\beta b}$、$\psi_{\beta c}$。注意，此时 $\boldsymbol{u}_1$(100) 矢量为竖直方向，图 2-74 中的 S_1 ~ S_6 扇区与常规的扇区不同。β 三相静止坐标系的磁链分量可由 $\alpha\beta$ 两相静止坐标系变换而来，变换公式为

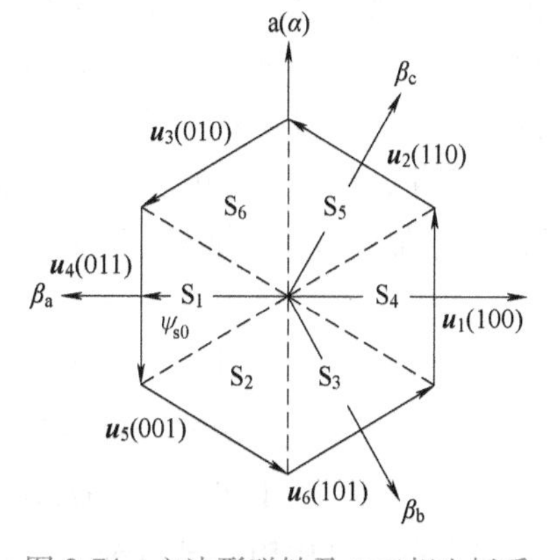

图 2-74 六边形磁链及 β 三相坐标系

$$\begin{cases}\psi_{\beta a}=\psi_{s\beta}\\ \psi_{\beta b}=-\dfrac{\sqrt{3}}{2}\psi_{s\alpha}-\dfrac{1}{2}\psi_{s\beta}\\ \psi_{\beta c}=\dfrac{\sqrt{3}}{2}\psi_{s\alpha}-\dfrac{1}{2}\psi_{s\beta}\end{cases} \tag{2-190}$$

图 2-75 表示三相定子磁链与逆变器开关信号的关系，为方便理解，现举例说明磁链与开关信号随时间变化的规律。例如，在 S_1 扇区，定子磁链 $\boldsymbol{\psi}_s$ 分别向 β_a、β_b、β_c 坐标轴投影，得到 $\psi_{\beta a}$、$\psi_{\beta b}$、$\psi_{\beta c}$ 分量。其中，$\psi_{\beta a}$ 分量始终是正向最大值 $+\psi_s^*$，$\psi_{\beta b}$ 分量从负向最大值 $-\psi_s^*$ 线性增大到 0，$\psi_{\beta c}$ 分量从 0 线性减小到负向最大值 $-\psi_s^*$。同理，S_2、S_3、S_4、S_5 和 S_6 扇区的磁链分量如图 2-75a 所示，可见 $\psi_{\beta a}$、$\psi_{\beta b}$、$\psi_{\beta c}$ 为时间上相差 120°的梯形波。

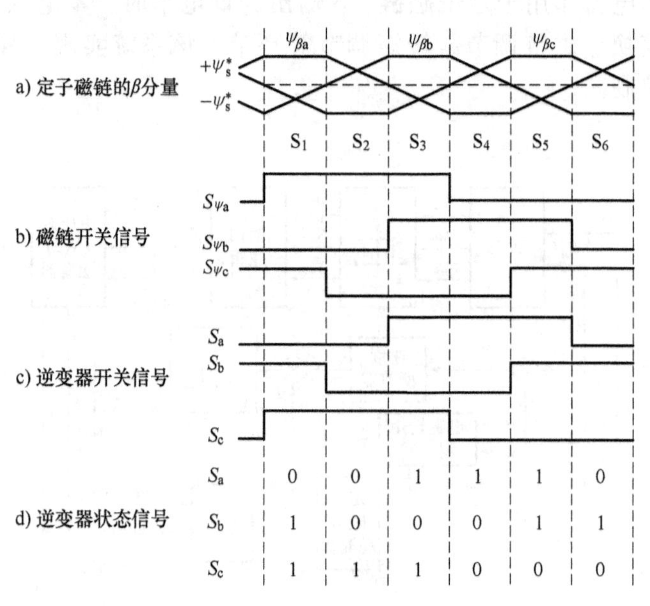

图 2-75　三相定子磁链与逆变器开关信号的关系

磁链调节器采用两位滞环控制（即 bang-bang 控制），将定子磁链维持在一定的滞环宽度内，控制器的容差是磁链给定值 ψ_s^*。如图 2-76 所示，当 $\psi_\beta \geqslant +\psi_s^*$ 时，磁链滞环比较器输出高电平；当 $\psi_\beta \leqslant -\psi_s^*$ 时，磁链滞环比较器输出低电平，三个磁链分量 $\psi_{\beta a}$、$\psi_{\beta b}$、$\psi_{\beta c}$ 经过滞环比较后，得到磁链开关信号 $S\psi_a$、$S\psi_b$、$S\psi_c$。在六边形磁链系统中，$\boldsymbol{\psi}_s$ 幅值一直不停地发生变化，而六边形中心到各条边的磁链幅值 ψ_{s0} 不变，因此选择 ψ_{s0} 作为容差，即 $\psi_{s0}=\psi_s^*$，磁链滞环调节器使定子磁链始终在容差范围内波动，实现这一滞环控制的输入-输出关系式为

$$S\psi_s=\begin{cases}1 & \psi_\beta \geqslant +\psi_s^*\\ \text{不变} & -\psi_s^* \leqslant \psi_\beta \leqslant +\psi_s^*\\ 0 & \psi_\beta \leqslant -\psi_s^*\end{cases} \tag{2-191}$$

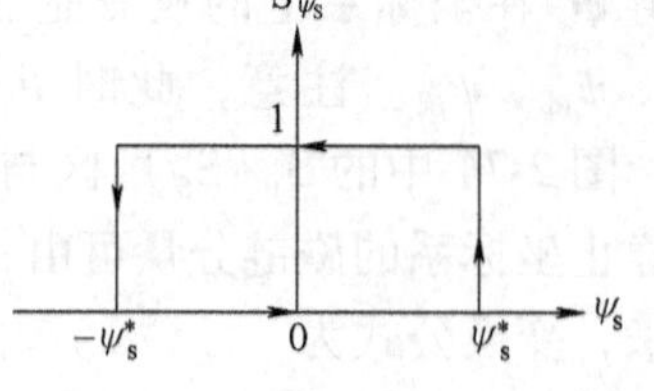

图 2-76　六边形磁链滞环比较器

每个扇区只作用一种有效工作电压，不同扇区对应不同电压矢量，这样就可以形成六边形的定子磁链轨迹。

例如，根据图 2-74，定子磁链矢量在 S_1 扇区内运动，仅有定子矢量电压 $\boldsymbol{u}_4(011)$ 作用，同理 S_2、S_3、S_4、S_5 和 S_6 扇区的电压矢量顺序如图 2-75d 所示，$\boldsymbol{u}_4 \to \boldsymbol{u}_5 \to \boldsymbol{u}_6 \to \boldsymbol{u}_1 \to \boldsymbol{u}_2 \to \boldsymbol{u}_3$。根据图 2-75b 的磁链开关信号和图 2-75d 的逆变器状态信号，可以得到开关状态和磁链矢量的逻辑输出关系为

$$\begin{cases} S_{\psi_a} = S_c \\ S_{\psi_b} = S_a \\ S_{\psi_c} = S_b \end{cases} \tag{2-192}$$

2. 电磁转矩调节

根据前面的分析可知，对电磁转矩的控制就是对定子磁链旋转速度的控制，而零矢量的加入，可使定子磁链走走停停，进而改变磁链运动的平均速度。转矩调节器也是采用两位滞环控制（即 bang-bang 控制），控制器的容差是 ε，输入量是转矩给定值 T_e^* 和实测值 T_e 的偏差 ΔT_e，输出量 S_0 控制有效工作电压和零电压矢量的作用时间。如图 2-77 所示，当 $T_e^* - T_e \geqslant +\varepsilon$ 时，转矩滞环比较器输出高电平，控制开关 S 接通磁链开关信号 $S\psi_s$，使有效工作电压作用于定子磁链，负载角 θ_{sr}增大，电磁转矩增大。当 $T_e^* - T_e \leqslant -\varepsilon$ 时，转矩滞环比较器输出低电平，控制开关 S 使零矢量电压作用于定子磁链，负载角 θ_{sr}减小，电磁转矩减小。注意，在六边形磁链控制系统中，电磁转矩不存在负向电压矢量，一个作用周期内（π/6）只能作用一种正向有效工作电压。转矩滞环调节器使电磁转矩始终在容差范围内波动，实现这一滞环控制的输入-输出关系式为

$$S_0 = \begin{cases} 1 & \Delta T_e \geqslant +\varepsilon \\ \text{不变} & -\varepsilon < \Delta T_e < +\varepsilon \\ 0 & \Delta T_e \leqslant -\varepsilon \end{cases} \tag{2-193}$$

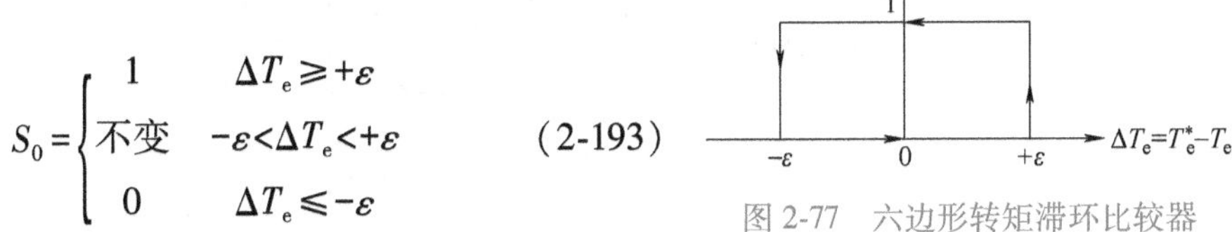

图 2-77　六边形转矩滞环比较器

3. 正、反转运行控制

（1）正转

电压空间矢量按 $\boldsymbol{u}_1 \to \boldsymbol{u}_2 \to \boldsymbol{u}_3 \to \boldsymbol{u}_4 \to \boldsymbol{u}_5 \to \boldsymbol{u}_6$ 顺序施加，如图 2-78 所示。

根据正转时三相磁链波形和磁链调节器的特性，可以获得图 2-75 所示的三相磁链调节器输出逻辑量 S_{ψ_a}、S_{ψ_b}、S_{ψ_c}随时间的变化规律，进一步分析可得正转时的换相控制逻辑为

$$\begin{aligned} S_{\psi_a} &= S_c \\ S_{\psi_b} &= S_a \\ S_{\psi_c} &= S_b \end{aligned} \tag{2-194}$$

（2）反转

电压空间矢量按 $\boldsymbol{u}_6 \to \boldsymbol{u}_5 \to \boldsymbol{u}_4 \to \boldsymbol{u}_3 \to \boldsymbol{u}_2 \to \boldsymbol{u}_1$ 顺序施加，如图 2-79 所示。

根据图 2-79 所示反转时电压空间矢量作用顺序和磁链调节器的滞环特性，参照获得正相序旋转时三相磁链波形的做法，可得到反相序旋转时三相磁链 $\psi_{\beta a}$、$\psi_{\beta b}$、$\psi_{\beta c}$随时间的变化波形，如图 2-80 所示，注意反转时三相相序应为 a-c-b。结合磁链调节器的滞环特性，可获得其输出逻辑量 S_{ψ_a}、S_{ψ_b}、S_{ψ_c}随时间的变化规律，亦如图 2-80b 所示。同样，根据各 π/6

区间所用电压矢量 $\boldsymbol{u}(S_aS_bS_c)$ 的开关特征，可得每区间内三相桥臂应有的开关状态，构成其随时间变化的曲线，如图 2-80c 和 d 所示。再将 S_{ψ_a}、S_{ψ_b}、S_{ψ_c} 的变化与 S_a、S_b、S_c 的变化按区间比较，从而获得反转时的换相逻辑单元的输入-输出特性，即

$$\begin{aligned}\overline{S_{\psi_a}}&=S_b\\\overline{S_{\psi_b}}&=S_c\\\overline{S_{\psi_c}}&=S_a\end{aligned}\tag{2-195}$$

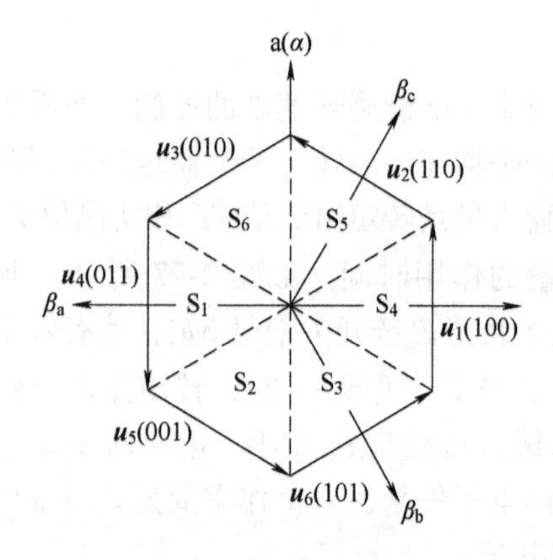

图 2-78　正转时有效电压矢量作用顺序

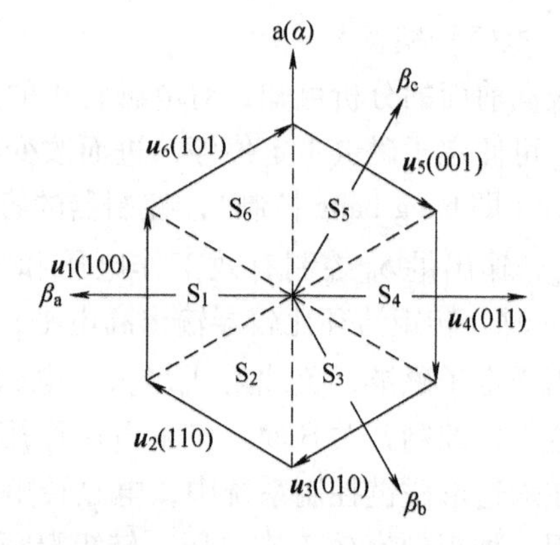

图 2-79　反转时有效电压矢量作用顺序

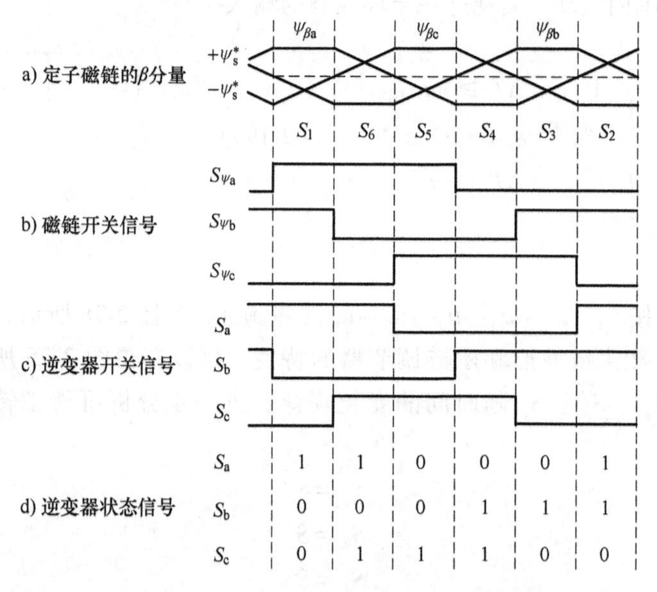

图 2-80　反转时三相定子磁链与逆变器开关信号的关系

4. 变压变频（VVVF）控制

为了确保变频调速过程中异步电动机力能指标（功率因数、效率等）不变化，必须确保电机的磁路工作点不变化或按要求变化，即额定频率以下实行恒磁通控制、额定频率以上实行弱磁控制。在直接转矩控制策略下，变频调速主要是通过应用零电压矢量和控制有效电压矢量的施加时间来实现的。

(1) 恒磁通控制

为实现恒磁通控制，必须确保定子磁链轨迹的大小（直径）不变，这是通过维持有效电压矢量作用时间为额定来恒定的；而定子磁链轨迹旋转速度则是通过控制零电压矢量的施加时间来调节的。

两种零电压矢量 $\boldsymbol{u}_0(000)$ 及 $\boldsymbol{u}_7(111)$，都可以用来控制定子磁链轨迹的旋转速度，为减少开关损耗必须按开关次数最少的原则来选用。当有效电压矢量为 $\boldsymbol{u}_1(100)$、$\boldsymbol{u}_3(010)$、$\boldsymbol{u}_5(001)$ 时，应选 $\boldsymbol{u}_0(000)$；当有效电压矢量为 $\boldsymbol{u}_2(110)$、$\boldsymbol{u}_4(011)$、$\boldsymbol{u}_6(101)$ 时，应选 $\boldsymbol{u}_7(111)$，如图 2-81 所示。采用这种优化"插零"方式一方面可使零矢量加入时开关切换次数减少一半，同时使零矢量分布于全周期而非单纯插 $\boldsymbol{u}_0(000)$ 或插 $\boldsymbol{u}_7(111)$ 时的半周期，无形中再度降低了开关频率、提高了载波比，减小了电流中的谐波含量。

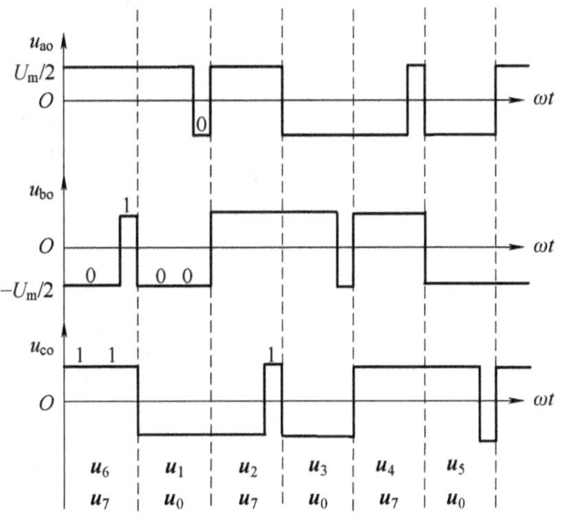

图 2-81 优化插零方法

(2) 弱磁控制

基频以上时定子电压不能无限增大，定子电压为额定电压，这意味着不能再使用零电压矢量作用。为实现弱磁控制必须使定子磁链轨迹大小随频率升高而变小，如图 2-82 所示，此时只有减小每个电压空间矢量的作用时间才能使定子磁链轨迹边长（磁链增矢量）变短，并且定子磁链矢量 $\boldsymbol{\psi}_s$ 的旋转速度保持为 ω_{omax} 恒定不变。

这样，随着电机运行频率升高，定子磁链幅值减小，电磁转矩减少，但维持输出功率 $P=T\Omega=C$ 恒定，实现恒功率运行。

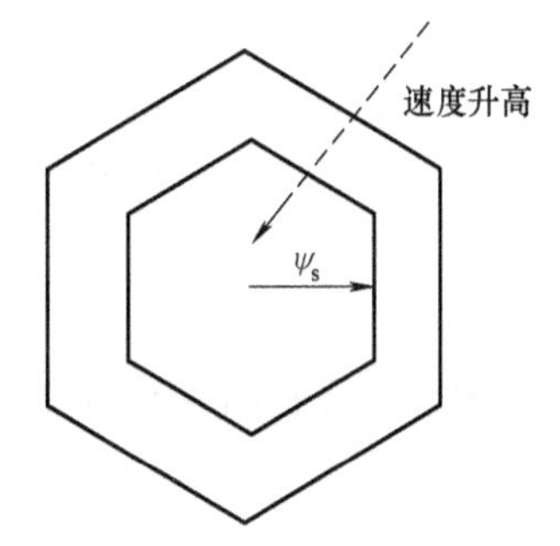

图 2-82 弱磁运行时的磁链轨迹（圆）变化

2.9.3.2 圆形磁链轨迹的直接转矩控制系统

六边形磁链控制系统只需要有效电压矢量和零电压矢量，因此逆变器开关频率低，功率器件损耗小。但该控制方法的电流谐波大，在电机低速时会产生较大的转矩脉动，磁链轨迹发生变化。为了解决六边形磁链系统的缺陷，有学者提出了定子磁链轨迹为圆形的直接转矩控制，以减小定子电流畸变，降低电机转矩和转速脉动。

圆形磁链轨迹的直接转矩控制适应于开关频率高的小功率电机运转。图 2-83 为圆形磁链轨迹的直接转矩控制系统框图。该系统主要由坐标变换、磁链调节、转矩调节、开关表查询等环节构成。控制系统中电机转速给定值 ω_r^* 与实测值 ω_r 相比较，差值信号输入速度调节器形成闭环控制，经过速度调节器输出电磁转矩给定值 T_e^*。三相电压和电流实测值经过 Clark 坐标变换后，输入磁链观测器和转矩观测器，得到定子磁链实测值 ψ_s、电磁转矩实测值 T_e 和区间信号 N。定子磁链给定值 ψ_s^* 和实测值 ψ_s 的差值信号输入两位滞环控制器，输出磁链开关信号 Q_ψ；电磁转矩给定值 T_e^* 和实测值 T_e 的差值信号输入三位滞环控制器，输

出转矩开关信号 Q_{Te}。根据 N、Q_ψ 和 Q_{Te} 开关信号查询开关表得到电压开关矢量，最后通过逆变器来实现对异步电动机的控制。

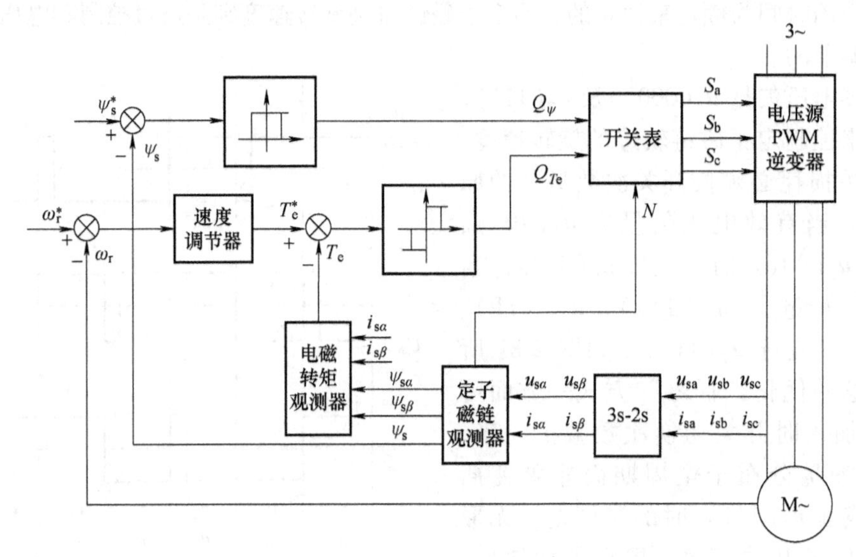

图 2-83　圆形磁链轨迹的直接转矩控制系统框图

与六边形磁链控制系统相比，圆形磁链控制系统需要确定定子磁链 $\boldsymbol{\psi}_s$ 所在的扇区，并且利用开关表和定子磁链所在扇区 N、磁链开关信号 Q_ψ、转矩开关信号 Q_{Te} 三个信号选择最优的空间电压矢量。虽然圆形磁链控制系统的开关频率较大，但多开关信号使得定子电流谐波更小。

1. 空间矢量的划分

为判断定子磁链矢量的位置，按照表 2-4 将定子磁链角 $\theta_{\psi s}$ 所在的 60° 区域分为 1~6 个不同的扇区，如图 2-84 所示。

表 2-4　定子磁链所在扇区的选择

$\theta_{\psi s}$ 所在范围	[-30°,30°]	[-30°,90°]	[90°,150°]	[150°,210°]	[210°,270°]	[270°,-30°]
N	1	2	3	4	5	6

2. 定子磁链调节

图 2-85 为圆形磁链控制系统的滞环比较器。圆形磁链控制也采用两位滞环 bang-bang 控制，控制器的容差是 ε_ψ，输入量是磁链给定值 ψ_s^* 和实测值 ψ_s 的偏差 $\Delta\psi_s$，输出量为磁链开关信号 Q_ψ。

$$Q_\psi=\begin{cases}1 & \Delta\psi_s\geqslant+\varepsilon_\psi\\ \text{不变} & -\varepsilon_\psi<\Delta\psi_s<+\varepsilon_\psi\\ 0 & \Delta\psi_s\leqslant-\varepsilon_\psi\end{cases} \tag{2-196}$$

滞环控制使定子磁链幅值 ψ_s 在容差范围内波动，ψ_s 以磁链给定值 ψ_s^* 为基准，形成圆形磁链轨迹。注意，与六边形磁链控制不同，圆形磁链控制的滞环比较量是定子磁链幅值

$\psi_s=\sqrt{\psi_{s\alpha}^2+\psi_{s\beta}^2}$，而六边形磁链的比较量是$\beta$坐标系的三个$\psi_{\beta a}$、$\psi_{\beta b}$、$\psi_{\beta c}$分量。

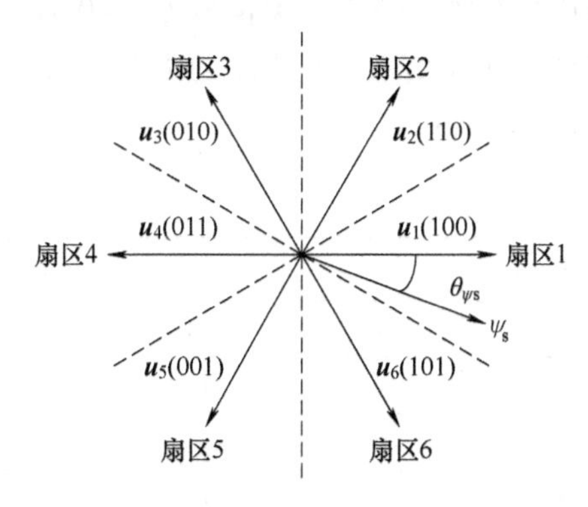

图 2-84　定子磁链与扇区的划分

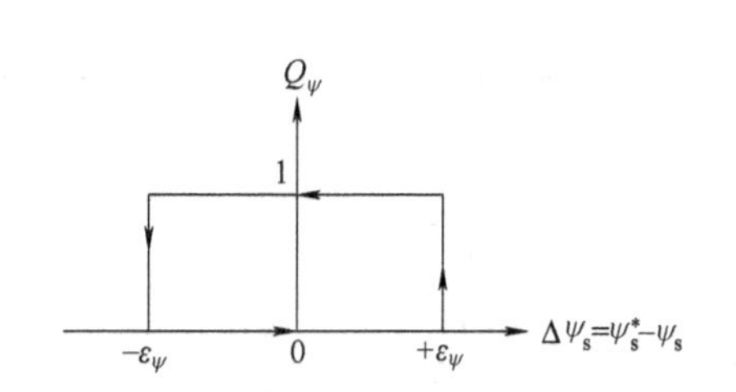

图 2-85　圆形磁链滞环比较器

3. 电磁转矩调节

圆形磁链控制系统的转矩调节器采用三位滞环控制（即 bang-bang 控制），控制器的容差是ε_T和ε_{T2}，输入量是转矩给定值T_e^*和实测值T_e的偏差ΔT_e，输出量为转矩开关信号T_eQ。T_eQ可输出“-1”“0”“1”三个数值，控制电磁转矩的大小和定子磁链的旋转方向。

$$T_eQ=\begin{cases}1 & \Delta T_e\geqslant\varepsilon_{T2}\\0 & -\varepsilon_{T1}<\Delta T_e<+\varepsilon_{T1}\\-1 & \Delta T_e\leqslant-\varepsilon_{T2}\end{cases}\tag{2-197}$$

如图 2-86 所示，转矩的三位滞环控制可以分成两部分，相当于两个施密特触发器。当输入值在［$-\varepsilon_{T2}$，$-\varepsilon_{T1}$］或［ε_{T1}，ε_{T2}］之间时，输出保持为前一个状态的值。如假设$\varepsilon_{T1}=0$，则图 2-86a 可简化为图 2-86b 形式。为减小转矩脉动，三位滞环控制器调节定子磁链的旋转速度，引入零电压矢量。当转矩偏差$\Delta T_e\geqslant+\varepsilon_{T2}$时，滞环控制器$T_eQ$输出“1”，根据扇区$N$和磁链开关信号$\Psi Q$，选择最优的开关电压矢量使转矩$T_e$增大。当电磁转矩$T_e$增大到给定值$T_e^*$附近时，即接下来转矩偏差$-\varepsilon_{T1}<\Delta T_e<+\varepsilon_{T1}$时，滞环控制器$T_eQ$输出“0”，零电压矢量作用于定子磁链$\boldsymbol{\Psi}_s$，负载角$\theta_{sr}$减小，进一步使电磁转矩$T_e$的增长速度变慢。电磁转矩$T_e$进一步增大到$T_e^*+\varepsilon_{T2}$时，转矩偏差$\Delta T_e\leqslant-\varepsilon_{T2}$，此时$T_eQ$输出“-1”，选择出的反向电压矢量使转矩$T_e$减小。可见，圆形磁链系统的三位滞环控制更加复杂，功率器件开关频率高，但定子磁链可保持圆形轨迹，转矩脉动较小。

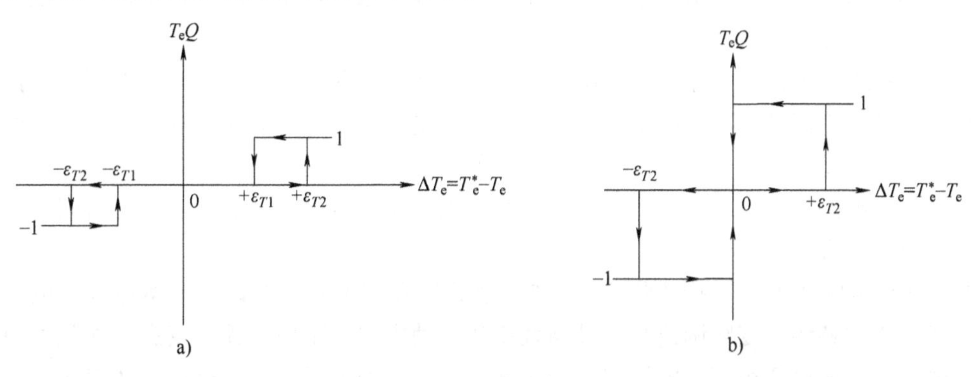

图 2-86　圆形转矩滞环控制器

根据定子磁链所在扇区 N、磁链开关信号 Q_{ψ} 以及转矩开关信号 Q_{Te}，可得到定子电压矢量控制开关表，见表 2-5。注意，为减少逆变器的开关次数，转矩开关信号 $Q_{Te}=0$ 时，零电压矢量 $\boldsymbol{u}_0(000)$、$\boldsymbol{u}_7(111)$ 的选取与开关变换前的电压矢量有关。例如，在扇区 1 中，当电压矢量由 $\boldsymbol{u}_2(110)$ 变为零电压时，应选择零电压矢量 $\boldsymbol{u}_7(111)$。

表 2-5　开关电压矢量选择表

Q_{ψ}	Q_{Te}	扇区 1	扇区 2	扇区 3	扇区 4	扇区 5	扇区 6
1	1	$\boldsymbol{u}_2$	$\boldsymbol{u}_3$	$\boldsymbol{u}_4$	$\boldsymbol{u}_5$	$\boldsymbol{u}_6$	$\boldsymbol{u}_1$
	0	$\boldsymbol{u}_7$	$\boldsymbol{u}_0$	$\boldsymbol{u}_7$	$\boldsymbol{u}_0$	$\boldsymbol{u}_7$	$\boldsymbol{u}_0$
	-1	$\boldsymbol{u}_6$	$\boldsymbol{u}_1$	$\boldsymbol{u}_2$	$\boldsymbol{u}_3$	$\boldsymbol{u}_4$	$\boldsymbol{u}_5$
-1	1	$\boldsymbol{u}_3$	$\boldsymbol{u}_4$	$\boldsymbol{u}_5$	$\boldsymbol{u}_6$	$\boldsymbol{u}_1$	$\boldsymbol{u}_2$
	0	$\boldsymbol{u}_0$	$\boldsymbol{u}_7$	$\boldsymbol{u}_0$	$\boldsymbol{u}_7$	$\boldsymbol{u}_0$	$\boldsymbol{u}_7$
	-1	$\boldsymbol{u}_5$	$\boldsymbol{u}_6$	$\boldsymbol{u}_1$	$\boldsymbol{u}_2$	$\boldsymbol{u}_3$	$\boldsymbol{u}_4$

六边形磁链控制和圆形磁链控制在工程应用方面都有一定的实用价值，各适应不同的电机和运行场合。低速时，定子电阻 R_s 不可忽略，电阻产生的压降会导致磁链轨迹畸变，进而影响电机运行的稳定性。因此低速段通常采用圆形磁链控制系统，多种电压在高频率开关的状态下作用于定子磁链，使定子磁链 $\boldsymbol{\psi}_s$ 按照圆形轨迹运动。但由于圆形磁链控制方法较为复杂，开关状态多，开关频率高，因此功率器件的损耗也相对较大。电机转速较高时，采用六边形磁链控制，以降低逆变器的开关频率，减小损耗。但六边形磁链控制方法会产生较大的转矩脉动，较大的电机噪声，因此这种控制系统一般只在大功率电机高速运行时采用。

2.10　本章小结

本章介绍了异步电动机的调速系统及相关控制技术。

2.1 节为异步电动机的调速方法部分，该小节分别从异步电动机的转速公式和转差功率两个角度对其常见的六种调速方法进行了分类，然后简要介绍了异步电动机的变极调速、转差离合器调速两种方法的基本工作原理。

2.2 节为异步电动机的稳态数学模型部分，该小节分别介绍了异步电动机的稳态等效电路以及自然机械特性，然后引出了基于异步电动机稳态数学模型的两种常见调速方法——调压调速和变频调速。

2.3 节为异步电动机的调压调速部分，该小节分别介绍了调压调速的基本原理、控制电路、机械特性、控制系统和软起动器的应用。异步电动机的调压调速是在旋转磁场转速不变的情况下调节转差的调速方法，属于耗能低效的方法。因此这类方法虽然操作简单，成本不高，但是从节能的观点来看是不经济的，因此适用于调速范围不大、低速运行时间不长、电机容量较小的场合。

2.4 节为异步电动机变频调速部分，该小节分别介绍了变频调速的基本原理、电压源供电时电机的工作特性。变频调速是一种高效率的调速方法，不但能无级变速，而且可根据负载特性的不同，通过适当调节电压与频率之间的关系，使电机始终运行在高效率区，并保证良好的运行特性。异步电动机采用变频起动更能显著改善起动性能，大幅降低电机的起动电流，增加起动转矩，所以变频调速是异步电动机理想的调速方法。然而变频调速需要一个能满足电机运行要求的变频电源、设备投资较大。不过随着电力电子器件的发展和变频技术的成熟，这一局面正在逐步改善，目前变频调速已成为交流电动机调速传动中的主流技术。

2.5 节为静止变频器及脉宽调制技术部分，该小节简单介绍了异步电动机变频调速中常用的交-直-交变频器的三种常见结构形式；然后就交-直-交变频器中直流环节的不同分析对比了电压源型和电流源型两种变频器的特点；重点介绍了异步电动机常见的正弦脉宽调制技术、指定谐波消去法、电流跟踪型脉宽调制技术以及磁链跟踪型脉宽调制技术的基本原理，最后分析了变频器非正弦供电对异步电动机运行性能的影响。

2.6 节为异步电动机变频调速系统部分，该小节首先介绍了频率开环、电压源逆变器调速系统，给出了对应该种调速系统的控制框图并说明了该系统的工作原理，但频率开环型控制系统只适用于静态调速精度不高的场合，风机、水泵类的节能调速常采用这种系统。随后介绍了基于转差频率控制的频率闭环调速系统，分析了转差频率控制的基本原理，给出了转差频率控制型变频调速系统并结合调速框图分析了基于转差频率控制的调速过程，该种调速方法适用于静态调速精度高、动态调速性能有要求的场合。

2.7 节为异步电机的动态数学模型部分，主要从坐标变换理论和异步电机的动态数学模型两方面，讲解了异步电机的建模方法。

2.8 节为异步电动机的矢量控制部分，该小节分别对矢量控制的基本概念、空间矢量方程及控制系统的原理进行了介绍，同时对矢量控制的实现过程也进行了说明。首先介绍了旋转坐标变换理论，并基于异步电动机的动态数学模型，分析了 *MT* 坐标系下异步电动机转矩和磁链解耦的矢量控制。随后介绍了磁通检测式和转差频率控制式磁场定向技术，并基于这两种定向方式阐述了异步电动机的矢量控制系统。

2.9 节为异步电动机的直接转矩控制部分，该小节分别对直接转矩控制的基本原理、空间矢量模型、六边形磁链控制系统和圆形磁链控制系统进行了介绍说明。六边形磁链控制和圆形磁链控制各有利弊，适用的场合也有所不同，但两者都具有优于矢量控制的动态响应能力，这种新兴的控制方法开创了调速系统全面取代直流调速系统的新时代。

思考题与习题

1. 笼型异步电动机采用调压调速时，适合拖动什么样类型的负载，为什么？

2. 异步电动机变频调速时，如果只从调速角度出发单纯改变频率 f 可否，为什么？还要同时改变什么量？

3. 异步电动机变频调速时，基频以下和基频以上分别属于恒功率调速还是恒转矩调速方式，为什么？所谓恒功率调速或恒转矩调速方式，是否指输出功率或转矩恒定？若不是，那么恒功率或恒转矩调速究竟是指什么？

4. 分析、讨论以下几种异步电动机变频调速控制方式的特性及优点：

（1）恒电压/频率比（U_1/f_1=C）控制。

（2）恒气隙电动势/频率比（E_1/f_1=C）控制。

（3）恒转子电动势/频率比（E_r/f_1=C）控制。

5. 变流器非正弦供电对电机运行性能有何影响；在设计及选用电机时应如何考虑对策？

6. PWM 型变频器输出电压的幅值和频率是如何调节的？分别就正弦脉宽调制（SPWM）和磁链跟踪控制两种不同方式作出说明。

7. 采用 SVPWM 控制，用有效工作电压矢量合成期望的输出电压矢量，由于期望输出电压矢量是连续可调的，因此，定子磁链矢量轨迹可以是圆，这种说法是否正确，为什么？

8. 为什么可以利用转差来控制异步电动机的转矩，它的先决条件是什么？

9. 试分别说明频率开环变频调速系统中函数发生器与转差频率控制系统中函数发生器的作用。

10. 在转速闭环转差频率控制系统中，若电压补偿曲线设置不当，会产生什么影响？一般来说，正反馈系统是不稳定的，而转速闭环转差频率控制系统具有正反馈的内环，系统却能稳定，为什么？

11. 异步电动机矢量变换控制中为何常将转子全磁通矢量选作磁场定向坐标系中的 M 轴方向，其优越性如何？

12. 什么是矢量变换控制系统中的磁通观测器，影响磁通观测准确程度的因素有哪些？如何提高磁通观测的精度？

13. 试论述磁通检测式磁场定向技术和转差频率控制式磁场定向技术有何不同，又有什么内在联系？

14. 异步电动机矢量变换控制系统中，直角坐标/极坐标变换器、矢量旋转器、3s-2s 变换器的作用是什么？

15. 异步电动机直接转矩控制的思想是什么，为什么这种控制方式具有更快速的转矩动态响应速度？

16. 为什么直接转矩控制是一种非线性控制？为什么通常选择滞环比较控制方式，这种控制方式有什么优点和不足？

17. 试分析滞环比较控制中转矩脉动的原因，并且提出有效的解决方法。

18. 基于六边形磁链轨迹的直接转矩控制和基于圆形磁链轨迹的直接转矩控制有何异、同，并且分别适用于什么场合？

19. 从控制思想、所采用的控制变量、控制器（调节器）类型等方面，比较矢量变换控制与直接转矩控制的异、同。

第 3 章　绕线转子异步电机的控制

绕线转子异步电机是一种工业生产中应用广泛的交流电机，本章聚焦于绕线转子异步电机的控制，首先介绍了绕线转子异步电动机的调速，主要分析了转子串电阻调速系统、串级调速系统以及双馈调速系统。然后以矢量控制为例介绍了绕线转子异步发电机的控制，具体分为网侧变流器和机侧变流器的模型特性和运行控制，最后对绕线转子异步发电机常用的几种电流矢量控制策略进行了讨论。

3.1　绕线转子异步电动机的调速

绕线转子异步电动机由于转子绕组可以通过集电环及电刷进行供电，使得其调速方式要比笼型异步电动机更加灵活。除了第 2 章的变频调速和定子调压调速外，更可通过直接控制转子回路内的转差功率实现转子串电阻调速、转子斩波变阻调速、串级调速和双馈调速等多种调速方式。而且由于电力电子控制装置接入转子绕组，其容量仅是绕线转子异步电动机的转差功率而不是全部的电磁功率，因而具有调速装置容量小、成本低的显著特点，在各类调速方式中颇具特色。

3.1.1　变转差调速原理

根据电机学原理，异步电动机输入功率 P_1 扣除定子铜损 P_{cu1}、铁损 P_{Fe}后即为电磁功率 P_M。P_M 经过气隙传送到转子后，一部分作为机械功率 P_2 从轴上输出，剩余部分为转差功率 P_s 消耗在转子回路的线圈电阻 R_2 及外接电阻 R_f 上，其功率关系为

$$P_M = P_1 - P_{Fe} - P_{cu1} \tag{3-1}$$

$$P_M = T \cdot \omega_1 = P_2 + P_s \tag{3-2}$$

$$P_2 = T \cdot \omega = (1-s) P_M \tag{3-3}$$

$$P_s = s \cdot P_M = 3I_2^2(R_2 + R_f) \tag{3-4}$$

式中　T——电磁转矩；

ω_1——同步机械角速度；

ω——转子机械角速度；

I_2——转子相电流。

和笼型异步电动机变转差调速一样，当绕线转子异步电动机拖动恒转矩负载运行时，电磁功率 P_M 基本为一恒值，此时若要作降速运行，则需要增大转差 s，也即意味着增大电机转差功率 P_s 的消耗。转差功率消耗越多，调速范围越宽。因此从能量的观点看绕线转子异步电动机改变转差 s 调速的本质就是通过改变转差功率 P_s 的消耗来实现调速。

分析式（3-4）转子回路转差功率可以发现，其一部分是在转子绕组电阻 R_2 上以发热形

式不可逆地被真正消耗掉，另一部分则是消耗在转子外接电阻 R_f 上。如果 R_f 是一真实电阻，则电机全部转差功率均以发热形式被真正消耗光，这就形成了传统的绕线转子异步电动机转子串电阻调速；如果 R_f 为某种形式的“虚拟”电阻（如电动势），则从电机转子能量平衡的角度看 $3I_2^2R_f$ 部分转差功率也是被“消耗”掉，使得电机转差增大、转速降低，但实际上是被起虚拟电阻作用的附加电动势所吸收并转化、反馈回电网，达到既调速又不增加附加损耗的目的，这就是绕线转子异步电动机串级调速的思想；如果 R_f 为正负可变的“虚拟”电阻（如方向可变的电动势），则从电机转子能量平衡的角度看 $3I_2^2R_f$ 部分转差功率不仅可以被“消耗”掉，使得电机转差增大、转速降低，还可以被“补充”进来，使得电机转差减小、转速升高，特别是当“补充”的转差功率大于 $3I_2^2R_f$ 时，电机转差减小为负值、转速升高至同步速以上，这样，转差功率不仅可以从转子反馈回电网，还可以从电网馈入转子，这就是绕线转子异步电动机双馈调速的思想。

3.1.2 转子串电阻调速系统

根据电机学原理，绕线转子异步电动机转子回路外接三相附加电阻 R_f 后，转矩-转差曲线（T-s 曲线）将从自然特性变为人工特性，其最大转矩 T_m 不变，但对应 T_m 的临界转差 s_m 将随外加电阻 R_f 的增大而增加，意味着转速下降。不同 R_f 时异步电动机的机械特性如图 3-1 所示，拖动恒转矩负载 T_L 时的交点即为变速下的稳态运行点。

绕线转子异步电动机外接三相转子电阻调速具有较高的功率因数，但传统方式为手动、有级调节，反应速度慢且电阻数量多。为实现自动控制，现多采用斩波变阻的方式，如图 3-2 所示，图中电机转子三相绕组经集电环接至整流桥，使转子中三相交流变为直流，施加到一个受斩波器控制的单个外接电阻 R_f 上。当斩波器开路时，R_f 接入转子回路；当斩波器导通时，R_f 被短路，等效阻值为零。改变斩波器的占空比，可使外接电阻的等效阻值从零至 R_f 无级变化，从而实现了绕线转子异步电动机无级调速控制。

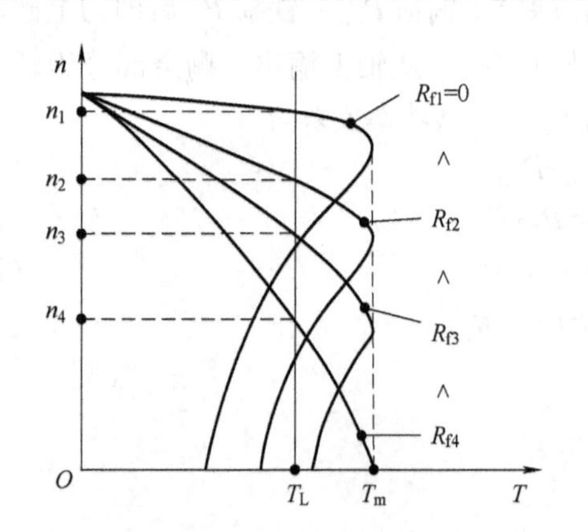

图 3-1 不同转子外加电阻 R_f 时的机械特性

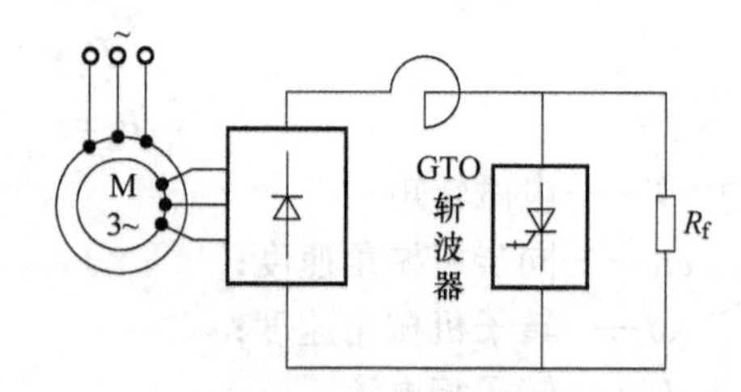

图 3-2 绕线转子异步电动机转子斩波变阻调速系统

转子串电阻调速是一种耗能的调速方式，恒转矩负载时采用这种调速方法是不适宜的。但是对于负载转矩随转速 2 次方变化的风机、水泵类负载还是有着调速节能的应用前景，特别是转子斩波变阻调速方法由于方法简单、价格低廉、可靠性高，在 500kW 以下的中、小容量机组中是一种可以考虑的实用方案。

3.1.3 串级调速系统

3.1.3.1 基本概念

绕线转子异步电动机串级调速的基本思想就是在转子回路中串入一个与转子同频的附加电动势 E_f，取代串电阻调速中的外接电阻 R_f，进行转差功率的吸收或补充，实现速度的调节，其原理电路如图3-3所示。根据附加电动势的不同相位可对电机运行产生不同的影响，如果 E_f 的相位和转子电流 I_2 相位相反，则附加电动势吸收电功率，其作用和外加电阻相似，增加这个电动势可使转子转差功率 $P_s=3I_2^2R_2+3E_fI_2$ 增加，电机转差增大、转速降低；如果 E_f 的相位和转子电流相位相同，则提供附加电动势 E_f 的装置将有功功率 $3E_fI_2$ 馈入电机转子回路，补偿了部分甚至全部转子电阻固有损耗 $3I_2^2R_2$，使电机从定子侧通过气隙向转子提供的转差功率 P_s 减小，甚至变负，此时转速升高，甚至超过同步转速 n_s($P_s=sP_M<0$ 时，$s<0$，$n>n_s$)。习惯上将前一种称为亚同步串级调速，后一种称为超同步串级调速。超同步串级调速需从定子及转子侧均馈入电功率才能在同步转速以上作电动运行，常称为双馈调速系统，后面将作专门介绍。

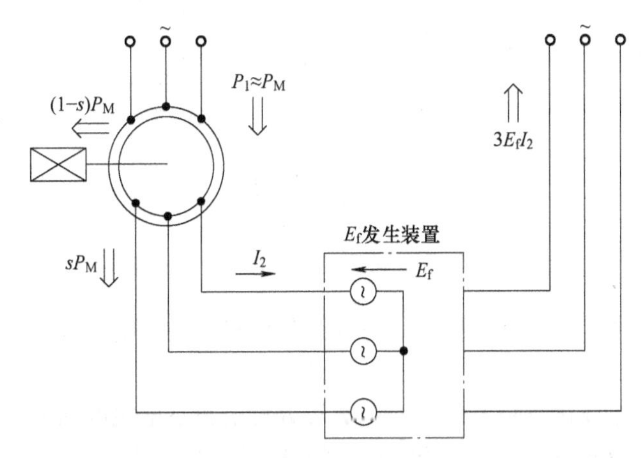

图3-3 串级调速原理框图

在实际的串级调速系统中，转差频率的转子附加电动势 E_f 通常是通过静止变流器引入，变流器的形式与所需处理的转子功率有关。如仅仅是为了回收利用电机转子绕组中的转差功率，则主要进行的是有功功率的传递；同时为了避免调速运行中转子附加电动势必须跟踪转差频率的技术难点，可以将转差频率的转子交流电动势通过不控整流器变成直流，从而避免了频率跟踪问题。这样，就可以采用有源逆变器的直流侧逆变电动势作为转子附加电动势，同时也可将吸收的转差功率从直流形式转化为交流形式而返回电源，实现了串级调速的功能。这样构成的串级调速系统可称为晶闸管亚同步串级调速系统。

目前应用较广的晶闸管亚同步串级调速系统主电路结构如图3-4所示。在该系统中，电机转子侧接入一个三相不控整流器，将交流转差功率转换为直流形式，由电源侧设置的三相有源逆变桥所提供的直流逆变电动势吸收转差功率，并转化为电网频率电流返回电网。由于电机转子侧采用了不控整流器，决定了转差功率流动方向只能是从电机转子到电网并从电机中被吸收走，使电机转速从同步速向下调，故是一种亚同步串级调速系统。该系统的速度调节是通过改变有源逆变器中移相角 β 以改变直流回路电压 U_β 的大小，从而改变与其相联系的异步电动机转子附加电动势 E_f，以达到调节电机转速的目的。当逆变器移相角 β 接近 90° 时，逆变电路中直流电压为零，与其相联系的转子附加电动势 E_f 也等于零，电机就按其本来的特性运行在最高转速下。当 β 减小时，E_f 增加，转子转差功率消耗增大，电机转速就下降。通常为了防止逆变换相失败，β 角的最小值限定在 30°左右，这就限制了电机的最低运行速度。

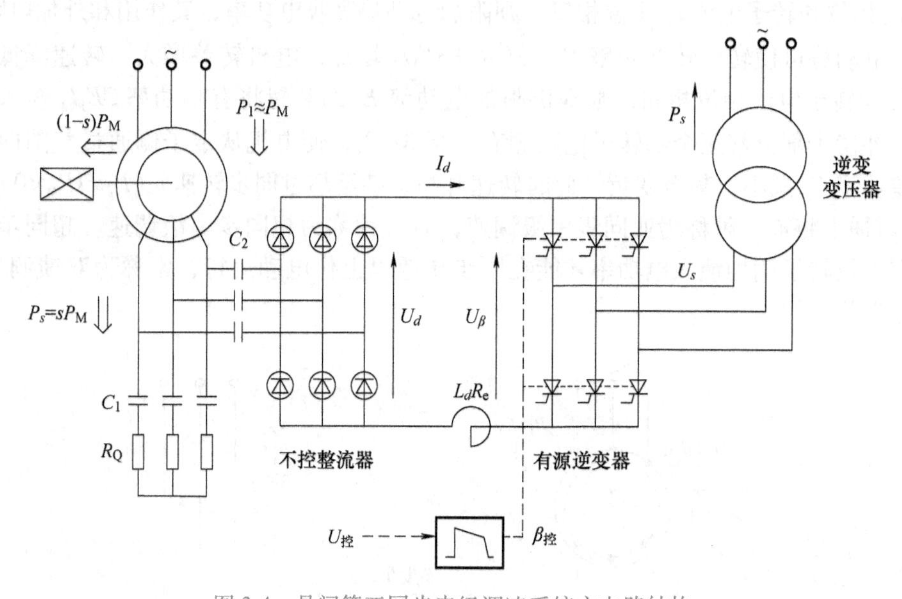

图 3-4　晶闸管亚同步串级调速系统主电路结构

串级调速系统中逆变变压器的作用一方面是使电机的转子电压和电网电压相匹配，另一方面也有利于抑制变流器中产生的谐波对电网的干扰。

串级调速系统的主要优点是系统中变流装置处理的只是电机的转差功率，若电机调速范围不大，则所用的变流装置的容量比较小。例如通常风机、水泵的调速范围一般只要 30% 左右即可，因此用亚同步串级调速其变流装置的容量只有电机容量的 30%，比较经济。但是这同时也限制了串级调速系统的运行速度范围，不允许超过规定值，否则将导致变流装置的过载，使功率半导体器件损坏。由于起动时 $s=1$，$P_s=P_M$ 超过了串级调速装置的容量，所以串级调速装置一般不允许用来起动电机，需要另配专门的起动电阻，如频敏变阻器等，如图 3-4 中的 R_Q。只有当电机起动完毕进入高速运行后，才可以把串级调速装置投入，进行向下的调速运行。

3.1.3.2　运行特性

1. 开环机械特性

串级调速系统的开环机械特性可以通过分析转子侧变流装置直流环节的电压平衡关系求得。

串级调速系统中经过不控整流输出的转子侧直流电压为

$$U_d=sE_{d0}-\Delta U_M \tag{3-5}$$

式中　E_{d0}——电机静止时的转子整流输出电压；

ΔU_{M}——电机侧不控整流电路中的总压降，包括折算到直流侧的转子电阻压降 $K_{r}R_{2}I_{d}$，转子回路换相重叠压降 $3sX_{M}I_{d}/\pi$ 和两只整流管的管压降 $2\Delta U_{d}$ 等。

其中　K_{r}——交流至直流的电阻折算系数；

X_{M}——折算到转子侧的电机总漏抗。

逆变侧的直流电压为

$$U_{\beta}=E_{\beta}+\Delta U_{s} \tag{3-6}$$

对于三相全控桥逆变电压 $E_{\beta}=2.34U_{s}\cos\beta$，其中 U_{s} 为逆变变压器二次相电压，β 为逆变角；ΔU_{s} 为电网侧逆变电路中的总压降，包括变压器二次绕组电阻压降 $K_{r}R_{s}I_{d}$，逆变器换相重叠压降 $3K_{s}I_{d}/\pi$ 和两只晶闸管的管压降 $2\Delta U$ 等。

从直流回路稳态的电压平衡关系可得

$$U_{d}=U_{\beta}+R_{e}I_{d} \tag{3-7}$$

式中　R_{e}——滤波电抗器的电阻。

把式（3-5）和式（3-6）代入式（3-7），忽略换相重叠压降和管压降，经过整理可得下列关系：

$$s=K_{1}\cos\beta+K_{2}I_{d} \tag{3-8}$$

$$n=n_{s}(1-s)=n_{s}(1-K_{1}\cos\beta-K_{2}I_{d}) \tag{3-9}$$

式中　n_{s}——气隙磁场同步转速；

$K_{1}=2.34U_{s}\cos\beta/E_{d0}$，$K_{2}=K_{r}(R_{s}+R_{2})+R_{e}$。

式（3-9）说明，串级调速系统的机械特性与直流电动机的特性颇为相似，几乎是一簇平行而向下斜的直线，如图3-5所示。在一定的负载 I_{d} 下改变逆变角 β 可以实现调速，而在 β 保持一定时，电机的转速随负载增大而下降，特性较软。所以除了一些对调速精度要求不高、调速范围不大的场合，例如风机、水泵的调速可以采用开环控制以外，一般需要采用带速度反馈和电流反馈的双闭环调速系统，如图3-6所示。图3-6中，n_{s} 为电机实际速度，n_{ref} 为电机速度指令值，i_{T} 为电流采样值，速度调节器和电流调节器都为PI控制器。

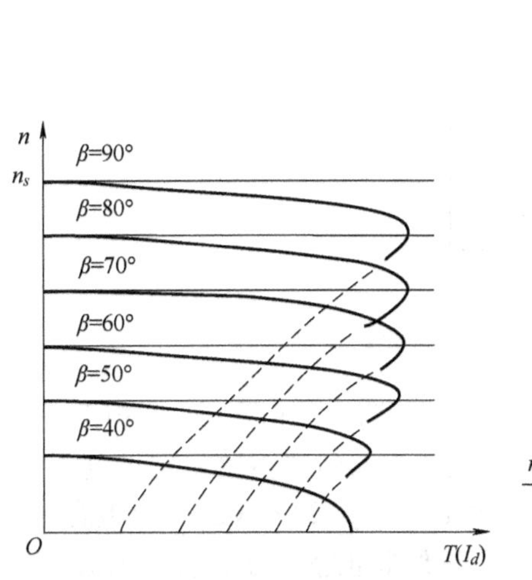

图3-5　串级调速系统的机械特性

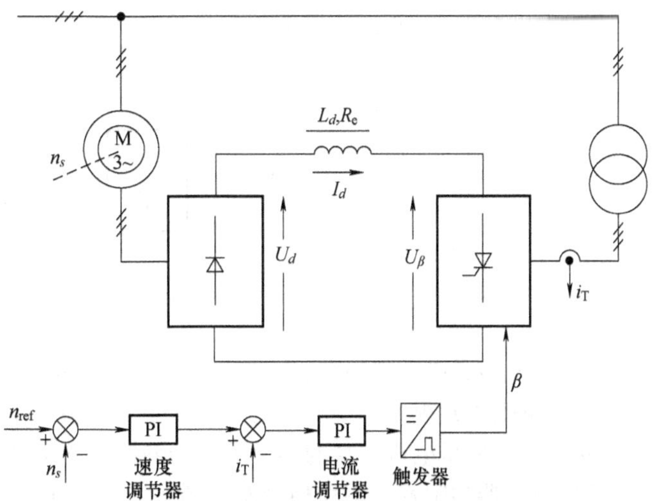

图3-6　双闭环控制串级调速系统的组成

2. 功率因数问题

晶闸管亚同步串级调速系统的主要缺点是功率因数低。如果系统按照较宽调速范围设计，则在最高速度下满载运行时功率因数 $\cos\varphi=0.5$；而当速度降低时功率因数更低，$\cos\varphi<0.3$，与异步电动机本身固有的功率因数 $\cos\varphi_D\approx0.9$ 相差很多。这样就会造成用串级调速系统拖动风机、水泵运行时虽可节约有功功率，但会造成无功功率消耗的大量增多。

分析造成这类串级调速系统功率低下的原因，首先应从串级调速系统功率因数定义入手。串级调速系统由电机本体和整流-有源逆变电路构成，异步电动机本身固有的功率因数为 $\cos\varphi_D$，其中 φ_D 为电机电流 I_1 落后电网电压 U_1 的相角。逆变电路接入电网后的输入电流为 I_β，这样构成的串级调速系统总电流应为 $I_W=I_1+I_\beta$，I_W 与 U_1 之间的相位差的余弦 $\cos\varphi$ 即为串级调速系统的功率因数，如图 3-7 所示，据此可分析出造成晶闸管亚同步串级调速系统功率因数低下的原因如下：

1）逆变器晶闸管换相需要落后的感性无功电流，即 I_β 落后 U_1。这样，异步电动机和逆变电路均需要无功功率，使得串级调速系统的无功功率相加，即 $Q_W=Q_1+Q_\beta$；而串级调速系统中的逆变器可实现转差功率 P_β 向电网的回馈，故串级调速系统中的有功功率相减，即 $P_W=P_1-P_\beta$。这样，串级调速系统的功率因数则为

$$\cos\varphi=\frac{P_W}{\sqrt{P_W^2+Q_W^2}}=\frac{P_1-P_\beta}{\sqrt{(P_1-P_\beta)^2+(Q_1+Q_\beta)^2}} \tag{3-10}$$

就要比电机本身的功率因数 $\cos\varphi_D$ 低得多。

$$\cos\varphi_D=\frac{P_1}{\sqrt{P_1^2+Q_1^2}} \tag{3-11}$$

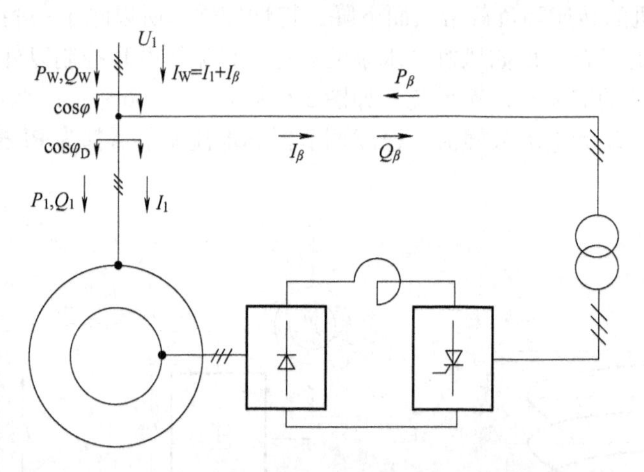

图 3-7　晶闸管亚同步串级调速系统功率流向图

2）电机转子电动势很低，工作在低频状态下的不控整流器器件存在严重的换相重叠现象，换相重叠角 μ 很大。反映到定子侧使定子电流 I_1 比不接整流器时要多落后定子电压 U_1 一个 $\mu/2$ 角，使得电机本身的功率因数为 $\cos(\varphi_D+\mu/2)\approx\cos\varphi_D\cos(\mu/2)<\cos\varphi_D$，也被恶化。

3）逆变器晶闸管采用移相触发控制，造成电压、电流波形非正弦畸变，各类谐波无功的存在恶化了系统功率因数。

要改善晶闸管亚同步串级调速系统的功率因数，最主要的是减少有源逆变器对无功的需

求，这可从两方面采取措施：

1）改变晶闸管的换相方式，由电网电压自然换相改为电容强迫换相，使有源逆变电路不仅无需感性无功，甚至可以产生感性无功，进一步还可以补偿异步电动机的无功需要。为此，必须采用高功率因数的串级调速装置。

2）对于采用电网电压自然换相方式的逆变器，应减少换相过程对感性无功的需求，即使晶闸管保持较小的逆变角 β。为此，可以采用改变逆变器抽头来改变变压器二次电压 U_β，以满足小逆变角下工作的条件。

另外还有在转子直流回路中加入斩波器调压以缩小逆变角变化范围的改善功率因数方案。

3.1.4 双馈调速系统

3.1.4.1 基本概念

在亚同步串级调速系统中，转子侧采用不控整流器，决定了电机的转差功率只能从转子向电网单方向传递，电机只能工作在低于同步转速的电动机状态。如果把转子侧变流器改为可控整流器（见图3-8），并使电机工作在逆变状态，同时使电网侧变流器工作在整流状态，则转差功率可从电网输入电机转子，此时电机处于定、转子双馈状态，两部分功率汇集起来变成机械功率从轴上输出。由于电机内部的电磁功率关系 $P_2=(1-s)P_M$ 仍然成立，显然此时的转差功率 P_2 和转差 s 均应为负值。$s<0$ 表明电机转速高于同步转速，这就构成了超同步串级调速系统，由于此时电机从定子、转子两侧同时馈入功率，故称双馈调速系统。由于定、转了的双方馈电，在超同步电动运行状态下电机轴上输出功率可以大于铭牌规定的额定功率。

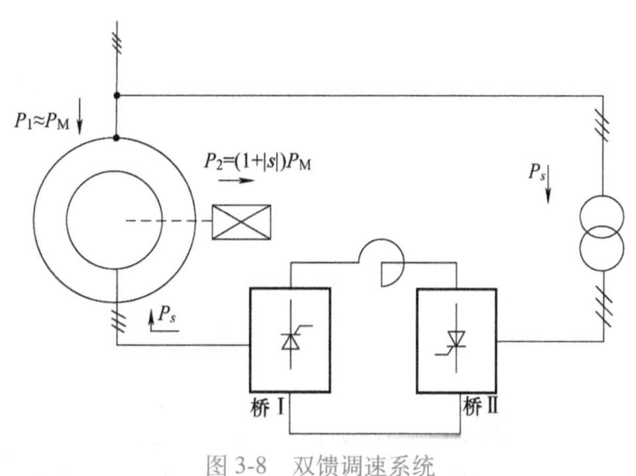

图3-8 双馈调速系统

3.1.4.2 运行特性

双馈调速系统的速度调节主要是通过控制两变流器移相触发角实现的。例如当系统作超同步运行时，转子侧的桥Ⅰ工作在逆变状态（$\beta_1=30°\sim90°$），电网侧的桥Ⅱ工作在整流状态（$\alpha_2=0°\sim90°$），在理想空载条件下，转子直流环节电压方程式为

$$sE_{d0}\cos\beta_1=2.34U_s\cos\alpha_2 \tag{3-12}$$

可求得

$$s=\frac{2.34U_s\cos\alpha_2}{E_{d0}\cos\beta_1} \tag{3-13}$$

所以调节 β_1 或 α_2 均可改变电机的转速。由于超同步电动运行时桥Ⅱ工作在可控整流状态，保持较小的移相角 α_2 可以提高系统的功率因数，故一般常采用固定桥Ⅱ移相角 α_2 而变化桥Ⅰ的移相角 α_1 来调速。

由于转子侧的桥Ⅰ和电网侧的桥Ⅱ均可工作在整流/逆变状态，因此双馈调速系统中定、转子的功率流向可以双向控制，从而具有四象限运行能力。图 3-9 为根据相对同步转速的高低和电磁转矩的性质划分的四象限运行状态下的功率流向图。

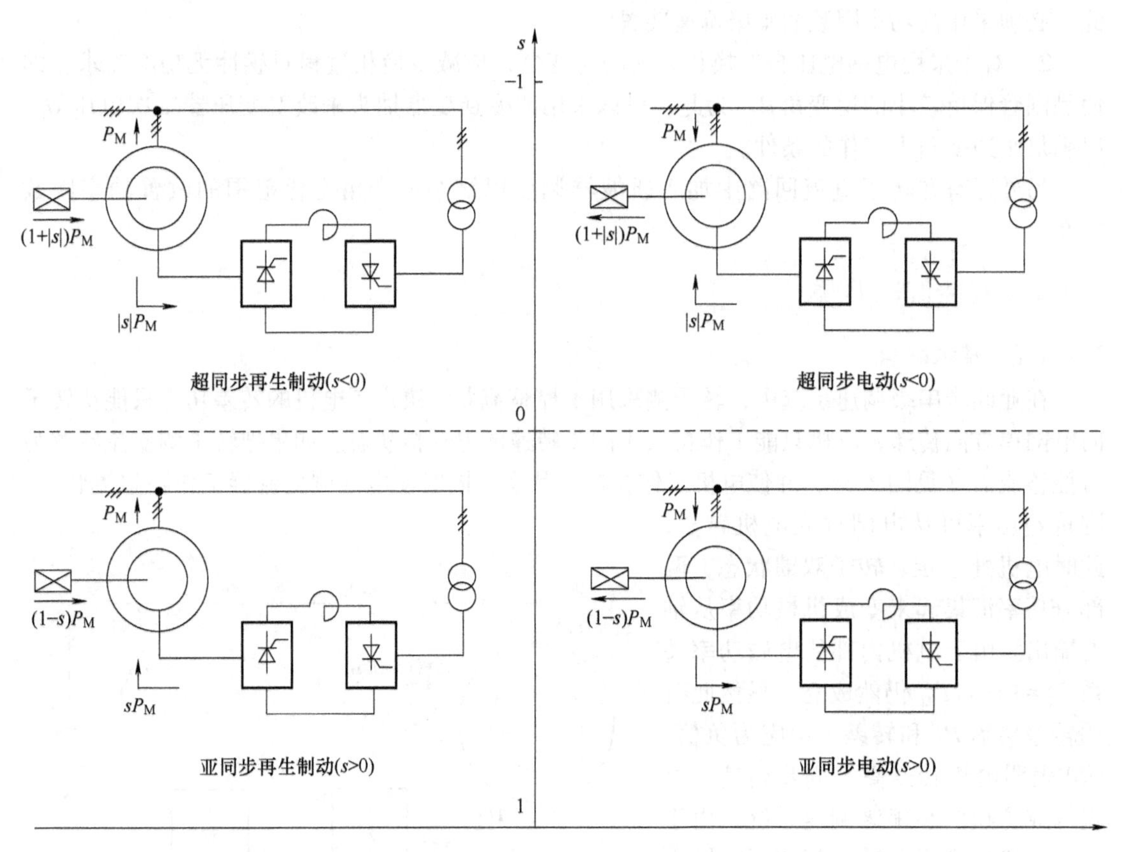

图 3-9 双馈调速系统四象限运行时功率流向

（1）亚同步电动运行（$s>0, T>0, n<n_s$）

双馈调速系统中的亚同步电动运行状态与串级调速系统相同，即转子侧的桥Ⅰ工作在整流状态（$\alpha_1<90°$），电网侧的桥Ⅱ工作在逆变状态（$\beta_2<90°$）。

此时转差功率 $P_s=sP_M$ 从桥Ⅰ流向桥Ⅱ。因此，输入到电机定子侧的电磁功率 P_M，一部分变为机械功率 $P_2=(1-s)P_M$ 由电动机轴上输出给负载，另一部分则变为转差功率 P_s 由转子侧变流装置回馈电网。

（2）超同步电动运行（$s<0, T>0, n>n_s$）

当双馈系统处于超同步电动运行状态时，转子侧的桥Ⅰ工作在逆变状态（$\beta_1<90°$），电网侧的桥Ⅱ工作在整流状态（$\alpha_2<90°$）。

此时转差功率 $P_s=sP_M$ 从桥Ⅱ流向桥Ⅰ。因此，电网通过定子向电动机输入电磁功率 P_M，还通过转子侧变流装置向电动机输入转差功率 P_s，然后都以机械功率 $P_2=(1+|s|)P_M$ 的形式由电动机轴输出给负载，加速转子至超同步速。

（3）亚同步再生制动运行（$s>0, T<0, n<n_s$）

当双馈系统处于亚同步再生制动运行状态时，转子侧的桥Ⅰ工作在逆变状态（$\beta_1<$

90°)，电网侧的桥Ⅱ工作在整流状态（α_2<90°)。

此时转差功率 $P_s=sP_M$ 从桥Ⅱ流向桥Ⅰ。因此，由原动机输入电动机的机械功率 $P_2=(1-s)P_M$ 和由电网通过转子侧变流装置输入的转差功率 P_s 都以电磁功率 P_M 的形式送到定子侧，再回馈电网。

（4）超同步再生制动运行（$s<0,T<0,n>n_s$）

当双馈系统处于超同步再生制动运行状态时，转子侧的桥Ⅰ工作在整流状态（α_1<90°)，电网侧的桥Ⅱ工作在逆变状态（β_2<90°)。

此时转差功率 $P_s=sP_M$ 从桥Ⅰ流向桥Ⅱ。因此，由原动机输入电动机的机械功率 $P_2=(1+|s|)P_M$，一部分转化为转差功率 P_s，由转子侧变流装置回馈电网，另一部分转化为电磁功率 P_M，由定子侧回馈电网。

如果转子侧变流器能承受转子的额定电压，则还可以利用改变定子电源相序来实现正、反转，那就能实现按转向、转矩划分的四象限运行。

由上述分析可知，要实现双馈调速运行，要求变流装置能把电网的工频电流变成与转子感应电动势同频率的交流电流送入电机的转子绕组，在中、小功率系统中就采用了图 3-9 所示的主电路结构形式，这实际上是异步电动机转子交-直-交变频调速系统，其中的转子侧变流器必须采用强迫换相或自关断功率器件。

采用高频自关断器件 IGBT 构成的双馈调速系统如图 3-10 所示。这是一个采用电压型双 PWM 变频器实现转子侧馈电的双馈调速系统，由于采用了 PWM 变换电路，使能量可在双馈电机转子与电网间实现双向流动，从而使电机具有四象限运行能力。其中网侧 PWM 变换器可实现交-直-交变频电路输入功率因数、输入电流波形控制，以获得包括超前、落后及单位功率因数，同时也能实现转子侧变换器所需的直流母线电压动态控制；转子侧 PWM 变换器则保证输入双馈电机转子绕组所需的转子频率电压，并通过矢量控制策略实现气隙磁场和电磁转矩的解耦控制，获得优越的转矩动态调节性能。

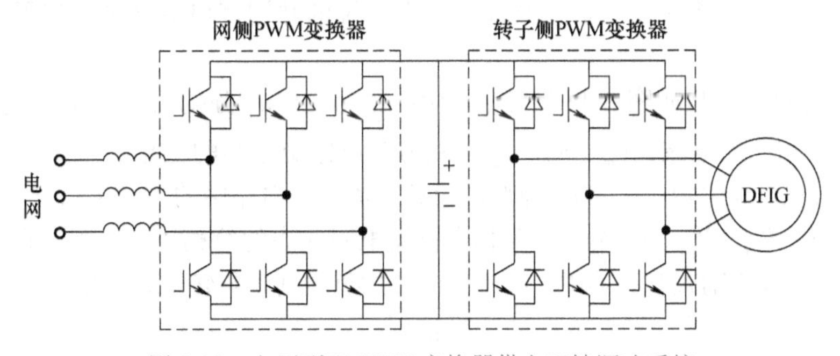

图 3-10 电压型双 PWM 变换器供电双馈调速系统

与亚同步串级调速系统相比，双馈调速系统具有以下优点：

1）在相同的额定功率和调速范围条件下，由于双馈调速系统可以在同步转速上、下运行，转子回路中设置的调速装置容量要比亚同步串级调速系统中的装置容量减小一半。

2）由于转差功率可以双向传送，具有再生制动功能，双馈调速系统动态响应快。

3）超同步转速运行时系统功率因数高。

所以双馈调速系统在大容量、宽调速、对动态性能要求高的场合以及可再生能源开发（风电、水电）中获得广泛应用。

3.2 绕线转子异步发电机矢量控制

绕线转子异步发电机采用两个背靠背、通过直流环节连接的两电平电压型 PWM 变流器进行交流励磁，以此实现变速恒频运行和最大风能追踪控制，因此绕线转子异步发电机的运行控制主要就是对交流励磁变频器的控制。为了实现各自的控制目标，即网侧变流器主要用以保持直流母线电压的稳定、保证输入电流正弦和控制输入功率因数，机侧变流器主要用以对绕线转子异步发电机定子输出有功、无功功率控制，为此必须实现对网侧和机侧变流器的输出电流（或功率）的有效调节和控制。针对理想电网电压条件下绕线转子异步发电机系统包括网侧、转子侧 PWM 变流器的控制策略中，不少控制方式与交流调速传动系统的高性能控制策略相对应。如经典的磁场定向矢量控制（Flux-Oriented Vector Control，FOVC）和直接转矩控制（Direct Torque Control，DTC）策略，在绕线转子异步发电机网侧、机侧变流器的控制中分别对应于矢量控制（Vector Control，VC）和直接功率/转矩控制（Direct Power/Torque Control，DPC/DTC）。考虑到绕线转子异步发电机系统中网侧、机侧变流器通过直流母线解耦而相对独立，本书以矢量控制为例分别介绍各自的模型特性和运行控制。

3.2.1 网侧变流器及其控制

网侧变流器实际上就是通常的三相电压型两电平 PWM 整流器，大多情况下用于交流至直流的电能变换，其主要优点是：①功率可双向流动；②输入电流正弦且谐波含量少；③功率因数可调，可运行在单位功率因数状态；④在输入电网电压固定的情况下可获得大小可调的直流电压，且抗负载扰动的稳定性好；⑤通过有效控制可降低直流环节储能电容容量。因此，随着电力系统谐波和无功问题的日益严重，为了提高交-直变换的品质和性能，PWM 整流器已在四象限可逆调速传动系统的前级交-直变换、直流分布式供电系统、静止型同步补偿器、太阳能光伏发电系统及变速恒频风力发电系统的并网接口电路中得到了广泛的应用。

3.2.1.1 网侧变流器的数学模型

网侧变流器的主电路如图 3-11 所示，图中 u_{ga}、u_{gb}、u_{gc} 分别为三相电网的相电压；i_{ga}、i_{gb}、i_{gc} 分别为三相输入电流；v_{ga}、v_{gb}、v_{gc} 分别为变流器交流侧的三相电压；V_{dc} 为变流器直流侧电压；C 为直流母线电容；i_{load} 为直流侧的负载电流。主电路中的 L_{ga}、L_{gb}、L_{gc} 分别为每相进线电抗器的电感；R_{ga}、R_{gb}、R_{gc} 分别为包括电抗器电阻在内的每相线路电阻。在绕线转子异步发电机系统的双 PWM 励磁变频器中，网侧变流器的负载则是与转子绕组相连的机侧变流器。

1. 三相静止坐标系中网侧变流器的数学模型

假设图 3-11 中主电路的功率器件为理想开关，三相静止坐标系中网侧变流器的数学描述为

$$\begin{cases} u_{ga}-i_{ga}R_{ga}-L_{ga}\dfrac{\mathrm{d}i_{ga}}{\mathrm{d}t}-S_{ga}V_{dc}=u_{gb}-i_{gb}R_{gb}-L_{gb}\dfrac{\mathrm{d}i_{gb}}{\mathrm{d}t}-S_{gb}V_{dc} \\ u_{gb}-i_{gb}R_{gb}-L_{gb}\dfrac{\mathrm{d}i_{gb}}{\mathrm{d}t}-S_{gb}V_{dc}=u_{gc}-i_{gc}R_{gc}-L_{gc}\dfrac{\mathrm{d}i_{gc}}{\mathrm{d}t}-S_{gc}V_{dc} \\ C\dfrac{\mathrm{d}V_{dc}}{\mathrm{d}t}=S_{ga}i_{ga}+S_{gb}i_{gb}+S_{gc}i_{gc}-i_{load} \end{cases} \tag{3-14}$$

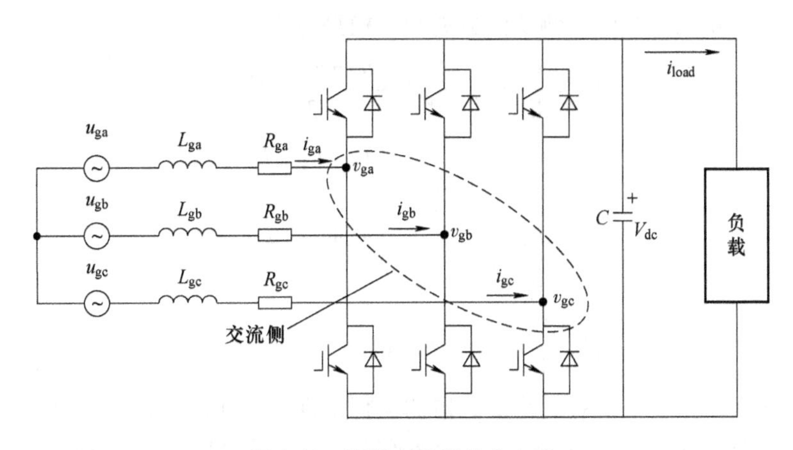

图 3-11　网侧变流器的主电路

式中　S_{ga}，S_{gb}，S_{gc}——三相 PWM 变流器中各相桥臂的开关函数，且定义上桥臂功率器件导通时为 1、下桥臂功率器件导通时为 0。

考虑到励磁变频器一般采用三相无中线的接线方式，根据基尔霍夫电流定律可知，无论三相电网电压平衡与否，其交流侧三相电流之和应为零，即

$$i_{ga}+i_{gb}+i_{gc}=0 \tag{3-15}$$

将式（3-15）代入式（3-14），可得

$$\begin{cases} L_{ga}\dfrac{\mathrm{d}i_{ga}}{\mathrm{d}t}=u_{ga}-i_{ga}R_{ga}-\dfrac{u_{ga}+u_{gb}+u_{gc}}{3}-\left[S_{ga}-\dfrac{S_{ga}+S_{gb}+S_{gc}}{3}\right]V_{dc} \\ L_{gb}\dfrac{\mathrm{d}i_{gb}}{\mathrm{d}t}=u_{gb}-i_{gb}R_{gb}-\dfrac{u_{ga}+u_{gb}+u_{gc}}{3}-\left[S_{gb}-\dfrac{S_{ga}+S_{gb}+S_{gc}}{3}\right]V_{dc} \\ L_{gc}\dfrac{\mathrm{d}i_{gc}}{\mathrm{d}t}=u_{gc}-i_{gc}R_{gc}-\dfrac{u_{ga}+u_{gb}+u_{gc}}{3}-\left[S_{gc}-\dfrac{S_{ga}+S_{gb}+S_{gc}}{3}\right]V_{dc} \\ C\dfrac{\mathrm{d}V_{dc}}{\mathrm{d}t}=S_{ga}i_{ga}+S_{gb}i_{gb}+S_{gc}i_{gc}-i_{load} \end{cases} \tag{3-16}$$

网侧变流器交流侧的三相线电压与各相桥臂开关函数 S_{ga}、S_{gb}、S_{gc} 间关系为

$$\begin{cases} v_{gab}=(S_{ga}-S_{gb})V_{dc} \\ v_{gbc}=(S_{gb}-S_{gc})V_{dc} \\ v_{gca}=(S_{gc}-S_{ga})V_{dc} \end{cases} \tag{3-17}$$

转换成为相电压关系为

$$\begin{cases} v_{ga}=\left[S_{ga}-\dfrac{(S_{ga}+S_{gb}+S_{gc})}{3}\right]V_{dc} \\ v_{gb}=\left[S_{gb}-\dfrac{(S_{ga}+S_{gb}+S_{gc})}{3}\right]V_{dc} \\ v_{gc}=\left[S_{gc}-\dfrac{(S_{ga}+S_{gb}+S_{gc})}{3}\right]V_{dc} \end{cases} \tag{3-18}$$

因此，三相静止坐标系中网侧变流器的数学模型可表示为

$$\begin{cases} L_{ga}\dfrac{di_{ga}}{dt}=u_{ga}-i_{ga}R_{ga}-\dfrac{u_{ga}+u_{gb}+u_{gc}}{3}-v_{ga} \\ L_{gb}\dfrac{di_{gb}}{dt}=u_{gb}-i_{gb}R_{gb}-\dfrac{u_{ga}+u_{gb}+u_{gc}}{3}-v_{gb} \\ L_{gc}\dfrac{di_{gc}}{dt}=u_{gc}-i_{gc}R_{gc}-\dfrac{u_{ga}+u_{gb}+u_{gc}}{3}-v_{gc} \\ C\dfrac{dV_{dc}}{dt}=S_{ga}i_{ga}+S_{gb}i_{gb}+S_{gc}i_{gc}-i_{load} \end{cases} \tag{3-19}$$

由于推导式（3-19）中未对网侧变流器的运行条件做任何假定，故在电网电压波动、三相不平衡、电压波形畸变（存在谐波）等各种情况下该方程均能有效适用。

2. 两相静止 $\alpha\beta$ 坐标系中网侧变流器的数学模型

若三相进线电抗器的电感、电阻相等，即 $L_{ga}=L_{gb}=L_{gc}=L_g$，$R_{ga}=R_{gb}=R_{gc}=R_g$，对式（3-19）进行三相静止坐标系到两相静止 $\alpha\beta$ 坐标系的坐标变换，可得两相静止 $\alpha\beta$ 坐标系中网侧变流器的数学模型为

$$\begin{cases} u_{g\alpha}=R_g i_{g\alpha}+L\dfrac{di_{g\alpha}}{dt}+v_{g\alpha} \\ u_{g\beta}=R_g i_{g\beta}+L\dfrac{di_{g\beta}}{dt}+v_{g\beta} \\ C\dfrac{dV_{dc}}{dt}=\dfrac{3}{2}(S_\alpha i_{g\alpha}+S_\beta i_{g\beta})-i_{load} \end{cases} \tag{3-20}$$

式中　$u_{g\alpha}$、$u_{g\beta}$——电网电压的 α、β 分量；
$i_{g\alpha}$、$i_{g\beta}$——网侧变流器输入电流的 α、β 分量；
$v_{g\alpha}$、$v_{g\beta}$——网侧变流器交流侧电压的 α、β 分量；
S_α、S_β——开关函数的 α、β 分量。

3. 同步速旋转 dq 坐标系中网侧变流器的数学模型

对式（3-19）进行三相静止坐标系到同步速旋转 dq 坐标系的坐标变换，可得同步速 ω_1 旋转 dq 坐标系中网侧变流器的数学模型为

$$\begin{cases} u_{gd}=R_g i_{gd}+L_g\dfrac{di_{gd}}{dt}-\omega_1 L_g i_{gq}+v_{gd} \\ u_{gq}=R_g i_{gq}+L_g\dfrac{di_{gq}}{dt}+\omega_1 L_g i_{gd}+v_{gq} \\ C\dfrac{dV_{dc}}{dt}=\dfrac{3}{2}(S_d i_{gd}+S_q i_{gq})-i_{load} \end{cases} \tag{3-21}$$

式中　u_{gd}、u_{gq}——电网电压的 d、q 分量；
i_{gd}、i_{gq}——网侧变流器输入电流的 d、q 分量；
v_{gd}、v_{gq}——网侧变流器交流侧电压的 d、q 分量；
S_d、S_q——开关函数的 d、q 分量。

令 $\boldsymbol{U}_g=u_{gd}+\mathrm{j}u_{gq}$ 为电网电压矢量。当坐标系的 d 轴定向于电网电压矢量时，有 $u_{gd}=|\boldsymbol{U}_g|=U_g$，$u_{gq}=0$，其中 U_g 为电网相电压幅值，于是式（3-21）变为

$$\begin{cases}U_g=R_gi_{gd}+L_g\dfrac{\mathrm{d}i_{gd}}{\mathrm{d}t}-\omega_1L_gi_{gq}+v_{gd}\\0=R_gi_{gq}+L_g\dfrac{\mathrm{d}i_{gq}}{\mathrm{d}t}+\omega_1L_gi_{gd}+v_{gq}\\C\dfrac{\mathrm{d}V_{dc}}{\mathrm{d}t}=\dfrac{3}{2}(S_di_{gd}+S_qi_{gq})-i_{load}\end{cases}\tag{3-22}$$

将式（3-22）写成矢量形式，则有

$$\begin{cases}\boldsymbol{U}_g=R_g\boldsymbol{I}_g+L_g\dfrac{\mathrm{d}\boldsymbol{I}_g}{\mathrm{d}t}+\mathrm{j}\omega_1L_g\boldsymbol{I}_g+\boldsymbol{V}_g\\C\dfrac{\mathrm{d}V_{dc}}{\mathrm{d}t}=i_{load}-\dfrac{P_g}{V_{dc}}\end{cases}\tag{3-23}$$

式中　$\boldsymbol{I}_g$——网侧变流器输入电流矢量，且 $\boldsymbol{I}_g=i_{gd}+\mathrm{j}i_{gq}$；
$\boldsymbol{V}_g$——网侧变流器交流侧电压矢量，且 $\boldsymbol{V}_g=v_{gd}+\mathrm{j}v_{gq}$；
P_g——网侧变流器的输出功率。

3.2.1.2　网侧变流器的稳态特性

稳态运行时，各状态变量的导数等于零，于是由式（3-22）可得同步速旋转坐标系中的稳态方程为

$$\begin{cases}U_g=R_gi_{gd}-\omega_1L_gi_{gq}+v_{gd}\\0=R_gi_{gq}+\omega_1L_gi_{gd}+v_{gq}\end{cases}\tag{3-24}$$

$$i_{load}=\frac{3}{2}(S_di_{gd}+S_qi_{gq})\tag{3-25}$$

据此可得如图 3-12a 所示的网侧变流器稳态电压空间矢量图，图中 $Z_g=R_g+\mathrm{j}\omega_1L_g$ 为线路的阻抗，φ 为功率因数角。可以看出，如果功率因数一定，则网侧变流器交流侧电压空间矢量 $V_g=v_{gd}+\mathrm{j}v_{gq}$ 的末端将始终在阻抗三角形的斜边上滑动。如果忽略电阻 R_g 且运行在功率因数为 1 的情况下，则网侧变流器稳态电压空间矢量关系将变为如图 3-12b 所示。

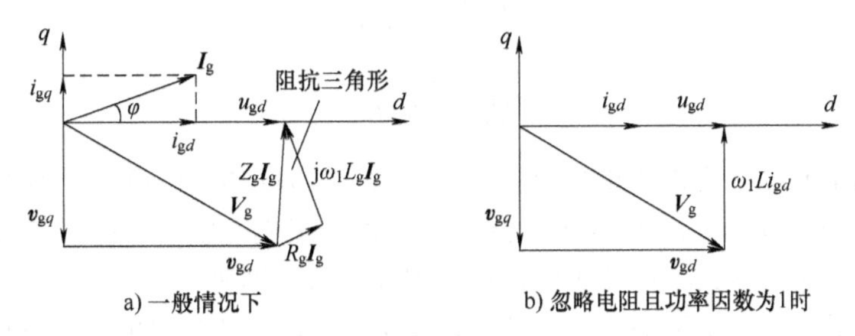

图 3-12　网侧变流器稳态电压空间矢量图

若 $R_g=0$，则式（3-24）变为

$$\begin{cases}v_{gd}=U_g+\omega_1L_gi_{gq}\\v_{gq}=-\omega_1L_gi_{gd}\end{cases}\tag{3-26}$$

于是有

$$\sqrt{S_d^2+S_q^2}V_{\mathrm{dc}}=\sqrt{(U_{\mathrm{g}}+\omega_1 L_{\mathrm{g}}i_{\mathrm{g}q})^2+(\omega_1 L_{\mathrm{g}}i_{\mathrm{g}d})^2} \tag{3-27}$$

即

$$V_{\mathrm{dc}}=\frac{\sqrt{(U_{\mathrm{g}}+\omega_1 L_{\mathrm{g}}i_{\mathrm{g}q})^2+(\omega_1 L_{\mathrm{g}}i_{\mathrm{g}d})^2}}{\sqrt{S_d^2+S_q^2}} \tag{3-28}$$

根据电压空间矢量调制原理，如果不作过调制，在幅值守恒原则变换下有

$$\sqrt{S_d^2+S_q^2}\leqslant\frac{1}{\sqrt{3}} \tag{3-29}$$

此时应有

$$V_{\mathrm{dc}}\geqslant\sqrt{3}\sqrt{(U_{\mathrm{g}}+\omega_1 L_{\mathrm{g}}i_{\mathrm{g}q})^2+(\omega_1 L_{\mathrm{g}}i_{\mathrm{g}d})^2} \tag{3-30}$$

此式给出了直流母线电压与电网相电压幅值、交流进线电感及负载电流之间的关系，也即网侧变流器直流母线电压 V_{dc} 的下限，直流母线电压只有满足式（3-30）的关系时网侧变流器才能正常工作。

由式（3-30）还可以看出，在相同的输出负载 $i_{\mathrm{g}d}$ 下，若网侧变流器输入交流电流中包含超前分量（$i_{\mathrm{g}q}>0$），则需要较高的直流母线电压；如果网侧变流器输入交流电流中包含滞后分量（$i_{\mathrm{g}q}<0$），所需的直流母线电压要低一些。当网侧变流器工作在功率因数为 1 的情况下（见图 3-12b），输出负载越大所需最低直流母线电压就越高，即使空载条件下直流母线电压也不能低于交流电网线电压幅值，这是由于 PWM 变流器的 Boost 电路升压特性所决定。

按图 3-11 所示三相输入电流 i_{ga}、i_{gb}、i_{gc} 的正方向规定和幅值守恒的坐标变换原则，网侧变流器向电网输出的有功功率和无功功率分别为

$$P_{\mathrm{g}}=-\frac{3}{2}(u_{\mathrm{g}d}i_{\mathrm{g}d}+u_{\mathrm{g}q}i_{\mathrm{g}q}) \tag{3-31}$$

$$Q_{\mathrm{g}}=-\frac{3}{2}(u_{\mathrm{g}q}i_{\mathrm{g}d}-u_{\mathrm{g}d}i_{\mathrm{g}q}) \tag{3-32}$$

在 d 轴定向于电网电压矢量的同步速旋转坐标系统中，则有

$$P_{\mathrm{g}}=-\frac{3}{2}u_{\mathrm{g}d}i_{\mathrm{g}d} \tag{3-33}$$

$$Q_{\mathrm{g}}=\frac{3}{2}u_{\mathrm{g}d}i_{\mathrm{g}q} \tag{3-34}$$

在功率以向电网输出为正的正方向规定下，式（3-33）中 $P_{\mathrm{g}}<0$ 表示网侧变流器工作于整流状态，从电网吸收能量；$P_{\mathrm{g}}>0$ 表示网侧变流器处于逆变状态，能量从直流侧回馈到电网。而式（3-34）中 $Q_{\mathrm{g}}>0$ 表示网侧变流器呈容性，从电网吸收超前的无功功率；$Q_{\mathrm{g}}<0$ 表示网侧变流器呈感性，从电网吸收滞后的无功功率。所以电流矢量的 d、q 轴分量 $i_{\mathrm{g}d}$ 和 $i_{\mathrm{g}q}$ 实际上代表了网侧变流器的有功电流和无功电流。

网侧变流器运行在单位功率因数时的有功功率流动情况如图 3-13 所示。图 3-13a 表示运行于单位功率因数整流工况时的情况，此时由电网提供的有功功率 P_{g} 供给了直流侧的负载功率 P_{load} 和各种损耗功率，如交流侧线路电阻损耗 P_{gR}、PWM 变流器开关和导通损耗 P_{gs}、

直流母线电容等效并联电阻损耗和电容充放电的功率 P_C 等。图 3-13b 则表示网侧变流器运行在单位功率因数逆变工况时的有功功率流动情况，此时直流侧有源负载提供的有功功率在补偿各种损耗后回馈至电网。

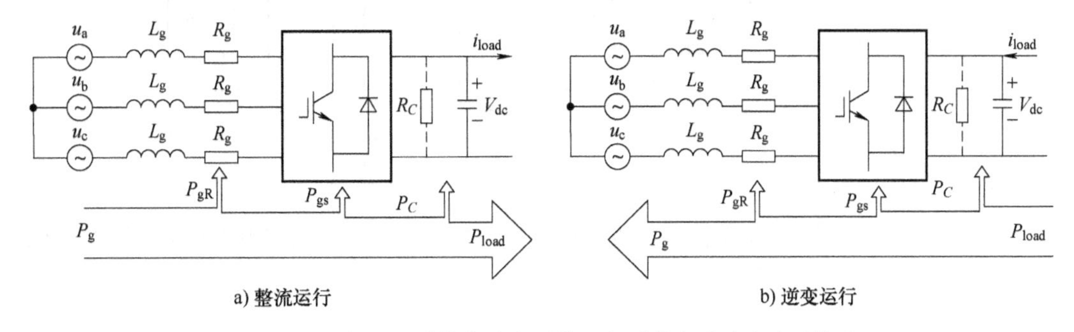

图 3-13　网侧变流器单位功率因数运行时的有功功率流动情况

忽略掉各种损耗后，可得网侧变流器直流侧与交流侧的功率平衡关系为

$$P_g = -\frac{3}{2}u_{gd}i_{gd} = V_{dc}i_{load} = P_{load} \tag{3-35}$$

当交流侧输入的功率大于直流侧负载消耗的功率时，多余能量会使直流母线电压升高，反之降低。因此只要能控制交流侧输入的有功电流，就可控制变流器有功功率的平衡，从而保持直流母线电压的稳定。

由式（3-26）可得

$$\begin{cases} i_{gd} = -\dfrac{v_{gq}}{\omega_1 L_g} \\ i_{gq} = \dfrac{1}{\omega_1 L_g}(v_{gd}-u_{gd}) \end{cases} \tag{3-36}$$

于是式（3-33）和式（3-34）表示的功率方程变为

$$P_g = \frac{3}{2}\frac{u_{gd}v_{gq}}{\omega_1 L_g} \tag{3-37}$$

$$Q_g = \frac{3}{2}\frac{u_{gd}}{\omega_1 L_g}(v_{gd}-u_{gd}) \tag{3-38}$$

以上两式表明，调节网侧变流器交流侧电压矢量的 d、q 分量，就可调节变流器从电网吸收的有功和无功功率，从而可使变流器在不同的有功、无功状态下实现四象限运行。

3.2.1.3　网侧变流器的运行控制

网侧变流器的主要功能是保持直流母线电压的稳定、输入电流正弦和控制输入功率因数。直流母线电压的稳定与否取决于交流侧与直流侧有功功率的平衡，如果能有效地控制住交流侧输入有功功率，则可保持直流母线电压的稳定。在电网电压恒定条件下，对交流侧有功功率的控制实际上就是对输入电流有功分量的控制；输入功率因数的控制实际上就是对输入电流无功分量的控制；而输入电流波形正弦与否主要与电流控制的有效性和调制方式有关。由此可见，整个网侧变流器的控制系统应分为两个环节：电压外环控制和电流内环控制，如图 3-14 所示。

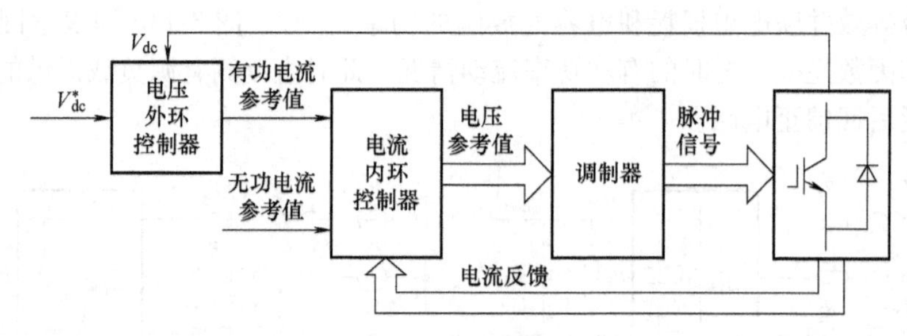

图 3-14　网侧变流器控制系统结构示意图

根据式（3-21），可以导出基于 d 轴电网电压定向、dq 分量形式的网侧变流器交流侧电压为

$$\begin{cases} v_{gd} = -R_g i_{gd} - L_g \dfrac{di_{gd}}{dt} + \omega_1 L_g i_{gq} + u_{gd} \\ v_{gq} = -R_g i_{gq} - L_g \dfrac{di_{gq}}{dt} - \omega_1 L_g i_{gd} \end{cases} \tag{3-39}$$

此式表明，网侧变流器 d、q 轴电流除受 v_{gd}、v_{gq} 控制外，还受电流交叉耦合项 $\omega_1 L_g i_{gq}$、$\omega_1 L_g i_{gd}$，电阻压降 $R_g i_{gd}$、$R_g i_{gq}$ 以及电网电压 u_{gd} 的影响。因此欲实现对 d、q 轴电流的有效控制，必须寻找一种能解除 d、q 轴电流间耦合和消除电网电压扰动的控制方法。

令

$$\begin{cases} v'_{gd} = L_g \dfrac{di_{gd}}{dt} \\ v'_{gq} = L_g \dfrac{di_{gq}}{dt} \end{cases} \tag{3-40}$$

为了消除控制静差，引入积分环节，根据式（3-40）可设计出如下电流控制器：

$$\begin{cases} v'_{gd} = L_g \dfrac{di_{gd}}{dt} = L_g \dfrac{di^*_{gd}}{dt} + k_{igp}(i^*_{gd} - i_{gd}) + k_{igi}\int (i^*_{gd} - i_{gd})\,dt \\ v'_{gq} = L_g \dfrac{di_{gq}}{dt} = L_g \dfrac{di^*_{gq}}{dt} + k_{igp}(i^*_{gq} - i_{gq}) + k_{igi}\int (i^*_{gq} - i_{gq})\,dt \end{cases} \tag{3-41}$$

式中　i^*_{gd}、i^*_{gq}——d、q 轴电流参考值；

k_{igp}、k_{igi}——电流控制器的比例、积分系数。

式（3-41）给出了电流控制器的输出电压，代入式（3-39）可得网侧变流器交流侧电压参考值为

$$\begin{cases} v^*_{gd} = -v'_{gd} - R_g i_{gd} + \omega_1 L_g i_{gq} + u_{gd} \\ v^*_{gq} = -v'_{gq} - R_g i_{gq} - \omega_1 L_g i_{gd} \end{cases} \tag{3-42}$$

式（3-42）表明，由于引入了电流状态反馈量 $\omega_1 L_g i_{gq}$、$\omega_1 L_g i_{gd}$ 来实现解耦，同时又引入电网扰动电压项和电阻压降项 $R_g i_{gd}$、$R_g i_{gq}$ 进行前馈补偿，从而实现了 d、q 轴电流的解耦控制，有效提高了系统的动态控制性能。为了提高网侧变流器的抗负载扰动性能，还可再加上负载电流的前馈补偿项。

直流环节电压控制器可采取类似于式（3-41）所示电流控制器的方式来设计，即

$$i_C = C\frac{\mathrm{d}V_{\mathrm{dc}}}{\mathrm{d}t} = C\frac{\mathrm{d}V_{\mathrm{dc}}^*}{\mathrm{d}t} + k_{\mathrm{vp}}(V_{\mathrm{dc}}^* - V_{\mathrm{dc}}) + k_{\mathrm{vi}}\int(V_{\mathrm{dc}}^* - V_{\mathrm{dc}})\,\mathrm{d}t \tag{3-43}$$

式中　V_{dc}^*——直流母线电压的参考值；

k_{vp}、k_{vi}——直流电压控制器的比例、积分系数。

d 轴电流的参考值可由直流环节电压控制器输出得到。于是，根据式（3-42）和式（3-43），可画出带解耦和扰动补偿的网侧变流器直流环节电压、电流双闭环控制框图，如图 3-15 所示。图 3-15 中，通过电流状态反馈来实现两轴电流间的解耦控制，通过电网电压前馈来实现对电网电压扰动的补偿，通过对负载电流的前馈来实现对负载扰动的补偿。

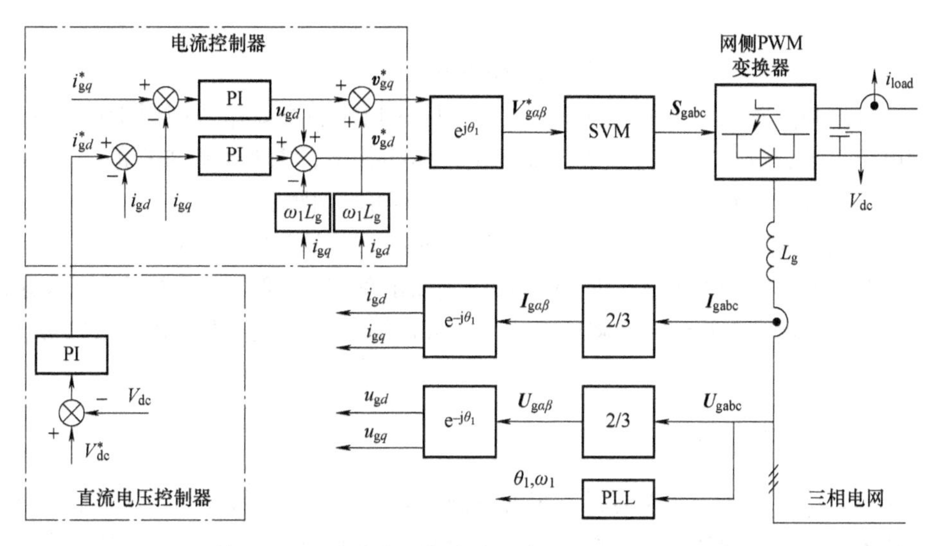

图 3-15　基于 d 轴电网电压定向的网侧变流器直流环节电压、电流双闭环控制框图

3.2.1.4　理想电网条件下的锁相环原理

目前在绕线转子异步发电机并网发电运行中，网侧、机侧变流器控制中普遍采用锁相环（Phase-Locked Loop，PLL）技术来获取电网电压的频率、相位和幅值。PLL 是一种能够实现两个电信号相位同步的自动控制闭环系统，广泛应用于通信、自动控制、信号检测及时钟同步等技术领域。PLL 在电机控制和电力电子变流器领域的应用则经历了由硬件 PLL 到软件 PLL 的发展阶段。硬件 PLL 中的鉴相器采用的电压过零检测方式存在动态响应慢、检测精度低等问题，特别是过零点附近存在的噪声干扰对其测量准确性有严重影响。因此随着高性能 DSP 芯片的广泛应用，电压同步信号的检测一般都采用了软件 PLL 技术，当前广泛采用的三相软件 PLL 原理如图 3-16 所示。

u_{sabc}　abc/$\alpha\beta$　$u_{s\alpha}$　$u_{s\beta}$　$\alpha\beta$/dq　u_{sd}　u_{sq}　PI　$\Delta\omega$　ω_1　$\hat{\omega}_1$　∫　$\hat{\theta}_1$

a) 实现原理

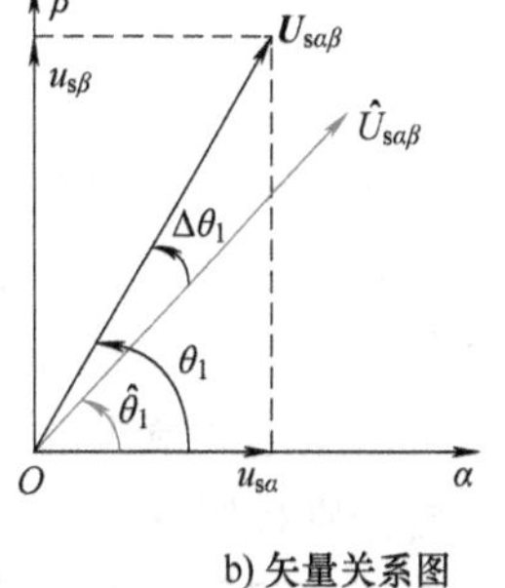

b) 矢量关系图

图 3-16　软件锁相环原理

理想电网条件下当PLL处于锁定状态时，PLL输出电压矢量与实际电网电压矢量$\boldsymbol{U}_{s\alpha\beta}$应当重合；但当电网电压相位突然变化时，这两个矢量之间将出现差异，如图3-16b所示。此时，两矢量之间的夹角可表示为

$$\Delta\theta_1=\theta_1-\hat{\theta}_1=\arctan\left(\frac{u_{s\alpha}}{u_{s\beta}}\right)-\hat{\theta}_1\approx\sin(\theta_1-\hat{\theta}_1)=u_{s\beta}\cos\hat{\theta}_1-u_{s\alpha}\sin\hat{\theta}_1 \tag{3-44}$$

将电网电压由两相静止$\alpha\beta$坐标系变换到同步速旋转dq坐标系后，可得

$$\begin{bmatrix}\hat{u}_{sd}\\ \hat{u}_{sq}\end{bmatrix}=\begin{bmatrix}\cos\hat{\theta}_1 & \sin\hat{\theta}_1\\ -\sin\hat{\theta}_1 & \cos\hat{\theta}_1\end{bmatrix}\begin{bmatrix}u_{s\alpha}\\ u_{s\beta}\end{bmatrix} \tag{3-45}$$

式中

$$\hat{u}_{sq}=u_{s\beta}\cos\hat{\theta}_1-u_{s\alpha}\sin\hat{\theta}_1 \tag{3-46}$$

比较式（3-45）和式（3-46）可知，电网电压的相角跳变$\Delta\theta_1$可用同步速旋转dq坐标系中电网电压q轴分量u_{sq}来描述。在理想电网电压条件下，电网电压矢量的d、q分量u_{sd}、u_{sq}为直流量，采用PI调节器对u_{sq}实现无静差调节即可准确跟踪电网电压空间矢量，据此可得检测三相电网电压频率和相位的软件PLL原理框图，如图3-16a所示。

当PLL准确锁定电网电压矢量时$\Delta\theta_1=0$，其输出角度$\hat{\theta}_1$即为正序电压空间矢量的相位θ_1。实际上只要相角跳变小到一定程度时式（3-44）即可成立，故软件PLL可以被视作一个线性控制系统。

3.2.2 机侧变流器及其控制

如前所述，绕线转子异步发电机系统的控制主要是对功率进行控制，这是通过其机侧变流器来实现的。由于直流环节的解耦作用，交流励磁变频器中各变流器的功能独立，其中网侧变流器主要用于控制直流母线电压的稳定和获得良好的交流输入性能，并不直接参与对绕线转子异步发电机的控制；机侧变流器则是用以实现绕线转子异步发电机的运行控制，其控制的有效性将直接影响绕线转子异步发电机的运行性能。

机侧变流器的主要控制目标有两个，首先是变速恒频前提下实现最大风能追踪，关键是绕线转子异步发电机转速或者有功功率的控制；其次是绕线转子异步发电机输出无功功率的控制，以保证所并电网的运行稳定性。由于绕线转子异步发电机输出有功和无功功率与转子的d、q分量电流密切相关，机侧变流器的控制目标就是实现对转子两分量电流的有效控制，其控制策略应以机侧变流器及绕线转子异步发电机数学模型为基础来进行设计。

3.2.2.1 机侧变流器数学模型

为了获得对绕线转子异步发电机的有效控制，必须结合绕线转子异步发电机奠定机侧变流器控制、分析的理论基础。与交流电动机相似，三相静止坐标系中绕线转子异步发电机也是呈现为一个高阶、多变量、非线性、强耦合的复杂时变系统，为了实现对其有功、无功功率的有效控制，可借鉴第2章中的矢量控制技术，通过坐标变换使得转子电流的有功与无功分量获得解耦，再分别控制这两个分量电流来实现对绕线转子异步发电机有功和无功功率的解耦控制，从而实现变速恒频发电运行控制目标。因此，机侧变流器的控制系统设计应结合绕线转子异步发电机数学模型来进行分析。

同步速旋转 dq 坐标系中矢量形式的绕线转子异步发电机电压方程和磁链方程如下：

$$\begin{cases} \boldsymbol{U}_{\mathrm{s}}=R_{\mathrm{s}}\boldsymbol{I}_{\mathrm{s}}+\dfrac{\mathrm{d}\boldsymbol{\psi}_{\mathrm{s}}}{\mathrm{d}t}+\mathrm{j}\omega_{1}\boldsymbol{\psi}_{\mathrm{s}} \\ \boldsymbol{U}_{\mathrm{r}}=R_{\mathrm{r}}\boldsymbol{I}_{\mathrm{r}}+\dfrac{\mathrm{d}\boldsymbol{\psi}_{\mathrm{r}}}{\mathrm{d}t}+\mathrm{j}\omega_{\mathrm{slip}}\boldsymbol{\psi}_{\mathrm{r}} \end{cases} \tag{3-47}$$

$$\begin{cases} \boldsymbol{\psi}_{\mathrm{s}}=L_{\mathrm{s}}\boldsymbol{I}_{\mathrm{s}}+L_{\mathrm{m}}\boldsymbol{I}_{\mathrm{r}} \\ \boldsymbol{\psi}_{\mathrm{r}}=L_{\mathrm{m}}\boldsymbol{I}_{\mathrm{s}}+L_{\mathrm{r}}\boldsymbol{I}_{\mathrm{r}} \end{cases} \tag{3-48}$$

并据此导出了矢量形式的绕线转子异步发电机等效电路，如图 3-17a 所示。

据式（3-23）可得如图 3-17b 所示的网侧、机侧变流器的矢量形式等效电路。网侧、机侧变流器与绕线转子异步发电机两等效电路相结合就可进行机侧变流器或绕线转子异步发电机系统的运行控制研究。

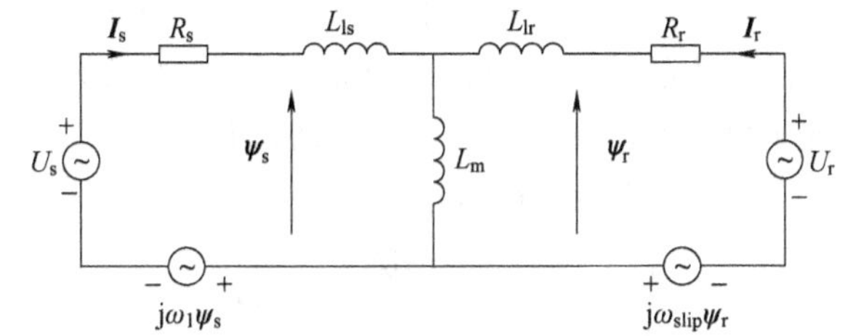

a) 两相同步速旋转dq坐标系中绕线转子异步发电机等效电路

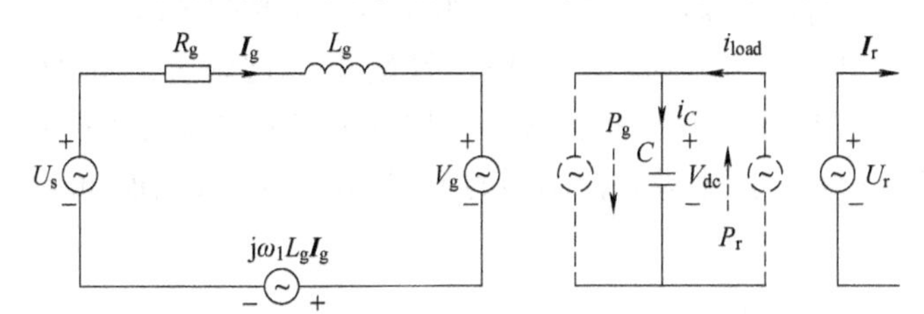

b) 两相同步速旋转dq坐标系中网侧、机侧变流器等效电路

图 3-17　两相同步速旋转 dq 坐标系中绕线转子异步发电机模型

3.2.2.2　机侧变流器的运行控制

绕线转子异步风力发电机系统变速恒频运行中的控制目标是有功功率和无功功率的控制，这两个目标都是通过机侧变流器对绕线转子异步发电机转子电流控制来实现的。

根据绕线转子异步发电机定子磁链矢量的定义

$$\boldsymbol{\psi}_{\mathrm{s}}=L_{\mathrm{m}}\boldsymbol{I}_{\mathrm{ms}} \tag{3-49}$$

式中　$\boldsymbol{I}_{\mathrm{ms}}$——定子的等效励磁电流，且

$$\boldsymbol{I}_{\mathrm{ms}}=\frac{L_{\mathrm{s}}}{L_{\mathrm{m}}}\boldsymbol{I}_{\mathrm{s}}+\boldsymbol{I}_{\mathrm{r}} \tag{3-50}$$

于是

$$\boldsymbol{I}_{\mathrm{s}}=\frac{L_{\mathrm{m}}}{L_{\mathrm{s}}}(\boldsymbol{I}_{\mathrm{ms}}-\boldsymbol{I}_{\mathrm{r}}) \tag{3-51}$$

$$\boldsymbol{\psi}_{\mathrm{r}}=\frac{L_{\mathrm{m}}^{2}}{L_{\mathrm{s}}}\boldsymbol{I}_{\mathrm{ms}}+\sigma L_{\mathrm{r}}\boldsymbol{I}_{\mathrm{r}} \tag{3-52}$$

式中　σ——绕线转子异步发电机的漏磁系数，表达式为

$$\sigma=1-\frac{L_{\mathrm{m}}^{2}}{L_{\mathrm{r}}L_{\mathrm{s}}} \tag{3-53}$$

把式（3-49）~式（3-52）代入式（3-47），可得

$$\begin{cases}\boldsymbol{U}_{\mathrm{s}}=R_{\mathrm{s}}\boldsymbol{I}_{\mathrm{s}}+L_{\mathrm{m}}\dfrac{\mathrm{d}\boldsymbol{I}_{\mathrm{ms}}}{\mathrm{d}t}+\mathrm{j}\omega_{1}\boldsymbol{\psi}_{\mathrm{s}}\\ \boldsymbol{U}_{\mathrm{r}}=R_{\mathrm{r}}\boldsymbol{U}_{\mathrm{r}}+\sigma L_{\mathrm{r}}\dfrac{\mathrm{d}\boldsymbol{I}_{\mathrm{r}}}{\mathrm{d}t}+\dfrac{L_{\mathrm{m}}^{2}}{L_{\mathrm{s}}}\dfrac{\mathrm{d}\boldsymbol{I}_{\mathrm{ms}}}{\mathrm{d}t}+\mathrm{j}\omega_{\mathrm{slip}}\boldsymbol{\psi}_{\mathrm{r}}\end{cases} \tag{3-54}$$

并网运行中绕线转子异步发电机定子直接挂网，定子电压 $\boldsymbol{U}_{\mathrm{s}}$ 即为电网电压 $\boldsymbol{U}_{\mathrm{g}}$。理想电网条件下电压幅值、频率和相位均可认为不变，故在同步速旋转坐标系中电压矢量 $\boldsymbol{U}_{\mathrm{s}}$ 的 d、q 分量应为恒定的直流，且定子磁链矢量 ψ_{s} 也恒定，即 $\mathrm{d}\boldsymbol{I}_{\mathrm{ms}}/(\mathrm{d}t)=0$。这样，在电网电压恒定的情况下可忽略定子励磁电流的动态过程，4 阶绕线转子异步发电机电压方程蜕化为如下式的 2 阶电压方程，方便了机侧变流器的电流控制系统设计。

$$\begin{cases}\boldsymbol{U}_{\mathrm{s}}=R_{\mathrm{s}}\boldsymbol{I}_{\mathrm{s}}+\mathrm{j}\omega_{1}\boldsymbol{\psi}_{\mathrm{s}}\\ \boldsymbol{U}_{\mathrm{r}}=R_{\mathrm{r}}\boldsymbol{I}_{\mathrm{r}}+\sigma L_{\mathrm{r}}\dfrac{\mathrm{d}\boldsymbol{I}_{\mathrm{r}}}{\mathrm{d}t}+\mathrm{j}\omega_{\mathrm{slip}}\boldsymbol{\psi}_{\mathrm{r}}\end{cases} \tag{3-55}$$

在变速恒频发电运行中，绕线转子异步发电机可控量是转子电压，被控制对象是转子电流，式（3-55）中的转子电压矢量 $\boldsymbol{U}_{\mathrm{r}}$ 方程正好给出了这两者之间的关系，故可以作为 3.2.3 节所介绍的绕线转子异步发电机传统矢量控制策略中电流内环控制器的设计依据。方程右边 $R_{\mathrm{r}}\boldsymbol{I}_{\mathrm{r}}+\sigma L_{\mathrm{r}}\mathrm{d}\boldsymbol{I}_{\mathrm{r}}/(\mathrm{d}t)$ 可用来设计控制器的 PI 调节参数，$\mathrm{j}\omega_{\mathrm{slip}}\psi_{\mathrm{r}}$ 可用来设计消除交叉耦合的补偿项。

3.2.3　绕线转子异步发电机传统矢量控制技术

绕线转子异步发电机矢量控制中可选取的定向矢量很多，例如定子电压矢量、定子磁链矢量、气隙磁链矢量以及电网虚拟磁链矢量等，但在变速恒频风力发电运行中最常用的是定子电压矢量定向和定子磁链矢量定向，它们的具体控制方式略有不同，但都可实现功率的解耦控制。

3.2.3.1　定子磁链定向矢量控制

当同步速旋转坐标系的 d 轴定向于定子磁链矢量 $\boldsymbol{\psi}_{\mathrm{s}}$ 时，有

$$\begin{cases}\psi_{\mathrm{s}d}=|\boldsymbol{\psi}_{\mathrm{s}}|=\psi_{\mathrm{s}}\\ \psi_{\mathrm{s}q}=0\end{cases} \tag{3-56}$$

$$\begin{cases}i_{\mathrm{ms}d}=|\boldsymbol{I}_{\mathrm{ms}}|=I_{\mathrm{ms}}=\dfrac{\psi_{\mathrm{s}}}{L_{\mathrm{m}}}\\ i_{\mathrm{ms}q}=0\end{cases} \tag{3-57}$$

式中　ψ_{s}——定子磁链矢量幅值；

I_{ms}——定子励磁电流矢量幅值。

在理想电网电压条件下它们均可看作为常量。

定子磁链幅值 ψ_s 和坐标变换用空间位置角度 θ_1 可通过定子磁链矢量 $\boldsymbol{\psi}_s$ 的 α、β 分量来计算

$$\begin{cases}\psi_{s\alpha}=\int(u_{s\alpha}-R_s i_{s\alpha})\,dt\\ \psi_{s\beta}=\int(u_{s\beta}-R_s i_{s\beta})\,dt\end{cases}\tag{3-58}$$

$$\psi_s=\sqrt{\psi_{s\alpha}^2+\psi_{s\beta}^2}\tag{3-59}$$

$$\theta_1=\text{arctg}\left(\frac{\psi_{s\beta}}{\psi_{s\alpha}}\right)\tag{3-60}$$

式中　$\psi_{s\alpha}$、$\psi_{s\beta}$——定子磁链矢量的 α、β 分量；

$u_{s\alpha}$、$u_{s\beta}$——定子电压矢量的 α、β 分量；

$i_{s\alpha}$、$i_{s\beta}$——定子电流矢量的 α、β 分量。

根据定子磁链定向下绕线转子异步发电机定子有功、无功功率表达式，即

$$\begin{cases}P_s=-\dfrac{3}{2}\text{Re}[\boldsymbol{U}_s\hat{\boldsymbol{I}}_s]\approx P_{es}+P_{cus}\\ Q_s=-\dfrac{3}{2}\text{Im}[\boldsymbol{U}_s\hat{\boldsymbol{I}}_s]\approx\dfrac{3}{2}\text{Im}[j\omega_1\boldsymbol{\psi}_s\hat{\boldsymbol{I}}_s]=-\dfrac{3}{2}\text{Re}[\omega_1\boldsymbol{\psi}_s\hat{\boldsymbol{I}}_s]\end{cases}\tag{3-61}$$

可以计算绕线转子异步发电机定子输出有功、无功功率与转子 dq 轴电流之间的关系，即

$$\begin{cases}P_s\approx\dfrac{3L_m}{2L_s}\omega_1\psi_s i_{rq}\\ Q_s\approx\dfrac{3\omega_1\psi_s L_m^2}{2L_s}\left(i_{rd}-\dfrac{\psi_s}{L_m}\right)\end{cases}\tag{3-62}$$

由以上两式可以看出，采用定子磁链定向后，控制转子电流 q 轴分量就可以控制定子输出有功功率，控制转子电流 d 轴分量就可控制绕线转子异步发电机向电网输出的无功功率，实现了绕线转子异步发电机有功和无功功率的解耦控制。所以绕线转子异步发电机的控制主要是通过机侧变流器电流矢量的变换控制来实现。

转子电流的闭环控制器可以根据式（3-55）来进行设计。将其中的转子电压矢量方程 $\boldsymbol{U}_r=R_r\boldsymbol{I}_r+\sigma L_r\dfrac{d\boldsymbol{I}_r}{dt}+j\omega_{slip}\boldsymbol{\psi}_r$ 写成 d、q 分量形式，有

$$\begin{cases}u_{rd}=R_r i_{rd}+\sigma L_r\dfrac{di_{rd}}{dt}-\omega_{slip}\psi_{rq}\\ u_{rq}=R_r i_{rq}+\sigma L_r\dfrac{di_{rq}}{dt}+\omega_{slip}\psi_{rd}\end{cases}\tag{3-63}$$

式中，转子磁链可用定子磁链和转子电流来表示，即

$$\begin{cases}\psi_{rd}=\dfrac{L_m}{L_s}\psi_s+\sigma L_r i_{rd}=\dfrac{L_m^2}{L_s}i_{ms}+\sigma L_r i_{rd}\\ \psi_{rq}=\sigma L_r i_{rq}\end{cases}\tag{3-64}$$

将式（3-64）代入式（3-63），可得

$$\begin{cases} u_{rd}=R_r i_{rd}+\sigma L_r \dfrac{di_{rd}}{dt}-\omega_{slip}\sigma L_r i_{rq} \\ u_{rq}=R_r i_{rq}+\sigma L_r \dfrac{di_{rq}}{dt}+\omega_{slip}\left(\dfrac{L_m}{L_s}\psi_s+\sigma L_r i_{rd}\right) \end{cases} \tag{3-65}$$

根据式（3-65），可得到基于定子磁链定向矢量控制的转子电流闭环控制框图，如图 3-18 所示。

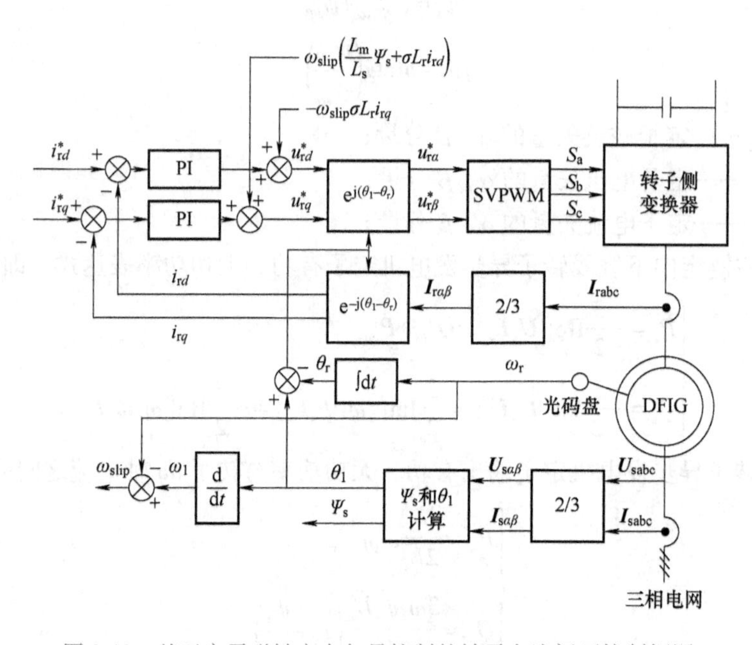

图 3-18 基于定子磁链定向矢量控制的转子电流闭环控制框图

3.2.3.2 定子电压定向矢量控制

在定子磁链定向矢量控制中，要对定子磁链进行观测，一定程度上增加了控制的复杂性。实际上，在忽略定子电阻情况下，定子电压定向矢量控制与定子磁链定向矢量控制应该是等效的，只不过坐标轴线相差了90°电角度。由式（3-54）可知，在忽略定子电阻 R_s 的情况下，定子电压矢量与定子磁链矢量之间存在如下近似关系：

$$\boldsymbol{U}_s=R_s\boldsymbol{I}_s+j\omega_1\boldsymbol{\psi}_s\approx j\omega_1\boldsymbol{\psi}_s \tag{3-66}$$

当同步速旋转坐标系的 d 轴定向于定子电压矢量 $\boldsymbol{U}_s$ 上时，有

$$\begin{cases} u_{sd}=|\boldsymbol{U}_s|=U_s\approx-\omega_1\psi_{sq} \\ u_{sq}=0\approx\omega_1\psi_{sd} \end{cases} \tag{3-67}$$

$$\begin{cases} \psi_{sd}\approx 0 \\ \psi_{sq}=\psi_s\approx-\dfrac{U_s}{\omega_1} \end{cases} \tag{3-68}$$

式中 U_s——定子电压矢量的幅值。

在定子电压定向条件下，同样由式（3-61）的关系，可得定子输出有功、无功功率与转子 d、q 轴电流之间的关系为

$$\begin{cases} P_s \approx \dfrac{3L_m}{2L_s}U_s i_{rd} \\ Q_s \approx -\dfrac{3U_s}{2\omega_1 L_s}(U_s+\omega_1 L_m i_{rq}) \end{cases} \tag{3-69}$$

可以看出，在采取 d 轴定子电压定向并忽略定子电阻的情况下，绕线转子异步发电机有功功率和无功功率也获得了近似解耦，即控制转子电流 d 轴分量就可以控制绕线转子异步发电机有功功率，控制转子电流 q 轴分量就可以控制绕线转子异步发电机输向电网的无功功率。与定子磁链定向矢量控制相比较，仅在于 d、q 轴电流代表的功率分量恰好相反。

转子电流闭环控制器可以按 d、q 分量形式的转子电压方程进行设计，即

$$\begin{cases} u_{rd}=R_r i_{rd}+\sigma L_r \dfrac{di_{rd}}{dt}-\omega_{slip}\psi_{rq} \\ u_{rq}=R_r i_{rq}+\sigma L_r \dfrac{di_{rq}}{dt}+\omega_{slip}\psi_{rd} \end{cases} \tag{3-70}$$

式中，转子磁链可以由定子电压和转子电流来表示，即

$$\begin{cases} \psi_{rd}=\sigma L_r i_{rd} \\ \psi_{rq}=-\dfrac{L_m}{\omega_1 L_s}U_s+\sigma L_r i_{rq} \end{cases} \tag{3-71}$$

将式（3-71）代入式（3-70），得

$$\begin{cases} u_{rd}=R_r i_{rd}+\sigma L_r \dfrac{di_{rd}}{dt}-\omega_{slip}\left(-\dfrac{L_m}{\omega_1 L_s}U_s+\sigma L_r i_{rq}\right) \\ u_{rq}=R_r i_{rq}+\sigma L_r \dfrac{di_{rq}}{dt}+\omega_{slip}\sigma L_r i_{rd} \end{cases} \tag{3-72}$$

根据式（3-72）可绘出基于定子电压定向矢量控制的转子电流闭环控制框图，如图 3-19 所示。对比该图与图 3-18 可以发现，定子电压定向矢量控制的结构更为简化，可直接采用测得的电网电压来计算坐标变换所需的角度，省去了定子磁链观测器。这两种控制方式在电网电压恒定的情况下都能获得较好的性能，而当电网电压波动时，定子磁链定向矢量控制的控制性能会比电网电压定向矢量控制更优越，因而实际中两者都得到了应用。

3.2.3.3 双馈异步风力发电机最大风能追踪控制的实现

随着风速的变化风力发电机组将运行在不同的区域，各自有不同的控制目标、不同的控制方法。在设计基于绕线转子异步发电机的变速恒频风电系统时，通常应将最常出现的风速范围作为最大风能追踪的区域，以提高单机的运行效率。如何利用双 PWM 变流器实施对风电系统的有效控制，实现整个风电系统的最大风能追踪运行是变速恒频风电机组运行控制的关键。

根据最大风能追踪运行机理，有功功率参考值的正确计算是风电机组实现最大风能追踪控制的关键。在不计机械损耗的条件下，绕线转子异步发电机系统输出总电磁功率参考值为

$$P_e^*=P_{opt}=K_w\left(\frac{\omega_m}{N}\right)^3=K_w\left(\frac{\omega_r}{n_p N}\right)^3 \tag{3-73}$$

式中，P_e^* 按下式计算：

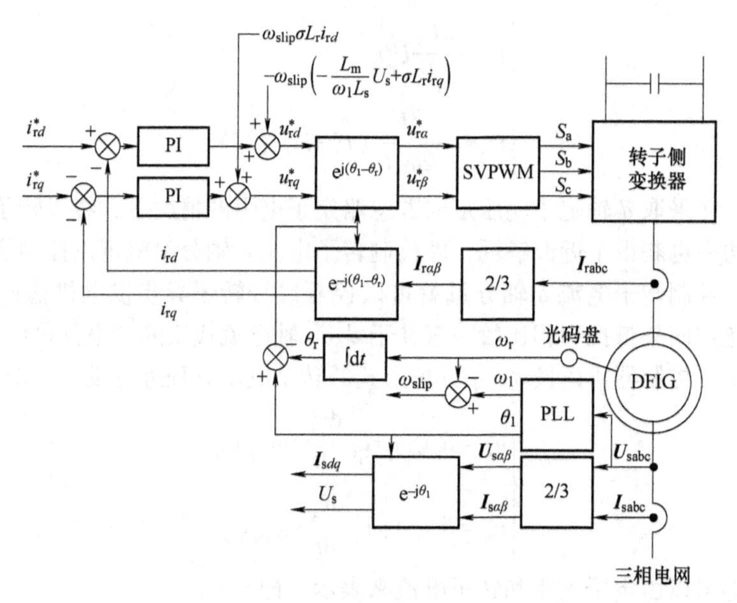

图 3-19 基于定子电压定向矢量控制的转子电流闭环控制框图

$$P_e^*=P_{es}+P_{er}=\frac{3}{2}\omega_{slip}L_m(i_{rd}i_{sq}-i_{rq}i_{sd})-\frac{3}{2}\omega_1 L_m(i_{rd}i_{sq}-i_{rq}i_{sd})=-\frac{3}{2}\omega_r L_m(i_{rd}i_{sq}-i_{rq}i_{sd}) \tag{3-74}$$

但在绕线转子异步发电机系统控制中一般并不对总电磁功率实行闭环控制，而是根据式（3-75）所给出的总电磁功率与定子有功功率之间的关系，构造出相应的定子输出有功功率参考值，然后计算定子有功功率的反馈值，以此构成定子输出有功功率的闭环控制，进而实现对总电磁功率的有效控制。

$$\begin{cases}P_s=-\mathrm{Re}\left[\frac{3}{2}\boldsymbol{U}_s\hat{\boldsymbol{I}}_s\right]\approx P_{es}+P_{cus}\\P_r=P_{er}+P_{cur}\approx-\frac{\omega_1-\omega_r}{\omega_1}P_s=-sP_s\end{cases} \tag{3-75}$$

根据以上关系求得的绕线转子异步发电机定子输出有功功率参考值应为

$$P_s^*=\frac{P_e^*}{1-s}+P_{cus} \tag{3-76}$$

定子电压定向矢量控制下，绕线转子异步发电机通过定子向电网输出的有功功率反馈值则为

$$P_s=-\frac{3}{2}U_s i_{sd} \tag{3-77}$$

定子输出无功功率参考值应根据电网需要或运行要求来计算，与最大风能追踪运行无关。根据无功功率的表达式

$$Q_s=-\frac{3}{2}\mathrm{Im}[\boldsymbol{U}_s\hat{\boldsymbol{I}}_s]\approx\frac{3}{2}\mathrm{Im}[\mathrm{j}\omega_1\boldsymbol{\psi}_s\hat{\boldsymbol{I}}_s]=-\frac{3}{2}\mathrm{Re}[\omega_1\boldsymbol{\psi}_s\hat{\boldsymbol{I}}_s]$$

定子电压定向矢量控制下，通过定子向电网输出的无功功率应为

$$Q_s=\frac{3}{2}U_s i_{sq} \tag{3-78}$$

根据式（3-77）和式（3-78），绕线转子异步发电机定子输出有功、无功功率与转子 dq 分量电流之间的关系，以及图 3-19 所示定子电压定向矢量控制下转子电流内环控制结构，可以导出实现最大风能追踪和有功、无功解耦控制的绕线转子异步发电机定子电压定向矢量控制框图，如图 3-20 所示。

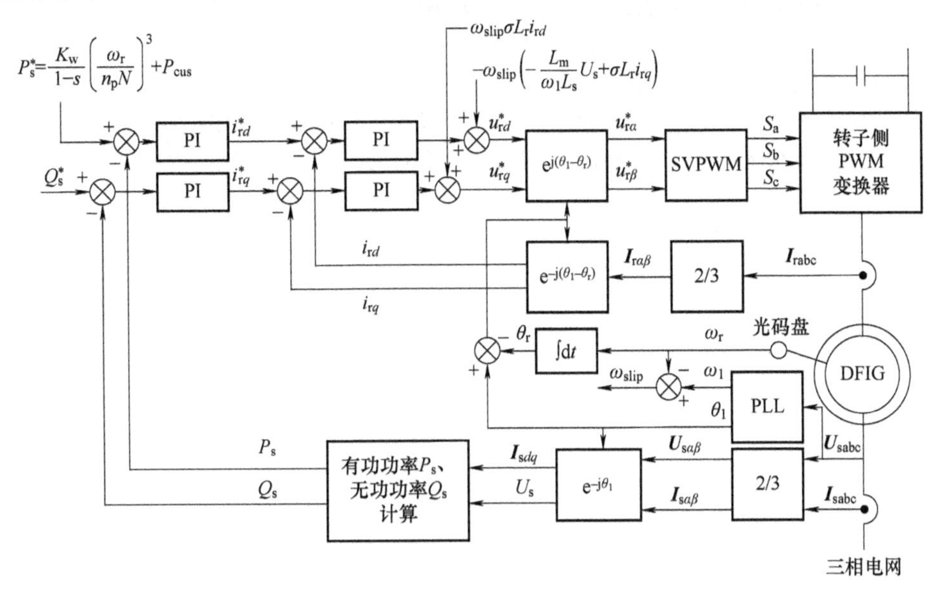

图 3-20　实现最大风能追踪的绕线转子异步发电机定子电压定向矢量控制框图

3.3　本章小结

本章介绍了绕线转子异步电机的控制技术。

绕线转子异步电动机的调速部分，首先介绍了绕线转子异步电动机变转差调速的原理，然后分别介绍了转子串电阻调速系统、串级调速系统以及双馈调速系统。转子串电阻调速系统部分简单分析了不同 R_f 时异步电动机的机械特性，由于转子串电阻调速为耗能型调速方法，正在逐渐被淘汰；串级调速系统部分介绍了串级调速的基本概念和运行特性，包括开环机械特性和功率因数问题；双馈调速系统部分介绍了双馈调速的基本概念和运行特性，详细分析了双馈调速系统的四象限运行并总结了双馈调速的优点。

以矢量控制为例介绍了绕线转子异步发电机的控制，包括网侧变流器的控制和机侧变流器的控制。网侧变流器部分介绍了数学模型、稳态特性、运行控制和理想电网条件下的锁相环原理。机侧变流器部分介绍了数学模型和运行控制。最后对绕线转子异步发电机常用的几种电流矢量控制策略进行了讨论，包括定子磁链定向矢量控制和定子电压定向矢量控制，以及最大风能追踪控制的实现。

思考题与习题

1. 绕线转子异步电动机变转差调速的本质是什么？
2. 从物理意义上说明串级调速系统的机械特性要比原电动机固有机械特性软的原因。

3. 为什么亚同步晶闸管串级调速系统总功率因数低下，有哪些改善系统功率因数的措施？
4. 双馈调速系统的四象限运行原理。
5. 与亚同步串级调速相比，双馈调速系统有哪些优、缺点？适用什么场合？
6. 三相电压型两电平 PWM 整流器的优点有哪些？
7. 网侧变流器的主要功能是什么，如何实现这些功能？
8. 锁相环能够准确追踪电网电压空间矢量的原理是什么？
9. 机侧变流器的控制目标是什么？
10. 定子磁链定向矢量控制下如何控制定子输出有功功率和向电网输出的无功功率？定子电压定向呢？
11. 定子电压定向矢量控制和定子磁链定向矢量控制各自的优缺点是什么？

第4章 同步电动机的控制

同步电机也是一种常用的交流电机，因其转子的稳定转速与同步转速严格一致而得名。同步电机应用广泛且功率覆盖面广阔，可作为发电机、电动机和调相机运行。同步电机的功率因数可调，可在不同的场合应用不同类型的同步电机，以提高电机运行效率。同步电机本身结构稍复杂，直接接入电网运行时存在失步与起动困难两大问题，且仅能采用变频调速方法进行调试，但随着变频调速技术的不断发展成熟，同步电机变频调速具有自己独特之处，在交流传动领域内和异步电机同样具有重要的作用。

本章首先介绍同步电动机的基本特征与调速方式，然后分别讨论电励磁同步电动机和永磁同步电动机基于动态数学模型的矢量控制方法以及无刷直流电动机的调速方法。

4.1 同步电动机的基本特征与调速方式

4.1.1 同步电动机的特点与分类

4.1.1.1 同步电动机的特点

1）同步电动机转子的稳态转速与定子旋转磁场的转速之间保持着严格的同步关系，只要精确控制变频电源的频率就能准确控制电机速度，调速系统无需速度反馈控制。这样，可以方便地用同一个变频电源实现对多台同步电动机的集中控制，进行同步协同调速。同步电动机定子旋转磁场的转速也称为同步转速，同步转速 n_1 与电源的基波频率 f_1 存在确定的关系：$n_1=60f_1/n_p$。

2）异步电动机的转子磁动势靠感应产生，而同步电动机除了定子磁动势外，在转子侧还有独立的直流励磁，或者靠永磁磁钢励磁。

3）同步电动机和异步电动机都属于交流电机，其定子都为互差120°的三相对称绕组，其转子有较大差异，同步电动机转子具有明确的极对数和极性，此外还可能有自身短路的阻尼绕组。

4）同步电动机比异步电动机的调速范围宽，同步电机能从转子侧进行励磁，即使极低的频率下也能运行。异步电动机转子电流靠电磁感应产生，在频率很低的情况下转子中难以产生必需强度的电流，所以它的工作频率受到限制，调速范围比较窄。

5）异步电动机要靠改变转差来改变负载转矩，而同步电动机只需对功角作适当变化就能改变负载转矩。因此与异步电动机相比，同步电动机具有更强的承受能力，动态响应更快。

4.1.1.2 同步电动机的分类

1. 隐极式转子和凸极式转子

同步电动机与异步电动机的转子结构不同，异步电动机气隙分布均匀，同步电动机的转子根据气隙分布是否均匀分为凸极式转子和隐极式转子，如图 4-1a、b 所示。凸极式转子交直轴气隙不同，磁阻差异较大，电励磁同步电动机的交轴电感小于直轴电感，永磁同步电动机的交轴电感大于直轴电感。凸极式同步电动机制造工艺简单，但有明显的磁极。隐极式转子交直轴磁阻差异很小，交轴电感和直轴电感近似相等，定转子间的气隙均匀。隐极式同步电动机内部机械强度高，但制造工艺较为复杂。

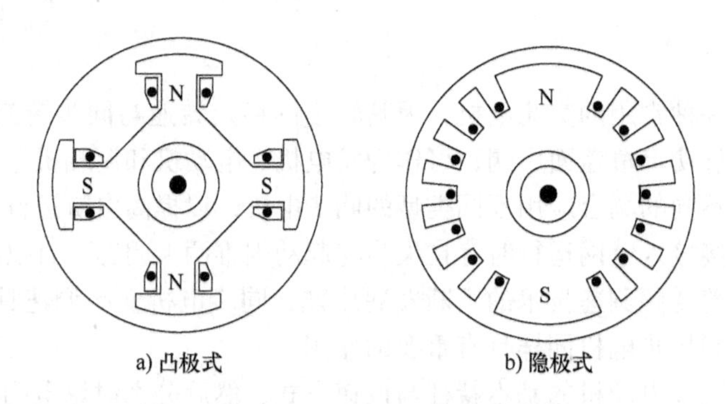

图 4-1　同步电动机的转子结构示意图

2. 电励磁同步电动机和永磁同步电动机

按照转子励磁方式的不同，同步电动机可分为电励磁同步电动机和永磁同步电动机。电励磁同步电动机的转子是通有直流电流的励磁绕组，可以通过调节转子的直流励磁电流，改变电机的输入功率因数，因此电机运行效率高。电励磁同步电机气隙大且容易制造，但电机的控制相对复杂。永磁同步电动机是由电励磁同步电动机发展而来的，其转子使用永磁体提供励磁，无需直流励磁，从而省去了励磁绕组、集电环和电刷，使电机结构更加简单可靠。

永磁同步电动机按气隙磁场分布又可分为正弦波式和梯形波式：

1）正弦波永磁同步电动机。磁极采用永磁材料，输入三相正弦波电流时，气隙磁场为正弦分布，称作正弦波永磁同步电动机，或简称永磁同步电动机（Permanent Magnet Synchronous Motor，PMSM）。

2）梯形波永磁同步电动机。磁极仍为永磁材料，但输入方波电流，气隙磁场呈梯形波分布，性能更接近于直流电动机。用梯形波永磁同步电动机构成的自控变频同步电动机又称作无刷直流电动机（Brushless DC Motor，BLDM）。

4.1.2　同步电动机的矩角特性和运行特征

1. 矩角特性

同步电动机从定子侧输入的电磁功率为

$$P_{\mathrm{M}}=3U_{\mathrm{s}}I_{\mathrm{s}}\cos\varphi \tag{4-1}$$

式中　U_{s}——电枢相电压；

I_{s}——电枢相电流；

φ——功率因数角。

根据图 4-2 凸极同步电动机的相量图，并且略去定子损耗，电磁功率可表示为

$$
\begin{aligned}
P_{\mathrm{M}} &= 3U_{\mathrm{s}}I_{\mathrm{s}}\cos\varphi = 3U_{\mathrm{s}}I_{\mathrm{s}}\cos(\phi-\delta) \\
&= 3U_{\mathrm{s}}I_{\mathrm{s}}\cos\phi\cos\delta + 3U_{\mathrm{s}}I_{\mathrm{s}}\sin\phi\sin\delta
\end{aligned} \tag{4-2}
$$

式中　ϕ——内功率因数角；

δ——功率角。

根据图 4-2 可得定子电压和定子电流间的关系为

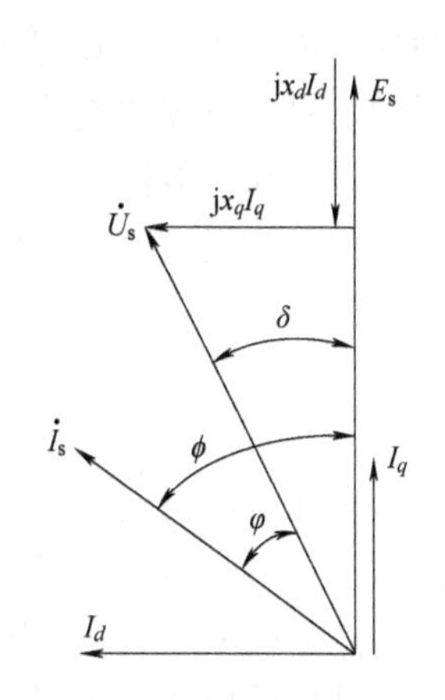

图 4-2　凸极同步电动机稳定运行相量图（功率因数超前）

$$
\begin{cases}
I_d = I_{\mathrm{s}}\sin\phi \\
I_q = I_{\mathrm{s}}\cos\phi \\
x_dI_d = E_{\mathrm{s}} - U_{\mathrm{s}}\cos\delta \\
x_qI_q = U_{\mathrm{s}}\sin\delta
\end{cases} \tag{4-3}
$$

式中　E_{s}——励磁产生的感应电动势；

I_d、I_q——电枢相电流 d 轴分量和 q 轴分量；

x_d、x_q——直轴电抗和交轴电抗。

将式（4-3）代入式（4-2），可得

$$
P_{\mathrm{M}} = \frac{3U_{\mathrm{s}}E_{\mathrm{s}}}{x_d}\sin\delta + \frac{3U_{\mathrm{s}}^2(x_d-x_q)}{2x_dx_q}\sin2\delta \tag{4-4}
$$

式（4-4）两边同时除以机械角速度 ω_{m}，可得电磁转矩的表达式为

$$
T_{\mathrm{e}} = \frac{3U_{\mathrm{s}}E_{\mathrm{s}}}{\omega_{\mathrm{m}}x_d}\sin\delta + \frac{3U_{\mathrm{s}}^2(x_d-x_q)}{2\omega_{\mathrm{m}}x_dx_q}\sin2\delta \tag{4-5}
$$

由式（4-5）可知，电磁转矩由两部分组成，第一部分是转子励磁产生的励磁转矩，第二部分是由交直轴阻尼不同产生的磁阻转矩。

2. 运行特征

在图 4-3 中，对于电励磁同步电动机而言，交轴电抗小于直轴电抗，因此曲线 2 为正向两倍频正弦波，合成电磁转矩的最大转矩功角 $\delta_{\mathrm{m}}<\pi/2$。而永磁同步电动机的交轴电抗通常大于直轴电抗，磁阻转矩为负值，合成电磁转矩的最大转矩功角 $\delta_{\mathrm{m}}>\pi/2$。当功角 $\pi/2<\delta_{\mathrm{m}}<\pi$ 时，直轴电枢反应起去磁作用，磁阻转矩具有驱动性质，因此利用直轴电枢反应去磁作用可以提高电机的输出功率，并扩大调速范围。当同步电动机应用隐极式转子时，交直轴电抗相等 $x_d=x_q$，磁阻转矩不存在，电磁转矩为曲线 1 的正弦曲线。

当电机转子没有励磁绕组时，即 $E_{\mathrm{s}}=0$ 时，电机仍能正常运转，此时的电磁转矩仅有磁阻转矩，因此这种电机称为磁阻式同步电动机。磁阻式同步电动机是凸极式的，它利用交直轴磁阻的较大差异来产生电磁转矩，电磁转矩为曲线 2 的二倍频正弦曲线。其电磁转矩表达式为

$$
T_{\mathrm{e}} = \frac{3U_{\mathrm{s}}^2(x_d-x_q)}{2\omega_{\mathrm{m}}x_dx_q}\sin2\delta \tag{4-6}
$$

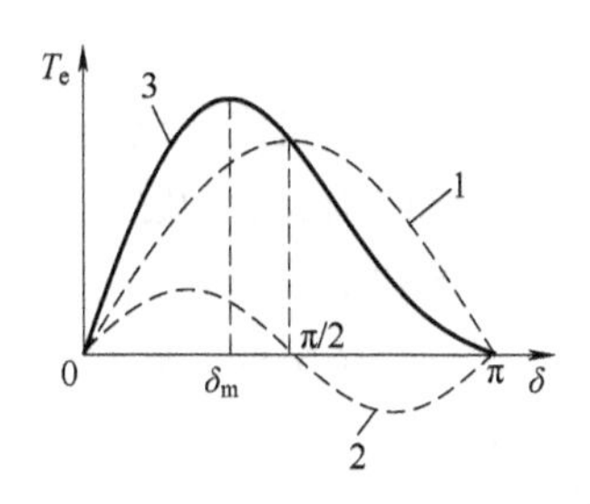

1—正弦的励磁转矩　2—两倍频正弦的磁阻转矩
3—两者结合的电磁转矩

图 4-3　凸极同步电动机转矩特性

当同步电动机在工频电源下起动时，定子磁动势 F_{s} 立即以同步转速 n_1 旋转。由于机械惯性

的作用，电动机转速具有较大的滞后，不能快速跟上同步转速；功率角 δ 以 2π 为周期变化，电磁转矩呈正弦规律变化，如图 4-3 的曲线 1 所示。在一个周期内，电磁转矩的平均值等于零，即 $T_{eav}=0$，故同步电动机不能起动。在实际的同步电动机中转子可用类似笼型异步电动机中的起动绕组，使电动机按异步电动机的方式起动，当转速接近同步转速时再通入励磁电流牵入同步。

4.1.3 同步电动机的调速

根据交流电机的速度公式可知，同步电动机只能采用变频调速方法，同步电动机的变频调速方法，同时也解决了其失步和起动问题。同步电动机的定子结构与异步电动机相同，因此同步电动机变频调速的电压频率特性与异步电动机变频调速相同，也是基频以下采用带定子电压补偿的恒压频比控制，基频以上采用恒压弱磁控制。同步电动机的变频调速系统又可分为他控式变频器供电和自控式变频器供电两种不同方式。

他控式变频器供电的变频调速系统和异步电动机变频调速控制方式相似，其运行频率是由外界独立调节的，利用同步电动机稳态转速与气隙旋转磁场的严格同步关系，通过改变变频器的输出频率来实现对同步电动机的调速，但受负载的影响容易产生失步现象。

自控式变频器供电的变频调速系统其输出频率不由外界调节而是直接受同步电动机自身转速的控制。每当电机转过一对磁极，控制变频器的输出电流正好变化一周期，电流周期与转子速度始终保持同步，因此不会出现失步现象。由于这种自控式同步电动机变频调速系统是通过调节电机输入电压进行调速的，其特性类似于直流电动机，但无电刷及换向器，所以习惯上被称为无换向器电动机。如果电机又是由永磁同步电动机构成并由直流电源通过由自关断器件构成的功率电子开关（逆变器）供电，则称为永磁无刷直流电动机。本章仅介绍电励磁同步电动机和永磁同步电动机基于动态数学模型的矢量控制技术以及无刷直流电动机的控制。

4.2 电励磁同步电动机矢量控制

4.2.1 电励磁同步电动机的动态数学模型

4.2.1.1 三相静止 abc 坐标系下的动态数学模型

电励磁同步电动机定子绕组三相对称，互差 120°电角度，转子绕组由直流供电的励磁绕组和短路的阻尼绕组构成。励磁绕组通过集电环和电刷，或无刷励磁将直流电输送给转子，转子产生的励磁磁场和定子感应产生的定子磁场以同步速共同旋转。阻尼绕组分为直轴阻尼和交轴阻尼，由短接的导条组成。通常取转子励磁磁极轴线方向为直轴（d 轴），逆时针旋转 90°的方向为交轴（q 轴）。由图 4-4 可见，转子直轴阻尼绕组和励磁绕组位于 d 轴，转子交轴阻尼绕组位于 q 轴。

电励磁同步电动机的定子电流为三相正弦交流电，转子电流为直流电流。在三相静止 abc 坐标系下，可推导出电励磁同步电动机的动态数学模型。电励磁同步电动机定子、转子绕组的电压方程为

$$
\begin{cases}
u_{sa}=R_s i_{sa}+\dfrac{d\psi_{sa}}{dt}\\
u_{sb}=R_s i_{sb}+\dfrac{d\psi_{sb}}{dt}\\
u_{sc}=R_s i_{sc}+\dfrac{d\psi_{sc}}{dt}
\end{cases}
\tag{4-7}
$$

$$
\begin{cases}
u_f=R_f i_f+\dfrac{d\psi_f}{dt}\\
u_D=R_D i_D+\dfrac{d\psi_D}{dt}=0\\
u_Q=R_Q i_Q+\dfrac{d\psi_Q}{dt}=0
\end{cases}
\tag{4-8}
$$

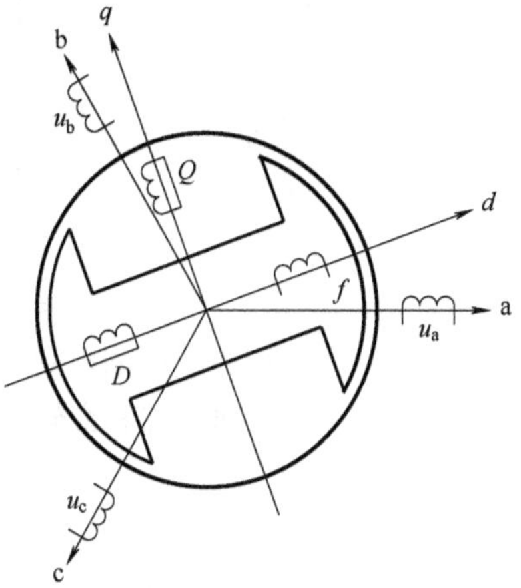

图 4-4　三相两极电励磁同步电动机

式中　ψ_{sa}、ψ_{sb}、ψ_{sc}、ψ_f、ψ_D、ψ_Q——定子三相绕组、励磁绕组和直交轴阻尼绕组的磁链；
R_s、R_f、R_D、R_Q——定子绕组、励磁绕组和直交轴阻尼绕组的电阻；
i_{sa}、i_{sb}、i_{sc}、i_f、i_D、i_Q——定子三相绕组、励磁绕组和直交轴阻尼绕组的电流。
u_{sa}、u_{sb}、u_{sc}、u_f、u_D、u_Q——定子三相绕组、励磁绕组和直交轴阻尼绕组的电压，其中直轴、交轴阻尼绕组短路，因此直交轴阻尼电压 $u_D=0$、$u_Q=0$。

电励磁同步电动机的磁链由自感磁链和互感磁链组成，由于阻尼绕组的存在，定转子绕组的磁链为六阶矩阵。对于电励磁同步电动机而言，交直轴磁阻不对称，交轴电感小于直轴电感，因此电机电感会随转子的转动做周期性变化。

$$
\begin{bmatrix}\psi_{sa}\\ \psi_{sb}\\ \psi_{sc}\\ \psi_f\\ \psi_D\\ \psi_Q\end{bmatrix}=
\begin{bmatrix}
L_a & M_{ab} & M_{ac} & M_{af} & M_{aD} & M_{aQ}\\
M_{ba} & L_b & M_{bc} & M_{bf} & M_{bD} & M_{bQ}\\
M_{ca} & M_{cb} & L_c & M_{cf} & M_{cD} & M_{cQ}\\
M_{fa} & M_{fb} & M_{fc} & L_f & M_{fD} & M_{fQ}\\
M_{Da} & M_{Db} & M_{Dc} & M_{Df} & L_D & M_{DQ}\\
M_{Qa} & M_{Qb} & M_{Qc} & M_{Qf} & M_{QD} & L_Q
\end{bmatrix}
\begin{bmatrix}i_{sa}\\ i_{sb}\\ i_{sc}\\ i_f\\ i_D\\ i_Q\end{bmatrix}
\tag{4-9}
$$

式中　L_a、L_b、L_c、L_f、L_D、L_Q——定子三相绕组、励磁绕组和直交轴阻尼绕组的自感；
L_{XY}，L_{YX}——XY 绕组间的互感，且 $L_{XY}=L_{YX}$。

如图 4-5 所示，以 a 相绕组为例，定子绕组的总磁链 $\boldsymbol{\psi}_s$ 由主磁链 ψ_{sm} 和漏磁链 $\psi_{s\sigma}$ 组成，主磁链 ψ_{sm} 与定子、转子绕组同时交链，相应的电感值随转子位置的变化而变化；漏磁链 $\psi_{s\sigma}$ 恒定不变，相应的电感值与转子位置无关。ψ_{sm} 可在 dq 坐标系下分解为直轴分量 ψ_{sd} 和交轴分量 ψ_{sq}，其中 $\psi_{sd}=\psi_{sm}\cos\theta_r$、$\psi_{sq}=\psi_{sm}\sin\theta_r$；产生 $\boldsymbol{\psi}_s$ 的定子电流 $\boldsymbol{i}_s$ 也可分解为直轴分量和交轴分量，即 $i_{sd}=i_s\cos\theta_r$、$i_{sq}=i_s\sin\theta_r$，其中 θ_r 为 d 轴和 a 轴间的夹角。

根据上述坐标分解，定子绕组的自感可表示为

$$
L_s=\frac{\boldsymbol{\psi}_s}{\boldsymbol{i}_s}
$$

$$
\begin{aligned}
&=\frac{\psi_{s\sigma}+\psi_{sd}\cos\theta_r+\psi_{sq}\sin\theta_r}{i_s} \\
&=L_{s\sigma1}+\frac{\psi_{sd}\cos^2\theta_r}{i_{sd}}+\frac{\psi_{sq}\sin^2\theta_r}{i_{sq}} \\
&=L_{s\sigma1}+L_{md}\cos^2\theta_r+L_{mq}\sin^2\theta_r \\
&=L_{s\sigma1}+L_{sm}+L_{rs}\cos2\theta_r
\end{aligned}
\tag{4-10}
$$

式中　$L_{s\sigma1}$——每相绕组的漏电感；

L_{md}、L_{mq}——主磁通直轴和交轴分量电感，$L_{sm}=(L_{md}+L_{mq})/2$，$L_{rs}=(L_{md}-L_{mq})/2$。

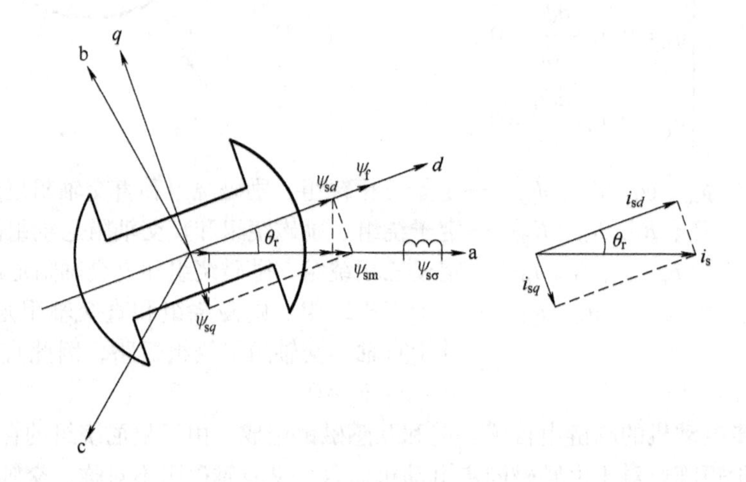

图 4-5　定子磁链、电流空间矢量图

由于 θ_r 为励磁磁极轴线与 a 相绕组轴线的夹角，且定子三相绕组互差 120°，可得定子各相绕组自感为

$$
\begin{cases}
L_a=L_{s\sigma1}+L_{sm}+L_{rs}\cos2\theta_r \\
L_b=L_{s\sigma1}+L_{sm}+L_{rs}\cos2(\theta_r-120°) \\
L_c=L_{s\sigma1}+L_{sm}+L_{rs}\cos2(\theta_r+120°)
\end{cases}
\tag{4-11}
$$

由上文可知，a 相绕组主磁链的 dq 轴分量为 $\psi_{ad}=\psi_{am}\cos\theta_r$、$\psi_{aq}=\psi_{am}\sin\theta_r$，又因为 b 相绕组轴线和 d 轴间的相位角为 $\theta_r-120°$，可推出由 a 相电流产生的与 b 相绕组交链的互感磁链为

$$
\psi_{ba}=\psi_{ad}\cos(\theta_r-120°)+\psi_{aq}\sin(\theta_r-120°) \tag{4-12}
$$

ab 相绕组间的互感为

$$
\begin{aligned}
M_{ba}&=\frac{\psi_{ba\sigma}+\psi_{ba}}{i_{sa}} \\
&=\frac{\psi_{ba\sigma}+\psi_{ad}\cos(\theta_r-120°)+\psi_{aq}\sin(\theta_r-120°)}{i_{sa}} \\
&=-M_{s\sigma}+L_{md}\cos(\theta_r-120°)\cos\theta_r+L_{mq}\sin(\theta_r-120°)\sin\theta_r \\
&=-M_{s\sigma}-\frac{1}{2}L_{sm}-L_{rs}\cos2(\theta_r+30°)
\end{aligned}
\tag{4-13}
$$

式中 $\psi_{ba\sigma}$——定子间漏磁链；

$M_{s\sigma}$——定子两相绕组间的互漏感。

由此可得三相定子绕组间的互感为

$$\begin{cases} M_{ab} = M_{ba} = -M_{s\sigma} - \dfrac{L_{sm}}{2} - L_{rs}\cos 2(\theta_r + 30°) \\ M_{bc} = M_{cb} = -M_{s\sigma} - \dfrac{L_{sm}}{2} - L_{rs}\cos 2(\theta_r - 90°) \\ M_{ca} = M_{ac} = -M_{s\sigma} - \dfrac{L_{sm}}{2} - L_{rs}\cos 2(\theta_r + 150°) \end{cases} \tag{4-14}$$

定子三相绕组间互差 120°，且定子和转子间互感随转子位置 θ_r 的变化呈周期性变化。定子三相绕组和励磁绕组间的互感为

$$\begin{cases} M_{af} = M_{fa} = M_{sf}\cos\theta_r \\ M_{bf} = M_{fb} = M_{sf}\cos(\theta_r - 120°) \\ M_{cf} = M_{fc} = M_{sf}\cos(\theta_r + 120°) \end{cases} \tag{4-15}$$

式中 M_{sf}——定子绕组轴线与励磁绕组轴线重合时的互感。

同理，定子三相绕组和直轴阻尼绕组间的互感为

$$\begin{cases} M_{aD} = M_{Da} = M_{sD}\cos\theta_r \\ M_{bD} = M_{Db} = M_{sD}\cos(\theta_r - 120°) \\ M_{cD} = M_{Dc} = M_{sD}\cos(\theta_r + 120°) \end{cases} \tag{4-16}$$

式中 M_{sD}——定子绕组轴线与直轴阻尼绕组轴线重合时的互感。

同理，定子三相绕组和交轴阻尼绕组间的互感为

$$\begin{cases} M_{aQ} = M_{Qa} = -M_{sQ}\sin\theta_r \\ M_{bQ} = M_{Qb} = -M_{sQ}\sin(\theta_r - 120°) \\ M_{cQ} = M_{Qc} = -M_{sQ}\sin(\theta_r + 120°) \end{cases} \tag{4-17}$$

式中 M_{sQ}——定子绕组轴线与交轴阻尼绕组轴线重合时的互感。

转子绕组自感都为恒定值，且由主电感和漏电感组成。

$$\begin{cases} L_f = L_{f\sigma} + L_{mf} \\ L_D = L_{D\sigma} + L_{mD} \\ L_Q = L_{Q\sigma} + L_{mQ} \end{cases} \tag{4-18}$$

由于励磁绕组和直轴阻尼绕组都位于 d 轴，且和位于 q 轴的交轴阻尼绕组互相垂直，因此励磁绕组和直轴阻尼绕组间的互感 $M_{Df} = M_{fD}$ 为恒定值，和转子位置无关，交轴阻尼绕组和励磁绕组、直轴阻尼绕组间的互感 $M_{Qf} = M_{fQ}$、$M_{QD} = M_{DQ}$ 始终为零。

由上述分析，可以推出电励磁同步电动机的电感矩阵为

$$\boldsymbol{\psi}_s = \begin{pmatrix} \boldsymbol{L}_{SS} & \boldsymbol{L}_{SR} \\ \boldsymbol{L}_{RS} & \boldsymbol{L}_{RR} \end{pmatrix} \begin{pmatrix} \boldsymbol{i}_s \\ \boldsymbol{i}_r \end{pmatrix} \tag{4-19}$$

当定子绕组轴线和转子励磁磁极轴线方向相同时，$\theta_r = 0$，电感矩阵可简化为

$$\boldsymbol{L}_{\text{SS}}=\begin{pmatrix} L_{s\sigma 1}+L_{\text{sm}}+L_{\text{rs}} & -M_{s\sigma}-\dfrac{L_{\text{sm}}}{2}-\dfrac{L_{\text{rs}}}{2} & -M_{s\sigma}-\dfrac{L_{\text{sm}}}{2}-\dfrac{L_{\text{rs}}}{2} \\ -M_{s\sigma}-\dfrac{L_{\text{sm}}}{2}-\dfrac{L_{\text{rs}}}{2} & L_{s\sigma 1}+L_{\text{sm}}-\dfrac{L_{\text{rs}}}{2} & -M_{s\sigma}-\dfrac{L_{\text{sm}}}{2}+L_{\text{rs}} \\ -M_{s\sigma}-\dfrac{L_{\text{sm}}}{2}-\dfrac{L_{\text{rs}}}{2} & -M_{s\sigma}-\dfrac{L_{\text{sm}}}{2}+L_{\text{rs}} & L_{s\sigma 1}+L_{\text{sm}}-\dfrac{L_{\text{rs}}}{2} \end{pmatrix} \tag{4-20}$$

$$\boldsymbol{L}_{\text{RR}}=\begin{pmatrix} L_{\text{f}\sigma}+L_{\text{mf}} & M_{\text{f}D} & 0 \\ M_{\text{f}D} & L_{D\sigma}+L_{\text{m}D} & 0 \\ 0 & 0 & L_{Q\sigma}+L_{\text{m}Q} \end{pmatrix} \tag{4-21}$$

$$\boldsymbol{L}_{\text{SR}}=\boldsymbol{L}_{\text{RS}}^{T}=\begin{pmatrix} M_{\text{sf}} & M_{\text{s}D} & 0 \\ -\dfrac{M_{\text{sf}}}{2} & -\dfrac{M_{\text{s}D}}{2} & \dfrac{\sqrt{3}M_{\text{s}Q}}{2} \\ -\dfrac{M_{\text{sf}}}{2} & -\dfrac{M_{\text{s}D}}{2} & -\dfrac{\sqrt{3}M_{\text{s}Q}}{2} \end{pmatrix} \tag{4-22}$$

由上述分析构成的电励磁同步电动机的数学模型十分复杂，因此必须寻求简化的方法。

4.2.1.2 同步速旋转 *dq* 坐标系下的动态数学模型

为简化运算，将三相静止 abc 坐标系下的定子电压方程进行坐标变换，得到两相同步速旋转 dq 坐标系下定子绕组的电压方程

$$\begin{cases} u_{\text{s}d}=R_{\text{s}}i_{\text{s}d}+\dfrac{\text{d}\psi_{\text{s}d}}{\text{d}t}-\omega_{\text{r}}\psi_{\text{s}q} \\ u_{\text{s}q}=R_{\text{s}}i_{\text{s}q}+\dfrac{\text{d}\psi_{\text{s}q}}{\text{d}t}+\omega_{\text{r}}\psi_{\text{s}d} \end{cases} \tag{4-23}$$

将电励磁同步电动机定子电压方程从三相静止坐标系变换到两相旋转坐标系后，每相电压由三部分组成：$R_{\text{s}}i_{\text{s}}$ 形式的定子电阻压降、$\text{d}\psi_{\text{s}}/(\text{d}t)$ 形式的脉动电动势和 $\omega_{\text{r}}\psi_{\text{s}}$ 形式的旋转电动势，这与异步电动机的数学模型相同。

将三相静止坐标系下的磁链方程经过坐标变换，可得 dq 旋转坐标系下的磁链方程为

$$\begin{bmatrix} \psi_{\text{s}d} \\ \psi_{\text{s}q} \\ \psi_{\text{f}} \\ \psi_{D} \\ \psi_{Q} \end{bmatrix}=\begin{bmatrix} L_d & 0 & M_{\text{sf}} & M_{\text{s}D} & 0 \\ 0 & L_q & 0 & 0 & M_{\text{s}Q} \\ \dfrac{3}{2}M_{\text{sf}} & 0 & L_{\text{f}} & M_{\text{f}D} & 0 \\ \dfrac{3}{2}M_{\text{s}D} & 0 & M_{\text{f}D} & L_D & 0 \\ 0 & \dfrac{3}{2}M_{\text{s}Q} & 0 & 0 & L_Q \end{bmatrix}\begin{bmatrix} i_{\text{s}d} \\ i_{\text{s}q} \\ i_{\text{f}} \\ i_D \\ i_Q \end{bmatrix} \tag{4-24}$$

式中 L_d——定子直轴电感，且 $L_d=L_{\text{s}\sigma}+3(L_{\text{sm}}+L_{\text{sr}})/2$；

L_q——定子交轴电感，且 $L_q=L_{\text{s}\sigma}+3(L_{\text{sm}}-L_{\text{sr}})/2$；

其中 $L_{\text{s}\sigma}$——定子等效漏电感，且 $L_{\text{s}\sigma}=L_{\text{s}\sigma 1}-M_{\text{s}\sigma}$。

电励磁同步电动机在 dq 旋转坐标系下的电磁转矩为

$$T_e = n_p(\psi_{sd} i_{sq} - \psi_{sq} i_{sd}) \tag{4-25}$$

将式（4-24）的磁链方程带入式（4-25），电磁转矩的表达式可改写为

$$T_e = n_p M_{sf} i_f i_{sq} + n_p (L_d - L_q) i_{sd} i_{sq} + n_p (M_{sD} i_D i_{sq} - M_{sQ} i_Q i_{sd}) \tag{4-26}$$

根据式（4-26）可以看出电励磁同步电动机的电磁转矩一般由三部分组成，第一项转矩分量 $n_p M_{sf} i_f i_{sq}$ 是由转子励磁磁动势和定子电枢反应磁动势转矩分量相互作用产生的，是同步电动机主要的电磁转矩。第二项转矩分量 $n_p(L_d - L_q) i_{sd} i_{sq}$ 是由凸极效应造成的磁阻变化在电枢反应磁动势作用下产生的，称作反应转矩或磁阻转矩，这是凸极电动机特有的转矩，在隐极电动机中，$L_d = L_q$，该项为零。第三项转矩分量 $n_p(M_{sD} i_D i_{sq} - M_{sQ} i_Q i_{sd})$ 是由电枢反应磁动势与阻尼绕组磁动势相互作用产生的，如果没有阻尼绕组，或者在稳态运行时阻尼绕组中没有感应电流，该项都是零。只有在动态过程中，产生阻尼电流，才有阻尼转矩，帮助同步电动机尽快达到新的稳态。

4.2.2 电励磁同步电动机矢量变换控制的基本概念

异步电动机的矢量变换控制采用了转子磁场定向技术，通过坐标变换，将三相定子电流矢量 $\boldsymbol{i}_s$ 分解为 MT 坐标系中沿转子磁场方向的励磁分量 i_{sM} 和垂直于转子磁场方向的转矩分量 i_{sT}。由于 i_{sM}、i_{sT} 相互正交，解除了彼此间的耦合关系，在同步速的 MT 坐标系中它们是一组直流标量，故完全可以像直流电动机那样实现对磁场和转矩的分别控制，获得良好的调速特性。

与异步电动机的矢量控制相似，同步电动机也可利用矢量控制实现磁场和转矩的动态解耦。同步电动机矢量控制的磁场定向技术主要分为三类：转子磁场定向、定子磁场定向以及气隙磁场定向。采用转子磁场定向时，电机仅适应于小功率场合，因为负载的增大会使电机功率角增大，进而使电机功率因数降低。定子磁场定向控制虽然可提高大功率电机的利用率，但容易出现磁路过饱和的现象。因此，电励磁同步电动机一般采用气隙磁场定向控制。

气隙磁场定向控制是将 MT 坐标系的 M 轴方向定义为气隙磁链方向，T 轴方向定义为沿气隙磁链逆时针旋转 90°方向。其中，定子电流在 MT 坐标系上被分解为等效励磁电流分量 i_{sM} 和等效转矩电流分量 i_{sT}，i_{sM} 和 i_{sT} 互相垂直，实现了磁链和转矩的解耦控制。

如图 4-6 所示，气隙磁链 $\boldsymbol{\psi}_m$ 沿着 M 轴方向，即 $\psi_{mM} = \psi_m$、$\psi_{mT} = 0$，定子电流 $\boldsymbol{i}_s$ 分解为沿 M 轴方向的励磁分量 i_{sM} 和沿 T 轴方向的转矩分量 i_{sT}，其表达式为

$$\begin{cases} i_{sM} = i_m - i_f \cos\theta - i_D \cos\theta + i_Q \sin\theta \\ i_{sT} = i_f \sin\theta + i_D \sin\theta + i_Q \cos\theta \end{cases} \tag{4-27}$$

式中 θ——M 轴和 d 轴的夹角，即负载角，且 θ 为常量。

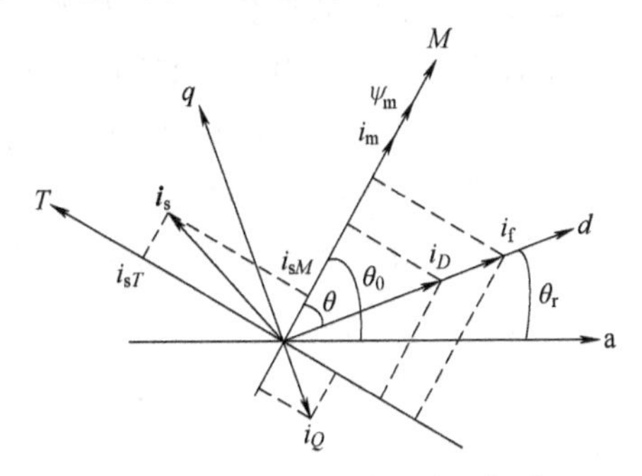

图 4-6 电励磁同步电动机气隙磁场定向空间矢量图

由电磁转矩的表达式 $T_e = n_p(\boldsymbol{\psi}_m \times \boldsymbol{i}_s)$，可得

$$T_e = n_p \psi_m i_{sT} \tag{4-28}$$

根据上式可知，若通过控制磁化电流 i_m 使气隙磁链 ψ_m 保持不变，则电磁转矩 T_e 只与

转矩电流 i_{sT}线性相关。又因为 ψ_m 和 i_{sT}相互正交，且两者均为直流标量，因此电励磁同步电动机实现了像直流电动机的完全解耦控制。

4.2.3 电励磁同步电动机矢量变换控制系统

图4-7为电励磁同步电动机应用气隙磁场定向的矢量控制系统框图，系统包括电机转速、气隙磁链以及定、转子电流的闭环控制。控制系统中电机转速给定值 ω_r^* 与实测值 ω_r 相比较，差值信号输入速度调节器形成闭环控制，其输出为电磁转矩给定值 T_e^*。根据 $T_e = n_p\psi_m \boldsymbol{i}_{sT}$，可由 T_e^* 除以气隙磁链给定值 ψ_m^* 和电机极对数 n_p，得到定子电流转矩分量给定值 i_{sT}^*。同时，电机转速实测值 ω_r 经过函数发生器 ΦF 输出气隙磁链给定值 ψ_m^*，ψ_m^* 与磁链运算器输出的实际值 ψ_m 比较后的误差信号输入磁链调节器 ψT，得到保持气隙磁链给定值 ψ_m^* 所需的磁化电流给定值 i_m^*。i_m^*、i_{sT}^*以及励磁电流 i_f 经过电流运算器，输出三相定子电流给定值和转子励磁电流给定值。

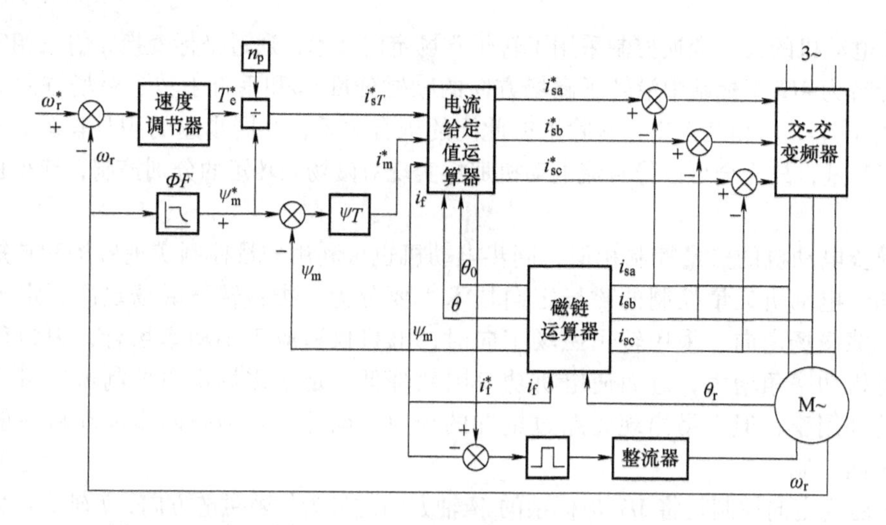

图4-7 电励磁同步电动机应用气隙磁场定向的矢量控制系统框图

同步电动机矢量变换控制系统的核心运算部分包括磁链运算器和电流给定值运算器。磁链运算器是以定子三相电流实测值、转子励磁电流实测值作为输入量，通过磁链的数学模型，计算出气隙磁链的幅值和角度。电流运算器是根据磁化电流给定值、定子电流转矩分量给定值、转子励磁电流实测值以及磁链运算器的输出角度来计算三相定子电流给定值和转子励磁电流给定值。下面详细介绍这两个运算器的结构。

1. 磁链运算器

三相定子电流 i_{sa}、i_{sb}、i_{sc} 经过 Clark 变换和 Park 变换，可以变成 dq 坐标系下的电流分量

$$\begin{bmatrix} i_{sd} \\ i_{sq} \end{bmatrix} = \sqrt{\frac{2}{3}} \begin{bmatrix} \cos\theta_r & \cos\left(\theta_r - \frac{2\pi}{3}\right) & \cos\left(\theta_r + \frac{2\pi}{3}\right) \\ -\sin\theta_r & -\sin\left(\theta_r - \frac{2\pi}{3}\right) & -\sin\left(\theta_r + \frac{2\pi}{3}\right) \end{bmatrix} \begin{bmatrix} i_{sa} \\ i_{sb} \\ i_{sc} \end{bmatrix} \tag{4-29}$$

因为电励磁同步电动机模型较为复杂，为简化运算，此处忽略阻尼绕组。两相旋转 dq 坐标系下的气隙磁链方程为

$$\begin{cases}\psi_{md}=L_{md}(i_f+i_{sd})\\ \psi_{mq}=L_{mq}i_{sq}\end{cases} \tag{4-30}$$

由此可得气隙磁链的幅值和角度为

$$\psi_m=\sqrt{\psi_{mq}^2+\psi_{md}^2} \tag{4-31}$$

$$\theta=\arctan(\psi_{mq}/\psi_{md}) \tag{4-32}$$

$$\begin{cases}\cos(\theta_0)=\cos(\theta+\theta_r)\\ \sin(\theta_0)=\sin(\theta+\theta_r)\end{cases} \tag{4-33}$$

θ、θ_r 和 θ_0 间的关系见图 4-6。其中，θ 为 M 轴和 d 轴夹角，即负载角；θ_r 为磁极位置运算器测得的 d 轴（励磁绕组轴线）和 a 轴夹角；$\theta_0=\theta+\theta_r$，为气隙磁链和 a 轴间的夹角。

2. 电流给定值运算器

电流给定值运算框图如图 4-8 所示。

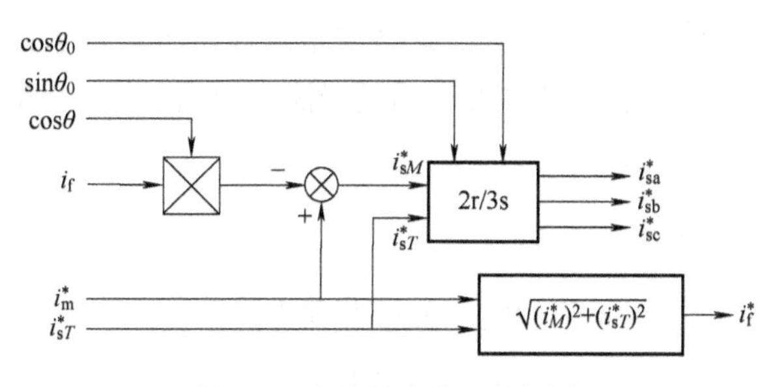

图 4-8 电流给定值运算框图

根据图 4-6 可得磁化电流给定值 i_m、转子励磁电流 i_f 以及定子电流的等效励磁分量 i_{sM} 之间的关系为

$$i_{sM}=i_m-i_f\cos\theta \tag{4-34}$$

为维持气隙磁链恒定，定子电流的励磁分量给定值应为

$$i_{sM}^*=i_m^*-i_f^*\cos\theta \tag{4-35}$$

定子电流的转矩分量 i_{sT}^* 可经过电磁转矩给定值 T_e^* 除以气隙磁链给定值 ψ_m^* 得到

$$i_{sT}^*=\frac{T_e^*}{n_p\psi_m^*} \tag{4-36}$$

定子电流的励磁分量和转矩分量经过 Clark 逆变换和 Park 逆变换后，可得三相定子电流给定值 i_{sa}^*、i_{sb}^*、i_{sc}^*。

$$\begin{bmatrix}i_{sa}^*\\ i_{sb}^*\\ i_{sc}^*\end{bmatrix}=\begin{bmatrix}\cos\theta_0 & -\sin\theta_0\\ \cos\left(\theta_0-\frac{2\pi}{3}\right) & -\sin\left(\theta_0-\frac{2\pi}{3}\right)\\ \cos\left(\theta_0+\frac{2\pi}{3}\right) & -\sin\left(\theta_0+\frac{2\pi}{3}\right)\end{bmatrix}\begin{bmatrix}i_{sM}^*\\ i_{sT}^*\end{bmatrix} \tag{4-37}$$

忽略阻尼绕组，根据图4-6，可以得到励磁电流 i_f 的表达式为

$$\begin{cases} i_f\cos\theta = i_m - i_{sM} \\ i_f\sin\theta = i_{sT} \end{cases} \tag{4-38}$$

$$i_f = \sqrt{(i_m - i_{sM})^2 + (i_{sT})^2} \tag{4-39}$$

由于 i_{sM} 是定子电流中产生气隙磁链 $\boldsymbol{\psi}_m$ 的等效励磁分量，因此 i_{sM} 是一个无功电流。实际应用中通常希望同步电动机的功率因数 $\cos\varphi=1$，则应使 $i_{sM}=0$，此时转子励磁电流给定值 i_f^* 改写为

$$i_f^* = \sqrt{(i_m^*)^2 + (i_{sT}^*)^2} \tag{4-40}$$

4.3 永磁同步电动机控制

本节主要介绍永磁同步电动机的矢量控制和直接转矩控制。永磁同步电动机的矢量控制是以定子电流为控制对象，采用不同的电流控制策略，实现对直轴电流 i_d 和交轴电流 i_q 的准确控制，从而使电机适应于不同的工作场合。本节主要介绍常见的电流控制方式：$i_d=0$ 控制、最大转矩/电流比控制、弱磁控制。永磁同步电动机直接转矩控制的基本原理与异步电动机直接转矩控制基本相同，本节主要介绍基于滞环控制器的永磁同步电动机传统直接转矩控制。

4.3.1 永磁同步电动机的动态数学模型

永磁同步电动机在 dq 坐标系下的电压矢量方程为

$$\begin{cases} u_d = R_s i_d + \dfrac{d\psi_d}{dt} - \omega_r \psi_q \\ u_q = R_s i_q + \dfrac{d\psi_q}{dt} + \omega_r \psi_d \end{cases} \tag{4-41}$$

定子绕组的磁链方程为

$$\begin{cases} \psi_d = L_d i_d + \psi_f \\ \psi_q = L_q i_q \end{cases} \tag{4-42}$$

式中 L_d、L_q——定子 dq 轴自感；

ψ_f——永磁体磁链。

将式（4-41）代入式（4-42）中，可将电压矢量方程改写为

$$\begin{cases} u_d = R_s i_d + L_d \dfrac{di_d}{dt} - \omega_r L_q i_q \\ u_q = R_s i_q + L_q \dfrac{di_q}{dt} + \omega_r L_d i_d + \psi_f \end{cases} \tag{4-43}$$

图4-9为永磁同步电动机空间矢量图，其中 β 为定子电流矢量 $\boldsymbol{i}_s$ 与 d 轴（励磁绕组轴线）的夹角。定子电流 dq 轴分量可写为

$$\begin{cases} i_d = i_s\cos\beta \\ i_q = i_s\sin\beta \end{cases} \tag{4-44}$$

永磁同步电动机的电磁转矩方程为

$$T_e = n_p(\boldsymbol{\psi}_s \times \boldsymbol{i}_s) = n_p(\psi_d i_q - \psi_q i_d) = n_p[\psi_f i_q + (L_d - L_q) i_d i_q] \tag{4-45}$$

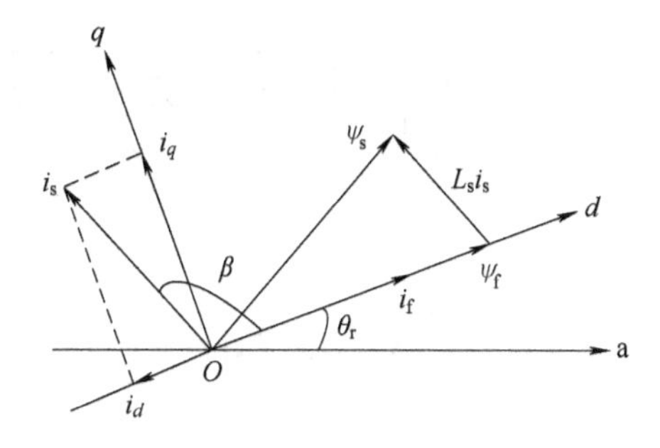

图 4-9　永磁同步电动机空间矢量图

将定子电流 q 轴分量的表达式 $i_q = i_s \sin\beta$ 代入式（4-45）中，电磁转矩方程可改写为

$$T_e = n_p[\psi_f i_q + (L_d - L_q) i_d i_q] = n_p\left[\psi_f i_s \sin\beta + \frac{1}{2}(L_d - L_q) i_s^2 \sin 2\beta\right] \tag{4-46}$$

电磁转矩 T_e 由两部分组成：永磁体产生的永磁转矩 $T_m = n_p \psi_f i_q$，交直轴磁路磁阻不同产生的磁阻转矩 $T_r = n_p(L_d - L_q) i_d i_q$。对于表贴式永磁同步电动机而言，$L_d = L_q$，电磁转矩的表达式可写为

$$T_e = n_p \psi_f i_q \tag{4-47}$$

4.3.2　基于 $i_d = 0$ 的永磁同步电动机矢量控制

$i_d = 0$ 控制是矢量控制策略中常用的一种控制方式，其控制思想是：通过令直轴电流 $i_d = 0$ 来实现永磁同步电动机内部电磁联系的快速解耦。定子电流采用 $i_d = 0$ 控制，即 $i_s = i_q$，由定子电流产生的电枢磁链矢量 $L_s i_s$ 沿 q 轴方向，$L_s i_s$ 与 d 轴的永磁体磁链矢量 ψ_f 正交。$i_d = 0$ 控制时，各空间、时间矢量关系如图 4-10 所示。

当 $i_d = 0$ 时，磁阻转矩 $T_r = 0$，电磁转矩的表达式为

$$T_e = n_p \psi_f i_q \tag{4-48}$$

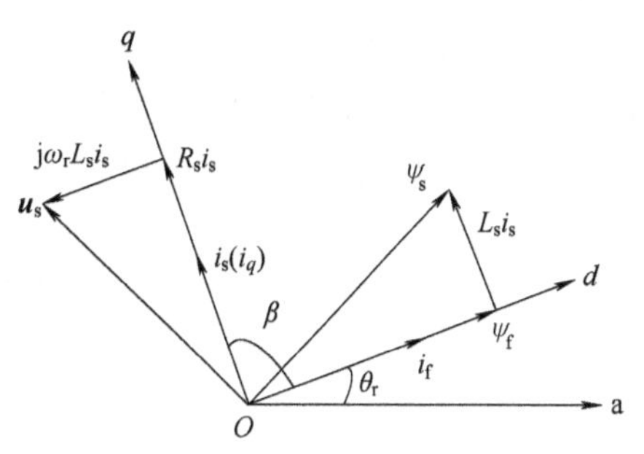

图 4-10　$i_d = 0$ 控制时永磁同步电动机空间矢量图

从式（4-48）可知，永磁体磁链 ψ_f 保持不变，电磁转矩 T_e 只与交轴电流 i_q 线性相关。对于表贴式永磁同步电动机而言，无论直轴电流 i_d 是否为 0，由于电机交直轴电感相同，因此磁阻转矩 T_r 始终为 0，电磁转矩 T_e 只有永磁分量，此时单位电流输出的电磁转矩最大。因此，表贴式同步电动机的 $i_d = 0$ 控制相当于最大转矩/电流比控制。

图 4-11 为永磁同步电动机 $i_d = 0$ 控制系统框图。这个系统包括电机转速以及电磁转矩的闭环控制。控制系统中转速给定值 ω_r^* 与实测值 ω_r 的差值送入速度调节器，输出电磁转矩给定值 T_e^*。根据电磁转矩公式 $T_e = n_p \psi_f i_q$，可由实际永磁体磁链 ψ_f 和交轴电流 i_q 得到电磁转矩实际值 T_e。T_e^* 和 T_e 的差值经转矩调节器和坐标变换后，得到三相坐标系下的定子电流 i_a^*、i_b^*、i_c^*，进而控制逆变器的开关状态，实现 $i_d = 0$ 的定子电流控制。

$i_d = 0$ 控制实现了电机 dq 轴电流的静态解耦，系统结构较为简单，鲁棒性能好，转矩可实时动态控制。并且对于表贴式永磁同步电动机而言，此时单位电流输出的电磁转矩最大，这也意味着产生一定转矩所需的定子电流最小，电机铜耗最小。但在该控制策略下，电机的反电动势会随负载的增大而增大，进而要求变频器有足够的输出电压。同时，负载的增加也会使电机功率角增大，导致电机运行的功率因数较低。

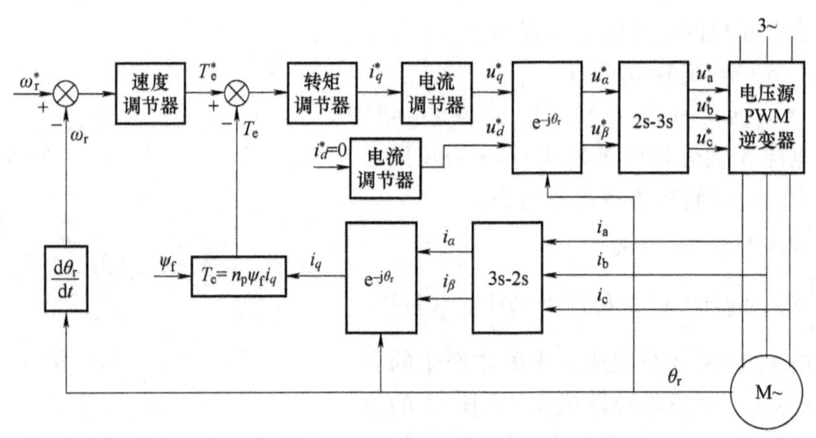

图 4-11　永磁同步电动机 $i_d=0$ 控制系统框图

4.3.3　基于最大转矩/电流比控制的永磁同步电动机矢量控制

最大转矩/电流比（Maximum Torque-Per-Ampere，MTPA）控制，该控制策略是通过调节定子电流的交直轴分量，使相同幅值的定子电流产生最大的电磁转矩。对于表贴式永磁同步电动机而言，MTPA 控制实际就是 $i_d=0$ 控制。对于嵌入式和内装式永磁同步电动机而言，利用凸极效应可得到比较高的转矩/电流比，交直轴电流分量的分配会影响电磁转矩的大小，进而影响电机的过载能力。

如图 4-12 的定子电流矢量图，每一条虚线表示该电磁转矩下交直轴电流关系，实线表示最大转矩/电流比控制下的定子电流。实线是由恒转矩虚线上离原点最近的坐标点连接而成，此 MTPA 轨迹上的任何一个定子电流都可以产生最大的电磁转矩。

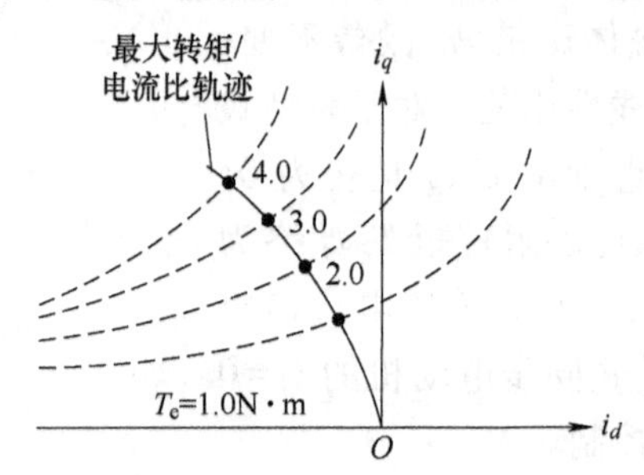

图 4-12　最大转矩/电流比控制的定子电流矢量图

由式（4-46）可得电磁转矩的表达式为

$$
\begin{aligned}
T_e &= n_p[\psi_f i_q+(L_d-L_q)i_d i_q] \\
&= n_p\left[\psi_f i_s \sin\beta+\frac{1}{2}(L_d-L_q)i_s^2\sin 2\beta\right]
\end{aligned} \tag{4-49}
$$

采用 MTPA 控制，使单位定子电流产生最大电磁转矩，对电磁转矩求解极值可得

$$
\begin{cases}
\dfrac{\partial(T_e/i_s)}{\partial i_d}=0 \\
\dfrac{\partial(T_e/i_s)}{\partial i_q}=0
\end{cases} \tag{4-50}
$$

由式（4-50）可解得转矩角和交直轴定子电流的表达式为

$$\beta=\arcsin\left[\frac{-\psi_{\mathrm{f}}+\sqrt{\psi_{\mathrm{f}}^2+8(L_q-L_d)^2 i_{\mathrm{s}}^2}}{4(L_q-L_d)i_{\mathrm{s}}}\right]+\frac{\pi}{2} \tag{4-51}$$

$$i_d=\frac{-\psi_{\mathrm{f}}+\sqrt{\psi_{\mathrm{f}}^2+4(L_d-L_q)^2 i_q^2}}{2(L_d-L_q)} \tag{4-52}$$

$$i_q=\frac{2T_{\mathrm{e}}}{3n_{\mathrm{p}}[\psi_{\mathrm{f}}+(L_d-L_q)i_d]} \tag{4-53}$$

对于表贴式永磁同步电动机，$L_d=L_q$，i_d 表达式分母为零，因此不能根据极值定理求转矩角和直轴电流。取电流基值 $i_{\mathrm{b}}=\psi_{\mathrm{f}}/(L_q-L_d)$，电磁转矩基值 $T_{\mathrm{b}}=n_{\mathrm{p}}\psi_{\mathrm{f}}i_{\mathrm{b}}$，由此可得电磁转矩的标幺值为

$$T_{\mathrm{e}}^*=i_q^*(1-i_d^*) \tag{4-54}$$

根据上述极值定理求得的电流分量并结合式（4-52），可得交直轴电流标幺值间的关系式如下：

$$(i_q^*)^2=i_d^*(i_d^*-1) \tag{4-55}$$

进一步，可求得电磁转矩标幺值与交直轴电流标幺值满足如下关系：

$$T_{\mathrm{e}}^*=\sqrt{i_d^*(i_d^*-1)^3} \tag{4-56}$$

$$T_{\mathrm{e}}^*=\frac{i_q^*}{2}\left[1+\sqrt{1+4(i_q^*)^2}\right] \tag{4-57}$$

由此，根据电磁转矩标幺值可得交直轴电流标幺值如下：

$$\begin{cases} i_d^*=f_1(T_{\mathrm{e}}^*) \\ i_q^*=f_2(T_{\mathrm{e}}^*) \end{cases} \tag{4-58}$$

图 4-13 为永磁同步电动机 MTPA 控制系统框图。控制系统通过转速闭环得到电磁转矩给定值 T_{e}^*，再经过 MTPA 控制，分别得到直轴和交轴电流给定值 i_d^*、i_q^*。i_d^*、i_q^* 经过坐标变换后得到三相坐标系下的定子电流 i_{a}^*、i_{b}^*、i_{c}^*，进而控制逆变器的开关状态，实现 MTPA 的定了电流控制。

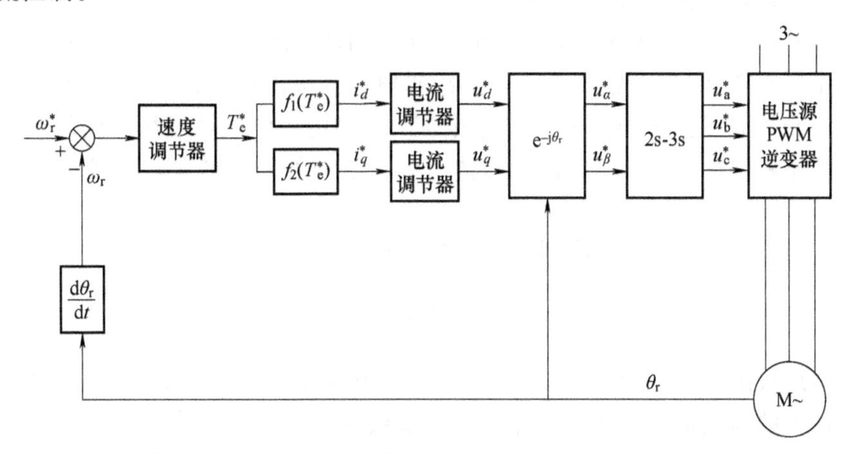

图 4-13　永磁同步电动机 MTPA 控制系统框图

4.3.4 基于永磁同步电动机矢量控制的弱磁控制

dq 坐标系下永磁同步电动机的定子电压表达式为

$$\begin{cases}u_d=R_s i_d-\omega_r L_q i_q\\u_q=R_s i_q+\omega_r L_d i_d+\omega_r\psi_f\end{cases}\tag{4-59}$$

当电机高速运转时，定子电阻产生的压降可忽略，此时定子电压幅值的表达式为

$$u_s^2=u_d^2+u_q^2=(\omega_r\psi_f+\omega_r L_d i_d)^2+(\omega_r L_q i_q)^2\tag{4-60}$$

当电机空载时，空载电流可忽略，空载电动势 e_0 的表达式为

$$e_0=\omega_r\psi_f\tag{4-61}$$

当空载电动势 e_0 到达电压极限值 u_{max} 时，电机转速 ω_{rb} 为电机基速。

$$\omega_{rb}=\frac{u_{max}}{\psi_f}\tag{4-62}$$

当电机带负载时，对于表贴式永磁同步电动机而言，定子电流位置角 $\beta=90°$，即 $i_d=0$、$i_q=i_s$。电机运行在恒转矩区时，定义转折速度 ω_{rt}是定子电流为额定值 i_{sN}且定子电压到达极限时对应的电机转速，由此可得 ω_{rt}的表达式为

$$\omega_{rt}=\frac{u_{max}}{\sqrt{\psi_f^2+(L_s i_{sN})^2}}\tag{4-63}$$

表贴式永磁同步电动机的同步电感 L_s 很小，因此转折速度和基速基本相等。

$$\omega_{rt}=\omega_{rb}=\frac{u_{max}}{\psi_f}\tag{4-64}$$

弱磁控制时，嵌入式和内装式永磁同步电动机的定子电流位置角 β 通常大于 90°，即 $i_d<0$，ω_{rt}的表达式为

$$\omega_{rt}=\frac{u_{max}}{\sqrt{(\psi_f-L_d\,|\,i_{dN}\,|\,)^2+(L_q i_{qN})^2}}\tag{4-65}$$

由于永磁同步电动机凸极式转子的交轴电感大于直轴电感，因此转折速度低于基速，从而缩小了电机恒转矩区运行的速度范围。

由式（4-60）可知，电机定子电压随电机转速的增大而增大，但由于逆变器输出的电压存在阈值，定子电压 $\boldsymbol{u}_s$ 不可无限增大。当 $\boldsymbol{u}_s$ 幅值达到极限值 $u_s=u_{max}$时，如若使电机转速 ω_r 继续增大，必须调节直轴电流 i_d 和交轴电流 i_q，使电机的气隙磁场得到削弱。由于永磁同步电动机的励磁磁场由大小恒定的永磁体产生，通常可采用增大 i_d 去磁分量的方法实现弱磁扩速。

由于逆变器输出电压阈值的限制，定子电压 $\boldsymbol{u}_s$ 需满足

$$(\psi_f+L_d i_d)^2+(L_q i_q)^2\leqslant\left(\frac{u_{max}}{\omega_r}\right)^2\tag{4-66}$$

可见，电压极限方程下的电流矢量轨迹是一个椭圆，且椭圆的轴长与电机转速 ω_r 成反比，即随着速度的增大形成了逐渐变小的一簇套装椭圆。但对于表贴式永磁同步电动机而言，$L_d=L_q$，电压极限方程是一个圆。每一个电压极限圆都是特定转速 ω_r 下电流矢量对应电压极限值的轨迹。

逆变器的输出电流也存在阈值，电流极限方程下的电流矢量轨迹是一个圆，电流极限圆对应的电流限制方程为

$$i_d^2+i_q^2 \leqslant i_{max}^2 \tag{4-67}$$

为实现电机的稳定运行，定子电流矢量不仅需要满足电压极限圆的轨迹，也需要满足电流极限圆的轨迹，因此定子电流 $\boldsymbol{i}_s$ 通常被限定在一定的区域内。例如，$\omega_r=\omega_{rt}$时，$\boldsymbol{i}_s$ 仅能存在于 ACDE（见图 4-14）区域。

图 4-14 为弱磁控制时定子电流矢量的轨迹图。当定子电流矢量位于电流极限圆和 ω_{r1}转速电压极限圆的交点 A 点时，ω_{r1}即为转折速度 ω_{rt}，逆变器直流电压等于电机线电压，逆变器无法控制电流，电流调节器饱和。如若使转速 ω_r 增大，可令电流沿 AO 段最大转矩/电流比轨迹，从 A 点移动到 B 点，转速从 ω_{r1}提高到 ω_{r2}，但对应的转矩从 T_{e1}降低到了 T_{e2}。此时电机作恒转矩运行，定子电流位于 ω_{r1}转速的电压极限圆之内，逆变器直流电压大于电机线电压，电流调节器不饱和。为提高电机的输出功率，定子电流矢量可从 A 点处向左沿电流极限圆移动到 C 点，i_d 产生的去磁分量逐渐增大，同时为限制电流幅值，i_q 也在逐渐减小，定子电压逐渐减小，电流调节器逐渐脱离饱和。定子电流向左运动的过程中，i_d 逐渐增大，i_q 逐渐减小，电机转速范围不断扩大，实现了弱磁扩速。

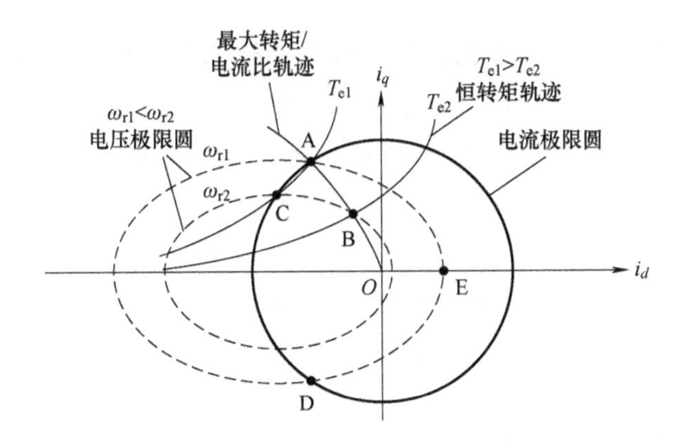

图 4-14　弱磁控制时定子电流矢量的轨迹图

当位置角 $\beta=180°$时，定子电流的 q 轴分量为零，即 $i_s=i_d$，定子电流全部用于直轴去磁，此时转速为最大值 ω_{rmax}。一般情况下 ω_{rmax}不会无限大，i_d 也不可能取太大，这是因为定子电流 i_d 需要满足电流极限圆的限制，并且 i_d 过大产生的去磁作用会使永磁体永久退磁。

$$\omega_{rmax}=\frac{u_{max}}{\psi_f-L_d\,|\,i_d\,|} \tag{4-68}$$

图 4-14 的定子电流轨迹在第二和第三象限关于 d 轴对称，为简化图形，图中未画第三象限的电流轨迹。电磁转矩在第二象限（$i_d<0$，$i_q>0$）为正向驱动转矩，在第三象限（$i_d<0,i_q<0$）为负向制动转矩。

永磁同步电动机的弱磁控制可根据控制变量的不同分为不同的调节策略，目前工业领域大多使用 i_d 负反馈补偿控制。i_d 负反馈补偿的基本思想是：不断检测电压指令，一旦电压指令超过限幅，负方向增加 i_d，使电机工作点左移，重新回到电压极限圆内。图 4-15 为永

磁同步电动机基于 i_d 负反馈补偿的弱磁控制系统框图。控制系统通过判断电流调节器输出电压与逆变器电压极限值的大小，利用电压外环调节交直轴电流给定值 i_d^*、i_q^*，增大直轴去磁电流 i_d^*，减小交轴电流 i_q^*，实现弱磁控制以削弱气隙磁场。

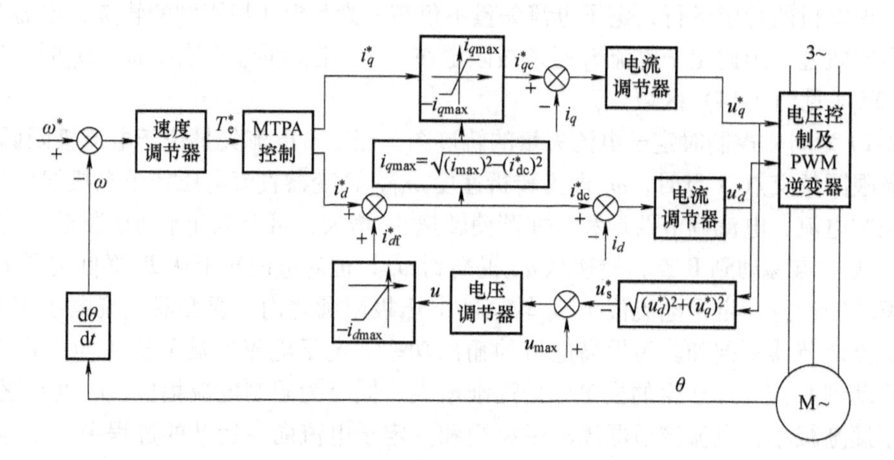

图 4-15　基于 i_d 负反馈补偿的弱磁控制系统框图

控制系统的电压外环是闭环控制，用来确定弱磁调节过程中直轴去磁电流给定值 i_d^* 的大小，使电流矢量满足电压极限圆。电压极限值 $u_{max}=\sqrt{3u_{DC}}$ 与逆变器输出的直流母线电压 u_{DC} 有关，u_{max} 和 u_s^* 的 PI 调节输出量 u 经过一个限幅环节，输出直轴去磁电流调节量 i_{df}^*。

$$i_{df}^*=\begin{cases}0 & u\geqslant 0\\ u & u<0\\ -i_{dmax} & u\leqslant -i_{dmax}\end{cases} \tag{4-69}$$

式中　$-i_{dmax}$——i_{df}^* 的负限幅值。

直轴去磁电流调节量 i_{df}^* 与直轴电流给定值 i_d^* 相加后得到修正后的给定值 i_{dc}^*，即 $i_{df}^*+i_d^*=i_{dc}^*$。直轴电流给定值 i_{dc}^* 与实测值 i_d 的差值送入电流调节器中，输出直轴电压给定值 u_d^*。

由于定子电流幅值受阈值限制，因此通过电流限幅公式 $i_{qmax}=\sqrt{i_{max}^2-(i_{dc}^*)^2}$，可得到交轴电流 i_q^* 需满足的限幅环节。

$$i_{qc}^*=\begin{cases}i_{qmax} & i_q^*\geqslant i_{qmax}\\ i_q^* & -i_{qmax}<i_q^*<i_{qmax}\\ -i_{qmax} & i_q^*\leqslant -i_{qmax}\end{cases} \tag{4-70}$$

式中　i_{max}——电流极限值。

交轴电流经过限幅后得到给定值 i_{qc}^*，将给定值 i_{qc}^* 与实测值 i_q 的差值送入电流调节器中，输出交轴电压给定值 u_q^*。直轴、交轴电压给定值 u_d^*、u_q^* 再经过后面的控制环节便可得到输入 PWM 逆变器的控制信号。

电机转速达到转折速度 ω_{r1} 时，采用基于 i_d 负反馈补偿的弱磁控制，可令直轴去磁电流 i_d 增大，交轴电流 i_q 减小，电流控制器退出饱和状态，系统重新实现对定子电流的控制作用。基于 i_d 负反馈补偿的弱磁控制系统结构简单，且不依赖于电机参数的准确性，鲁棒性较好。

4.3.5 永磁同步电动机直接转矩控制

传统直接转矩控制采用定子磁链定向和空间矢量概念，通过简单检测电机端部的定子电压和电流，直接在定子坐标系下观测电机的磁链、转矩，并将此观测值与给定磁链、转矩值相比较，其差值经两个滞环控制器得到相应的控制信号，再综合当前定子磁链矢量的位置从预制的开关状态表中选择相应电压空间矢量，实施直接对电机转矩的控制，因而得到快速的转矩控制响应。

永磁同步电动机矢量图如图 4-16 所示。其中 $\alpha\beta$ 为静止坐标系，dq 为同步旋转坐标系，$\boldsymbol{\psi}_s$、ψ_d 和 ψ_q 分别是定子磁链矢量、定子磁链矢量 d 轴和 q 轴分量；ψ_f 为电机永磁磁链；$\boldsymbol{i}_s$、i_d 和 i_q 分别是定子电流矢量、定子电流矢量 d 轴和 q 轴分量；θ_r 为电机转子位置角；δ 为电机的负载角。

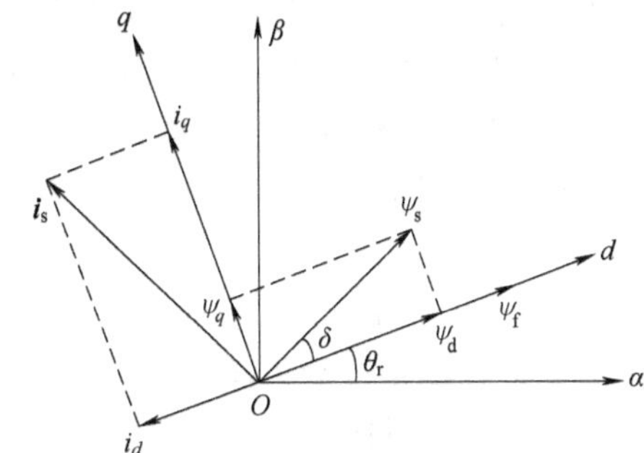

图 4-16　永磁同步电动机矢量图

根据电机学的相关理论知识，插入式和内置式永磁同步电动机的电磁转矩方程为

$$T_e = p_0[\psi_f i_q + (L_d - L_q) i_d i_q] \tag{4-71}$$

根据图 4-16 可知，电机的定子磁链矢量 $\boldsymbol{\psi}_s$ 在 dq 坐标系的分量 ψ_d 和 ψ_q 可以表示为

$$\psi_d = \psi_f + L_d i_d = \boldsymbol{\psi}_s \cos\delta \tag{4-72}$$

$$\psi_q = L_q i_q = \boldsymbol{\psi}_s \sin\delta \tag{4-73}$$

这样，电机的定子电流矢量 $\boldsymbol{i}_s$ 在 dq 坐标系的分量 i_d 和 i_q 可以表示为

$$i_d = \frac{\psi_s \cos\delta - \psi_f}{L_d} \tag{4-74}$$

$$i_q = \frac{\psi_s \sin\delta}{L_q} \tag{4-75}$$

这样，电机的电磁转矩方程可以表示为

$$T_e = p_0\left[\frac{\psi_f \psi_s}{L_d}\sin\delta + \frac{L_d - L_q}{2L_d L_q}\psi_s^2 \sin 2\delta\right] \tag{4-76}$$

若控制电机定子磁链 ψ_s 为定值，转矩便仅与负载角 δ 有关，也就是说通过控制电机的负载角 δ 就可以实现对电机转矩的控制。上面的推导都是针对插入式和内置式永磁同步电动机，同样对于表贴式永磁同步电动机而言，$L_d = L_q = L_s$，这样电机电磁转矩表达式的第二项为 0，仅有第一项，其电磁转矩也仅与负载角 δ 有关。因此，可通过控制定子磁链幅值恒定，改变定子磁链旋转速度和方向来瞬时调整转矩角 δ，实现转矩的动态控制，这正是直接转矩控制的基本思想。同表贴式永磁同步电动机相比，虽然插入式和内置式永磁同步电动机产生了磁阻转矩，但二者的直接转矩控制原理相同。

根据电机学的相关理论，永磁同步电动机定子磁链 ψ_s 在两相定子坐标系中可表示为

$$\psi_s=\int(u_s-R_si_s)\,dt \tag{4-77}$$

式中　u_s——电机的定子电压；

R_s——定子电阻。

若忽略定子电阻 R_s，定子磁链可直接用电压空间矢量的积分表示为

$$\psi_s=\int u_s\,dt \tag{4-78}$$

这说明磁链矢量顶端的运动方向与给定电压矢量的方向一致，因此可通过选择合适的电压空间矢量 $\boldsymbol{u}_i$ 来控制磁链的幅值、运动方向与速度，在保证定子磁链幅值恒定的同时调节功角 δ 来完成对电磁转矩的直接控制。注意永磁同步电动机的初始定子磁链并不为零，而是一个与永磁磁链方向一致的矢量。因此式（4-78）的离散形式可表示为

$$\psi_s=u_s\times T_s+\psi_{s0} \tag{4-79}$$

式中　T_s——控制系统的采样周期；

ψ_{s0}——定子磁链的初始值。

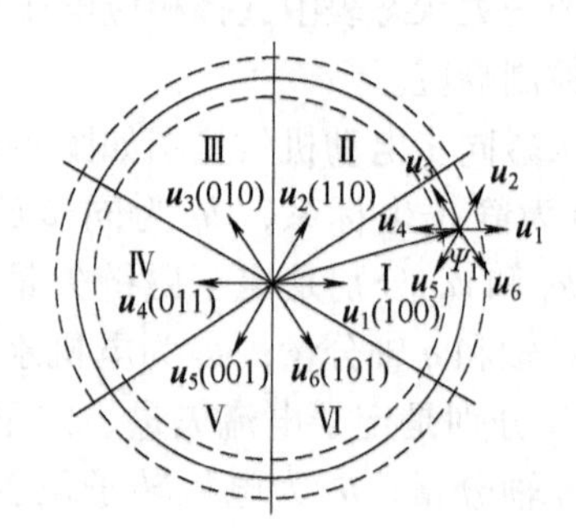

图 4-17　永磁同步电动机直接转矩控制的空间电压矢量平面

为方便电压空间矢量的选择，将整个空间电压矢量平面分为如图 4-17 所示的六个区域，每个区域均为 60°，表示为区域Ⅰ~区域Ⅵ。以当前定子磁链运行在区域Ⅰ中并按逆时针方向旋转为例，每个电压矢量对磁链和转矩变化的影响见表 4-1。

表 4-1　各空间电压矢量在区域Ⅰ中的作用

u_s	$\lvert\psi_s\rvert$	δ
u_1	急剧增加	缓慢增加或降低
u_2	增加	增加
u_3	降低	增加
u_4	急剧降低	略微增加或降低
u_5	降低	降低
u_6	增加	降低

需要特别注意的是每个电压空间矢量在不同区域的作用是不同的，在不同区域起到同样作用效果的基本电压矢量也是不同的。例如，在扇区Ⅰ中 $\boldsymbol{u}_2$ 的作用为同时增加 $\lvert\boldsymbol{\psi}_s\rvert$ 和 δ，而在区域Ⅱ中有此作用的电压矢量为 $\boldsymbol{u}_3$。

对于异步电动机而言，气隙磁通由定、转子电流共同建立，但却由定子电压唯一确定。当选择零电压矢量时，定子电压为零，磁链增量为零，定子磁链矢量将保持在原位置不动，转子电流及电磁转矩快速衰减，因此可通过选用零电压矢量在保持磁链幅值不变时瞬间减小转矩。但在永磁同步电动机中情况则不同，选用零电压空间矢量虽能使定子磁链保持原位置不动，但它与一直存在的转子磁极永磁磁场相互作用仍将产生转矩，

不能起到有效减小转矩的作用，因此在永磁同步电动机直接转矩控制中零电压矢量并不能用于迅速减小电机转矩。这是异步电动机直接转矩控制与永磁同步电动机直接转矩控制的主要区别。

基于前述分析，当电机实际电磁转矩小于给定时，应选择使磁链沿原方向旋转的电压矢量，由于电机的机电时间常数远大于电磁时间常数，使得定子磁链瞬时转速变得比转子磁链转速大，造成定转子磁链之间夹角瞬时增加，转矩迅速变大；反之亦然。这样在永磁同步电动机直接转矩控制中，通过空间电压矢量选择，使得定子磁链不停地进进退退，瞬时改变功率角，使转矩得到快速动态控制，但同时也构成了转矩脉动的根源。

在控制系统中，实际磁链、转矩与其给定值之差经滞环控制器可得到两值 0、1 的控制信号，分别对应减小或增加磁链及转矩值。为使系统达到最优控制性能，电压矢量的选择必须综合考虑当前磁链幅值与转矩的要求。仍以磁链矢量运行于区域Ⅰ并逆时针运转为例，如磁链滞环控制器输出为 1，表示要求增大磁链值，可选 $\boldsymbol{u}_2$ 和 $\boldsymbol{u}_6$；若转矩滞环控制器输出为 0，表示要求减小转矩，可选 $\boldsymbol{u}_6$ 和 $\boldsymbol{u}_5$。综合考虑时，满足增大磁链并减小转矩以实现逆时针运行的电压空间矢量应是 $\boldsymbol{u}_6$。根据这种考虑方式可导出空间电压矢量选择表 4-2。其中Ⅰ~Ⅵ 表示当前磁链所在的区域，$\boldsymbol{u}_i$ 表示所选择的电压矢量。这就是永磁同步电动机直接转矩控制的控制规律。

表 4-2 永磁同步电动机直接转矩控制开关状态

磁链	转矩	扇区					
		Ⅰ	Ⅱ	Ⅲ	Ⅳ	Ⅴ	Ⅵ
0	0	$\boldsymbol{u}_5$	$\boldsymbol{u}_6$	$\boldsymbol{u}_1$	$\boldsymbol{u}_2$	$\boldsymbol{u}_3$	$\boldsymbol{u}_4$
	1	$\boldsymbol{u}_3$	$\boldsymbol{u}_4$	$\boldsymbol{u}_5$	$\boldsymbol{u}_6$	$\boldsymbol{u}_1$	$\boldsymbol{u}_2$
1	0	$\boldsymbol{u}_6$	$\boldsymbol{u}_1$	$\boldsymbol{u}_2$	$\boldsymbol{u}_3$	$\boldsymbol{u}_4$	$\boldsymbol{u}_5$
	1	$\boldsymbol{u}_2$	$\boldsymbol{u}_3$	$\boldsymbol{u}_4$	$\boldsymbol{u}_5$	$\boldsymbol{u}_6$	$\boldsymbol{u}_1$

由于永磁同步电动机的直接转矩控制是直接将转矩和定子磁链作为控制变量，滞环比较控制就是利用两个滞环比较器直接控制转矩和磁链的偏差，因此能否获得转矩和定子磁链的真实信息是至关重要的。电磁转矩的估计在很大程度上取决于定子磁链估计的准确性，因此首先要保证定子磁链估计的准确性。接下来分别介绍基于电压模型的磁链估计、基于电流模型的磁链估计和电机电磁转矩的估计。

1. 基于电压模型的磁链估计

永磁同步电动机的定子磁链矢量可由定子电压矢量方程得到

$$\psi_s = \int (u_s - R_s i_s)\,dt \tag{4-80}$$

将其分解到 $\alpha\beta$ 坐标系中，得到定子磁链矢量 $\alpha\beta$ 轴分量为

$$\psi_\alpha = \int (u_\alpha - R_s i_\alpha)\,dt \tag{4-81}$$

$$\psi_\beta = \int (u_\beta - R_s i_\beta)\,dt \tag{4-82}$$

式中 u_α、u_β——定子电压在 $\alpha\beta$ 轴分量；

i_α、i_β——定子电流在 $\alpha\beta$ 轴分量。

这样便可以得到定子磁链矢量的幅值和空间相位角 θ

$$|\boldsymbol{\psi}_s|=\sqrt{\psi_\alpha^2+\psi_\beta^2} \tag{4-83}$$

$$\theta=\arcsin\frac{\psi_\beta}{|\boldsymbol{\psi}_s|} \tag{4-84}$$

2. 基于电流模型的磁链估计

电流模型是利用同步旋转坐标系下电流与磁链之间的关系得到定子磁链矢量在 dq 轴下的分量，如式（4-72）和式（4-73），再通过坐标变换将定子磁链矢量转换到 $\alpha\beta$ 静止坐标系中，因此这需要实际检测转子的位置。此外，估计是否准确，还取决于电动机参数 L_d、L_q 和 ψ_f 是否与实际值相一致，必要时需要对相关参数进行在线测量或辨识。但与电压模型相比，电流模型中消除了定子电阻变化的影响，不存在低频积分困难的问题。

3. 电机电磁转矩的估计

电机电磁转矩的估计可利用下式得到：

$$T_e=p_0(\psi_\alpha i_\beta-\psi_\beta i_\alpha) \tag{4-85}$$

基于上述分析，可以得到永磁同步电动机直接转矩控制系统原理图，如图 4-18 所示。

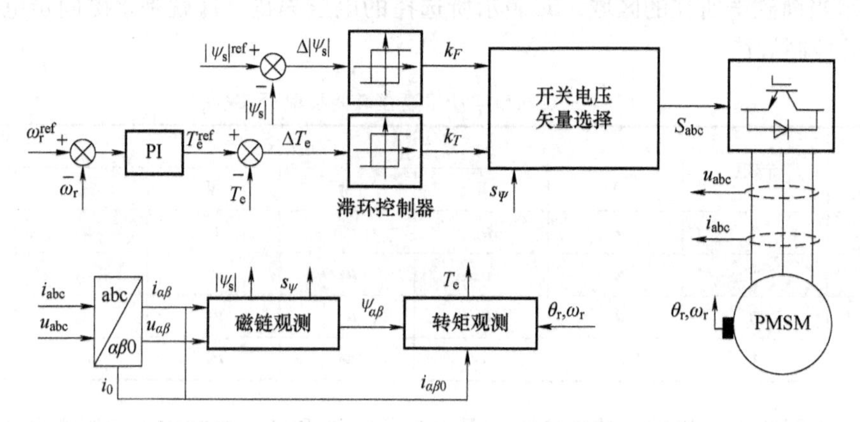

图 4-18 永磁同步电动机直接转矩控制系统原理图

4.4 无刷直流电动机控制

一般的调速系统大多有标准的交流或直流电机配置所需的变流装置即可正常运行，如可控整流器供电的直流调速系统，变频器供电的交流电机等。但是有一类调速电机其电机本体须通过某一特殊装置或功能部件才能与调速装置紧密结合，缺少其中任一部分均不能单独运行，这是一种典型的机电一体化调速电机，往往以配置转子（磁极）位置检测机构为其特征。本章对其中的永磁无刷直流电动机进行讨论。

4.4.1 永磁无刷直流电动机原理

永磁无刷直流电动机因其结构简单、性能优良、运行可靠和方便维护的优点，在自动化伺服与驱动、家用电器、计算机外设、汽车电器及电动车辆驱动中获得了越来越广泛的应用。

4.4.1.1 基本组成

永磁无刷直流电动机系统主要由永磁电动机本体、转子位置检测器和功率变换器（逆变器）三部分构成，如图 4-19 所示。

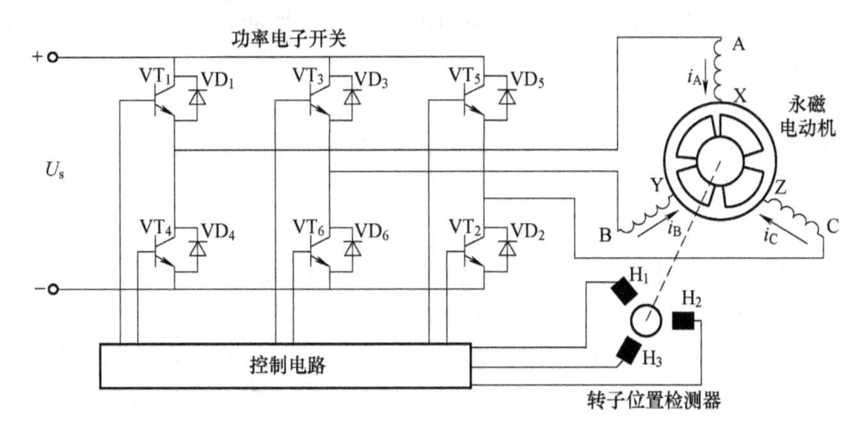

图 4-19　永磁无刷直流电动机的组成

永磁无刷直流电动机采用这种组成结构完全是模仿了有刷直流电动机。众所周知，直流电动机从电刷向外看虽然是直流的，但从电刷向内看，电枢绕组中的感应电动势和流过的电流完全是交变的。从电枢绕组和定子磁场之间的相互作用看实际上是一台电励磁的同步电动机，这台同步电动机和直流电源之间是通过换向器和电刷联系起来的。在电动机运行方式下，换向器起逆变器作用，把电源直流逆变成交流送入电枢绕组；在发电机运行方式下，换向器起整流器的作用，把电枢中发出的交流电整流成直流供给外部负载。电刷则不仅引导了电流，而且更重要的是它的位置决定了电枢绕组中电流换向的地点，从而决定了电枢磁动势的空间位置，即起了检测电枢电流换向位置和电枢磁场空间位置的作用。换向器和电刷的有效配合，使得励磁磁通和电枢磁动势能在空间始终保持垂直关系，从而能够最大限度地产生有效转矩。永磁无刷直流电动机也是一台永磁式同步电动机，但用功率变换器（逆变器）代替了直流电动机中的机械接触式逆变器（换向器），用无接触式的转子位置检测器代替了基于接触导电的电刷。尽管两者结构不同，但其作用完全相同。

一般情况下永磁无刷直流电动机本体定子多为三相结构，绕组为分布式或集中式、Y联结或△联结。永磁转子多用钕铁硼等稀土永磁材料，瓦片型永磁体直接粘贴在转子铁心上（面贴式），故其气隙磁场在空间呈矩形分布。图 4-20 为四极永磁无刷直流电动机本体剖面图。

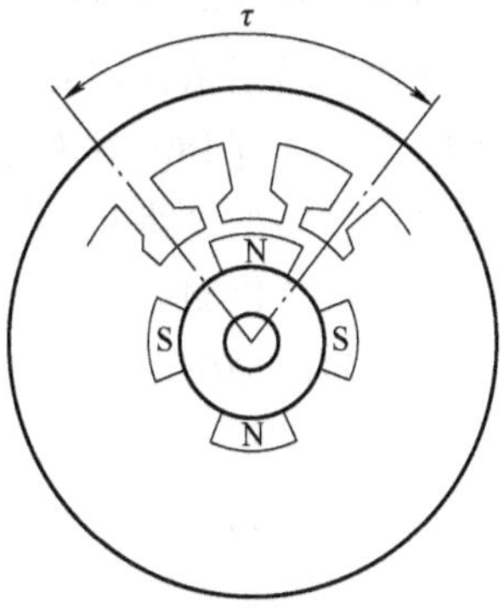

图 4-20　四极永磁无刷直流电动机本体剖面图

功率变换器（逆变器）用于给电机定子各相绕组在一定的时刻通以一定时间长短的恒定直流电流，以便与转子永磁磁场相互作用产生持续不断的恒定转矩。功率开关器件一般采用 GTR、MOSFET，较大容量电机采用 IGBT 或 IPM。功率电子开关可以是半桥式，但多为三相桥式结构，与三相直-交逆变器结构十分相似，但各桥臂器件一般只在一个输出频率周期内开关一次，唯有三相下桥臂器件（VT_4、VT_6、VT_2）在开通时间内还要进行 PWM，以实现电机的调压调速。

各相绕组通电顺序、通电时刻和通电时间长短取决于转子磁极和定子绕组空间的相对位置，这是由转子位置检测器来感知、产生出三相位置信号，并经逻辑处理、功率放大后形成功率开关器件的驱动信号，再去控制定子绕组的通、断（换向）。在永磁无刷直流电动机中常用的位置检测装置有以下 3 种形式：

1. 电磁式位置传感器

这是一种利用电磁效应来实现位置测量的传感器件，有开口变压器、铁磁谐振电路、接近开关等多种形式，其中开口变压器使用较多。

2. 磁敏式位置传感器

磁敏式位置传感器利用电流的磁效应进行工作，所组成的位置检测器由与电机同轴安装、具有与电机转子同极数的永磁检测转子和多只空间均匀分布的磁敏元件构成。目前常用的磁敏元件为霍尔元件或霍尔集成电路，它们在磁场作用下会产生霍尔电动势，经整形、放大后即可输出所需电平信号，构成了原始的位置信号。图 4-21 为霍尔集成电路及其开关型输出特性。

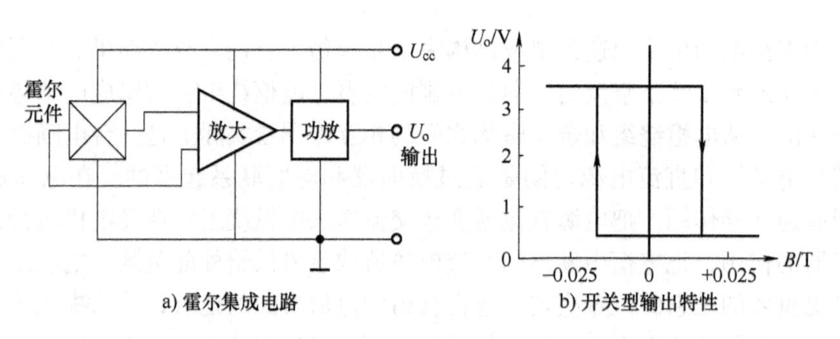

图 4-21　霍尔集成电路及其开关型输出特性

为了获得三组互差 120°电角度、宽 180°电角度的方波原始位置信号，需要三只在空间互差 $\pi/(3p)$ 机械角度分布的霍尔元件，其中 p 为电机极对数。图 4-22 给出了一台四极电机的霍尔位置检测器完整结构，三个霍尔元件 H_1、H_2、H_3 在空间作互差 60°机械角度分布。当永磁检测转子依次经霍尔元件 H_1、H_2、H_3 时，根据 N、S 极性的不同产生出三相互差 120°电角度、宽 180°电角度的方波位置信号，正好反映了同轴安装的电机转子磁极的空间位置信息。经整形电路 IC1 和逻辑电路 IC2 后，输出六路功率开关的触发信号。

霍尔位置检测器是永磁无刷直流电动机中采用较多的一种，所以永磁无刷直流电动机有时也称霍尔电动机。

3. 光电式位置传感器

这是一种利用与电机转子同轴安装、带缺口旋转圆盘对光电器件进行通、断控制，以产生一系列反映转子空间位置脉冲信号的检测方式。由于三相永磁无刷直流电动机一般每 1/6 周期换相一次，因此只要采用与电磁式或霍尔式位置检测相似的简单检测方法即可，不必采用光电编码盘的复杂方式。简单光电器件的结构如图 4-23 所示，传感器件由红外发光二极管和光敏晶体管构成。当器件凹槽内光线被圆盘挡住时，光敏晶体管不导通；当凹槽内光线由圆盘缺口放过时，光敏晶体管导通，以此输出开关型的位置信号。圆盘缺口弧度及光电器

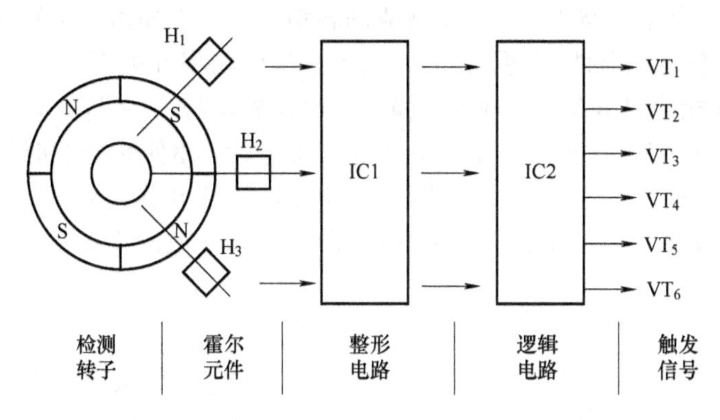

图 4-22　四极电机用霍尔位置检测器

件空间布置规律和开口变压器式位置检测器相同。

除了以上三种位置传感器外，还有正、余弦旋转变压器和光电编码器等其他位置传感器件，但成本高、体积大、线路复杂，较少采用。

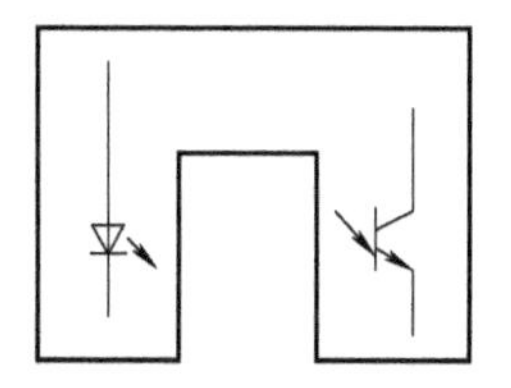

图 4-23　光电式位置传感器件结构

4.4.1.2　运行原理

在实际应用中，永磁无刷直流电动机多采用三相桥式功率主电路形式，但为方便说明，先从三相半桥式功率主电路开始分析其运行原理。

1. 三相半桥式主电路

图 4-24 为三相半桥式永磁无刷直流电动机系统结构（$p=1$），三只光电式位置传感器件 H_1、H_2、H_3 空间互差 120°平均分布，180°宽缺口遮光圆盘与电机转子同轴安装，调整圆盘缺口与转子磁极的相对位置使缺口边沿能准确反映转子磁极的空间位置。

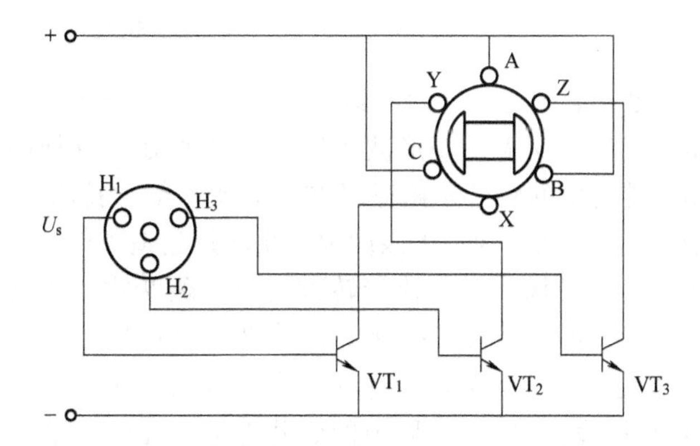

图 4-24　三相半桥式永磁无刷直流电动机系统结构（$p=1$）

设缺口位置使光电器件 H_1 受光而输出高电平，触发导通功率开关 VT_1 使直流电流流入 A 相绕组 A-X，形成位于 A 相绕组轴线上的电枢磁动势 F_a。此时圆盘缺口与转子磁极的相对位置被调整得使转子永磁磁动势 F_f 位于 B 相绕组 B-Y 平面上，如图 4-25a 所示。由于 F_a 在顺时针方向领先 F_f 150°，两者相互作用产生驱动转矩，驱使转子顺时针旋转。当转子磁极转至图 4-25b 所示位置时如仍保持 A 相绕组通电，则电枢磁动势 F_a 领先永磁磁动势 F_f 的空间角度将减为30°并继续减小，最终造成驱动转矩消失。然而由于同轴安装的旋转圆盘同步旋转，此时正好使光电器件 H_2 受光、H_1 遮光，从而功率开关 VT_2 导通，电流从A相绕组断开转而流入B相绕组B-Y，实现电流换相。电枢磁动势变为 F_b，它又在旋转方向上重新领先永磁磁动势 F_f 150°，两者相互作用产生驱动转矩，驱使转子顺时针继续旋转。当转子磁极旋转到图4-25c所示位置时，同理又发生电枢电流从B相向C相的换流，保证了电磁转矩的持续产生和电机的继续旋转，直至重新回到图4-25d或图4-25a的起始位置。

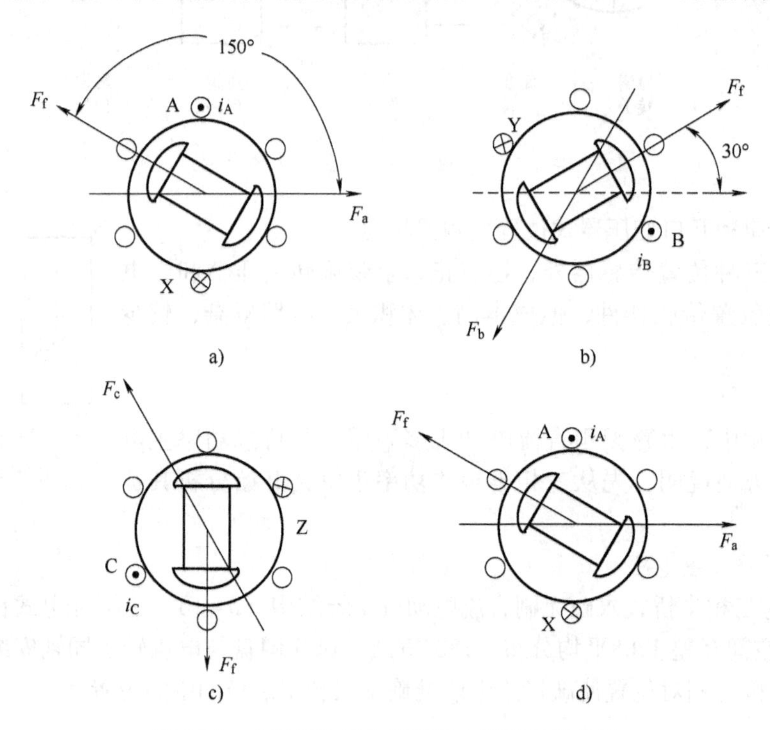

图4-25　各相绕组通电顺序及电枢磁动势位置

可以看出，由于同轴安装转子位置检测圆盘的作用，定子各相绕组在位置检测器的控制下依次馈电，其相电流为120°宽的矩形波，如图4-26所示。这样的三相电流使得定子绕组产生的电枢磁场和转动中的转子永磁磁场在空间始终能保持将近垂直（30°~150°电角度，平均90°电角度）的关系，为最大限度地产生转矩创造条件。同时也可以看出，经历换相过程的定子绕组电枢磁场不是匀速旋转磁场而是跳跃式的步进磁场，转子旋转一周的范围内有三种磁状态，每种磁状态持续1/3周期（120°电角度），如图中的 F_a、F_b、F_c 所示。可以想象，由此产生的电磁转矩存在很大的脉动，尤其低速运行时会造成转速波动。为解决这个问题只有增加转子一周内的磁状态数，此时可采用三相桥式的主电路结构。

2. 三相桥式主电路

三相桥式主电路如图4-19所示，上桥臂器件 VT_1、VT_3、VT_5 给各相绕组提供正向电流，产生正向电磁转矩；下桥臂器件 VT_4、VT_6、VT_2 给各相绕组提供反向电流，在相同极性转子永磁磁场作用下将产生反向电磁转矩。功率开关器件的通电方式有两两通电（120°导通型）和三三通电（180°导通型），其输出转矩大小不同。

1）两两通电方式。每一瞬间各有不同相的上、下桥臂器件导通，每个功率开关器件导通 1/3 周期（120°电角度），每隔 1/6 周期（60°电角度）换相一次，各功率开关器件的导通顺序为 VT_1、VT_2；VT_2、VT_3；VT_3、VT_4；VT_4、VT_5；VT_5、VT_6；VT_6、VT_1；…由于每个开关器件各导通 120°电角度，每个相绕组又与两个开关器件相连，因此各相绕组会在正、反两个方向均流过 120°宽的方波电流，三相绕组中电流波形如图 4-27 所示。

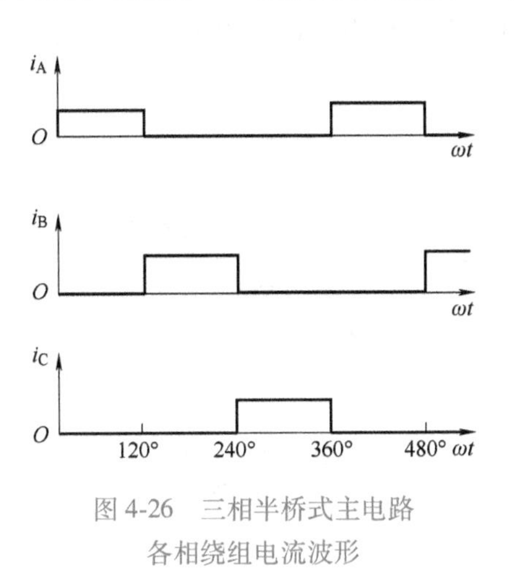

图 4-26　三相半桥式主电路各相绕组电流波形

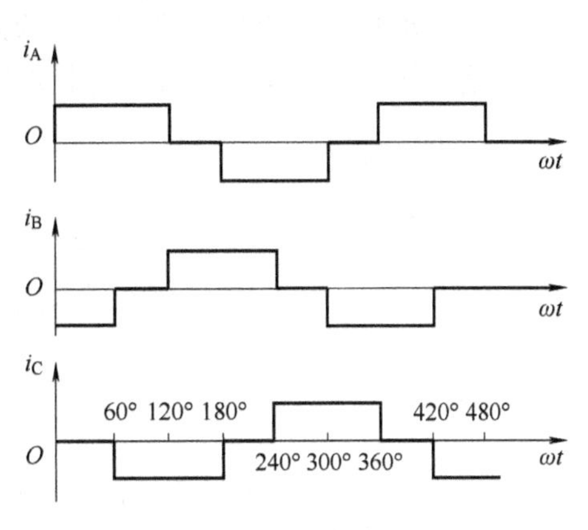

图 4-27　两相通电方式下，三相桥式主电路中各相绕组电流波形

由于任一时刻均有一上桥臂器件导通使某相绕组获得正向电流产生正转矩，又有一下桥臂器件导通使另一相绕组获得反向电流产生负转矩，此时刻的合成转矩应是相关相绕组通电产生的正、负转矩的矢量和，如图 4-28 所示。可以看出，合成转矩是一相通电时所产生转矩的$\sqrt{3}$倍，每经过一次换相合成转矩方向转过 60°电角度，一个输出周期内转矩要经历六次方向变换，从而使转矩脉动比三相半桥式主电路时要更加平缓。

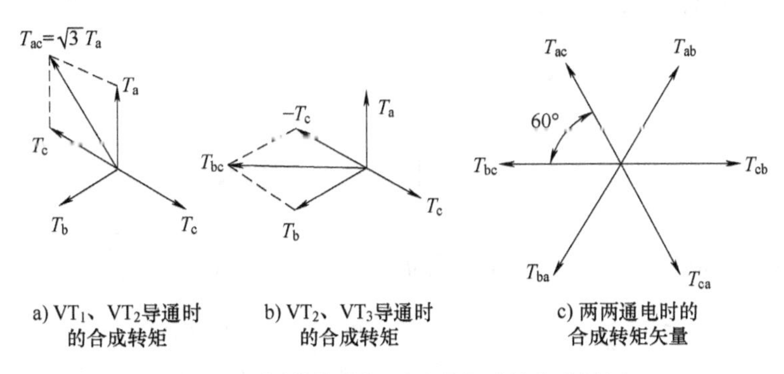

图 4-28　Y联结绕组两两通电时的合成转矩

2）三三通电方式。每一瞬间均有不同相的三只功率开关器件导通，每个器件导通 1/2 周期（180°电角度），每隔 1/6 周期（60°电角度）换相一次。各功率开关器件的导通顺序为：

VT_1、VT_2、VT_3；VT_2、VT_3、VT_4；VT_3、VT_4、VT_5；VT_4、VT_5、VT_6；VT_5、VT_6、VT_1；VT_6、VT_1、VT_2；…

三三通电方式下的转矩是三个相绕组所产生转矩的合成。例如 VT_6、VT_1、VT_2 导通时，直流电流从 VT_1 引入 A 相绕组，经 B、C 相绕组并联路径从 VT_6、VT_2 流出，使 B、C 相电流为A相电流之半。考虑到各相电流的大小及流向，可获得此时的合成转矩 T_{01}，方向同A相单独所生成转矩 T_a，大小为 $1.5T_a$，如图4-29a所示，经过60°电角度后，发生 VT_6 ~ VT_3 的换相。为防止同相上、下桥臂器件的直通短路，换相时必须确保先关断 VT_6 再导通 VT_3。VT_1、VT_2、VT_3 导通后，电流经 VT_1、VT_3 流入并联的A、B相绕组，再反向流入C相绕组，经 VT_2 流出。此时合成转矩 T_{02} 转过60°，方向与C相单独所生转矩 T_c 相反，大小仍为 $1.5T_a$，如图4-29b所示。以后的换相过程依此类推，合成转矩矢量如图4-29c所示。除合成转矩大小有差异外，转矩性质与两两通电方式相同。

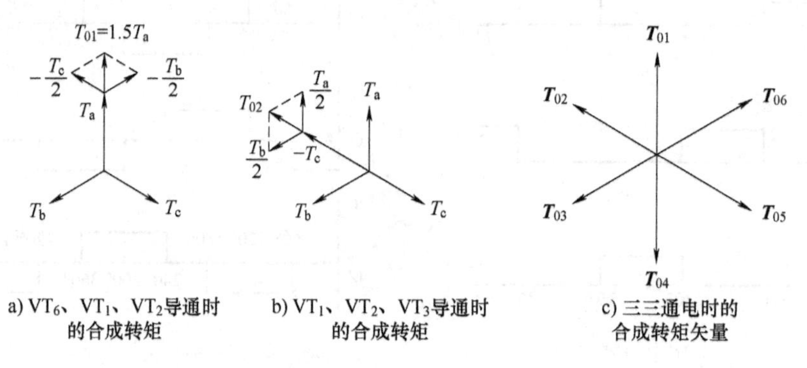

图4-29 丫联结绕组三三通电时的合成转矩

对于三相绕组为△联结的永磁无刷直流电动机，三相桥式主电路也可分为两两通电和三三通电两种控制方式，同样可以通过分析获得相应的结论。

虽然三相永磁无刷直流电动机是应用最广泛的一种，但人们从减少转矩的脉动、扩大单机容量等目的出发开发出了多相电动机、如四相、五相，甚至十相、十二相。常用的一些多相永磁无刷直流电动机主电路结构形式如图4-30所示。为了提高电机绕组的利用率，应采用几相同时通电的运行方式。

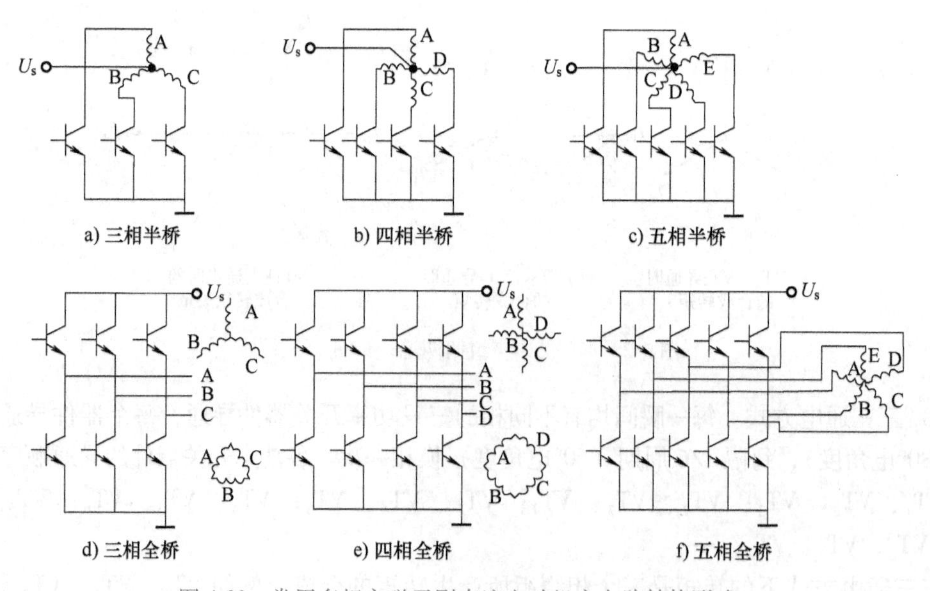

图4-30 常用多相永磁无刷直流电动机主电路结构形式

4.4.1.3 运行特性

由于永磁无刷直流电动机气隙磁场多呈矩形分布，定子绕组相电流多为 120°方波，对它的运行特性作出十分精确的解析较为困难，但可通过适当简化获得定量结论。

假设：

1）忽略气隙磁场谐波，认为气隙磁通密度沿气隙圆周作正弦分布，即

$$B=B_M\sin\theta \tag{4-86}$$

式中 B_M——气隙磁通密度基波幅值；

θ——沿气隙圆周度量的空间角度。

2）忽略电枢反应对气隙磁场的影响，由于永磁体磁导率低，这对面贴式转子结构特别合适。

3）各相绕组结构对称，主电路各单元完全一致。

永磁无刷直流电动机的运行特性主要是转矩特性、反电动势特性和机械特性，可以从三相半桥式主电路的简单情况着手分析。

由于气隙磁通密度呈正弦分布，根据电磁力公式 $f=Bli$ 可见，当定子绕组通以持续直流时电磁转矩将随转子位置不同作正弦变化，平均转矩将为零，如图 4-26 所示。三相半桥式主电路供电时相电流为 120°方波，所产生的转矩仅为正弦转矩曲线上相当于 1/3 周期的一段，这一段的取值与绕组开始通电时转子磁极空间位置有关。分析表明，当转子磁极轴线从某相电枢绕组轴线转过 30°的位置时导通该相绕组，由于自此位置开始的 1/3 周期内气隙磁通密度最大，所产生的平均转矩将最大，转矩脉动会最小，如图 4-25 所示。习惯上将此时刻选作该相功率开关开始导通的基准时刻，定义为换相超前角 $\gamma_0=0°$。

在 $\gamma_0=0°$条件下导通时，三相半桥式永磁无刷直流电动机的电磁转矩波形如图 4-31 所示，转矩在 $T_M/2\sim T_M$ 之间波动，其平均转矩为

$$T_a=\frac{3T_M}{2\pi}\int_{\pi/6}^{5\pi}\sin\theta d\theta=0.827T_M \tag{4-87}$$

$$T_M=NLB_MR_\delta I \tag{4-88}$$

式中 N——各相绕组有效导体数；

L——绕组导体总有效长度；

R_δ——电机气隙平均半径；

I——绕组电流幅值。

在电磁转矩作用下电机旋转，转子永磁磁场切割定子绕组感生反电动势。当电机转速 n 恒定时，反电动势波形正弦，与转矩波形同相位，如图 4-32 所示。同理可求得反电动势平均值为

$$E_a=\frac{3E_M}{2\pi}\int_{\pi/6}^{5\pi/6}\sin\theta d\theta=0.827E_M \tag{4-89}$$

$$E_M=NLB_MR_\delta n\times\frac{2\pi}{60} \tag{4-90}$$

由式（4-87）~式（4-90）可以定义出转矩系数 K_T 和反电动势系数 K_e 为

$$K_T=\frac{T_a}{I}=0.827NLB_MR_\delta \tag{4-91}$$

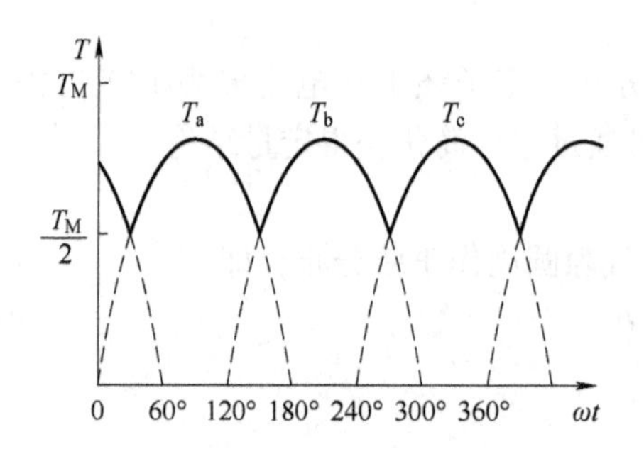

图 4-31　三相半桥式永磁无刷直流电动机电磁转矩波形

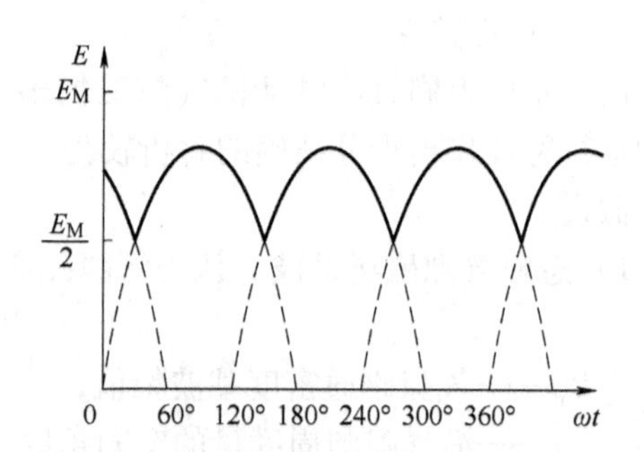

图 4-32　三相半桥式永磁无刷直流电动机各相反电动势波形

$$K_e=\frac{E_a}{n}=0.827NLB_MR_\delta\times\frac{2\pi}{60} \tag{4-92}$$

它们分别表示单位电流产生的转矩大小和单位转速产生的反电动势大小，其值与功率变换器主电路形式和功率开关器件的导通方式有关。例如对于同一台电机，三相桥式主电路两两通电方式下的 K_T、K_e 就是式（4-91）、式（4-92）的$\sqrt{3}$倍；三相桥式主电路三三通电试下的 K_T、K_e 值则是式（4-91）、式（4-92）中 K_T、K_e 值的 1.5 倍。

这样，根据电动机的电压平衡方程式，有

$$U_s-\Delta U_T=E_a+IR \tag{4-93}$$

式中　U_s——直流电源电压；

ΔU_T——导通功率开关管压降之和；

R——导通相绕组电阻之和；

I——绕组电流幅值。

将 $E_a=nK_e$、$T_a=IK_T$ 代入上式，经整理即可求得永磁无刷直流电动机的机械特性方程为

$$n=\frac{(U_s-\Delta U_T)}{K_e}-\frac{R}{K_eK_T}T_a \tag{4-94}$$

由此绘制的机械特性曲线如图 4-33 所示。可以看出，在一定的直流供电电压 U_s 下，随着负载转矩的增加转速自然下降，呈现并励直流电机特性。如果要提高机械特性的硬度，除减小 ΔU_T、R 和增大 K_T 外，必须实行转速闭环控制，补偿负载扰动引起的速度降落即 $RT_a/(K_TK_e)$。改变直流供电电压的大小可以改变机械特性上的理想空载点 n_0，因此调压调速是永磁无刷直流电动机主要的速度调节方式，可以通过对恒定电源电压 U_s 实行 PWM（脉宽调制）来实现。

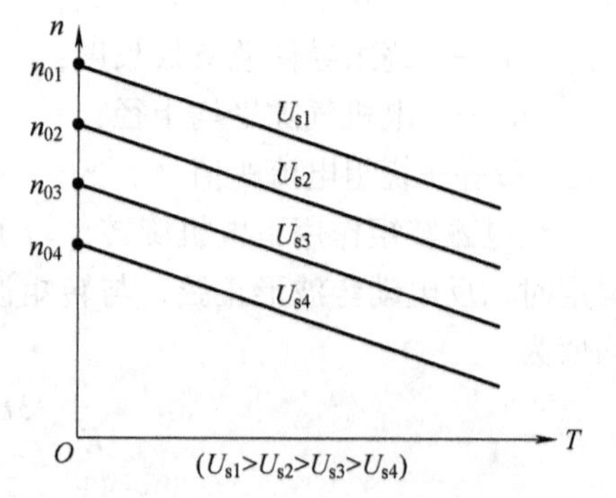

图 4-33　永磁无刷直流电动机机械特性

4.4.2　永磁无刷直流电动机控制

永磁无刷直流电动机具有有刷直流电动机那样优良的调速性能，却没有电刷和换向器，

主要是它用转子位置检测器替代了电刷，用电子换向电路（逆变器）替代了机械式换向器之故。因此永磁无刷直流电动机的定子控制系统是这种电机不可缺少的必要组成部分，否则不能运行，这种机电一体化的结构和运行机理是有别于其他调速电机之处。这样，无论是开环运行还是闭环控制，永磁无刷直流电动机都有相应的控制方法和控制系统问题。

4.4.2.1 开环控制系统

永磁无刷直流电动机开环控制系统框图如图 4-34 所示，这实际上就是该电机本身的组成框图。可以看出永磁电动机本体、转子位置检测器和电子换向电路（逆变器）是最基本的组成部分。转子位置检测器产生的转子位置信号被检出后，送至转子位置译码电路，经放大和逻辑变换形成正确的换相顺序信号，去触发、导通相应功率电子开关器件，使之按一定顺序接通或关断相绕组，确保电枢产生的步进磁场能和转子永磁磁场保持平均的垂直关系，以便产生最大的转矩。换相信号逻辑变换电路则可在控制指令的干预下，针对现行运行状态和对正转、反转，电动、制动，高速、低速等要求实现换相（触发）信号合理分配，以导通相应的功率电子开关器件，产生出相应大小、方向和性质的转矩，实现电机的四象限运行控制。保护电路用以实现电流控制、过电流保护。

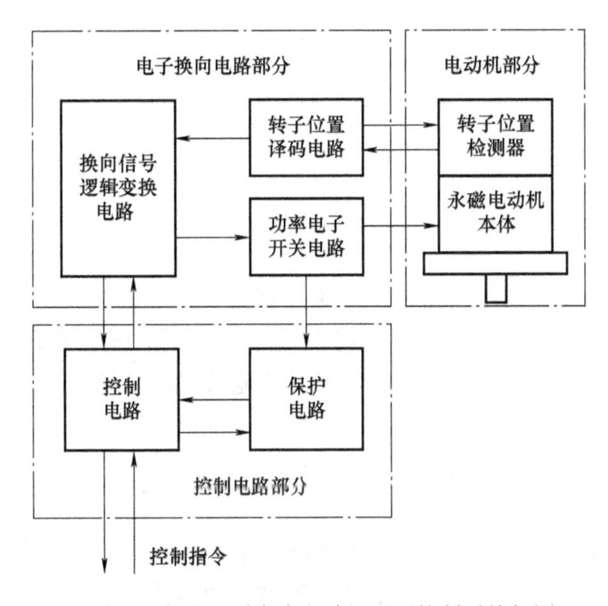

图 4-34　永磁无刷直流电动机开环控制系统框图

4.4.2.2 闭环控制系统

典型的速度、电流双闭环系统框图如图 4-35 所示，其中速度反馈采用脉冲测速以适应微机的数字控制，速度调节器的输出作为电流给定，电流检测经 A/D 转换后进入微机以构成电流反馈。由于永磁无刷直流电动机相电流为矩形方波，波形确定，所需控制的只是电流幅值，故可采用 PWM 控制来实现。即用电流调节器输出的电压信号 u_k 与三角载波电压信号 u_c 相比较，产生等幅、等脉宽、定周期的 PWM 信号，控制功率电子开关的通、断。当 u_c 值大时，PWM 波形占空比大，电枢电压高，绕组电流大；反之则小。电磁转矩大小与电流成正比，由此实现了对转矩，进而对速度的闭环控制。

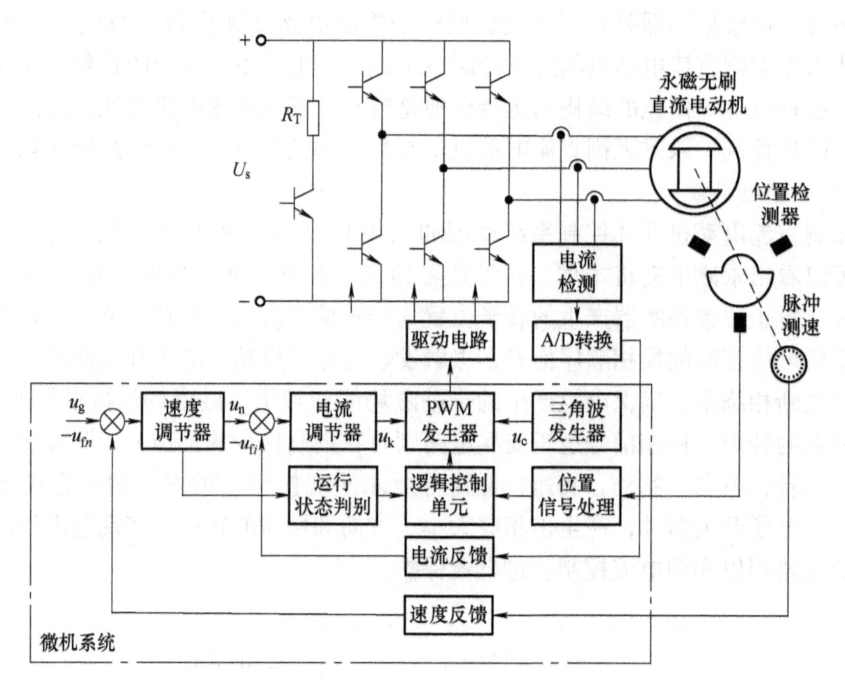

图 4-35　永磁无刷直流电动机速度、电流双闭环系统框图

4.5　本章小结

本章介绍了同步电动机的结构形式及相关控制技术。

4.1 节为同步电动机的基本特征和调速方式部分内容，该小节介绍了同步电动机的特点，并根据同步电动机气隙分布是否均匀将其分为隐极式转子和凸极式转子，根据转子励磁方式的不同将其分为电励磁同步电动机和永磁同步电动机。然后介绍了不同类型的同步电动机的矩角特性和运行特征，并针对同步电动机的失步和起动问题，介绍了他控式变频器和自控式变频器供电的变频调速系统。

4.2 节为电励磁同步电动机的矢量控制部分内容，该小节首先介绍了三相静止坐标系下和两相旋转坐标系下电励磁同步电动机的数学模型，然后阐述了同步电动机矢量变换控制的基本概念，并对电励磁同步电动机的气隙磁场定向控制技术进行了介绍。最后，本小节介绍了电励磁同步电动机矢量变换系统，并对其中的磁链运算器和电流给定值运算器进行了详细介绍。

4.3 节为永磁同步电动机的矢量控制和直接转矩控制部分内容。该小节针对同步电动机的电流矢量控制，根据应用工况的不同，对常用的 $i_d=0$ 控制、最大转矩/电流比控制和弱磁控制进行了介绍，从原理到实现进行了详细说明。$i_d=0$ 控制实现了电机 dq 轴电流的静态解耦，系统结构较为简单，鲁棒性能好，转矩可实时动态控制。最大转矩/电流比控制是通过调节定子电流的交直轴分量，使相同幅值的定子电流产生最大的电磁转矩。对于表贴式永磁同步电动机而言，最大转矩/电流比控制实际就是 $i_d=0$ 控制。弱磁控制是通过增大直轴电流去磁分量来减弱电机磁场，进而使电机运行在额定转速之上。直接转矩控制采用基于滞环控制器的常规直接转矩控制方法，根据电压矢量和磁链矢量所在的位置，基于开关表进行了所需的实施的电压空间矢量的选择。

4.4 节为无刷直流电动机部分内容。该小节首先讲述了无刷直流电动机的原理，着重介绍了无刷直流电动机的组成结构及常用的位置检测装置，并且针对三相半桥式和三相桥式功率主电路，分析其运行原理和运行特性。随后，根据无刷直流电动机机电一体化的结构和运行机理，介绍其开环运行和闭环运行的控制方法和控制系统问题。

思考题与习题

1. 隐极式和凸极式同步电动机转子构造上各有什么特点，据此特点在应用场合上有什么区别？
2. 电励磁同步电动机和永磁同步电动机在转子结构上有什么区别，各有什么优、缺点？
3. 试阐述同步电动机功率角的物理意义。
4. 何谓同步电动机的失步与起动问题，如何克服解决？
5. 从非线性、强耦合、多变量的基本特征出发，比较同步电动机和异步电动机的动态数学模型。
6. 同步电动机矢量变换控制与异步电动机矢量变换控制有何异同？
7. 永磁同步电动机的矢量控制有哪几种电流控制方式，各有什么优、缺点？
8. 什么是 $i_d=0$ 控制，为什么表贴式永磁同步电动机通常采用 $i_d=0$ 控制？
9. 试阐述最大转矩/电流比控制的原理及其与 $i_d=0$ 控制的区别。
10. 永磁同步电动机伺服驱动系统中如何实现弱磁控制，为什么要进行弱磁控制？
11. 永磁无刷直流电动机与直流无换向器电动机相比有哪些异、同之处，其中哪一点是最实质性的差异？
12. 采用三相桥式主电路的永磁无刷直流电动机，两两通电方式与三三通电方式相比各有何优缺点？

第5章　无位置传感器控制和先进控制技术

5.1　无位置传感器控制技术

在交流电机位置闭环控制系统中，准确的转子位置是保证电机良好控制性能的基本要求。通常，电机转子位置由安装在电机转子轴上的旋转变压器或者位置编码器获得。然而，这类机械式转子位置传感器存在增加系统成本、增大系统体积、降低系统可靠性等问题，限制了电机的进一步发展。为了避免机械式传感器对电机控制系统的影响，无位置传感器技术得到了广泛的研究。

无位置传感器控制技术对电机绕组中的有效电信号进行采样处理，通过合适的控制算法来实现转子位置及速度的估算。无位置传感器控制技术按电机转速范围的不同可分为高速域的无位置传感器控制算法以及低速域的无位置传感器控制算法。其中，常用的高速域无位置传感器控制算法有：直接计算法、电感变化估算法、观测器法、模型参考自适应法、扩展卡尔曼滤波法以及基于人工智能理论的方法等；低速域下的无位置传感器控制则普遍采用高频信号注入法。本章以永磁同步电机的无位置传感器控制为例，重点讲解高速情况下的无位置传感器控制方法，分别为：滑模观测器法、模型参考自适应法及扩展卡尔曼滤波法；对于低速情况，讲解基于高频信号注入的无位置传感器控制方法。

5.1.1　基于滑模观测器的无位置传感器控制

滑模控制是一种不连续的非线性控制策略，根据当前的系统状态执行相应的滑动模态，因此又被称为滑模变结构控制。滑模观测器（Sliding Mode Observer，SMO）是一种利用滑模控制原理进行设计的观测器，通过滑模原理对电机反电动势进行估计，而后从估计得到的反电动势中提取转子位置信息。滑模控制对系统模型精度要求不高，对参数变化和外部干扰不敏感，是一种鲁棒性很强的控制方法。

5.1.1.1　滑模控制基本原理

滑模控制的基本原理是：根据控制需求，人为设定滑模面，通过结构变换开关，以很高的频率来回切换，使状态的运动点在滑模面上做高速、小幅度的运动，最终运动到稳定点。

根据滑模控制的基本原理，首先假设一个非线性系统：

$$\dot{x}=f(x) \tag{5-1}$$

式中　x——该非线性系统的状态变量。

假设在该状态空间中，存在可确定的控制状态切换点，所有切换点的集合构成一个函数，称为滑模面 $s(x)=0$。整个状态空间被滑模面分为两部分，即 $s(x)>0$ 和 $s(x)<0$ 两个区域，这两个区域对应两段不同的控制函数

$$u=\begin{cases}u^{+},s>0\\u^{-},s<0\end{cases}\tag{5-2}$$

如图 5-1 所示，滑模运动一般由两个部分组成：起始，系统处于 s>0 的状态，系统在控制函数 u^{+} 的作用下使 s 减小，进行趋近调节，直至到达 $s=0$ 表示的直线上，这个趋近运动的过程称为趋近模态。当系统穿越滑模面到达 $s<0$ 区域时，控制函数从 u^{+} 切换到 u^{-}，之后系统在控制函数 u^{-} 的作用下使 s 增大，再次穿越滑模面到达 $s>0$ 区域。通过 u^{+} 和 u^{-} 的反复切换进行调节，伴随着系统能量的损耗，最终系统将会稳定在滑模面 $s=0$ 上，这种沿着滑模面滑动运动的过程称为滑动模态。

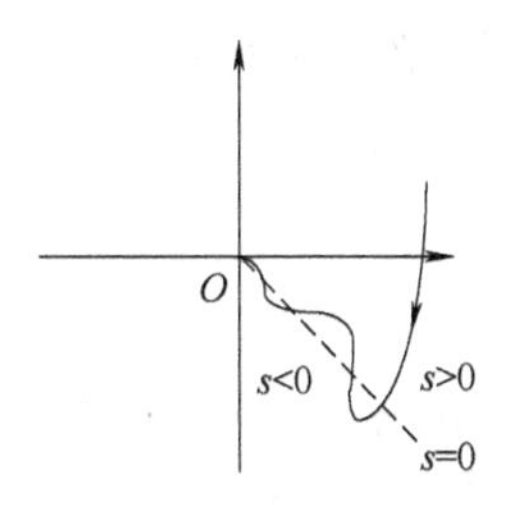

图 5-1　滑模运动示意图

对于滑模控制，通常需要满足以下三个条件：①稳定性，滑模面的选取需保证系统的稳定性；②可达性，控制函数的选取需保证滑模面外的任意一点能在有限时间内抵达滑模面；③存在性，滑模面附近的点都需存在滑动模态，即滑模面函数需要满足 $\lim\limits_{s\to0}s\dot{s}<0$。

5.1.1.2　永磁同步电机电压方程重构

$\alpha\beta$ 两相静止坐标系下，永磁同步电机的电压方程如下：

$$\begin{bmatrix}u_\alpha\\u_\beta\end{bmatrix}=R_s\begin{bmatrix}i_\alpha\\i_\beta\end{bmatrix}+\begin{bmatrix}L_0+\Delta L\cos(2\theta_e) & \Delta L\sin(2\theta_e)\\\Delta L\sin(2\theta_e) & L_0-\Delta L\cos(2\theta_e)\end{bmatrix}\mathrm{p}\begin{bmatrix}i_\alpha\\i_\beta\end{bmatrix}+\omega_e\psi_f\begin{bmatrix}-\sin\theta_e\\\cos\theta_e\end{bmatrix}\tag{5-3}$$

式中　u_α、u_β——电机定子电压的 α 轴和 β 轴分量；

i_α、i_β——电机定子电流的 α 轴和 β 轴分量；

R_s——定子电阻；

ψ_f——永磁体磁链；

θ_e——转子电角度；

ω_e——电角速度；

L_0——电机定子 d 轴电感和 q 轴电感的平均值，即 $L_0=(L_d+L_q)/2$，又称为均值电感；

ΔL——差值电感，且 $\Delta L=(L_d-L_q)/2$；

p——微分算子。

从式（5-3）中可以看出，电流前的电感矩阵与转子位置角相关，无法直接用于构造滑模观测器。

为了简化永磁同步电机在 $\alpha\beta$ 坐标系下的电压方程，首先对其 dq 下的电压方程进行重构

$$\begin{bmatrix}u_d\\u_q\end{bmatrix}=\begin{bmatrix}R_s+\mathrm{p}L_q & -\omega_eL_q\\\omega_eL_q & R_s+\mathrm{p}L_q\end{bmatrix}\begin{bmatrix}i_d\\i_q\end{bmatrix}+\begin{bmatrix}(L_d-L_q)\mathrm{p}i_d\\\omega_e[\psi_f+(L_d-L_q)i_d]\end{bmatrix}\tag{5-4}$$

进一步地，将式（5-4）变换到 $\alpha\beta$ 坐标系

$$\begin{aligned}\begin{bmatrix}u_\alpha\\u_\beta\end{bmatrix}&=\begin{bmatrix}R_s+\mathrm{p}L_q & 0\\0 & R_s+\mathrm{p}L_q\end{bmatrix}\begin{bmatrix}i_\alpha\\i_\beta\end{bmatrix}+(L_d-L_q)\mathrm{p}i_d\begin{bmatrix}\cos\theta_e\\\sin\theta_e\end{bmatrix}+\omega_e[\psi_f+(L_d-L_q)i_d]\begin{bmatrix}-\sin\theta_e\\\cos\theta_e\end{bmatrix}\\&=\begin{bmatrix}R_s+\mathrm{p}L_q & 0\\0 & R_s+\mathrm{p}L_q\end{bmatrix}\begin{bmatrix}i_\alpha\\i_\beta\end{bmatrix}+\mathrm{p}[\psi_f+(L_d-L_q)i_d]\begin{bmatrix}\cos\theta_e\\\sin\theta_e\end{bmatrix}\end{aligned}\tag{5-5}$$

定义有效反电动势 E_α 和 E_β 为

$$\begin{bmatrix} E_\alpha \\ E_\beta \end{bmatrix} = \mathrm{p}\psi_\mathrm{m} \begin{bmatrix} \cos\theta_\mathrm{e} \\ \sin\theta_\mathrm{e} \end{bmatrix} \tag{5-6}$$

式中，$\psi_\mathrm{m}=\psi_\mathrm{f}+(L_d-L_q)i_d$。

则式（5-5）可进一步化简为

$$\begin{bmatrix} u_\alpha \\ u_\beta \end{bmatrix} = \begin{bmatrix} R_\mathrm{s}+\mathrm{p}L_q & 0 \\ 0 & R_\mathrm{s}+\mathrm{p}L_q \end{bmatrix} \begin{bmatrix} i_\alpha \\ i_\beta \end{bmatrix} + \begin{bmatrix} E_\alpha \\ E_\beta \end{bmatrix} \tag{5-7}$$

利用式（5-7）表示的$\alpha\beta$坐标系下的永磁同步电机电压方程简洁明了，且电流前的阻抗参数矩阵中不含转速信息，可被用于转速观测器的构建。

5.1.1.3 滑模观测器的设计

基于上述分析的滑模控制基本原理以及重构的不含转速信息的永磁同步电机电压方程，可以设计滑模观测器如下：

$$\frac{\mathrm{d}}{\mathrm{d}t}\begin{bmatrix} \hat{i}_\alpha \\ \hat{i}_\beta \end{bmatrix} = \frac{1}{L_q}\left(-R_\mathrm{s}\begin{bmatrix} \hat{i}_\alpha \\ \hat{i}_\beta \end{bmatrix} - \begin{bmatrix} z_\alpha \\ z_\beta \end{bmatrix} + \begin{bmatrix} u_\alpha \\ u_\beta \end{bmatrix}\right) \tag{5-8}$$

式中，z_α和z_β为滑模运动的控制函数；上标 ^ 表示该变量的观测值。

式（5-7）和式（5-8）相减得到误差状态方程为

$$\frac{\mathrm{d}}{\mathrm{d}t}\begin{bmatrix} \tilde{i}_\alpha \\ \tilde{i}_\beta \end{bmatrix} = \frac{1}{L_q}\left(-R_\mathrm{s}\begin{bmatrix} \tilde{i}_\alpha \\ \tilde{i}_\beta \end{bmatrix} + \begin{bmatrix} E_\alpha - z_\alpha \\ E_\beta - z_\beta \end{bmatrix}\right) \tag{5-9}$$

式中，$\tilde{i}_\alpha$和$\tilde{i}_\beta$为$\alpha\beta$电流估计值和实际值的差值，定义为滑模面

$$s = \begin{bmatrix} \tilde{i}_\alpha \\ \tilde{i}_\beta \end{bmatrix} = \begin{bmatrix} \hat{i}_\alpha \\ \hat{i}_\beta \end{bmatrix} - \begin{bmatrix} i_\alpha \\ i_\beta \end{bmatrix} \tag{5-10}$$

由式（5-9）可知，当到达滑模面$s=0$时，z_α和z_β分别为有效反电动势E_α和E_β的观测值。结合滑模面的定义，将控制函数设计为等速趋近律

$$\begin{bmatrix} z_\alpha \\ z_\beta \end{bmatrix} = \begin{bmatrix} k\mathrm{sgn}(\tilde{i}_\alpha) \\ k\mathrm{sgn}(\tilde{i}_\beta) \end{bmatrix} \tag{5-11}$$

式中，k为滑模增益。为了保证系统的稳定性，k值应该满足李雅普诺夫稳定性条件。

定义李雅普诺夫方程为

$$V=\frac{1}{2}\boldsymbol{s}^\mathrm{T}\boldsymbol{s} \tag{5-12}$$

两边同时求导

$$\begin{aligned} \dot{V} &= \boldsymbol{s}^\mathrm{T}\dot{\boldsymbol{s}} \\ &= \tilde{i}_\alpha \dot{\tilde{i}}_\alpha + \tilde{i}_\beta \dot{\tilde{i}}_\beta \\ &= -\frac{R_\mathrm{s}}{L_q}(\tilde{i}_\alpha^2+\tilde{i}_\beta^2) + \frac{1}{L_q}[E_\alpha \tilde{i}_\alpha + E_\beta \tilde{i}_\beta - k\tilde{i}_\alpha \mathrm{sgn}(\tilde{i}_\alpha) - k\tilde{i}_\beta \mathrm{sgn}(\tilde{i}_\beta)] \end{aligned} \tag{5-13}$$

当$\dot{V}<0$时，所设计的观测器是稳定的。由于第一项非正，因此只需要求第二项非正即可，此时k取值范围为

$$k > \frac{E_\alpha \tilde{i}_\alpha + E_\beta \tilde{i}_\beta}{|\tilde{i}_\alpha| + |\tilde{i}_\beta|} \tag{5-14}$$

观测得到电机的有效反电动势后，需要从中提取转子位置信息，本文以锁相环为例分析其提取过程。图 5-2 为位置检测锁相环示意图。

图 5-2 中，ε 为转子位置误差信息。理想情况下，当 ε 通过 PI 调节器调整至 0 时，可以认为误差被消除，此时转子信息估测值等于实际值。

$$\begin{aligned}\varepsilon &= -z_\alpha \sin\hat{\theta}_e + z_\beta \cos\hat{\theta}_e \\ &= p\psi_m [-\cos\theta_e \sin\hat{\theta}_e + \sin\theta_e \cos\hat{\theta}_e] \\ &= p\psi_m \sin(\theta_e - \hat{\theta}_e) \\ &\approx p\psi_m (\theta_e - \hat{\theta}_e)\end{aligned} \tag{5-15}$$

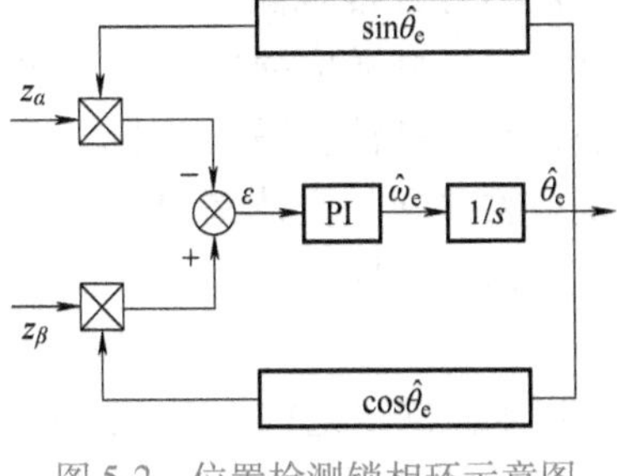

图 5-2　位置检测锁相环示意图

5.1.1.4　基于滑模观测器的永磁同步电机无位置传感器控制

基于滑模观测器的永磁同步电机无位置传感器控制系统框图如图 5-3 所示。首先，获取电机定子侧电压和电流信号，电压信号经式（5-8）所示电流估计方程得到电流观测值；电流观测值与实际值做差后由式（5-11）所示趋近律计算得到反电动势的观测值；最后由图 5-3 所示的锁相环对观测得到的反电动势进行处理，得到转速和转子位置信息的观测值，并反馈到控制系统中。

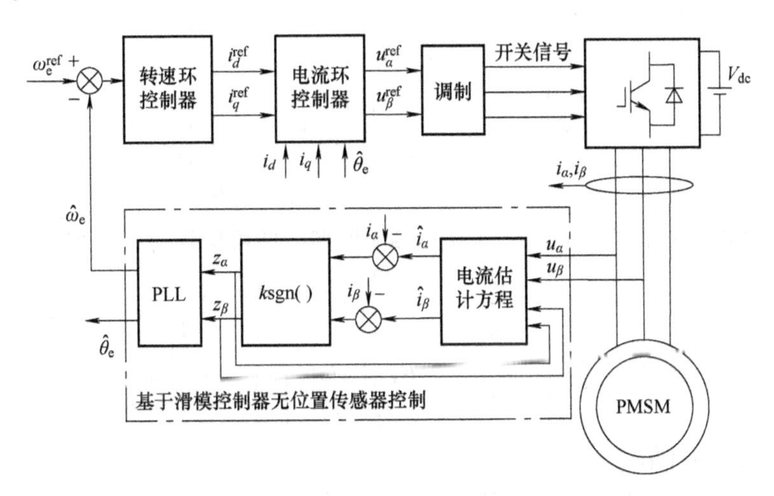

图 5-3　基于滑模观测器的永磁同步电机无位置传感器控制系统框图

基于滑模观测器的无位置传感器控制方法具有设计简单、鲁棒性强等优点，但从上述分析不难发现，滑模控制是一种非线性的控制方法，当系统处于滑动模态时，控制律的反复切换会使系统出现抖振现象，从而影响转子信息观测值的准确性。

5.1.2　基于模型参考自适应控制的无位置传感器控制

模型参考自适应控制（Model Reference Adaptive Control，MRAC）是一种利用系统状态误差设计自适应律，使可调模型收敛至真实系统状态，从而实现对电机模型的观测，实现无位置传感器运行的方法。

5.1.2.1 模型参考自适应控制基本原理

模型参考自适应控制结构框图如图5-4所示。将实际系统的数学模型作为参考模型，由于参考模型中某些参数不可直接观测，需要人为在外部搭建一个可调模型，通过自适应律的调节，使其呈现出与参考模型几乎相同的特性。图5-4中，e为两模型的响应误差，当误差收敛到一定范围内时，即可从可调模型中得到需要辨识的参数。

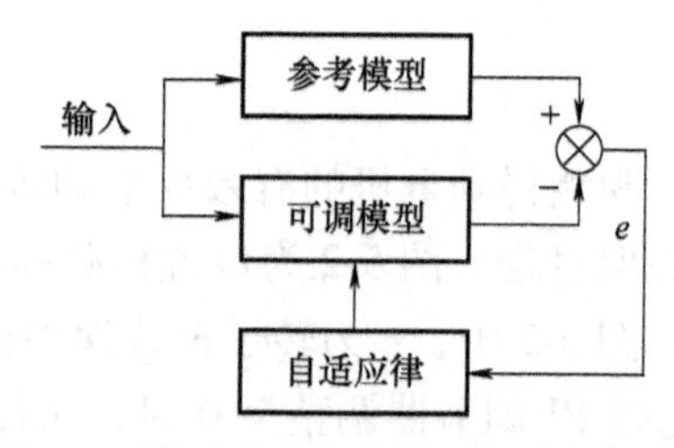

图5-4 模型参考自适应控制结构框图

5.1.2.2 参考模型和可调模型的设计

以永磁同步电机为例，分析模型参考自适应实现无位置传感器控制的方法。将永磁同步电机在dq坐标系下的定子电压方程进行改写为

$$\frac{\mathrm{d}}{\mathrm{d}t}\begin{bmatrix} i_d+\frac{\psi_f}{L_d} \\ i_q \end{bmatrix}=\begin{bmatrix} -\frac{R_s}{L_d} & \frac{L_q}{L_d}\omega_e \\ -\frac{L_d}{L_q}\omega_e & -\frac{R_s}{L_q} \end{bmatrix}\begin{bmatrix} i_d+\frac{\psi_f}{L_d} \\ i_q \end{bmatrix}+\begin{bmatrix} \frac{1}{L_d} & 0 \\ 0 & \frac{1}{L_q} \end{bmatrix}\begin{bmatrix} u_d+\frac{\psi_f}{L_d} \\ u_q \end{bmatrix} \tag{5-16}$$

为方便可调模型的搭建，构造中间变量，令$i'_d=i_d+\frac{\psi_f}{L_d}$，$i'_q=i_q$，$u'_d=u_d+\frac{\psi_f}{L_d}$，$u'_q=u_q$，则模型参考自适应系统（MRAS）参考模型可写为

$$\frac{\mathrm{d}}{\mathrm{d}t}\begin{bmatrix} i'_d \\ i'_q \end{bmatrix}=\begin{bmatrix} -\frac{R_s}{L_d} & \frac{L_q}{L_d}\omega_e \\ -\frac{L_d}{L_q}\omega_e & -\frac{R_s}{L_q} \end{bmatrix}\begin{bmatrix} i'_d \\ i'_q \end{bmatrix}+\begin{bmatrix} \frac{1}{L_d} & 0 \\ 0 & \frac{1}{L_q} \end{bmatrix}\begin{bmatrix} u'_d \\ u'_q \end{bmatrix} \tag{5-17}$$

以估计值的形式表示式（5-17）所示的参考模型，即可构建与其并列的可调模型为

$$\frac{\mathrm{d}}{\mathrm{d}t}\begin{bmatrix} \hat{i}'_d \\ \hat{i}'_q \end{bmatrix}=\begin{bmatrix} -\frac{R_s}{L_d} & \frac{L_q}{L_d}\hat{\omega}_e \\ -\frac{L_d}{L_q}\hat{\omega}_e & -\frac{R_s}{L_q} \end{bmatrix}\begin{bmatrix} \hat{i}'_d \\ \hat{i}'_q \end{bmatrix}+\begin{bmatrix} \frac{1}{L_d} & 0 \\ 0 & \frac{1}{L_q} \end{bmatrix}\begin{bmatrix} u'_d \\ u'_q \end{bmatrix} \tag{5-18}$$

式中，上标 ^ 表示估计值。

式（5-18）的第一个状态矩阵中包含了转子速度估算信息，因此可作为可调模型，转速为待辨识的可调参数，而电机方程本身作为参考模型。

由前述基本原理部分可知，可通过自适应律调节参考模型和可调模型的输出误差从而使系统达到收敛。基于式（5-17）和式（5-18），定义系统输出误差$e=i'-\hat{i}'$，则可以得到误差状态方程

$$\begin{aligned}\frac{\mathrm{d}e}{\mathrm{d}t}&=\begin{bmatrix} -\frac{R_s}{L_d} & \frac{L_q}{L_d}\omega_e \\ -\frac{L_d}{L_q}\omega_e & -\frac{R_s}{L_q} \end{bmatrix}\begin{bmatrix} i'_d-\hat{i}'_d \\ i'_q-\hat{i}'_q \end{bmatrix}-(\hat{\omega}_e-\omega_e)\begin{bmatrix} 0 & \frac{L_q}{L_d} \\ -\frac{L_d}{L_q} & 0 \end{bmatrix}\begin{bmatrix} \hat{i}'_d \\ \hat{i}'_q \end{bmatrix}\\&=\boldsymbol{He}-\boldsymbol{Iw}\end{aligned} \tag{5-19}$$

式中，$\boldsymbol{H}=\begin{bmatrix} -\dfrac{R_s}{L_d} & \dfrac{L_q}{L_d}\omega_e \\ -\dfrac{L_d}{L_q}\omega_e & -\dfrac{R_s}{L_q} \end{bmatrix}$，$\boldsymbol{w}=(\hat{\omega}_e-\omega_e)\begin{bmatrix} 0 & \dfrac{L_q}{L_d} \\ -\dfrac{L_d}{L_q} & 0 \end{bmatrix}\begin{bmatrix} \hat{i}'_d \\ \hat{i}'_q \end{bmatrix}$，$\boldsymbol{I}$ 为 2 阶单位阵。

5.1.2.3 自适应律的设计

目前，使用最普遍的自适应律有两类：①Lyapunov 自适应律（积分自适应律）；②Popov 自适应律（比例-积分自适应律）。从自适应形式上看，Lyapunov 自适应律可视为 Popov 自适应律的一种特例，因此，本章仅对 Popov 自适应律进行讨论。

Popov 自适应律设计步骤如下：

步骤 1：将模型参考自适应系统表示为前向通路线性定常、反馈非线性的标准结构形式。

步骤 2：设计合理的矩阵，使前向通路严格正实。

步骤 3：设计合理的自适应律，让反馈通路满足 Popov 不等式。

步骤 4：还原系统。

根据式（5-19）所示误差状态方程，可以构建非线性反馈系统如图 5-5 所示，其状态空间表达式为式（5-20），图中 $\boldsymbol{D}$ 是增益矩阵。

$$\begin{cases} \dot{\boldsymbol{e}}=\boldsymbol{He}-\boldsymbol{Iw} \\ \boldsymbol{v}=\boldsymbol{De} \end{cases} \tag{5-20}$$

为保证前向通路严格正实，引入正实引理对上式进行化简，即若存在对称矩阵 $\boldsymbol{P}$ 满足下式，并使 $\boldsymbol{Q}$ 阵至少为半正定矩阵，则上述系统前向通路是严格正实的：

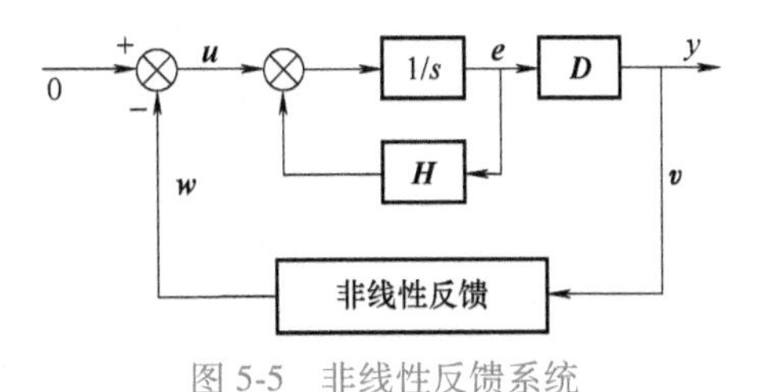

图 5-5 非线性反馈系统

$$\begin{cases} -(\boldsymbol{PH}+\boldsymbol{H}^{\mathrm{T}}\boldsymbol{P})=\boldsymbol{Q} \\ \boldsymbol{I}^{\mathrm{T}}\boldsymbol{P}=\boldsymbol{D} \end{cases} \tag{5-21}$$

令 $\boldsymbol{P}=\begin{bmatrix} 1 & 0 \\ 0 & 1 \end{bmatrix}$，由于 $\boldsymbol{P}$ 和 $-\boldsymbol{H}$ 都是正定的，所以 $\boldsymbol{Q}$ 必然是正定的，满足正实引理。且此时的增益矩阵 $\boldsymbol{D}=\boldsymbol{I}$。

接下来设计自适应律，Popov 不等式定义如下，其中 γ 为有限实数：

$$\int_{t_0}^{t_1} \boldsymbol{v}^{\mathrm{T}}\boldsymbol{w}\mathrm{d}t \geqslant -\gamma^2, \gamma^2<\infty, t_1>t_0 \tag{5-22}$$

将式（5-19）代入式（5-22），得到

$$\int_{t_0}^{t_1} \boldsymbol{e}^{\mathrm{T}}(\hat{\omega}_e-\omega_e)\begin{bmatrix} 0 & \dfrac{L_q}{L_d} \\ -\dfrac{L_d}{L_q} & 0 \end{bmatrix}\begin{bmatrix} \hat{i}'_d \\ \hat{i}'_q \end{bmatrix}\mathrm{d}t \geqslant -\gamma^2 \tag{5-23}$$

自适应律设计的目的是使参考模型和可调模型的参数误差 e 尽可能趋近零，为了使 e 为零时自适应律仍然具有调节效果，通常采用比例-积分形式的自适应规则。对式（5-23）所示 Popov 不等式进行逆向求解，得到

$$\hat{\omega}_{\mathrm{e}}=K_{\mathrm{i}}\int_{t_0}^{t_1}\left(e_1\frac{L_q}{L_d}\hat{i}'_q-e_2\frac{L_d}{L_q}\hat{i}'_d\right)\mathrm{d}t+K_{\mathrm{p}}\left(e_1\frac{L_q}{L_d}\hat{i}'_q-e_2\frac{L_d}{L_q}\hat{i}'_d\right)+\omega_{\mathrm{e}}(0) \tag{5-24}$$

对式（5-24）求积分，便可以得到转子位置的估计值为

$$\hat{\theta}_{\mathrm{e}}=\int\hat{\omega}_{\mathrm{e}}\mathrm{d}t \tag{5-25}$$

5.1.2.4 基于模型参考自适应控制的永磁同步电机无位置传感器控制

基于模型参考自适应控制的永磁同步电机无位置传感器控制系统框图如图 5-6 所示。其中，永磁同步电机作为参考模型，获取电机定子侧电压和电流信号，电压信号代入式（5-18）可调模型计算得到电流估计值。然后将电流估计值以及其估计误差代入式（5-24）所示的自适应律中，得到的转速估计值作为反馈量对可调模型进行调整。当电流误差收敛至 0 时，可调模型的状态可表示真实系统的状态，即转速估计值收敛至真实值。将得到的转速和转子位置信息估计值反馈到控制系统中，便可实现无位置传感器控制。

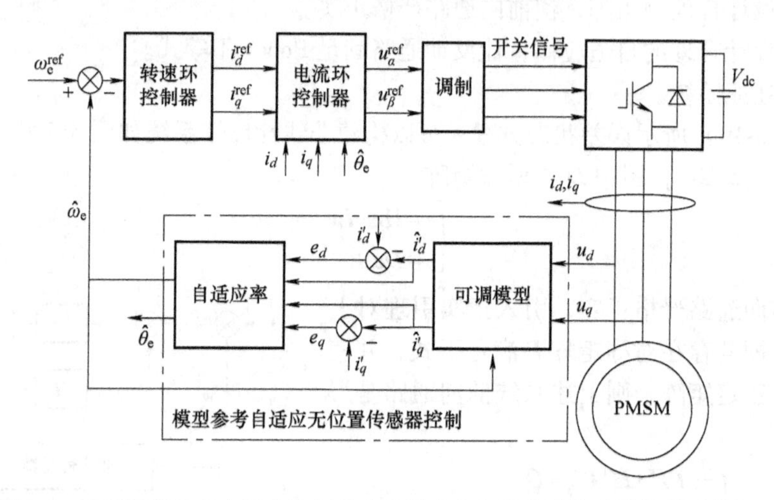

图 5-6 基于模型参考自适应控制的永磁同步电机无位置传感器控制系统框图

基于模型参考自适应的无位置传感器技术具有物理结构清晰、辨识精度高等优点，是无位置传感器控制算法中较为常见的一种。除了转子位置信息外，模型参考自适应法还可以实现多个电机参数的同时辨识。但同时，这种方法中自适应律的设计过程较复杂，且常用的自适应律中含有 PI 环节，尤其在辨识多个参数时，复杂的 PI 参数整定过程会加大算法实现的难度。

5.1.3 基于扩展卡尔曼滤波的无位置传感器控制

卡尔曼滤波算法是一种结合系统噪声和测量噪声，对系统状态进行最优估计的算法。扩展卡尔曼滤波（Extended Kalman Filter，EKF）法是卡尔曼滤波算法在非线性领域的扩展应用，常被用于实现电机的无位置传感器控制。

5.1.3.1 卡尔曼滤波基本原理

假设典型离散线性系统如图 5-7 所示，该系统表示如下：

$$\begin{cases}x_k=\boldsymbol{\phi}_{k/k-1}x_{k-1}+\boldsymbol{A}u_{k-1}+q_{k-1}\\ y_k=\boldsymbol{H}_kx_k+g_k\end{cases} \tag{5-26}$$

式中，x_k，x_{k-1}分别为 k 时刻和 $k-1$ 时刻的状态变量；u_{k-1}为输入；y_k 为输出；$\boldsymbol{\phi}_{k/k-1}$为 $k-1$ 时刻至 k 时刻的状态转移矩阵；$\boldsymbol{A}$ 为输入矩阵；$\boldsymbol{H}_k$ 为输出矩阵，q_{k-1}和 g_k 分别为内外部噪声，两者均符合高斯分布特性

$$\begin{cases}E[q_k]=0\\E[g_k]=0\end{cases},\begin{cases}\mathrm{Cov}[q_k,q_k]=Q_k\\\mathrm{Cov}[g_k,g_k]=G_k\end{cases},\mathrm{Cov}[w_k,v_j]=0 \tag{5-27}$$

式中，$\boldsymbol{Q}_k$、$\boldsymbol{G}_k$ 对应为 q_{k-1}和 g_k 的方差。

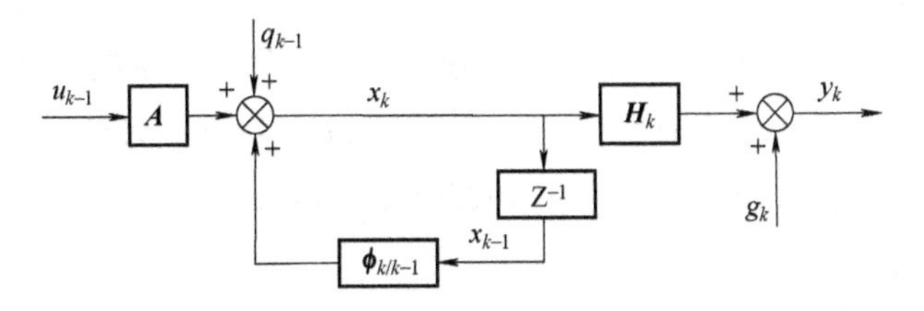

图 5-7　典型离散线性系统

卡尔曼滤波算法分为两个阶段：预测和更新，预测阶段根据系统状态空间模型对状态量进行第一次估计，得到的估计值 $\hat{x}_{k/k-1}$称为“先验估计值”。更新阶段则考虑系统内外部干扰，对预测阶段得到的先验估计值进行修正，得到的估计值 $\hat{x}_k$ 为“最优估计值”。该算法的估计精度常以状态量误差的协方差来进行衡量：

$$\begin{cases}\Delta x_k=x_k-\hat{x}_k\\\Delta x_{k/k-1}=x_k-\hat{x}_{k/k-1}\end{cases} \tag{5-28}$$

$$\begin{cases}P_k=\mathrm{Cov}[\Delta x_k,\Delta x_k]\\P_{k/k-1}=\mathrm{Cov}[\Delta x_{k/k-1},\Delta x_{k/k-1}]\end{cases} \tag{5-29}$$

式中，Δx_k 及 $\Delta x_{k/k-1}$分别表示最优估计误差和先验估计值误差；P_k 和 $P_{k/k-1}$为其对应的协方差，分别用来衡量更新阶段和预测阶段的估计精度。

基于上述定义，卡尔曼滤波方程的具体形式如下：

预测

$$\begin{cases}\hat{x}_{k/k-1}=\boldsymbol{\phi}_{k/k-1}\hat{x}_{k-1}+\boldsymbol{A}u_{k-1}\\P_{k/k-1}=\boldsymbol{\phi}_{k/k-1}P_{k-1}\boldsymbol{\phi}_{k/k-1}^{\mathrm{T}}+Q_{k-1}\end{cases} \tag{5-30}$$

更新

$$\begin{cases}K_k=P_{k/k-1}\boldsymbol{H}_k^{\mathrm{T}}(\boldsymbol{H}_kP_{k/k-1}\boldsymbol{H}_k^{\mathrm{T}}+\boldsymbol{G}_k)^{-1}\\\hat{x}_k=\hat{x}_{k/k-1}+K_k(y_k-\boldsymbol{H}_k\hat{x}_{k/k-1})\\P_k=P_{k/k-1}-K_k\boldsymbol{H}_kP_{k/k-1}\end{cases} \tag{5-31}$$

式中，K_k 是根据预测部分的误差和外部噪声计算得到的滤波增益，用于修正先验估计值。

卡尔曼滤波算法结构框图如图 5-8 所示。

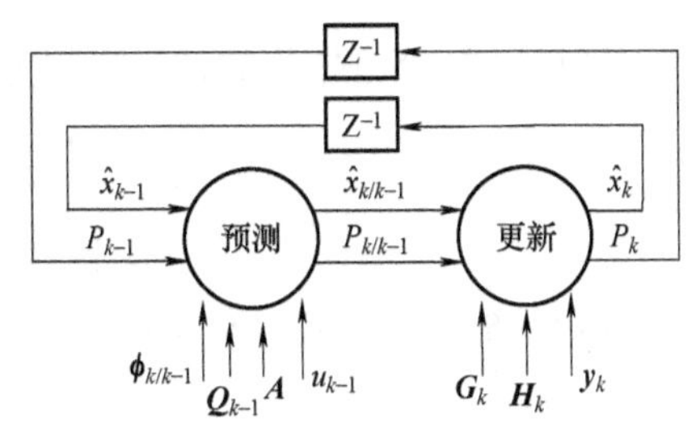

图 5-8　卡尔曼滤波算法结构框图

5.1.3.2　扩展卡尔曼滤波算法

由于本章所研究的永磁同步电机系统是一个非线性的系统，上述的线性卡尔曼滤波算法无法直接得到运用。为使卡尔曼滤波算法能运用在永磁同步电机的转子位置辨识中，由此衍

生出了扩展卡尔曼滤波算法，即先将非线性连续的永磁同步电机系统线性离散化再将其代入卡尔曼滤波方程中迭代计算。

一般的非线性连续时变系统可由下式统一描述：

$$\begin{cases}\dot{x}(t)=f(x(t))+\boldsymbol{A}u(t)+q(t)\\ y(t)=h(x(t))+g(t)\end{cases} \tag{5-32}$$

式中，$x(t)$ 为连续时变系统的状态变量；$u(t)$ 为输入；$y(t)$ 为输出；$q(t)$、$g(t)$ 分别为系统的系统噪声及测量噪声；$f(x(t))$、$h(x(t))$ 为包含状态变量的非线性连续函数。

为将其线性化，将 $f(x(t))$ 和 $h(x(t))$ 分别进行一阶微分泰勒展开为

$$\begin{cases}\dot{x}(t)=f(x(t))\big|_{x=\hat{x}}+\boldsymbol{F}(t)\Delta x(t)+Au(t)+q(t)\\ y(t)=h(x(t))\big|_{x=\hat{x}}+\boldsymbol{H}(t)\Delta x(t)+g(t)\end{cases} \tag{5-33}$$

式中，$\boldsymbol{F}(t)$、$\boldsymbol{H}(t)$ 为雅可比矩阵，且

$$\boldsymbol{F}(t)=\left.\begin{bmatrix}\dfrac{\partial f_1(x(t))}{\partial x_1(t)} & \dfrac{\partial f_1(x(t))}{\partial x_2(t)} & \cdots & \dfrac{\partial f_1(x(t))}{\partial x_n(t)}\\ \dfrac{\partial f_2(x(t))}{\partial x_1(t)} & \dfrac{\partial f_2(x(t))}{\partial x_2(t)} & \cdots & \dfrac{\partial f_2(x(t))}{\partial x_n(t)}\\ \vdots & \vdots & & \vdots\\ \dfrac{\partial f_n(x(t))}{\partial x_1(t)} & \dfrac{\partial f_n(x(t))}{\partial x_2(t)} & \cdots & \dfrac{\partial f_n(x(t))}{\partial x_n(t)}\end{bmatrix}\right|_{x=\hat{x}}$$

$$\boldsymbol{H}(t)=\left.\begin{bmatrix}\dfrac{\partial h_1(x(t))}{\partial x_1(t)} & \dfrac{\partial h_1(x(t))}{\partial x_2(t)} & \cdots & \dfrac{\partial h_1(x(t))}{\partial x_n(t)}\\ \dfrac{\partial h_2(x(t))}{\partial x_1(t)} & \dfrac{\partial h_2(x(t))}{\partial x_2(t)} & \cdots & \dfrac{\partial h_2(x(t))}{\partial x_n(t)}\\ \vdots & \vdots & & \vdots\\ \dfrac{\partial h_n(x(t))}{\partial x_1(t)} & \dfrac{\partial h_n(x(t))}{\partial x_2(t)} & \cdots & \dfrac{\partial h_n(x(t))}{\partial x_n(t)}\end{bmatrix}\right|_{x=\hat{x}}$$

式（5-33）即为式（5-32）所示系统的近似线性形式，进一步地，需要对系统进行离散化处理。

系统［式（5-32）］的估计模型为

$$\begin{cases}\dot{\hat{x}}(t)=f(x(t))\big|_{x=\hat{x}}+Au(t)\\ \hat{y}(t)=h(x(t))\big|_{x=\hat{x}}\end{cases} \tag{5-34}$$

将式（5-33）与式（5-34）作差，得到系统误差状态空间表达式为

$$\begin{cases}\Delta\dot{x}(t)=\boldsymbol{F}(t)\Delta x(t)+q(t)\\ \Delta y(t)=\boldsymbol{H}(t)\Delta x(t)+g(t)\end{cases} \tag{5-35}$$

式中，$\Delta x(t)=x(t)-\hat{x}(t)$，$\Delta y(t)=y(t)-\hat{y}(t)$，为真值与估计值的误差。

将式（5-35）进行离散：$\Delta\dot{x}(t)=\dfrac{\Delta x_k-\Delta x_{k-1}}{T_s}$，其中 T_s 为离散采样时间，则式（5-35）可

化简为如下线性离散系统：

$$\begin{cases}\Delta x_k=\boldsymbol{\phi}_{k/k-1}\Delta x_{k-1}+q_{k-1}\\ \Delta y_k=\boldsymbol{H}_k\Delta x_k+g_k\end{cases} \tag{5-36}$$

式中　$\boldsymbol{\phi}_{k/k-1}$——状态转移矩阵，且 $\boldsymbol{\phi}_{k/k-1}=\boldsymbol{I}+\boldsymbol{F}(t_{k-1})T_s$；

$\boldsymbol{H}_k$——输出矩阵，且 $\boldsymbol{H}_k=\boldsymbol{H}(t_k)$。

结合式（5-30）和式（5-31）所示的线性离散系统的卡尔曼滤波算法，系统（5-36）可由如下卡尔曼滤波方程进行估计：

$$\begin{cases}\Delta\hat{x}_{k/k-1}=\boldsymbol{\phi}_{k/k-1}\Delta\hat{x}_{k-1}\\ P_{k/k-1}=\boldsymbol{\phi}_{k/k-1}P_{k-1}\boldsymbol{\phi}_{k/k-1}^{\mathrm{T}}+Q_{k-1}\\ K_k=P_{k/k-1}\boldsymbol{H}_k^{\mathrm{T}}(\boldsymbol{H}_kP_{k/k-1}\boldsymbol{H}_k^{\mathrm{T}}+G_k)^{-1}\\ \Delta\hat{x}_k=\Delta\hat{x}_{k/k-1}+K_k(\Delta y_k-\boldsymbol{H}_k\Delta\hat{x}_{k/k-1})\\ P_k=P_{k/k-1}-K_k\boldsymbol{H}_kP_{k/k-1}\end{cases} \tag{5-37}$$

式（5-37）所示的扩展卡尔曼滤波方程的估计量是状态变量的误差 $\Delta\hat{x}_k$，需要对其进一步化简。

由于 $k-1$ 时刻的真实值 x_{k-1} 其实就是最优估计值 $\hat{x}_{k-1}$，故 $\Delta\hat{x}_{k-1}=x_{k-1}-\hat{x}_{k-1}=0$，因此，$\Delta\hat{x}_{k/k-1}=0$。$\Delta\hat{x}_k$ 可做进一步推导

$$\begin{cases}\Delta\hat{x}_k=\Delta\hat{x}_{k/k-1}+K_k(\Delta y_k-\boldsymbol{H}_k\Delta\hat{x}_{k/k-1})\\ \hat{x}_k-\hat{x}_{k/k-1}=K_k(y_k-\hat{y}_k)\\ \hat{x}_k=\hat{x}_{k/k-1}+K_k(y_k-h(x(t))\mid_{x=\hat{x}})\end{cases} \tag{5-38}$$

另外

$$\dot{x}_{k-1}=f(x_{k-1})+Au_{k-1}=f(\hat{x}_{k-1})+Au_{k-1} \tag{5-39}$$

式中，$\dot{x}_{k-1}=\dfrac{\hat{x}_{k/k-1}-\hat{x}_{k-1}}{T_s}$，可以得到

$$\hat{x}_{k/k-1}=\hat{x}_{k-1}+[f(\hat{x}_{k-1})+Au_{k-1}]T_s \tag{5-40}$$

综合式（5-37）、式（5-38）及式（5-40），可以得到扩展卡尔曼滤波方程的最终形式为

$$\begin{cases}\hat{x}_{k/k-1}=\hat{x}_{k-1}+[f(\hat{x}_{k-1})+Au_{k-1}]T_s\\ P_{k/k-1}=\boldsymbol{\phi}_{k/k-1}P_{k-1}\boldsymbol{\phi}_{k/k-1}^{\mathrm{T}}+Q_{k-1}\\ K_k=P_{k/k-1}\boldsymbol{H}_k^{\mathrm{T}}(\boldsymbol{H}_kP_{k/k-1}\boldsymbol{H}_k^{\mathrm{T}}+G_k)^{-1}\\ \hat{x}_k=\hat{x}_{k/k-1}+K_k(y_k-h(x(t))\mid_{x=\hat{x}})\\ P_k=P_{k/k-1}-K_k\boldsymbol{H}_kP_{k/k-1}\end{cases} \tag{5-41}$$

由式（5-41）可知，滤波增益 K_k 的计算存在对矩阵进行求逆的过程，因此，该算法对于处理器运算能力的要求较高。

5.1.3.3 转子信息估计

以永磁同步电机为例分析扩展卡尔曼滤波算法实现无位置传感器控制的方法。选用永磁同步电机在 dq 坐标系下的定子电压方程构建状态空间表达式为

$$
\begin{cases}
\dfrac{\mathrm{d}i_d}{\mathrm{d}t}=-\dfrac{R_s}{L_d}i_d+\dfrac{u_d}{L_d}+\dfrac{L_q}{L_d}\omega_e i_q \\
\dfrac{\mathrm{d}i_q}{\mathrm{d}t}=-\dfrac{R_s}{L_q}i_q+\dfrac{u_q}{L_q}-\dfrac{\psi_f}{L_q}\omega_e-\dfrac{L_d}{L_q}\omega_e i_d \\
\dfrac{\mathrm{d}\omega_e}{\mathrm{d}t}=0 \\
\dfrac{\mathrm{d}\theta_e}{\mathrm{d}t}=\omega_e
\end{cases}
\tag{5-42}
$$

记 $\boldsymbol{x}=[i_d \quad i_q \quad \omega_e \quad \theta_e]^{\mathrm{T}}$，$\boldsymbol{u}=[u_d \quad u_q]^{\mathrm{T}}$，$\boldsymbol{A}=\begin{bmatrix}\dfrac{1}{L_d} & 0 \\ 0 & \dfrac{1}{L_q} \\ 0 & 0 \\ 0 & 0\end{bmatrix}$，$\boldsymbol{y}=[i_d \quad i_q]^{\mathrm{T}}$。根据式（5-32）所表述的系统形式，得到扩展卡尔曼滤波方程所需的参数矩阵为

$$
\boldsymbol{f}(\boldsymbol{x}(t))=\begin{bmatrix}
-\dfrac{R_s}{L_d}i_d+\dfrac{L_q}{L_d}\hat{\omega}_e i_q \\
-\dfrac{R_s}{L_q}i_q-\dfrac{\psi_f}{L_q}\hat{\omega}_e-\dfrac{L_d}{L_q}\hat{\omega}_e i_d \\
0 \\
\hat{\omega}_e
\end{bmatrix}
\tag{5-43}
$$

$$
\boldsymbol{\phi}_{k/k-1}\approx E+\boldsymbol{F}(t_{k-1})T_s=E+\begin{bmatrix}
-\dfrac{R_s}{L_d} & \dfrac{L_q}{L_d}\hat{\omega}_e & \dfrac{L_q}{L_d}i_q & 0 \\
-\dfrac{L_d}{L_q}\hat{\omega}_e & -\dfrac{R_s}{L_q} & -\dfrac{\psi_f}{L_q}-\dfrac{L_d}{L_q}i_d & 0 \\
0 & 0 & 0 & 0 \\
0 & 0 & 1 & 0
\end{bmatrix}T_s
\tag{5-44}
$$

$$
\boldsymbol{H}_k=\begin{bmatrix}1 & 0 & 0 & 0 \\ 0 & 1 & 0 & 0\end{bmatrix}
\tag{5-45}
$$

将（5-43）~式（5-45）代入式（5-41）进行迭代计算，得到转速和转子位置估计值为

$$
\begin{cases}
\hat{\omega}_e=\hat{x}_k(3) \\
\hat{\theta}_e=\hat{x}_k(4)
\end{cases}
\tag{5-46}
$$

5.1.3.4 基于扩展卡尔曼滤波的永磁同步电机无位置传感器控制

基于扩展卡尔曼滤波（EKF）的永磁同步电机无位置传感器控制系统框图如图 5-9 所示。首先采样电机定子电流、电压，并根据式（5-42）~式（5-45）所示系统形式构造扩展卡尔曼滤波计算所需要的参数矩阵。然后根据式（5-41）所示的扩展卡尔曼滤波方程进行预测和更新，预测和更新过程如图 5-8 所示。其中，噪声方差矩阵 $\boldsymbol{Q}_{k-1}$ 和 $\boldsymbol{G}_k$ 均为对角阵，需要根据实际系统的工况进行整定。经过反复的迭代更新使系统收敛后，即可根据式（5-46）

提取转子位置信息，实现无传感器控制。

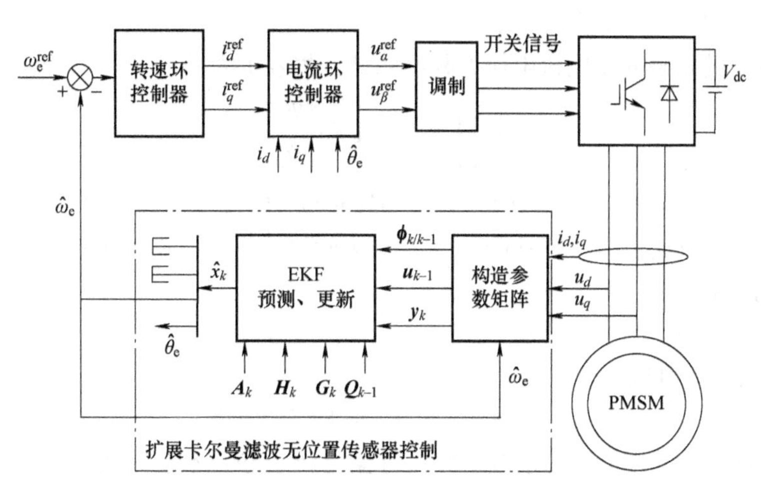

图 5-9　基于扩展卡尔曼滤波的永磁同步电机无位置传感器控制系统框图

基于扩展卡尔曼滤波的无位置传感器控制方法具有辨识精度高、抗干扰能力强等优点。但该算法中存在反复迭代的运算过程，实际应用时往往需要计算能力较强的硬件资源提供支撑。

5.1.4　基于高频信号注入的无位置传感器控制

前述介绍的三种基于观测器的无位置传感器控制算法都需要电机基波数学模型的支撑，仅适用于中高速范围。当电机运行在低速情况时，如电机反电动势等某些量较小，检测信噪比低，上述方法对于转子信息的观测精度将受影响。为了实现低速下转子信息的精确检测，基于高频信号注入的辨识技术被运用到电机低速下的无位置传感器控制中。

5.1.4.1　高频信号注入法无位置传感器控制基本原理

高频信号注入法的基本思想是在电机控制系统的基波信号上叠加一个高频信号，在此激励的作用下使电机产生一个可检测的磁凸极，然后利用信号分离技术获取高频响应，从高频响应中获取转子位置和速度信息。注入的高频信号通常有旋转高频信号和脉振高频信号。此处以旋转高频电压信号注入法为例介绍永磁电机低速下的无位置传感器控制方法。

旋转高频电压信号注入法示意图如图 5-10 所示。U_{sh}为注入的旋转高频电压信号。从电机端子测得电流信号经过滤波处理得到含有转子信息的谐波分量，然后运用锁相环等位置信息跟踪技术提取谐波中的转子信息。

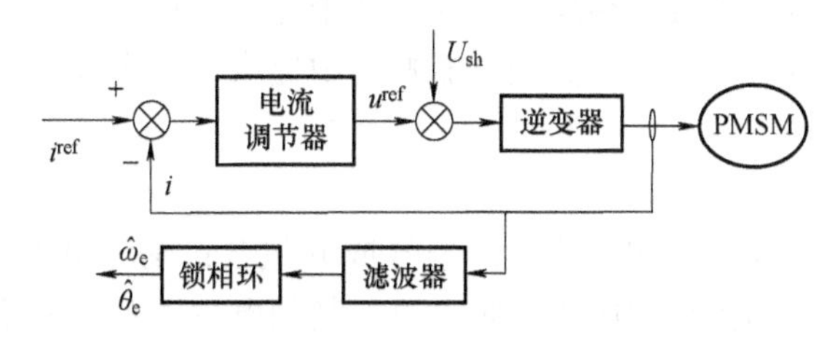

图 5-10　旋转高频电压信号注入法示意图

接下来分析旋转高频电压信号注入法实现无位置传感器控制的具体过程。

5.1.4.2 高频激励下的永磁同步电机数学模型

$\alpha\beta$ 坐标系下的永磁同步电机电压方程和磁链方程表示为

$$\begin{bmatrix} u_\alpha \\ u_\beta \end{bmatrix} = R_s \begin{bmatrix} i_\alpha \\ i_\beta \end{bmatrix} + \mathrm{p} \begin{bmatrix} \psi_\alpha \\ \psi_\beta \end{bmatrix} \tag{5-47}$$

$$\begin{bmatrix} \psi_\alpha \\ \psi_\beta \end{bmatrix} = \begin{bmatrix} L_0 + \Delta L\cos 2\theta_e & \Delta L\sin 2\theta_e \\ \Delta L\sin 2\theta_e & L_0 - \Delta L\cos 2\theta_e \end{bmatrix} \begin{bmatrix} i_\alpha \\ i_\beta \end{bmatrix} + \begin{bmatrix} \psi_f\cos\theta_e \\ \psi_f\sin\theta_e \end{bmatrix} \tag{5-48}$$

式中 p——微分算子；

$L_0 = (L_d + L_q)/2$，$\Delta L = (L_d - L_q)/2$。

向定子通入高频电压矢量，则

$$U_{sh} = U_{ah} + aU_{bh} + a^2 U_{ch} \tag{5-49}$$

式中，$a = \mathrm{e}^{\mathrm{j}120°}$。电压矢量幅值较小时，可保持转子静止不动，此时 θ_e 视为常数。当频率较高时，绕组压降以电感电压为主，电阻上的电压可忽略。基于以上条件，将式（5-48）和式（5-49）代入式（5-47），得到高频信号作用下永磁同步电机的电压方程为

$$\begin{bmatrix} U_{sh}\sin\theta_h \\ U_{sh}\cos\theta_h \end{bmatrix} = \mathrm{p} \begin{bmatrix} L_0 + \Delta L\cos 2\theta_e & \Delta L\sin 2\theta_e \\ \Delta L\sin 2\theta_e & L_0 - \Delta L\cos 2\theta_e \end{bmatrix} \begin{bmatrix} i_{\alpha h} \\ i_{\beta h} \end{bmatrix} \tag{5-50}$$

对上式两边同时积分，得到

$$\begin{bmatrix} i_{\alpha h} \\ i_{\beta h} \end{bmatrix} = \frac{U_{sh}}{(L_0^2 - L_0^2)\omega_h} \begin{bmatrix} L_0\cos\left(\theta_h - \frac{\pi}{2}\right) - \Delta L\cos\left(2\theta_e - \theta_h + \frac{\pi}{2}\right) \\ L_0\sin\left(\theta_h - \frac{\pi}{2}\right) - \Delta L\sin\left(2\theta_e - \theta_h + \frac{\pi}{2}\right) \end{bmatrix} \tag{5-51}$$

式中 θ_h——高频电压矢量的电角度；

ω_h——高频电压矢量的电角速度。

将上式写成矢量形式为

$$\begin{aligned} i_{sh} &= \frac{U_{sh}L_0}{(L_0^2 - \Delta L^2)\omega_h}\mathrm{e}^{\mathrm{j}\left(\theta_h - \frac{\pi}{2}\right)} + \frac{-U_{sh}\Delta L}{(L_0^2 - \Delta L^2)\omega_h}\mathrm{e}^{\mathrm{j}\left(2\theta_e - \theta_h + \frac{\pi}{2}\right)} \\ &= i_{sh+}\mathrm{e}^{\mathrm{j}\left(\theta_h - \frac{\pi}{2}\right)} + i_{sh-}\mathrm{e}^{\mathrm{j}\left(2\theta_e - \theta_h + \frac{\pi}{2}\right)} \end{aligned} \tag{5-52}$$

式中 i_{sh+}、i_{sh-}——高频电流响应的正负序分量幅值。

从式（5-52）中可以看出，高频电流响应包含两种分量。其中，正序分量旋转方向与注入的高频电压矢量旋转方向相同，仅包含高频信号的相角信息，不含转子位置信息。负序分量与注入的高频电压信号旋转方向相反，且含有转子位置信息。因此，若要实现基于高频信号的无位置传感器控制算法，必须从高频电流响应中提取其负序分量，然后从负序分量中提取转子位置信息。

5.1.4.3 转子信息的获取

注入高频信号后，在电机端测得的电流信号成分包含：基频电流、PWM 开关频率谐波电流以及式（5-52）所示的正负相序的高频电流。基频电流以及开关频率谐波电流与高频负序电流的频率均相差较大，可以通过带通滤波器（Band-Pass Filter，BPF）简单滤除。高频正序电流和高频负序电流频率相近，但旋转方向相反，可以设计同步轴系高通滤波器进行滤

除。电机端电流经过上述两次滤波，即可提取出负序高频分量，如图 5-11 所示。

如图 5-11 所示的同步轴系高通滤波器基本原理是通过坐标变换把高频电流变换到与注入高频电压同步旋转的坐标系中。在该坐标系中正序高频电流分量转变为直流量，负序高频电流分量变为原来的二倍频，可以通过高通滤波器（High-Pass Filter，HPF）将正序高频分量滤除

$$\begin{aligned}\mathbf{HPF}(i_{\mathrm{sh}}\mathrm{e}^{-\mathrm{j}\theta_{\mathrm{h}}})\mathrm{e}^{\mathrm{j}\theta_{\mathrm{h}}}&=\mathbf{HPF}\left(i_{\mathrm{sh+}}\mathrm{e}^{\mathrm{j}\left(-\frac{\pi}{2}\right)}+i_{\mathrm{sh-}}\mathrm{e}^{\mathrm{j}\left(2\theta_{\mathrm{e}}-2\theta_{\mathrm{h}}+\frac{\pi}{2}\right)}\right)\mathrm{e}^{\mathrm{j}\theta_{\mathrm{h}}}\\&=i_{\mathrm{sh-}}\mathrm{e}^{\mathrm{j}\left(2\theta_{\mathrm{e}}-\theta_{\mathrm{h}}+\frac{\pi}{2}\right)}\end{aligned}\tag{5-53}$$

得到电流的负序高频分量后，需要设计位置观测锁相环从中提取转子位置信息。位置观测锁相环如图 5-12 所示。

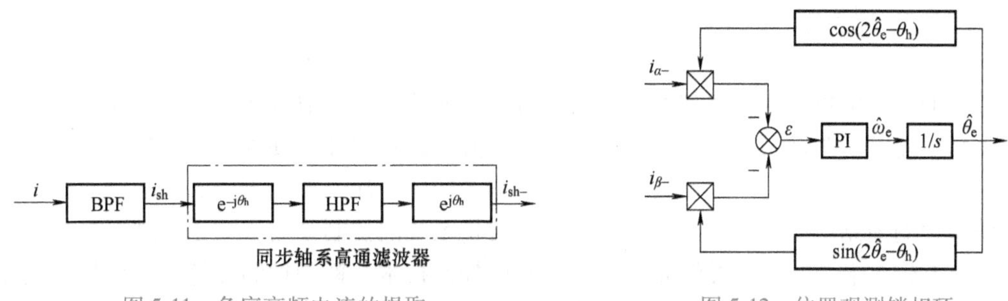

图 5-11　负序高频电流的提取

图 5-12　位置观测锁相环

图 5-12 中，ε 为转子位置误差信息，通过外差法得到。理想情况下，当 ε 通过 PI 调节器调整至 0 时，可以认为误差被消除，此时转子信息估测值等于实际值。

$$\begin{aligned}\varepsilon&=-i_{\alpha-}\cos(2\hat{\theta}_{\mathrm{e}}-\theta_{\mathrm{h}})-i_{\beta-}\sin(2\hat{\theta}_{\mathrm{e}}-\theta_{\mathrm{h}})\\&=i_{\mathrm{sh-}}[\sin(2\theta_{\mathrm{e}}-\theta_{\mathrm{h}})\cos(2\hat{\theta}_{\mathrm{e}}-\theta_{\mathrm{h}})-\cos(2\theta_{\mathrm{e}}-\theta_{\mathrm{h}})\sin(2\hat{\theta}_{\mathrm{e}}-\theta_{\mathrm{h}})]\\&=i_{\mathrm{sh-}}\sin(2\theta_{\mathrm{e}}-2\hat{\theta}_{\mathrm{e}})\approx2i_{\mathrm{sh-}}(\theta_{\mathrm{e}}-\hat{\theta}_{\mathrm{e}})\end{aligned}\tag{5-54}$$

5.1.4.4　基于高频旋转电压信号注入的永磁同步电机无位置传感器控制

基于高频旋转电压信号注入的永磁同步电机无位置传感器控制系统框图如图 5-13 所示。将高频旋转电压信号注入至参考电压矢量参与调制。电机在高频激励下响应的高频电流信号

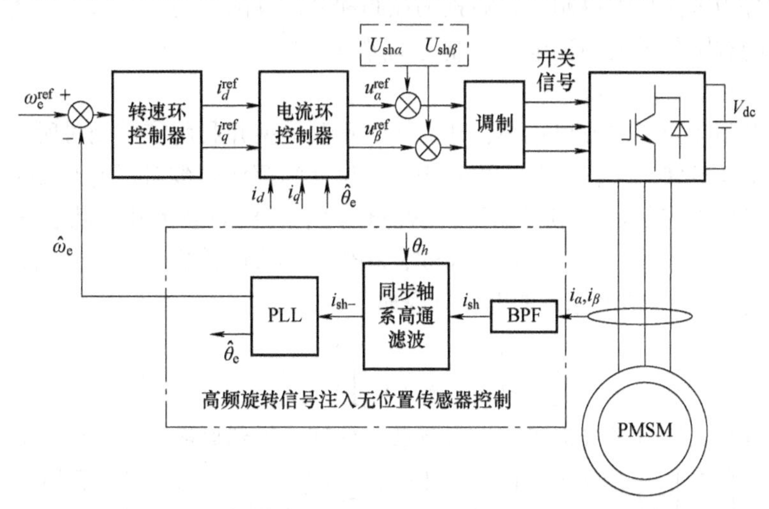

图 5-13　基于高频旋转电压信号注入的永磁同步电机无位置传感器控制系统框图

可由带通滤波器（BPF）滤除基频分量和开关频次分量得到。高频电流信号再经过同步轴系高通滤波器，得到高频负序分量。最后由锁相环对高频负序电流进行处理，得到电机转速和转子位置信息，实现无传感器控制。

基于高频旋转信号注入的无位置传感器控制方法通过外加持续的激励来显示电机的凸极性，转子位置信息的辨识过程与转速无关，因此适用于低速甚至是零速下的转子信息估计。此外，区别于观测器方法，这种方法追踪的是转子的空间凸极效应，对于电机参数的变化不敏感，鲁棒性较好。但同时，这种方法需要快速和准确的滤波技术作为支持，可能在高速应用时存在计算时间引起的动态响应差，继而影响估计精度。

5.2 先进控制技术

传统的交流电机控制方法忽略了电机系统中的非线性、参数变化和扰动等问题，也因此限制了高性能电机驱动系统控制性能的进一步提升。近年来随着硬件水平的提高，上述问题逐渐得到重视，一些先进的控制技术也得到了学者们的关注，如预测控制和智能控制等。其中，模型预测控制是一种善于处理非线性、多变量系统的控制策略，对于处理交流电机的复杂控制具有较大潜力。智能控制是另一类新兴的控制技术，模糊控制和神经网络是智能控制技术中的重要分支，目前已被应用到交流电机的驱动系统中。本章以永磁同步电机的控制为例，简要介绍以上几种先进的控制方法在电机控制系统中的应用。

5.2.1 模型预测控制在电机控制系统中的应用

模型预测控制是一种基于电机模型的闭环滚动优化控制策略，算法中包含了预测模型、滚动优化和反馈校正三个基本部分。按控制方式的不同，模型预测控制可以分为有限集模型预测控制和连续集模型预测控制。其中，有限集模型预测控制直接将逆变器的开关信号代入预测模型中评估，不需要额外调制技术的辅助；而连续集模型预测控制则是先预测出参考电压矢量，然后再对参考电压矢量进行调制。对于电机控制而言，根据控制目标的不同，模型预测控制又可分为电流预测控制、转矩预测控制和磁链预测控制等。对于上述方案，本节以永磁同步电机的有限集模型预测电流控制为例进行介绍。

5.2.1.1 预测模型与评估函数

有限集模型预测控制主要思想为：建立系统预测模型并利用该模型对所有逆变器开关状态作用后的电机运行状态进行预测；再利用预先设计的评估函数对所有预测结果（有限个）进行比较，选择使得控制目标最优的开关状态作为下一拍的最优开关状态作用于系统。因此，模型预测控制（Model Predictive Control，MPC）实现的前提即为建立系统预测模型。

永磁同步电机在 dq 轴坐标系的电压方程如下：

$$\begin{bmatrix} u_d \\ u_q \end{bmatrix} = \begin{bmatrix} R_s + \mathrm{p}L_d & 0 \\ 0 & R_s + \mathrm{p}L_q \end{bmatrix} \begin{bmatrix} i_d \\ i_q \end{bmatrix} + \omega_e \begin{bmatrix} -L_q i_q \\ L_d i_d + \psi_f \end{bmatrix} \tag{5-55}$$

利用前向欧拉离散将式（5-55）进行离散化处理，得到离散化系统状态方程为

$$\begin{bmatrix} i_d^{k+1} \\ i_q^{k+1} \end{bmatrix} = \begin{bmatrix} L_d/T_s & 0 \\ 0 & L_q/T_s \end{bmatrix}^{-1} \left(\begin{bmatrix} u_d^k \\ u_q^k \end{bmatrix} - R_s \begin{bmatrix} i_d^k \\ i_q^k \end{bmatrix} - \omega_e \begin{bmatrix} -L_q i_q^k \\ L_d i_d^k + \psi_f \end{bmatrix} \right) + \begin{bmatrix} i_d^k \\ i_q^k \end{bmatrix} \tag{5-56}$$

从式（5-56）可知，对于逆变器确定输出电压矢量 u_{dq}^{k}，结合当前时刻电机运行状态的采样值（i_{dq}^{k}、ω_{e}），将其代入式（5-56），即可计算得到下一拍定子电流预测值（i_{dq}^{k+1}）。

为选择出最优的逆变器开关状态，MPC 另一重要环节为利用系统评估函数对所有预测结果值进行比较与评估。通常为了保证永磁同步电机系统优良的运行状态，一般将表征励磁和转矩的 dq 轴电流作为控制目标，并设计为评估函数的两个控制约束变量

$$g_{i}=\left|i_{d}^{\mathrm{ref}}-i_{d}^{k+1}\right|+\lambda_{1}\left|i_{q}^{\mathrm{ref}}-i_{q}^{k+1}\right| \tag{5-57}$$

式中　λ_1——评估函数约束转矩项的权重因子；

i_d^{ref}、i_q^{ref}——dq 轴电流的给定值。

从式（5-57）可以看出，评估函数的权重因子 λ_1 能够对两个控制目标的误差值进行调整，且通过调整 λ_1 值，能够得到不同的电机控制效果。若增加 λ_1 值，评估函数中的 q 轴电流控制目标项权重将增大；反之，d 轴电流控制项权重将增大，体现了 MPC 策略的灵活性。

5.2.1.2　预测算法

在电压源型逆变器驱动的永磁同步电机系统中，MPC 方法实现的最终目标为确定逆变器的最优开关状态，获取使系统实现最优控制性能的逆变器输出电压矢量。图 5-14 为电压源型逆变器系统的电压矢量空间分布图，根据三相桥臂开关状态的不同，可在空间中产生 8 个电压矢量，其中包含 6 个有效矢量和 2 个零矢量。MPC 策略采用滚动优化的方式在每个控制周期中选出一个最优的电压矢量进行作用。

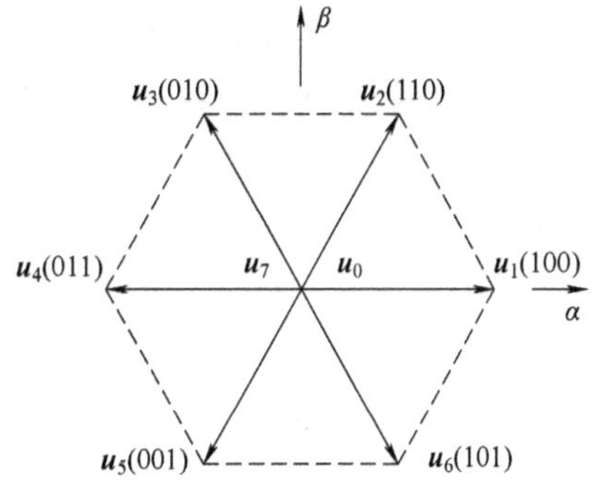

图 5-14　电压矢量空间分布

图 5-15 为 MPC 滚动优化过程，对于某一个确定的控制周期内（k），在 k 时刻对系统状态进行采样，利用预测模型对所有备选电压矢量（$\boldsymbol{u}_0,\cdots,\boldsymbol{u}_7$）进行 $k+1$ 时刻系统状态预测，选择使得评估函数值 $g_i|_{i=0,1,\cdots,6}$最小的电压作为最优电压矢量，并在 $k+1$ 时刻将其对应的开关状态作为下一拍最优开关状态作用于电机系统。而在下一个控制周期，重新对系统进行采样、预测与评估，选择出新的最优电压矢量，从而不断向前滚动优化。

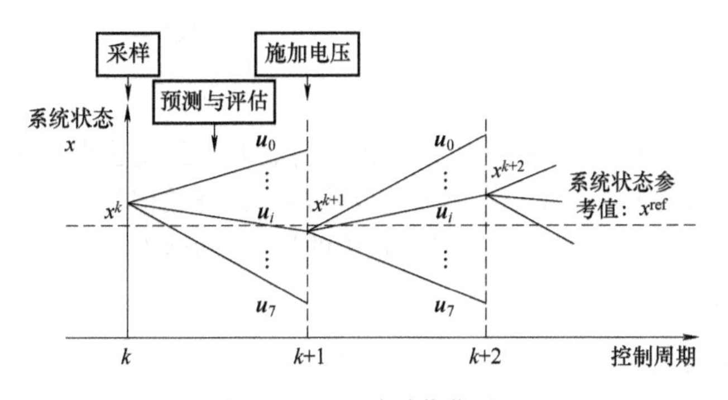

图 5-15　MPC 滚动优化过程

由图 5-15 可知，实际控制系统存在一拍延迟（即采样时刻与施加电压时刻存在一个控制周期的延时），当逆变器施加最优电压矢量时，系统已经处于 $k+1$ 时刻，因此需要对预测

算法进行一拍补偿。此时，可知 k 时刻双逆变器系统输出电压仍为上一控制周期最优电压矢量 u_{opt}^{k-1}，代入预测方程式（5-56）可以得到 $k+1$ 时刻系统的真实状态为

$$\begin{bmatrix} i_d^{k+1} \\ i_q^{k+1} \end{bmatrix} = \begin{bmatrix} L_d/T_s & 0 \\ 0 & L_q/T_s \end{bmatrix}^{-1} \left(\begin{bmatrix} u_{d\_\mathrm{opt}}^{k-1} \\ u_{q\_\mathrm{opt}}^{k-1} \end{bmatrix} - R_s \begin{bmatrix} i_d^k \\ i_q^k \end{bmatrix} - \omega_e \begin{bmatrix} -L_q i_q^k \\ L_d i_d^k + \psi_f \end{bmatrix} \right) + \begin{bmatrix} i_d^k \\ i_q^k \end{bmatrix} \tag{5-58}$$

5.2.1.3 永磁同步电机有限集模型预测电流控制

永磁同步电机有限集模型预测电流控制系统框图如图 5-16 所示，算法主要包括以下步骤：

1）在第 k 个控制周期，对电机状态量（定子三相电流 i_{abc}^k、电机转速 ω_e^k）进行采样。

2）考虑到实际控制系统存在一拍延迟（采样与施加电压相差一拍），将上一控制周期的最优电压矢量代入式（5-58）计算 $k+1$ 时刻系统的真实状态值，进行一拍补偿。

3）以转速控制器输出值作为电流给定值 i_d^{ref} 和 i_q^{ref}。

4）将式（5-58）计算的系统真实状态以及逆变器产生的 8 个电压矢量 $\boldsymbol{u}_0$、$\boldsymbol{u}_1$，…，$\boldsymbol{u}_7$ 代入系统预测模型（5-56），计算各个电压矢量作用下电流的预测值 i_d^{k+2} 和 i_q^{k+2}。

5）将参考值和预测值代入评估函数式（5-57），求得 8 个评估函数 $g_i\big|_{i=0,1,\cdots,7}$。

6）选取最小评估函数对应的电压矢量作为最优电压矢量，并将对应的开关信号作用于逆变器，在下个采样周期对系统进行作用。

7）在第 $k+1$ 个控制周期，重复上述过程。

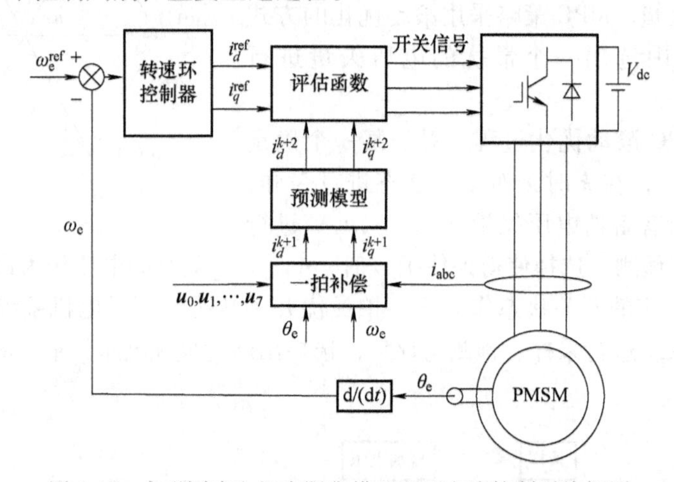

图 5-16 永磁同步电机有限集模型预测电流控制系统框图

MPC 对于处理非线性、多变量问题具有较强的能力，因此越来越多的复杂电机控制系统开始应用 MPC 方法。但由于每个控制周期仅输出一组开关信号，有限集模型预测的控制精度在一定程度上受到影响。此外，评估函数中的权重因子整定问题也是这种控制方法自提出以来一直存在的弊端。

5.2.2 模糊控制在电机控制系统中的应用

模糊控制是一种将专家知识转化为控制规则的控制算法，属于智能控制的一种，常用来描述一些结构没有明确定义的系统。目前，模糊控制在电机控制系统中主要有以下 3 种应用：

1）用模糊控制器直接作为转速环或电流环的调节器，得到电机的控制指令。

2）用模糊控制器估计 PI 参数，实现 PI 的自整定。

3）用模糊控制器作为电机参数的观测器，实现参数辨识或无位置传感器控制等。

本节以用模糊控制器作为转速环控制器为例，简单介绍模糊控制在电机控制系统中的应用。

5.2.2.1 模糊控制基本原理

模糊控制基本原理框图如图 5-17 所示，由四个模块组成：模糊化、模糊推理、解模糊化以及含有数据库和规则库的知识库，下面进行分别介绍。

1. 模糊化

控制系统中采样得到的量一般都具有确定的值，即为清晰量。要进行模糊控制，则必须首先将清晰量转化为模糊量，这个过程称为模糊化。

模糊化过程如下：

首先，需要将输入信号从实际论域映射到内部论域。实际论域指这些输入信号的实际取值范围，内部论域指输入信号在模糊控制器中的取值范围。实际论域到内部论域的映射是一个简单的线性关系。

其次，根据内部论域对模糊集合进行划分，并设计隶属度函数。

如，对于一个输入变量 $e\in[-x,x]$，首先将其映射到内部论域，对应值为 $z\in[-x',x']$；其次根据其变量值大小，进行模糊子集划分 Z = {负大,负中,负小,零,正小,正中,正大} = {NB,NM,NS,ZO,PS,PM,PB}，可用三角形隶属度函数表示，如图 5-18 所示，图中 $\mu(z)$ 表示 z 的隶属度函数值。

从图 5-18 可以看出，根据 z 值的不同，隶属度函数划分为了 8 个区间，每个区间内对应两个隶属度函数。如对于一个精确的输入 $z\in[2,3]$ 有隶属度函数 PM 和 PB，其中，PM 的隶属度值（占 PM 最大值的百分比）为 $(3-z)/(3-2)$，PB 的隶属度值（占 PB 最大值的百分比）为 $(z-2)/(3-2)$。由此，精确的输入量 z 被模糊化为以隶属度函数及其隶属度值表示的模糊量。

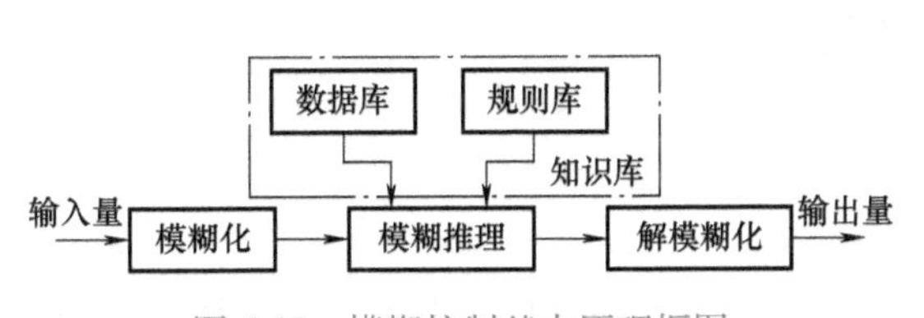

图 5-17 模糊控制基本原理框图

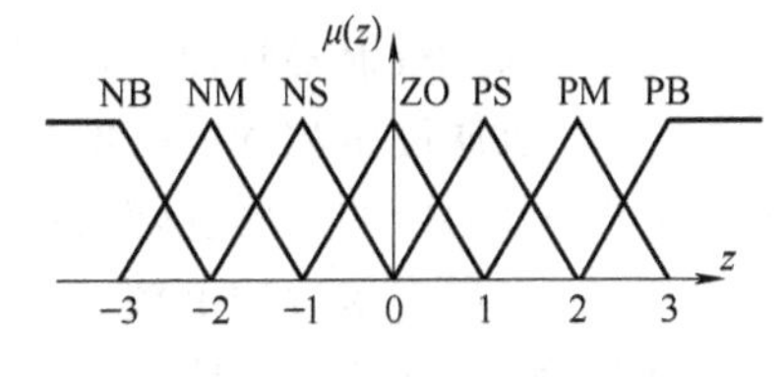

图 5-18 隶属度函数

2. 模糊推理

系统输入量经过模糊化后，得到以隶属度函数及其隶属度值表示的模糊量。模糊推理部分根据得到的模糊输入量以及模糊规则表进行推理，得到模糊输出量。其中，模糊规则表由大量的专家知识或实验经验整定得到。在模糊控制器中，规则往往写为“IF…THEN…”的形式。

表 5-1 示例了一种模糊规则表，其中，E 和 EC 分别表示系统误差及误差变化率，由表可得以下规则：

$$\text{IF}(E=\text{NB} \quad \text{AND} \quad EC=\text{NB}),\text{THEN} \quad \text{OUT}=\text{PB}$$

该规则表示，如果系统误差为负大，且误差变化率也为负大，则控制器输出正大，使系统输出迅速向给定值靠拢，以减小 E 和 EC。

表 5-1　模糊规则表

E	EC						
	NB	NM	NS	ZO	PS	PM	PB
NB	PB	PB	PB	PB	PM	ZO	ZO
NM	PB	PB	PB	PM	PM	ZO	ZO
NS	PB	PM	PM	PS	ZO	NS	NM
ZO	PM	PM	PS	ZO	NS	NM	NM
PS	PS	PS	ZO	NM	NM	NM	NB
PM	ZO	ZO	ZO	NM	NB	NB	NB
PB	ZO	NS	NB	NB	NB	NB	NB

3. 知识库

知识库由两部分组成：数据库和规则库，其中数据库存放所有输入输出变量的全部模糊子集的隶属度函数，规则库存放根据具体实验以及专家经验归纳得到的模糊规则表。数据库和规则库的作用都是为模糊推理过程提供数据。

4. 解模糊化

由模糊规则表推理得到的输出量仍然为模糊量，不能直接作用于被控对象，必须转化为执行器可以执行的精确量，该过程称为解模糊化。重心法是一种应用较为广泛的解模糊方法，其表达式为

$$z_0=\frac{\sum_{i=0}^{n}\mu(z_i)z_i}{\sum_{i=0}^{n}\mu(z_i)} \tag{5-59}$$

式中　z_0——模糊控制器输出解模糊后的精确值；

z_i——隶属度函数的中心值；

$\mu(z_i)$——其对应的隶属度函数值；

n——隶属度函数的个数。

如通过规则表推理得到模糊控制输出量的隶属度函数为 PB 和 PM，根据图 5-18 可知其中心值分别为 3 和 2，假设其隶属度函数值分别为 a 和 b，则模糊控制器输出的解模糊精确值：$z_0=(3a+2b)/(a+b)$。

5.2.2.2　基于模糊控制的永磁同步电机驱动系统

以转速的模糊调节为例，基于模糊控制的永磁同步电机驱动系统框图如图 5-19 所示。其中，模糊控制器的输入为电机转速误差及其误差变化率，通过对转速误差进行模糊化，并根据控制目标进行模糊推理和解模糊化，即可得到电流环的指令。同样地，若将电流误差作为输入，模糊控制器也可用作电流控制器。

需要说明的是，这种模糊控制器只是从结构上反映了模糊控制思想的一种基本形式。由

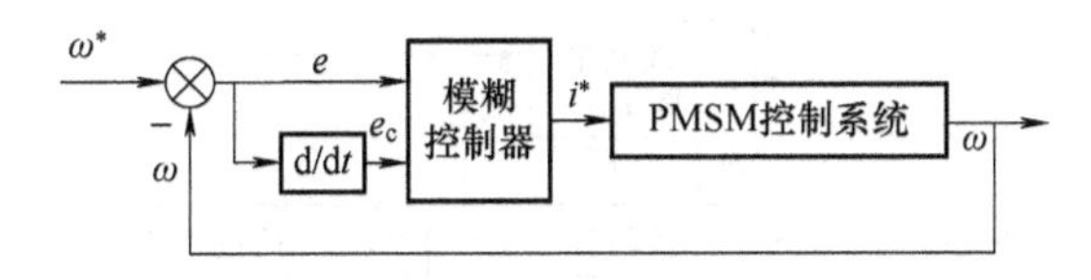

图 5-19　基于模糊控制的永磁同步电机驱动系统框图

于不具备反馈校正环节，这种控制器缺乏自适应能力。为了使系统控制器具备自适应功能，各种改进措施被提出。其中，神经网络算法是一种常用的具有自学习能力的智能算法。下面，对神经网络在电机控制系统中的应用作简要介绍。

5.2.3　神经网络在电机控制系统中的应用

神经网络具有自学习能力强的特点，是另一种常用的智能控制算法。这种智能控制算法最初被广泛应用于计算机的深度学习领域。随着硬件水平的不断提升，这种方法已被逐渐运用到电机控制领域中。跟模糊控制类似，神经网络在电机控制系统中主要有以下 3 种应用：

1）用神经网络调整 PI 参数，实现 PI 的自整定。

2）用神经网络作为电机参数观测器，实现参数辨识或无位置传感器控制。

3）用神经网络调整模糊逻辑中的隶属度函数，实现模糊神经网络控制等。

本节以用神经网络调整 PI 参数为例，简单介绍神经网络在电机控制系统中的应用。

5.2.3.1　神经网络控制基本原理

神经网络是以计算机网络系统模拟生物神经网络的智能计算系统。网络上的每个节点相当于一个神经元，可以记忆并处理一定的信息。求解一个问题就是向神经网络的某些节点输入信息，节点处理后向其他节点输出，其他节点接受并处理后再输出。将神经元的信息处理过程采用数学方式进行描述，可以得到人工神经元的数学模型如图 5-20 所示。

由图可知，神经元 j 具有 n 个输入 $x_i(i=1,2,3,\cdots,n)$，连接权重分别为 $w_{ji}(j=1,2,3,\cdots,m)$。$f(\cdot)$ 函数为非线性的转换函数，y_j 为输出信号。神经元 j 模型的输入和输出之间的关系如下：

$$y_j=f\left(\sum_{i=1}^{n} w_{ji}x_i\right) \tag{5-60}$$

图 5-20　人工神经元的数学模型

实际运用中，网络权重系数 w_{ji} 需要根据特定的性能指标函数进行学习整定。

5.2.3.2　基于神经网络调节器的永磁同步电机驱动系统

以永磁同步电机转速环 PI 参数的自整定为例，基于神经网络调节器的永磁同步电机驱动系统框图如图 5-21 所示，整个系统由两大部分组成：

1）PI 控制的永磁同步电机闭环系统。

2）神经网络：根据系统的状态，调节 PI 控制器的参数以达到某种性能指标的最优。具体实现方法是使神经元的输出状态对应于 PI 控制器的被调参数 K_p 和 K_i，便可通过对网络自身权重系数的调整，使得其稳定状态对应于某种最优控制律下的 PI 控制器参数。

神经网络的设计如下：

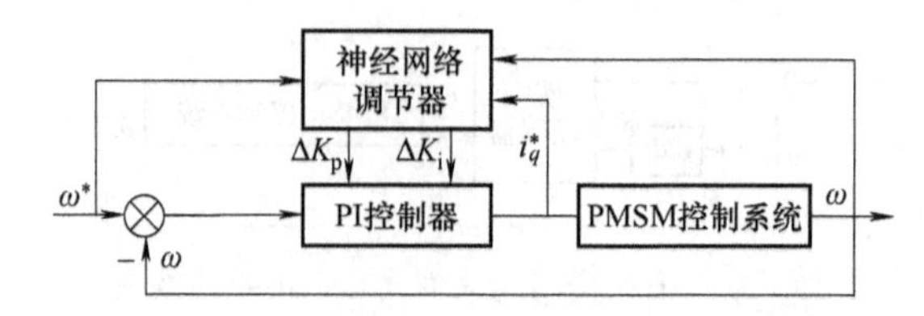

图 5-21　基于神经网络调节器的永磁同步电机驱动系统框图

PI 控制的增量表达形式如下：

$$i_q^*(k)=i_q^*(k-1)+K_1e(k)+K_2e(k-1) \tag{5-61}$$

式中，$K_1=K_p+K_i$，$K_2=-K_p$，$e(k)=\omega^*(k)-\omega(k)$，采用线性神经网络来实现式（5-61），得到神经网络 PI 控制器，如图 5-22 所示。

对于图 5-22 所示的神经网络 PI 控制器，需要根据具体的性能指标函数对网络权值 K_1 和 K_2 进行修正。

定义性能指标函数为

$$J=\frac{1}{2}[\omega^*(k)-\omega(k)]^2 \tag{5-62}$$

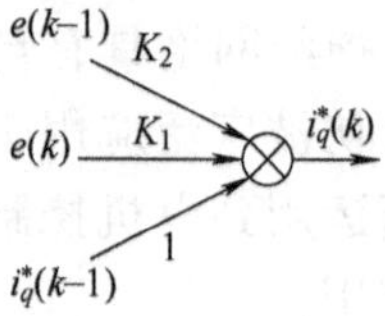

图 5-22　神经网络 PI 控制器结构

以最速梯度下降法调节网络权值，即按 J 的负梯度方向调整为

$$\begin{aligned}\Delta K_n&=-\mu\frac{\partial J}{\partial K_n}\\&=\mu[\omega^*(k)-\omega(k)]\frac{\partial\omega(k)}{\partial i_q^*(k)}\frac{\partial i_q^*(k)}{\partial K_n}\\&=\mu[\omega^*(k)-\omega(k)]\frac{\partial\omega(k)}{\partial i_q^*(k)}e(k+1-n)\end{aligned} \tag{5-63}$$

式中，$n=1$，2；ΔK_n 为 K_n 的修正量；$\frac{\partial i_q^*(k)}{\partial K_n}$由式（5-61）求得，为 $e(k+1-n)$。需要注意的是，式（5-63）中存在$\frac{\partial\omega(k)}{\partial i_q^*(k)}$这一项，对于某些充分考虑非线性问题的系统，需要额外引入非线性的参数辨识算法来辨识带有非线性分量的转速值，以保证该微分项的准确性。

综上分析可知，神经网络智能控制技术具有较强的自适应学习能力和多信息处理能力。但对于复杂系统的神经网络控制，需要建立多层神经网络，并利用大量的数据对网络权值进行训练，这对于硬件资源的计算能力有较高要求。限于此，目前关于神经网络算法在电机控制领域的应用还有待进一步发展。

5.3　本章小结

本章介绍了电机控制系统中的无位置传感器控制技术及先进控制技术。

5.1 节为无位置传感器控制技术部分，该小节分别介绍了基于滑模观测器的无位置传感器控制、基于模型参考自适应控制的无位置传感器控制、基于扩展卡尔曼滤波的无位置传感器控制以及基于高频信号注入的无位置传感器控制。其中，前三者为适用于高速域的方法，而高频信号注入法则是适用于低速域的无位置传感器控制方法。

5.2 节为先进控制技术部分，该小节简单介绍三种方法，首先介绍了有限集模型预测电流控制方法，然后分别以模糊控制和神经网络控制为例，介绍了智能控制在电机控制系统中的应用。

对于 5.1 节和 5.2 节介绍的控制算法，本章均以永磁同步电机系统为例分析了其在电机控制系统中的具体应用。

思考题与习题

1. 为什么滑模观测器存在抖振现象？
2. 模型参考自适应系统中，自适应率起什么作用，它的物理含义是什么？
3. 试解释扩展卡尔曼滤波算法的物理含义。
4. 高频注入法为什么可以在低速甚至零速下实现转子位置自检测？
5. 试对滑模观测器、模型参考自适应、扩展卡尔曼滤波以及高频信号注入四种无位置传感器方法进行比较性分析。
6. 模型预测控制与矢量控制和直接转矩控制有什么相同之处，又有什么区别？
7. 模糊控制是如何将专家知识转化为控制规则的？
8. 神经网络是如何实现自学习的？

参考文献

[1] 贺益康，许大中. 电机控制 [M]. 杭州：浙江大学出版社，2010.

[2] 王成元，夏加宽，孙宜标. 现代电机控制技术 [M]. 北京：机械工业出版社，2014.

[3] 阮毅，杨影，陈伯时. 电力拖动自动控制系统——运动控制系统 [M]. 5 版. 北京：机械工业出版社，2016.

[4] 李崇坚. 交流同步电机调速系统 [M]. 2 版. 北京：科学出版社，2013.

[5] 张勇军，潘月斗，李华德. 现代交流调速系统 [M]. 北京：机械工业出版社，2014.

[6] 陈伯时，陈敏逊. 交流调速系统 [M]. 北京：机械工业出版社，2013.

[7] 杨耕，罗应立. 电机与运动控制系统 [M]. 2 版. 北京：清华大学出版社，2014.

[8] 王志新，罗文广. 电机控制技术 [M]. 北京：机械工业出版社，2011.

[9] 李华德. 交流调速控制系统 [M]. 北京：电子工业出版社，2003.

[10] 许大中，贺益康. 电机的电子控制及其特性 [M]. 北京：机械工业出版社，1988.

[11] 杨兴瑶. 电动机调速原理与系统 [M]. 北京：水利电力出版社，1979.

[12] 柴肇基. 电力传动与调速系统 [M]. 北京：北京航空航天大学出版社，1992.

[13] 王离九，黄锦恩. 晶体管脉宽直流调速系统 [M]. 武汉：华中理工大学出版社，1988.

[14] 熊健. 三相电压型高频 PWM 整流器研究 [D]. 武汉：华中理工大学，1999.

[15] 贺益康，潘再平. 电力电子技术 [M]. 北京：科学出版社，2004.

[16] 赵仁德. 变速恒频双馈风力发电机交流励磁电源研究 [D]. 杭州：浙江大学，2005.

[17] 李辉，杨顺昌，廖勇. 并网双馈发电机电网电压定向励磁控制的研究 [J]. 中国电机工程学报，2003，23（8）：87-90.

[18] 胡家兵，孙丹，贺益康，等. 电网电压骤降故障下双馈风力发电机建模与控制 [J]. 电力系统自动化，2006，30（8）：21-26.

[19] 汤蕴璆. 电机学 [M]. 5 版. 北京：机械工业出版社，2014.

[20] 张琛. 直流无刷电动机原理及应用 [M]. 2 版. 北京：机械工业出版社，2004.

[21] 谭建成. 永磁无刷直流电机技术 [M]. 2 版. 北京：机械工业出版社，2018.

[22] 夏长亮. 无刷直流电机控制系统 [M]. 北京：科学出版社，2009.

[23] 王逸之. 永磁同步牵引电机全速域无位置传感器控制研究 [D]. 北京：北京交通大学，2019.

[24] 刘世园. 永磁同步电驱动系统全速度范围无位置传感器控制算法研究 [D]. 合肥：合肥工业大学，2019.

[25] 严洪峰. 永磁同步电机参数在线辨识算法研究 [D]. 哈尔滨：哈尔滨工业大学，2015.

[26] 秦峰. 基于电力电子系统集成概念的 PMSM 无传感器控制研究 [D]. 杭州：浙江大学，2006.

[27] 言钊. 基于旋转高频信号注入法的永磁同步电机起动性能研究 [D]. 南京：南京理工大学，2019.

[28] 孙翀. 开绕组永磁同步电机驱动系统优化模型预测控制技术研究 [D]. 杭州：浙江大学，2019.

[29] 李爱平，邓海洋，徐立云. 基于模糊 PID 的永磁同步电机矢量控制仿真 [J]. 中国工程机械学报，2013，11（01）：25-30.

[30] 李鸿儒. 基于神经网络的永磁同步电机控制策略的研究 [D]. 沈阳：东北大学，2001.